# 计算机应用基础

主　编　田春尧　赵书慧
副主编　张静波　刘　枫

北京理工大学出版社
BEIJING INSTITUTE OF TECHNOLOGY PRESS

**图书在版编目（CIP）数据**

计算机应用基础 / 田春尧，赵书慧主编. —北京：北京理工大学出版社，2017.8（2020.9重印）
ISBN 978-7-5682-4736-8

Ⅰ．①计⋯　Ⅱ．①田⋯　②赵⋯　Ⅲ．①电子计算机–高等职业教育–教材　Ⅳ．①TP3

中国版本图书馆 CIP 数据核字（2017）第 205704 号

出版发行 / 北京理工大学出版社有限责任公司
社　　址 / 北京市海淀区中关村南大街 5 号
邮　　编 / 100081
电　　话 / （010）68914775（总编室）
　　　　　　（010）82562903（教材售后服务热线）
　　　　　　（010）68948351（其他图书服务热线）
网　　址 / http://www.bitpress.com.cn
经　　销 / 全国各地新华书店
印　　刷 / 三河市华骏印务包装有限公司
开　　本 / 787 毫米×1092 毫米　1/16
印　　张 / 21
字　　数 / 596 千字
版　　次 / 2017 年 8 月第 1 版　2020 年 9 月第 4 次印刷
定　　价 / 49.00 元

责任编辑 / 王玲玲
文案编辑 / 王玲玲
责任校对 / 周瑞红
责任印制 / 李志强

# 前言
*Preface*

  随着 IT 产业的迅猛发展，计算机应用于社会各个工作领域，熟练操作计算机和使用办公软件已经是各高职院校学生必备的能力和基本素质。由于学生计算机知识的起点不断提高，计算机基础课程的改革不断深入，对于高职院校"计算机应用基础"课程应该教什么、怎样教，学生学什么、怎样学的问题，大家都在不停地探索和实践中。

  我们根据多年的教学经验，从分析职业岗位技能入手，从办公软件应用出发，以 Win 7 操作系统和 Office 2010 为平台，采用项目化的教学方法，以任务为驱动，以工作过程为导向，通过真实的工作内容构建教学情景，引导学生进行实战演练。突出学生实践能力的培养，最终提升学生的计算机应用能力和职业化的办公能力。

  全书共分为四个模块：计算机基础知识、文字处理软件 Word 2010、利用 Excel 2010 制作电子表格、利用 PowerPoint 2010 制作演示文稿，内容选择以《全国计算机等级考试二级 MS Office 高级应用考试大纲（2013 年版）》为依据，有些任务和习题采用了二级考试的原题，按照先易后难、先基础后提高的顺序组织教学内容，符合初学者的认知规律。

  全书由田春尧、赵书慧担任主编，张静波、刘枫担任副主编。其中第 1 章由赵书慧编写，第 2 章任务 2.1～任务 2.6 由刘枫编写，第 2 章任务 2.7、第 4 章由田春尧编写，第 3 章由张静波编写。

  由于编者水平有限，书中难免有不妥和疏漏之处，敬请各位读者批评指正。

编　者

# 目录 $Contents$

**第1章  计算机基础知识** ……………………………………………………… 1

任务 1.1   认识计算机 …………………………………………………………… 1

1.1.1   任务描述 ………………………………………………………… 1

1.1.2   任务分析 ………………………………………………………… 1

1.1.3   任务实现 ………………………………………………………… 1

1.1.4   知识精讲 ………………………………………………………… 6

1.1.5   技巧与提高 ……………………………………………………… 15

1.1.6   训练任务 ………………………………………………………… 16

任务 1.2   办公文件的保存与管理 ……………………………………………… 16

1.2.1   任务描述 ………………………………………………………… 16

1.2.2   任务分析 ………………………………………………………… 16

1.2.3   任务实现 ………………………………………………………… 17

1.2.4   知识精讲 ………………………………………………………… 18

1.2.5   技巧与提高 ……………………………………………………… 24

1.2.6   训练任务 ………………………………………………………… 24

任务 1.3   接入公司局域网 ……………………………………………………… 25

1.3.1   任务描述 ………………………………………………………… 25

1.3.2   任务分析 ………………………………………………………… 25

1.3.3   任务实现 ………………………………………………………… 25

1.3.4   知识精讲 ………………………………………………………… 28

1.3.5   技巧与提高 ……………………………………………………… 34

1.3.6   训练任务 ………………………………………………………… 34

任务 1.4   在 Internet 上搜索产品信息 ………………………………………… 34

1.4.1   任务描述 ………………………………………………………… 35

1.4.2   任务分析 ………………………………………………………… 35

1.4.3   任务实现 ………………………………………………………… 35

1.4.4   知识精讲 ………………………………………………………… 37

1.4.5   技巧与提高 ……………………………………………………… 41

1.4.6   训练任务 ………………………………………………………… 44

任务 1.5 　保护公司的信息与支付安全 ·················································· 44
1.5.1 　任务描述 ······································································· 44
1.5.2 　任务分析 ······································································· 44
1.5.3 　任务实现 ······································································· 44
1.5.4 　知识精讲 ······································································· 47
1.5.5 　技巧与提高 ···································································· 51
1.5.6 　训练任务 ······································································· 53

任务 1.6 　给公司客户发"合同"电子邮件 ············································· 53
1.6.1 　任务描述 ······································································· 53
1.6.2 　任务分析 ······································································· 53
1.6.3 　任务实现 ······································································· 54
1.6.4 　知识精讲 ······································································· 56
1.6.5 　技巧与提高 ···································································· 57
1.6.6 　训练任务 ······································································· 60

任务 1.7 　Office 办公软件的基本操作 ················································· 60
1.7.1 　任务描述 ······································································· 60
1.7.2 　任务分析 ······································································· 60
1.7.3 　任务实现 ······································································· 61
1.7.4 　知识精讲 ······································································· 63
1.7.5 　技巧与提高 ···································································· 68
1.7.6 　训练任务 ······································································· 69

第 2 章　文字处理软件 Word 2010 ·························································· 70

任务 2.1 　制作通知 ········································································· 70
2.1.1 　任务描述 ······································································· 70
2.1.2 　任务分析 ······································································· 70
2.1.3 　任务实现 ······································································· 71
2.1.4 　知识精讲 ······································································· 75
2.1.5 　技巧与提高 ···································································· 84
2.1.6 　训练任务 ······································································· 85

任务 2.2 　制作产品说明书 ································································· 86
2.2.1 　任务描述 ······································································· 86
2.2.2 　任务分析 ······································································· 86
2.2.3 　任务实现 ······································································· 86
2.2.4 　知识精讲 ······································································· 90
2.2.5 　技巧与提高 ···································································· 97
2.2.6 　训练任务 ······································································· 103

任务 2.3 　制作三峡风光宣传页 ·························································· 104
2.3.1 　任务描述 ······································································· 105

2.3.2 任务分析 ·················································· 105

2.3.3 任务实现 ·················································· 105

2.3.4 知识精讲 ·················································· 109

2.3.5 技巧与提高 ················································ 122

2.3.6 训练任务 ·················································· 124

任务 2.4 制作人事档案登记表 ···································· 128

2.4.1 任务描述 ·················································· 128

2.4.2 任务分析 ·················································· 128

2.4.3 任务实现 ·················································· 129

2.4.4 知识精讲 ·················································· 132

2.4.5 技巧与提高 ················································ 139

2.4.6 训练任务 ·················································· 144

任务 2.5 制作公司采购寻价单 ···································· 147

2.5.1 任务描述 ·················································· 147

2.5.2 任务分析 ·················································· 147

2.5.3 任务实现 ·················································· 147

2.5.4 知识精讲 ·················································· 152

2.5.5 技巧与提高 ················································ 155

2.5.6 训练任务 ·················································· 160

任务 2.6 批量制作录取通知书 ···································· 161

2.6.1 任务描述 ·················································· 161

2.6.2 任务分析 ·················································· 161

2.6.3 任务实现 ·················································· 162

2.6.4 知识精讲 ·················································· 164

2.6.5 技巧与提高 ················································ 166

2.6.6 训练任务 ·················································· 168

任务 2.7 制作公司的宣传册 ······································ 168

2.7.1 任务描述 ·················································· 169

2.7.2 任务分析 ·················································· 170

2.7.3 任务实现 ·················································· 170

2.7.4 知识精讲 ·················································· 183

2.7.5 技巧与提高 ················································ 194

2.7.6 训练任务 ·················································· 195

第 3 章 利用 Excel 2010 制作电子表格 ····························· 197

任务 3.1 创建公司员工信息表 ···································· 197

3.1.1 任务描述 ·················································· 197

3.1.2 任务分析 ·················································· 197

3.1.3 任务实现 ·················································· 198

  3.1.4 知识精讲……………………………………………………………201
  3.1.5 技巧与提高…………………………………………………………210
  3.1.6 训练任务……………………………………………………………213
任务 3.2 美化公司员工信息表……………………………………………………214
  3.2.1 任务描述……………………………………………………………214
  3.2.2 任务分析……………………………………………………………214
  3.2.3 任务实现……………………………………………………………214
  3.2.4 知识精讲……………………………………………………………220
  3.2.5 技巧与提高…………………………………………………………223
  3.2.6 训练任务……………………………………………………………223
任务 3.3 制作公司员工工资管理报表………………………………………………224
  3.3.1 任务描述……………………………………………………………224
  3.3.2 任务分析……………………………………………………………225
  3.3.3 任务实现……………………………………………………………226
  3.3.4 知识精讲……………………………………………………………230
  3.3.5 技巧与提高…………………………………………………………239
  3.3.6 训练任务……………………………………………………………240
任务 3.4 商品销售统计表的数据处理………………………………………………243
  3.4.1 任务描述……………………………………………………………243
  3.4.2 任务分析……………………………………………………………243
  3.4.3 任务实现……………………………………………………………244
  3.4.4 知识精讲……………………………………………………………251
  3.4.5 技巧与提高…………………………………………………………252
  3.4.6 训练任务……………………………………………………………253
任务 3.5 商品销售统计表的图表分析………………………………………………253
  3.5.1 任务描述……………………………………………………………253
  3.5.2 任务分析……………………………………………………………254
  3.5.3 任务实现……………………………………………………………254
  3.5.4 知识精讲……………………………………………………………259
  3.5.5 技巧与提高…………………………………………………………262
  3.5.6 训练任务……………………………………………………………264
任务 3.6 商品销售统计的数据透视表分析…………………………………………265
  3.6.1 任务描述……………………………………………………………265
  3.6.2 任务分析……………………………………………………………267
  3.6.3 任务实现……………………………………………………………267
  3.6.4 知识精讲……………………………………………………………273
  3.6.5 技巧与提高…………………………………………………………276
  3.6.6 训练任务……………………………………………………………277

**第 4 章　利用 PowerPoint 2010 制作演示文稿** ································ 279

  任务 4.1　制作电子产品发布会演示文稿 ································ 279

    4.1.1　任务描述 ································ 279

    4.1.2　任务分析 ································ 279

    4.1.3　任务实现 ································ 280

    4.1.4　知识精讲 ································ 288

    4.1.5　技巧与提高 ································ 291

    4.1.6　训练任务 ································ 293

  任务 4.2　制作产品展示演示文稿 ································ 293

    4.2.1　任务描述 ································ 293

    4.2.2　任务分析 ································ 294

    4.2.3　任务实现 ································ 294

    4.2.4　知识精讲 ································ 301

    4.2.5　技巧与提高 ································ 303

    4.2.6　训练任务 ································ 307

  任务 4.3　制作汽车展销会演示文稿 ································ 307

    4.3.1　任务描述 ································ 307

    4.3.2　任务分析 ································ 308

    4.3.3　任务实现 ································ 308

    4.3.4　知识精讲 ································ 315

    4.3.5　技巧与提高 ································ 319

    4.3.6　训练任务 ································ 321

# 第1章

# 计算机基础知识

计算机（Computer/Calculation Machine）是人类历史上最伟大的发明之一。虽然其只有70多年的发展历史，但在人类科学发展史上，还没有哪门科学像计算机科学这样发展得如此迅速，并对人类的生活、生产、学习和工作产生如此巨大的影响。

学习计算机的基本知识，首先要了解什么是计算机。计算机是一种能够按照事先存储的程序，自动、高速地进行大量数值计算和各种信息处理的现代化智能电子设备。掌握以计算机为核心的信息技术的基础知识和应用能力，是信息社会中必备的基本素质。本章从计算机基础知识讲起，主要介绍计算机的发展、分类、特点、应用及趋势。讲解计算机的基本组成、病毒的特点与防治、网络基础知识和多媒体的基本概念，为进一步学习、使用计算机打下必要的基础。

## 任务 1.1　认识计算机

学习计算机的基本知识，首先要了解计算机。计算机是一门科学，也是一种自动、高速、精确地对信息进行存储、传送与加工处理的电子工具。随着信息技术的迅猛发展，计算机已经成为人们日常生活、学习必不可少的一部分。

### 1.1.1　任务描述

小张是公司的新进职员，公司为他配备了一台计算机，为了更好地使用计算机，他准备认识一下计算机的主要部件，熟悉计算机的外部设备，并将其连接到主机相应的端口上。为了避免不当的操作，他必须熟练掌握计算机的基本操作方法，特别是鼠标和键盘的使用方法。

### 1.1.2　任务分析

要完成本工作任务，首先应该仔细观察计算机的外观，如电源按钮、复位按钮、状态显示灯和光盘驱动器等，以及主机箱后面面板上的 USB 接口、网线接口、并行和串行接口、音箱与话筒接口等。其次，还要观察计算机内部（在关机状态下做），认识主板，了解主板上有哪些总线接口、接口上插了哪些适配卡，认识 CPU 和内存，了解 CPU 的型号和内存的容量等主要的性能指标。最后，要学会连接常用的外部设备到计算机，如连接键盘、鼠标、显示器、打印机等，为进一步学习计算机知识和配置计算机提供必要的基础知识和基本技能。

### 1.1.3　任务实现

在使用计算机的过程中，特别是要选购计算机时，一定会听到主板、CPU、内存、硬盘、显卡等名词。

其实它们都是计算机系统中主要的硬件设备。常见的计算机如图 1-1-1 所示。

（a）　　　　　　　　　　　　　　　　　　（b）

**图 1-1-1　常见的计算机**

（a）台式机；（b）笔记本电脑

1. 观察主机箱及其内部设备

计算机的主机箱内有主板、CPU、内存、硬盘、光驱、电源等基本组成部件及显卡、声卡、网卡等一些扩展部件。

（1）主机箱

主机箱主要用来放置和固定各种电脑配件，起承托和保护作用，同时能对电磁辐射起到一定的屏蔽作用。主机箱前面的面板上一般有电源开关按钮 POWER、复位按钮 RESET、电源指示灯、硬盘指示灯、光驱面板、USB 小面板等，如图 1-1-2 所示。

（2）电源

电源是动力来源，决定了整台计算机的稳定性，它直接影响部件的质量、寿命及性能。优质的电源应该考虑功率、品牌、做工、认证标志等。目前常见的计算机电源按其应用机箱的不同，可以分为 ATX 电源和 BTX 电源两种。一般电源的形状如图 1-1-3 所示。

图 1-1-2　主机箱　　　　　　　　　　　　图 1-1-3　电源

（3）主板

主板（母板）是微机内最大的一块集成电路板，大多数设备都通过它连在一起；它是整个计算机的组织核心。目前国内生产主板的厂家很多，一线品牌有华硕、技嘉、微星等。主板的兼容性、扩展性及 BIOS 技术是衡量其性能的重要指标。从主机箱的背面可以看到主板和其他部件（主要是外部设备）的主要接口，如图 1-1-4 所示。

主板上主要包括 CPU 插座、内存插槽、显卡插槽、总线扩展插槽、各种串行和并行端口等，如图 1-1-5 所示。

（4）中央处理器

中央处理器（CPU）是主机的"心脏"，统一指挥和调度计算机的所有工作。CPU 的运行速度直接决定着整台计算机的运行速度。当前世界上生产 CPU 的公司主要有 Intel 和 AMD 两家公司。值得一提的是双核

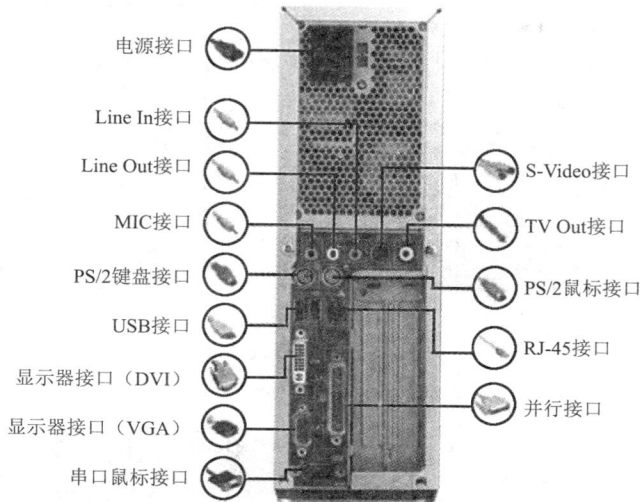

电源接口
Line In接口
Line Out接口
MIC接口
PS/2键盘接口
USB接口
显示器接口（DVI）
显示器接口（VGA）
串口鼠标接口

S-Video接口
TV Out接口
PS/2鼠标接口
RJ-45接口
并行接口

图 1-1-4　主机箱背面主要接口

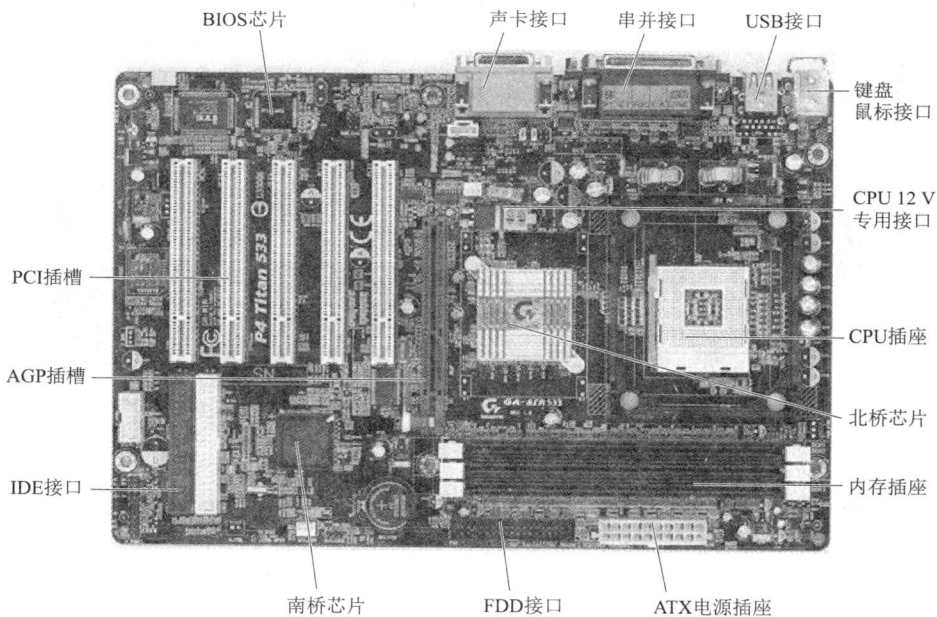

BIOS芯片
声卡接口
串并接口
USB接口
键盘
鼠标接口
CPU 12 V
专用接口
PCI插槽
CPU插座
AGP插槽
北桥芯片
IDE接口
内存插座
南桥芯片
FDD接口
ATX电源插座

图 1-1-5　主板

处理器（Dual Core Processor）。双核处理器是指在一个处理器上集成两个运算核心，而不是主机内有两个CPU。常见 CPU 如图 1-1-6 所示。

（5）内存储器

内存储器（也称内存条）是计算机的记忆装置，是电脑工作过程中存储数据信息的地方。内存越大，计算机处理能力就越强。图 1-1-7 所示为一种内存储器的图片。

（6）硬盘

硬盘是存储程序和数据的设备，平时用于安装各种软件和存储文件，如图 1-1-8 所示。硬盘容量越大，存储的信息量就越多。目前常见的硬盘接口有三种，分别是 SATA 接口、IDE 接口和 SCSI 接口。

（a） （b）

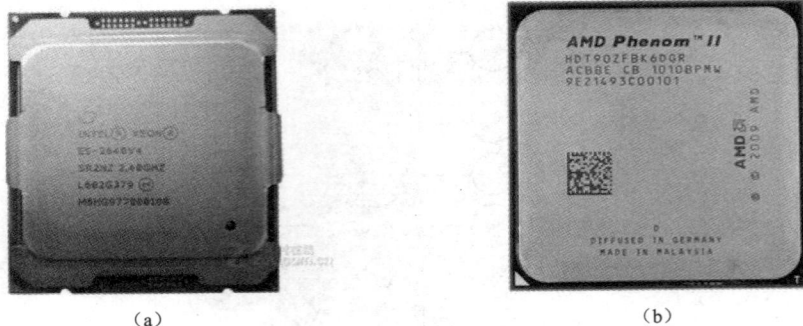

**图 1-1-6 CPU（中央处理器）**

（a）Intel Xeon E5-2640 v4；（b）AMD 羿龙 II X4 910e

**图 1-1-7 金士顿 4 GB DDR3 1333 内存条**

（7）光盘驱动器

光盘驱动器（光驱）主要用于读取光盘的数据，如图 1-1-9 所示。

**图 1-1-8 硬盘** **图 1-1-9 光盘驱动器**

（8）显卡

显示器与主机相连，需要配置适当的显示适配卡（俗称显卡），其作用是将主机的数字信号转换为模拟信号，并在显示器上显示出来。由于显示器的种类很多，因此显卡的类型也有多种。一般用户可以使用集成在主板上的显卡，其比较便宜。对显示质量要求较高的用户（如 CAD 作图、大型游戏玩家等），可以选择质量较好的独立显卡。独立显卡外观如图 1-1-10 所示。

（9）声卡

声卡是多媒体技术中最基本的组成部分，是实现声波/数字信号相互转换的一种硬件，如图 1-1-11 所示。

（10）网卡

网卡是计算机局域网中最重要的连接设备，如图 1-1-12 所示。一方面，它负责接收网络上传过来的数据包，解包后，将数据通过主板上的总线传输给本地计算机；另一方面，它将本地计算机上的数据打包后送入网络。

2. 观察计算机的外部设备

（1）显示器

显示器是微机所必需的输出设备，用来显示计算机的输出信息。显示器分为 CRT（阴极射线管）显示器（图 1-1-13（a））和 LCD（液晶）显示器（图 1-1-13（b））。

图 1-1-10　显卡

图 1-1-11　声卡

图 1-1-12　网卡

（a）

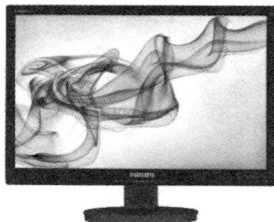

（b）

图 1-1-13　显示器

（a）CRT 显示器；（b）LCD 显示器

（2）键盘

键盘是微机中不可缺少的输入设备，目前普遍使用的有 101 键、104 键、108 键等几种形式。101 键的键盘没有 Windows 菜单快捷键。键盘如图 1-1-14 所示。

常用的键盘接口类型有两种：一个是 PS/2（也就是通常说的圆口），如图 1-1-15 所示；另外一个是 USB接口，如图 1-1-16 所示，它支持热插拔，有即插即用功能。

图 1-1-14　键盘

图 1-1-15　PS/2 接口

图 1-1-16　USB 接口

（3）鼠标

鼠标也是计算机不可缺少的输入设备，如图 1-1-17 所示。鼠标可分为机械鼠标和光电鼠标，常见的鼠标接口有 PS/2 和 USB 接口两种类型。

（a）

（b）

图 1-1-17　鼠标

（a）有线鼠标；（b）无线鼠标

（4）其他外部设备

计算机可以连接其他的外部设备，例如，连接了打印机后可打印文档，连接音箱后可播放音乐。常用的外部设备还有调制解调器、摄像头、绘图仪、扫描仪、数码相机、数码摄像机等。

其中，打印机是打印文字和图像的设备，常见的打印机有针式打印机（财务、会计用）、喷墨打印机和激光打印机三种，如图 1-1-18 所示。

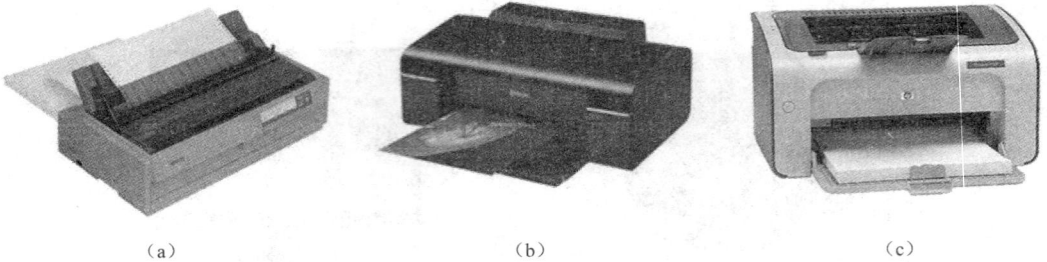

（a）　　　　　　　　　　（b）　　　　　　　　　　（c）

图 1-1-18　打印机

（a）针式打印机；（b）喷墨打印机；（c）激光打印机

摄像头是将图像或视频录入计算机的设备，如图 1-1-19 所示；数码相机是可将照片输入计算机的设备，如图 1-1-20 所示；调制解调器是接入互联网的设备，如图 1-1-21 所示。

图 1-1-19　摄像头　　　　　　图 1-1-20　数码相机　　　　　　图 1-1-21　调制解调器

## 1.1.4　知识精讲

1. 计算机的产生和发展

1946 年 2 月，世界上出现了第一台电子数字计算机"ENIAC"，用于帮助军方计算弹道轨迹，是由美国宾夕法尼亚大学电子工程系的教授莫克利（John Mauchley）和他的研究生埃克特（John Presper Echert）研制的。它占地 170 多平方米，约 30 吨，消耗近 100 kW 的电力。ENIAC 的问世标志着计算机时代的到来，它的出现具有划时代的伟大意义。

ENIAC 证明了电子真空技术可以大大地提高计算速度，但 ENIAC 本身存在两大缺点：一是没有存储器；二是用布线接板进行控制，电路连线烦琐、耗时，在很大程度上抵消了它的计算速度。为此，莫克利和埃克特不久后开始研制新的机型——电子离散变量自动计算机 EDVAC。几乎与此同时，ENIAC 项目组的一个研究人员冯·诺依曼来到了普林斯顿高等研究院，开始研制他自己的 EDVAC。这位美籍匈牙利数学家归纳了 EDVAC 的原理要点——存储程序控制原理，所以又称为冯·诺依曼原理。该原理确立了现代计算机的基本组成和工作方式，直到现在，计算机的设计与制造依然采用冯·诺依曼体系结构。冯·诺依曼也被誉为"现代电子计算机之父"。计算机的工作原理基本内容如下：

① 采用二进制形式表示数据和指令。

② 将程序（数据和指令序列）预先存放在主存储器中（程序存储），使计算机在工作时能够自动高速地

从存储器中取出指令，并加以执行（程序控制）。

③ 由运算器、控制器、存储器、输入设备和输出设备五大基本部件组成计算机硬件体系结构。

④ 计算机的工作过程如下，如图 1-1-22 所示。

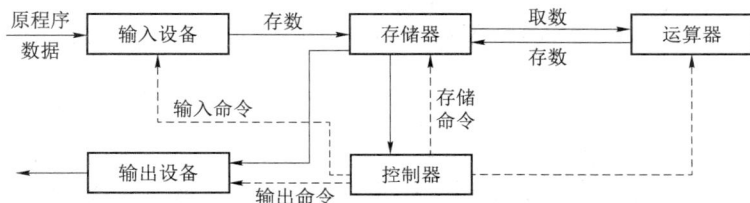

图 1-1-22　计算机的工作原理

将程序和数据通过输入设备送入存储器；启动运行后，计算机从存储器中取出程序指令送到控制器去识别，分析该指令要做什么事；控制器根据指令的含义发出相应的命令（如加法、减法），将存储单元中存放的操作数据取出并送往运算器进行运算，再把运算结果送回存储器指定的单元中；当运算任务完成后，就可以根据指令将结果通过输出设备输出。

从第一台电子计算机诞生至今的 70 多年中，计算机以前所未有的速度迅猛发展。一般根据计算机所采用的物理器件，将计算机的发展分为 4 个阶段，见表 1-1-1。

表 1-1-1　计算机发展的四个阶段

| 部件 | 第一阶段<br>（1946—1959） | 第二阶段<br>（1959—1964） | 第三阶段<br>（1964—1971） | 第四阶段<br>（1971 至今） |
|---|---|---|---|---|
| 主机电子器件 | 电子管 | 晶体管 | 中小规模集成电路 | 大规模、超大规模<br>集成电路 |
| 内存 | 汞延迟线 | 磁芯存储器 | 半导体存储器 | 半导体存储器 |
| 外存储器 | 穿孔卡片、纸带 | 磁带 | 磁带、磁盘 | 磁盘、磁带、光盘等<br>大容量存储器 |
| 处理速度<br>（每秒指令数） | 几千条 | 几万条至几十万条 | 几十万至几百万条 | 上千万至万亿条 |

**2. 计算机的特点**

① 能在程序控制下自动地运行程序。计算机可以将预先编好的一组指令（称为程序）先"记"下来，然后自动地逐条取出这些指令并执行，工作过程完全自动化，不需要人的干预，而且可以反复进行。

② 运算速度快。目前世界上已经有超过每秒万万亿次运算速度的计算机。我国"神威·太湖之光"计算机的峰值计算速度可以达到每秒 12.54 亿亿次，是世界上运算最快的超级计算机。

③ 运算精度高。利用计算机可以获得较高的有效位。例如，利用计算机计算圆周率可以算到小数点后上亿位。

④ 具有运算和逻辑判断能力。计算机能够进行逻辑处理，也就是说，它能够"思考"。虽然它的"思考"只局限在某一专门的方面，还不具备人类思考的能力，但在信息查询等方面，已能够根据要求进行匹配检索。

⑤ 存储容量大，记忆能力强。计算机能存储大量数字、文字、图像、视频、声音等各种信息，"记忆力"强得惊人。例如，它可以轻易地"记住"一个大型图书馆的所有资料，并且可以长久地保存数据和资料。

⑥ 网络与通信功能。因特网上的所有计算机用户可以共享网上资料、交流信息、互相学习，可以说，网络改变了人类交流的方式和信息获取的途径。

### 3. 计算机的应用领域

（1）科学计算（或称为数值计算）

科学计算一直是计算机应用的一个重要领域，应用于高能物理、工程设计、地震预测、气象预报、航天技术等方面。国家气象中心使用计算机，不但能快速、及时地对气象卫星云图数据进行处理，而且可以根据对大量历史气象数据的计算进行天气预测。人造卫星的轨道测算等，在没有使用计算机之前是根本不可能实现的。

（2）过程检测与控制（自动控制）

计算机对工业生产过程、制造过程或运行过程中的某些信号进行自动检测，并对检测数据进行处理，将工业自动化推向了一个更高的水平。过程控制广泛应用于各种工业环境中，能够替代人在危险有害的环境中作业；能在保证同样质量的前提下连续作业，不受疲劳、情感等因素的影响；能够完成人所不能完成的高精度、高速度、时间性、空间性等要求的操作。

（3）信息处理（数据处理）

信息处理（数据处理）也称为非数值计算，是目前计算机应用最广泛的一个领域，应用于企业管理、物资管理、报表统计、账目计算、信息情报检索等方面。计算机中的数据不仅包括"数"，还包括更多的其他数据形式，如文字、图像、声音信息等。计算机在文字处理方面已经改变了笔和纸的传统应用，它所产生的数据不仅可以被存储、打印，还可以进行编辑、复制等。

（4）计算机辅助系统

如计算机辅助设计（CAD）、计算机辅助制造（CAM）、计算机辅助测试（CAT）、计算机辅助教学（CAI）、计算机仿真模拟（Simulation）等。

（5）多媒体应用

多媒体是包括文本、图形、图像、音频、视频、动画等多种信息类型的综合。多媒体技术是指人和计算机交互地进行上述多种媒介信息的捕捉、传输、转换、编辑、存储和管理，并由计算机综合处理为表格、文字、图形、动画、音频、视频等视听信息的有机结合的表现形式。

（6）人工智能和模式识别

用计算机模拟人类的智能活动，最具代表性且应用最成功的两个领域是专家系统和机器人。

（7）计算机网络

计算机网络是计算机技术和通信技术相结合的产物。利用网络可以实现全球信息查询、邮件传送、电子商务等功能。通过网络，人们坐在家里操作计算机便可以预订机票、车票及购物等，从而改变了传统服务业、商业单一的经营方式。

### 4. 计算机的分类

① 根据计算机的性能、规模和处理能力，分为巨型机、大型机、微型计算机、工作站、服务器等。

巨型机：是指目前速度最快、处理能力最强的计算机，称为高性能计算机。高性能计算机数量不多，但却有着重要和特殊的用途。在军事上，其可用于战略防御系统、大型预警系统、航天测控系统；在民用方面，可用于大区域中长期天气预报、大面积物探信息处理系统、大型科学计算和模拟系统等。国家超级计算无锡中心研制的"神威·太湖之光"计算机系统于 2015 年 12 月 21 日完成整机系统性能测试，是全球第一台运行速度超过 10 亿亿次/s 的超级计算机，峰值性能高达 12.54 亿亿次/s，持续性能达到 9.3 亿亿次/s，接近"天河二号"的 3 倍。"神威·太湖之光" 1 min 的计算能力相当于全球 72 亿人同时用计算器不间断计算 32 年。

大型通用机：具有较高的运算速度、极强的综合处理能力和极大的性能覆盖，运算速度为每秒 100 万次至每秒几千万次。主要应用在科研商业和管理部门。通常人们称大型机为"企业级"计算机，通用性强，但价格比较高。

微型机：因其小、巧、轻、使用方便、价格低廉等优点，在过去的 30 年中得到迅速发展，成为计算机的主流。

工作站：是一种高档的微型计算机，它比微型机有更大的存储容量和更快的运算速度。通常配有高分辨率的大屏幕显示器，以及容量很大的内部存储器和外部存储器，并有较强的信息处理功能，以及高性能的图形、图像处理功能和联网功能。工作站主要用于图像处理和计算机辅助设计等领域，具有很强的图形交互与处理能力。因此，在工程领域，特别是计算机辅助设计领域得到广泛应用，人们称工作站是专为工程师设计的计算机。

服务器：作为网络的节点，其存储、处理网络上 80%以上的数据、信息，因此也被称为网络的"灵魂"。服务器可以是大型机、小型机、工作站或高档微机，可以提供信息浏览、电子邮件、文件传送、数据库等多种业务服务。

② 根据用途，分为通用计算机、专用计算机。

③ 根据计算机处理数据的类型，分为模拟计算机、数字计算机、数字与模拟计算机。

5. 计算机的发展趋势

（1）电子计算机的发展方向

巨型化：指计算机具有极高的运算速度、大容量的存储空间、更加强大和完善的功能，主要用于航空航天、军事、气象、人工智能、生物工程等学科领域的计算机。

微型化：大规模及超大规模集成电路发展的必然结果。从第一块微处理器芯片问世以来，计算机芯片的发展速度与日俱增。计算机芯片的集成度每 18 个月翻一番，而价格则减一半，这就是信息技术发展功能与价格比的摩尔定律。计算机芯片集成度越来越高，所完成的功能越来越强，使计算机微型化的进程和普及率越来越快，微型计算机必将以更优的性能价格比受到人们越来越热烈的欢迎。

网络化：计算机技术和通信技术紧密结合的产物。尤其是进入 20 世纪 90 年代以来，随着因特网的飞速发展，计算机网络已广泛应用于政府、学校、企业、科研、家庭等领域，越来越多的人接触并了解到计算机网络的概念。计算机网络将不同地理位置上具有独立功能的不同计算机通过通信设备和传输介质互连起来，在通信软件的支持下，实现网络中的计算机之间共享资源、交换信息、协同工作。计算机网络的发展水平已成为衡量国家现代化程度的重要指标，在社会经济发展中发挥着极其重要的作用。

智能化：让计算机能够模拟人类的智力活动，如学习、感知、理解、判断、推理等能力。具备理解自然语言、声音、文字和图像的能力，具有说话的能力，使人机能够用自然语言直接对话。它可以利用已有的和不断学习到的知识，进行思维、联想、推理，并得出结论，能解决复杂问题，具有汇集记忆、检索有关知识的能力。

（2）未来计算机的新技术

从电子计算机的产生及发展可以看到，目前计算机技术的发展都是以电子技术的发展为基础的，集成电路芯片是计算机的核心部件。随着高新技术的研究和发展，我们有理由相信计算机技术也将拓展到其他新兴的科技领域，下一代计算机无论是体系结构、工作原理，还是器件及制造技术，都应该进行颠覆性的变革。计算机新技术的开发和利用必将成为未来计算机发展的新趋势。

从目前计算机的研究情况可以看到，未来计算机将有可能在模糊计算机、光子计算机、生物计算机、量子计算机等方面的研究领域上取得重大的突破。

6. 计算机系统的组成与功能

一个完整的计算机系统包括硬件系统和软件系统两大部分。计算机硬件系统是指构成计算机的所有实体部件的集合。它们都是看得见摸得着的，是计算机进行工作的物质基础。计算机软件是指在硬件设备上运行的各种程序及有关资料。人们把不装备任何软件的计算机称为裸机。计算机系统的组成如图 1-1-23 所示。

```
                                                         ┌ 运算器
                                        ┌ 中央处理器（CPU）┤
                                        │                 └ 控制器
                                ┌ 主机 ─┤                 ┌ 只读存储器（ROM）
                                │       │                 │
                        ┌ 硬件 ─┤       └ 主存储器（内存）─┤ 随机存储器（RAM）
                        │ 系统  │                         │
                        │       │                         └ 高速缓冲存储器（Cache）
                        │       │       ┌ 外存储器（辅助存储器）：硬盘、光盘、U盘
                        │       │       │
                        │       └ 外部 ─┤ 输入设备：键盘、鼠标、扫描仪等
                        │         设备  │ 输出设备：显示器、打印机、绘图仪等
                        │               │
  计算 ─┤              │               └ 其他：网络设备（调制解调器等）、音箱等
  机系统                │               ┌ 操作系统：DOS、UNIX、Windows、Linux
                        │               │
                        │       ┌ 系统 ─┤ 程序设计语言和语言处理程序
                        │       │ 软件  │ 数据库管理系统
                        └ 软件 ─┤       │ 系统服务程序
                          系统  │       └ 网络软件
                                │       ┌ 通用软件：Word、Excel
                                └ 应用 ─┤
                                  软件   └ 专用软件：财务软件等
```

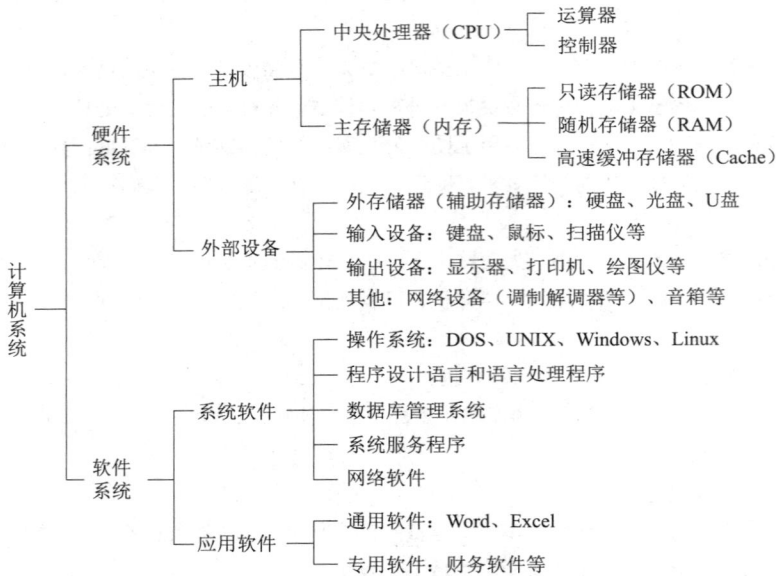

**图 1-1-23  微型计算机系统的基本组成**

（1）计算机的硬件系统

计算机硬件系统主要由运算器、控制器、存储器、输入设备、输出设备五大部分组成。

1）运算器（Arithmetic and Logic Unit，ALU），又称算术逻辑单元。运算器主要完成各种算术运算和逻辑运算，是对信息加工和处理的部件。所谓算术运算，就是数的加、减、乘、除、乘方、开方等数学运算。而逻辑运算则是指逻辑变量之间的运算，即通过与、或、非等基本操作对二进制数进行逻辑判断。

由于在计算机内部，各种运算均可归结为相加和移位两个基本操作，所以运算器的核心是加法器（Adder）。为了能将操作数暂时存放，能将每次运算的中间结果暂时保留，运算器还需要若干个寄存数据的寄存器（Register）。若一个寄存器既保存本次运算的结果，又参与下一次的运算，它的内容就是多次累加的和，这样的寄存器又称为累加器。

以"1+2=？"的运算过程为例。在控制器的作用下，计算机分别从内存中读取操作数（01）$_2$和（10）$_2$，并将其暂存在寄存器 A 和寄存器 B 中。运算时，两个操作数同时传送到运算器，在运算器中由加法器完成加法操作，执行后的结果根据需要传送至某相应的寄存器中或者是传送至存储器的指定单元。

运算器的性能指标是衡量整个计算机的重要因素之一，与运算器相关的性能指标包括计算机的运算速度和字长。

运算速度：计算机的运算速度通常是指每秒钟所能执行的加法指令的数目。常用百万次/秒（Million Instruction Per Second，MIPS）来表示。

字长：指计算机运算部件一次能同时处理的二进制数据的位数。作为存储数据，字长越长，则计算机的运算精度就越高；作为存储指令，字长越长，则计算机的处理能力越强。目前普遍使用的微机系统大多支持 32 位字长的，也有支持 64 位字长的，意味着这种计算机可以并行处理 32 位或 64 位二进制数的算术运算和逻辑运算。

2）控制器。控制器是计算机的"心脏"，用来协调和指挥整个计算机系统的操作，它通过读取指令并进行翻译和分析，再由操作控制部件有序地控制各部件完成操作码规定的功能。同时记录操作中各部件的状态，使计算机能有条不紊地自动执行程序。控制器的作用是按一定顺序产生机器指令执行过程中所需要的全部控制信号，这些控制信号作用于计算机的各个部件，以使其完成某种功能，从而达到执行指令的目的。所以，

控制器的真正作用是控制机器指令执行的过程。

　　机器指令是一个按照一定格式构成的二进制代码串，用来描述一个计算机可以理解并执行的基本操作。现在人们编程所用的高级语言都要转换成机器语言才能够真正地被计算机所识别并执行。

　　机器指令通常由操作码和操作数两部分组成。操作码指明指令所要完成操作的性质和功能。操作数指明操作码完成的操作对象。操作数又分为源操作数和目的操作数，源操作数指明参加运算的操作数来源，目的操作数地址指明保存运算结果的存储单元地址或寄存器名称。例如，"MOV AX,3"指令中，MOV 是操作码，表明要进行移送操作，3 是源操作数，AX 是目的操作数，指令的功能是将立即数 3 移送到 AX 寄存器当中。

　　在微型计算机中，运算器和控制器集成在一起，构成了中央处理器（Central Processing Unit，CPU）。它是计算机系统的核心，能够处理的数据位数是 CPU 的一个最重要的性能标志。时钟主频指 CPU 的时钟频率，是微机性能的另一个重要指标，它的高低一定程度上决定了计算机速度的高低。主频以吉赫兹（GHz）为单位，一般来说，主频越高，速度越快。

　　3）存储器。存储器是计算机的存储部件，用来存放信息。存储器的工作速度相对于 CPU 的运算速度要低很多。存储器有内存储器和外存储器两种，内存储器能直接和 CPU 交换数据，虽然容量小，但存取速度快，一般用于存放那些正在处理的数据或正在运行的程序；外存储器间接和 CPU 交换数据，虽然存取速度慢，但存储容量大，价格低廉，一般用来存放暂时不用的数据。

　　① 内存。内存储器按其工作方式的不同，可分为随机存储器（Random Access Memory，RAM）和只读存储器（Read Only Memory，ROM）。RAM 允许对存储单元进行读写数据操作。在计算机断电后，RAM 中的信息会丢失。人们通常所说的计算机内存容量均指 RAM 存储器容量，即计算机的主存。由于 ROM 中的信息是厂家在制造时用特殊方法写入的，所以 ROM 中的信息可以读出，但不能向 ROM 中写入数据，而且断电后其中的数据也不会丢失。ROM 中一般存放重要的、经常使用的程序或数据，可以避免这些程序和数据受到破坏，如基本输入/输出系统模块等。下面介绍几种常用的 ROM。

　　a. 可编程只读存储器（Programmable ROM，PROM），其内部有行列式的熔丝，视需要利用电流将其烧断，写入所需的资料，但仅能写录一次。PROM 在出厂时，存储的内容全为 1，用户可以根据需要将其中的某些单元写入数据 0（部分的 PROM 在出厂时数据全为 0，则用户可以将其中的部分单元写入 1），以实现对其"编程"的目的。

　　b. 可擦除可编程只读存储器（Erasable Programmable Read Only Memory，EPROM），可利用高电压将资料编程写入。擦除时，将线路曝光于紫外线下，则资料可被清空，可实现数据的反复擦写。通常在封装外壳上会预留一个石英透明窗以方便曝光。

　　c. 电可擦除可编程只读存储器（Electrically Erasable Programmable Read Only Memory，EEPROM），其使用原理类似于 EPROM，但是使用高电场来完成擦除工作，因此不需要透明窗。

　　② 外存。外存可存放大量的数据，且断电后数据不会丢失。常见的外存有硬盘、U 盘和光盘等。

　　a. 硬盘。硬盘（hard disk）是计算机中最重要的存储器之一。因为硬盘存储的容量较大，计算机正常运行所需的大部分软件都存储在硬盘上。硬盘是使用坚硬的旋转盘片为基础的存储设备。

　　硬盘的内部结构：盘体是一个密封的腔体，里面密封着磁头、盘片（磁片、碟片）等部件。硬盘的盘片是硬质磁性合金盘片，普通盘片的转速为 5 400～7 200 r/min。随着技术的进步，现在硬盘的转速最高已达 15 000 r/min。

　　每个盘片的每个面都有一个读写磁头。磁头靠近主轴接触的表面，即线速度最小的地方，是一个特殊的区域，它不存放任何数据，称为启停区或着陆区（Landing Zone）。启停区外就是数据区。在最外圈，离主轴最远的地方是"0"磁道，硬盘数据的存放就是从最外圈开始的。硬盘不工作时，磁头停留在启停区，当需要从硬盘读写数据时，磁盘开始旋转。旋转速度达到额定的高速时，磁头就会因盘片旋转产生的气流而抬起，这时磁头才向盘片存放数据的区域移动。盘片旋转产生的气流相当强，足以使磁头托起，并与盘面保持一个微小的距离。这个距离越小，磁头读写数据的灵敏度就越高，当然，对硬盘各部件的要求也越高。气流既能使磁头脱离开盘面，又能使它保持在离盘面足够近的地方，非常紧密地跟随着磁盘表面呈起伏运动，使磁头飞行处于严格受控状态。磁头必须飞行在盘面上方，而不是接触盘面，这种位置可避免擦伤磁性涂层，而更重要的是，不让磁性涂层损伤磁头。但是，磁头也不能离盘面太远，否则就不能使盘面达到足够强的磁化，难以读出盘上的磁化翻转。

一个硬盘的容量是由以下几个参数决定的，即磁头数 H、柱面数 C、每个磁道的扇区数 S 和每个扇区的字节数 B。将以上几个参数相乘，乘积就是硬盘容量。下面对"盘面""磁道""柱面"和"扇区"的含义逐一进行介绍。

硬盘的每一个盘片都有两个盘面（Side），即上、下盘面，盘面号又叫磁头号，因为每一个有效盘面都有一个对应的读写磁头。磁盘在格式化时被划分成许多同心圆，这些同心圆轨迹叫作磁道（Track）。磁道从外向内从 0 开始顺序编号。硬盘的每一个盘面有 300～1 024 个磁道，新式大容量硬盘每面的磁道数更多。信息以脉冲串的形式记录在这些轨迹中，这些同心圆不是连续记录数据，而是被划分成一段段的圆弧，这些圆弧的角速度一样。由于径向长度不一样，所以，线速度也不一样，外圈的线速度较内圈的线速度大，即同样的转速下，外圈在同样时间段里，划过的圆弧长度要比内圈划过的圆弧长度大。每段圆弧叫作一个扇区，每个扇区中的数据作为一个单元同时读出或写入。所有盘面上的同一磁道构成一个圆柱，通常称作柱面（Cylinder）。数据的读/写按柱面进行，即磁头读/写数据时，首先在同一柱面内从"0"磁头开始进行操作，依次向下在同一柱面的不同盘面即磁头上进行操作，只有在同一柱面所有的磁头全部读/写完毕后，磁头才转移到下一柱面。操作系统以扇区（Sector）形式将信息存储在硬盘上，每个扇区包括 512 字节的数据和一些其他信息。系统将文件存储到磁盘上时，按柱面、磁头、扇区的方式进行，即最先是 1 磁道的第一磁头（也就是第 1 盘面的第一磁道）下的所有扇区，然后，是同一柱面的下一磁头，……，一个柱面存储满后，就推进到下一个柱面，直到把文件内容全部写入磁盘。系统也以相同的顺序读出数据。

b. U 盘。快闪存储器是一种新型非易失性半导体存储器，通常称为 U 盘。当前计算机主机箱前后面板上都配有 USB 接口，在 Win 7 操作系统下，无须驱动程序，通过 USB 接口即插即用，使用非常方便。

c. 光盘。光盘是一种采用光存储技术存储信息的存储器，它采用聚焦激光束在盘式介质上非接触地记录高密度信息。由于光盘存储器容量大、价格低、携带方便及交换性好等特点，已成为计算机中一种重要的辅助存储器。

光盘存储器的分类：

只读型光盘 CD–ROM，所存储的信息由光盘制造厂家预先用模板一次性地写入，以后只能读出数据，而不能再写入任何数据。

一次刻录型光盘 CD–R，不管数据是否填满盘片，只能写入一次，即使还剩余空间，也不能再写，但可以被多次读取。可用于重要数据的长期保存。

可擦写型光盘 CD–RW，由制造厂家提供空盘片，用户可以使用刻录光驱将自己的数据刻写到光盘上，并且可以擦除和重复写入，是一种多次写、多次读的可重复擦写的光存储系统。CD–RW 驱动器完全兼容 CD–R 盘片。

数字视频光盘 DVD，DVD 采用了类似于 CD–ROM 的技术，但是可以提供更大的存储容量。从表面上看，DVD 盘片与 CD–ROM 盘片很相似。但实质上，两者之间有本质的差别。相对于 CD–ROM 光盘 650 MB 的存储容量，DVD 光盘的存储容量可以高达 17 GB。另外，在读盘速度方面，CD–ROM 的单倍速传输速度是 150 KB/s，而 DVD 的单倍速传输速度是 1 358 KB/s。

4）输入设备。是外界向计算机传送信息的装置，如键盘和鼠标。根据需要，还可以配置一些其他的输入设备，如光笔、数字化仪、扫描仪等。

5）输出设备。能将计算机中的数据信息传送到外部媒介，并转化为人们所认识的表示形式的装置，如显示器、打印机、绘图仪等。

（2）计算机的软件系统

软件系统可分为系统软件和应用软件两大类。

1）系统软件。系统软件可以看作用户与计算机的接口，它为应用软件和用户提供了控制、访问硬件的手段。这些功能主要由操作系统完成。此外，编译系统和各种工具软件也属于此类，它们从另一方面辅助用户使用计算机。

① 操作系统（Operating System，OS）。操作系统是管理、控制和监督计算机软、硬件资源协调运行的程序系统，由一系列具有不同控制和管理功能的程序组成，它是直接运行在计算机硬件上的最基本的系统软件，是系统软件的核心。操作系统通常应包括下列五大功能：处理器管理、作业管理、存储器管理、设备管理、文件管理。操作系统的种类繁多，依其功能和特性分为批处理操作系统、分时操作系统和实时操作系统等；依其同时管理用户数的多少，分为单用户操作系统和多用户操作系统。没有操作系统，用户就无法使用其他软件或程序。作为最底层的软件，其自身必须是安全和稳定的，即操作系统本身不能出现故障，否则就只能重新装入系统，这样有可能会造成计算机上的很多数据丢失。

② 程序设计语言与语言处理程序。人们要利用计算机解决实际问题，一般首先要编制程序。程序设计语言一般分为机器语言、汇编语言和高级语言三类。机器语言是直接用二进制代码表达的语言，是计算机唯一能直接识别和执行的程序语言。但机器语言的编写、调试、修改和维护都用二进制代码来完成，极难记忆与掌握。为了克服机器语言的缺点，人们想到直接使用英文单词或缩写代替难以理解和记忆的二进制代码，从而出现了汇编语言。但计算机无法直接识别和执行汇编语言程序，必须进行翻译，即使用语言处理软件将汇编语言程序编译成机器语言（目标程序），再连接成可执行程序在计算机中执行。汇编语言虽然比机器语言前进了一步，进行了符号化，但使用起来仍很不方便，而且汇编语言的通用性差，于是出现了高级语言。高级语言是目前最接近人类自然语言和数学公式的程序设计语言，如果要在计算机上运行高级语言程序，也必须配备程序语言翻译程序。翻译程序本身是一组程序，不同的高级语言都有相应的翻译程序。对源程序进行解释和编译的程序，分别叫作解释程序和编译程序。编译方式和解释方式的区别是：编译方式是将源程序经过编译、连接得到可执行文件，之后可脱离源程序和编写环境，单独执行，所以编译方式的效率高、执行速度快、通用性好。解释方式是将源程序逐句翻译、逐句执行的方式，因此不产生目标程序，而是翻译一行执行一行，边翻译边执行，所以执行效率相对较低、执行速度慢。

③ 服务程序。服务程序能够提供一些常用的服务性功能，它们为用户开发程序和使用计算机提供了方便，主要是指一些为计算机系统提供服务的工具软件和支撑软件。像微机上经常使用的诊断程序、调试程序、编辑程序等均属此类，例如，Windows 中的磁盘整理工具、诺顿（Norton）计算机维护工具软件等。

④ 数据库管理系统（DBMS）。数据库是指按照一定联系存储的数据集合，可为多种应用共享。数据库管理系统则是能够对数据库进行加工、管理的系统软件。数据库系统不但能够存放大量的数据，更重要的是能迅速、自动地对数据进行检索、修改、统计、排序、合并等操作，以得到所需的信息。

2）应用软件。为解决各类实际问题而设计的程序系统称为应用软件。例如，文字处理、表格处理、电子文稿演示等办公软件，动画制作、音频视频处理软件等多媒体处理软件，Web 浏览器、下载工具等 Internet 工具软件，财务管理软件等。

7. 常用的计算机术语

（1）数据

可用计算机进行处理的对象，如数字、字母、符号、文字、图形、声音、图像等。在计算机中，数据是以二进制的形式进行存储和运算的，它共有三种计量单位：位、字节、字。

（2）位（bit）

数据的最小单位为二进制的 1 位，由 0 和 1 来表示。

（3）字节（Byte）

通常将 8 位二进制数编为一组，称为一个字节（Byte）。从键盘上输入的每一个数字、字母、符号的编码用一个字节来存储。一个汉字的机内编码由两个字节来存储。

（4）存储容量

存储容量是指计算机存储信息的容量，它的计算单位是 B（字节）、KB、MB、GB、TB、PB 等。其换算公式如下：

千字节　　1 KB=$2^{10}$ B=1 024 B 　　　　兆字节　　1 MB=$2^{20}$ B=1 024 KB

吉字节　　1 GB=$2^{30}$ B=1 024 MB　　　　太字节　　1 TB=$2^{40}$ B=1 024 GB

拍字节　　1 PB=$2^{50}$ B=1 024 TB

8. 计算机中的数制

数制也称为计数制，是指用一种固定的符号和统一的规则来表示数值的方法。计算机处理的数据往往是以数字、字符、符号等形式出现的，但计算机内部都是电子元件，只识别二进制符号 0 和 1，因此这些数据都被处置成二进制形式。

（1）常用数制

计算机中的常用数制有十进制、二进制、八进制和十六进制。

（2）各种进制能使用的数码

十进制：0、1、2、3、4、5、6、7、8、9

二进制：0、1

八进制：0、1、2、3、4、5、6、7

十六进制：0、1、2、3、4、5、6、7、8、9、A、B、C、D、E、F

（3）基本概念

数位：指数码在一个数中所处的位置。

基数：指在某种进位计数制中，每个数位上所能使用的数码的个数，如八进制基数为 8。

位权：指在某种进位计数制中，每个数位上的数码所代表的大小等于在这个数位上的数码乘上一个固定的数值，这个固定的数值就是此种进位计数制该位上的位权。数码所处的位置不同，代表数的大小也不同。例如，十进制数 1234 中的 1 代表 $1 \times 10^3$，八进制数 257 中的 5 代表 $5 \times 8^1$。各种数制（N 进制）的进位运算规律：逢 N 进一，借一当 N。

（4）不同进制数的表示

为了区分二、八、十、十六进制这四种数制，可以在数的后面放一个英文字母作为标识符，有的为了方便，在数的后面加一个该进制的基数作为标识。二进制数用 B（Binary）、八进制数用 O（Octal）、十进制数用 D（Decimal）、十六进制数用 H（Hexadecimal）。D 可以省略不用，即不带标识符的数是十进制数。如 234H 表示一个十六进制数，$(10110001)_2$ 表示一个二制数。

（5）数制转换

① 其他进制转换成十进制数据的方法：多项式展开求和法。

$(123)_{10}=1 \times 10^2+2 \times 10^1+3 \times 10^0$

$(123)_8=1 \times 8^2+2 \times 8^1+3 \times 8^0=(83)_{10}$

$(10110001)_2=1 \times 2^7+1 \times 2^5+1 \times 2^4+1 \times 2^0=(177)_{10}$

② 十进制转换成其他进制数据的方法：除以基数取余数并倒序排列。

$(123)_{10}=(173)_8$

```
8│123    …………余3
 8│15    …………余7
  8│1    …………余1
    0
```

9. 鼠标的使用方法

① 指向：在不按鼠标的情况下，在屏幕上移动鼠标指针，使它直接位于被选对象上，称为指向。当用户要对某个对象进行操作时，首先要指向这个对象。

② 单击：在当前指向的对象上，按下鼠标左键并立即释放。

③ 双击：快速两次单击鼠标左键，可以打开文件夹和文件。

④ 拖动：用鼠标指向一个对象，在按住鼠标左键的同时，移动鼠标指针。它可以把对象从一个地方移动到另一个地方，当指针移动到合适的位置时，释放鼠标左键。

⑤ 右击：按下鼠标右键，立即释放。单击鼠标右键后，通常会出现一个快捷菜单。

## 1.1.5　技巧与提高

1. 本机磁盘容量的查看

右击桌面上的"计算机"图标，在弹出的快捷菜单中选择"管理"命令，打开"计算机管理"窗口，如图 1-1-24 所示。在工作区左侧的树状目录中单击"存储"→"磁盘管理"命令，工作区右侧将显示本系统安装的全部磁盘及其工作状态、磁盘容量等信息。

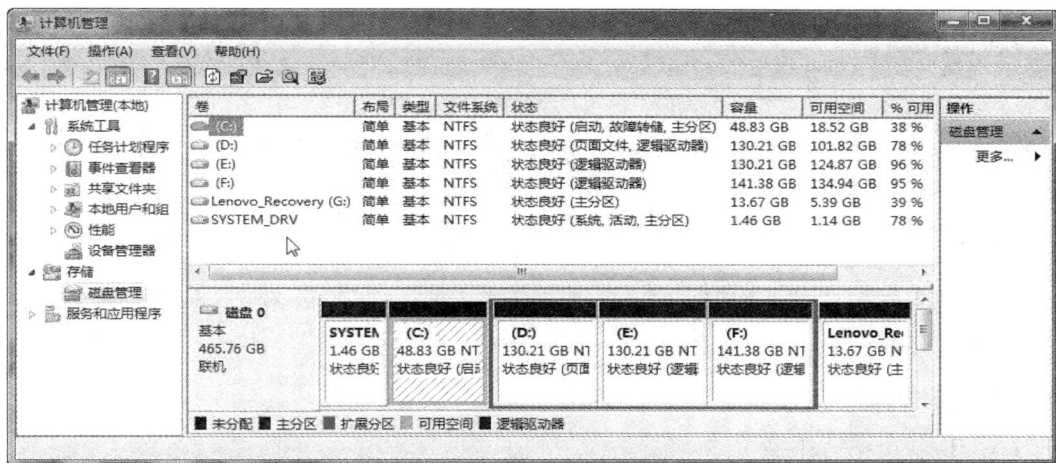

图 1-1-24　查看磁盘的容量

2. CPU 时钟频率、内存容量的查看

时钟频率是指 CPU 在单位时间（s）内发出的脉冲数。时钟频率越高，计算机的运算速度也越快。单位是兆赫兹（MHz）、吉赫兹（GHz）。

内存容量是衡量微机内部存储器能存储二进制信息量大小的一个技术指标。指内存储器能够存储信息的容量大小。容量越大，运行速度越快。

右击"计算机"图标，在弹出的快捷菜单中选择"属性"命令，打开"系统属性"对话框，该对话框的右下方显示了 CPU 的时钟频率和内存容量等信息，如图 1-1-25 所示。

3. 查看计算机安装的硬件型号

右击"计算机"图标，在弹出的快捷菜单中选择"属性"命令，打开"系统属性"对话框，单击"设备管理器"命令，弹出"设备管理器"窗口，该窗口列出了本机安装的显卡、声卡、磁盘驱动器等硬件设备的型号等信息，如图 1-1-26 所示。

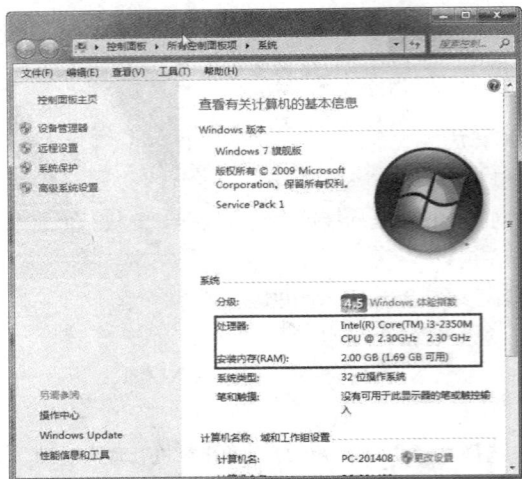

图 1-1-25　查看 CPU 时钟频率、内存容量

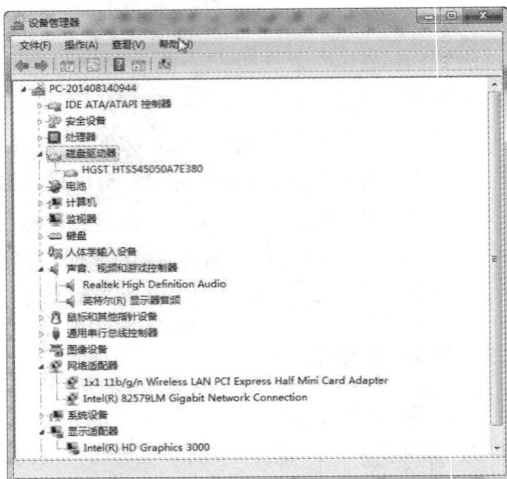

图 1-1-26　查看计算机中安装的硬件型号

### 1.1.6　训练任务

① 一名新入学的大学生想组装一台计算机，以满足在学期间基本的学习及娱乐需求，大概花费 3 200～3 400 元。请到电脑公司或电子市场做调研，给出一个基本配置的表单。

② 想一想，如果你有一台计算机，你想安装什么软件？这些软件有什么用途？

## 任务 1.2　办公文件的保存与管理

计算机上的各种信息以文件形式保存在磁盘上，在日常工作中，为了便于对信息的使用，需要经常对磁盘上的文件进行维护和整理，如文件或文件夹的复制、移动、删除等操作。

### 1.2.1　任务描述

小张是公司宣传员，现在要为该公司制作一个宣传画册，从公司各部门的相关人员处收集来的资料很多，包括一些宣传文档、图片、视频等。但随着工作的不断深入，用到的素材越来越多，随意存放的这些文件显得杂乱无章，有时需要的素材文件又不易找到，弄得他心烦意乱。因此，他决定对这些文件进行有序管理，但对于没有文件管理经验的他来说，又不知如何才能办到。请用 Win 7 中关于文件管理的知识，帮助小张对这些杂乱无章的资料进行分类和管理。整理之后的效果如图 1-2-1 所示。

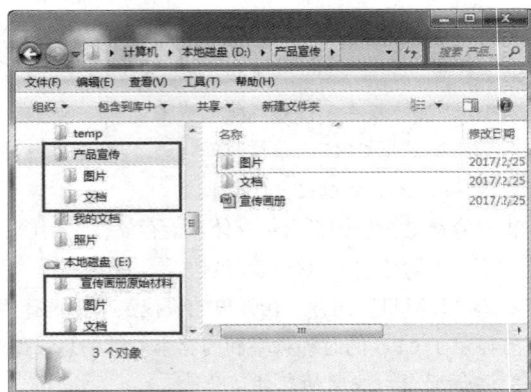

图 1-2-1　产品宣传文件夹的整理结果

### 1.2.2　任务分析

本工作任务要求对几个简单的办公文件进行整理，学习文件管理一定要做到两点：首先，要把成千上万的文件进行"分类存放"；其次，要对重要的文件做好备份。"备份"就是把重要的文件复制一份存放在其他

地方，以防原文件丢失。

为完成本项工作任务，提出了一套解决方案：

① 以 D 盘或其他盘为数据盘，不要将数据文件放在 C 盘，因为 C 盘一般作为系统盘，专门用于安装系统程序和各种应用软件。

② 在 D 盘建立多个文件夹，用来分别存放公司宣传、临时工作等不同类型的文件；文件夹或文件最好用中文命名，这样可以一目了然。

③ 重要的文件，包括目前正在制作的公司宣传等，每次必须把文件的最新结果复制一份存放在另外一个磁盘或 U 盘中，作为文件备份。

④ 对桌面上经常访问的文件夹建立快捷方式，省去反复打开文件夹的操作。

⑤ 经常清理计算机中的垃圾文件，保持计算机在比较轻松的环境中工作；定期清理回收站；对文件和文件夹进行整理，删除不必要的文件或文件夹。

## 1.2.3　任务实现

1. 建立文件夹

首先，在 D 盘下建立一个新的文件夹"产品宣传"：

① 双击"计算机"，双击 D 盘驱动器图标。

② 在"文件"菜单中选择"新建"→"文件夹"命令，在文件夹名称中键入"产品宣传"，按 Enter 键或用鼠标在空白区域单击一下确定。

用上面的方法在"产品宣传"文件夹中建立"图片"和"文档"两个子文件夹。

2. 移动文件

把"公司简介"等相关的文字材料移到"D:\产品宣传\文档"文件夹中；将产品的图片等文件移动到"D:\产品宣传\图片"文件夹中。

① 选中"D:\公司简介.txt"文件，选择菜单中的"编辑"→"剪切"命令，将文件放到剪贴板上。

② 双击"产品宣传"文件夹图标，打开该文件夹，再双击"文档"文件夹图标，选择菜单中的"编辑"→"粘贴"命令。

找到其他文件及图片，分别移动到指定的文件夹。

3. 将文件夹"产品宣传"复制到 E 盘作为数据备份

① 单击"D:\产品宣传"，文件夹被选中，选择菜单"编辑"→"复制"命令。

② 单击窗口左上角的"返回上一级"按钮，双击 E 盘图标打开 E 盘，选择菜单中"编辑"→"粘贴"命令。

4. 将"E:\产品宣传"文件夹改名

选中 E 盘中的"产品宣传"文件夹，选择菜单中的"文件"→"重命名"命令，在名称框中输入"宣传画册原始材料"，在窗口任意空白位置单击鼠标或按一下 Enter 键。

5. 将文件夹设置为只读属性

打开 E 盘，右击"宣传画册原始材料"文件夹，在弹出的快捷菜单中选择"属性"命令，弹出"文件属性"对话框，将文件属性设置为"只读"，如图 1-2-2 所示。

6. 建立快捷方式

小张在制作宣传画册时，经常要打开 D 盘"产品宣传"文件夹下的"宣传画册.doc"文件，觉得很麻烦，于是他决定在桌面上为文件"宣传画册.doc"建立快捷方式，以便快速打开这个文件。

① 双击桌面上"计算机"图标，双击 D 盘，双击"产品宣传"文件夹。

② 右击"宣传画册.doc",在弹出的快捷菜单中选择"发送到"→"桌面快捷方式"命令,如图 1-2-3 所示。桌面上的快捷方式图标左下角带有箭头标志 ,表示是快捷方式,它实际上是一个指向原文件的链接。双击该图标就可以打开文档。

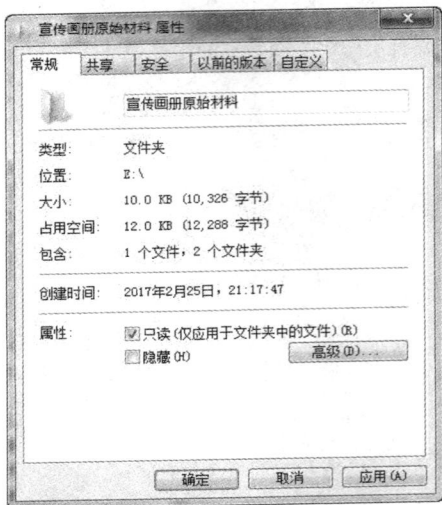

图 1-2-2    文件夹属性对话框

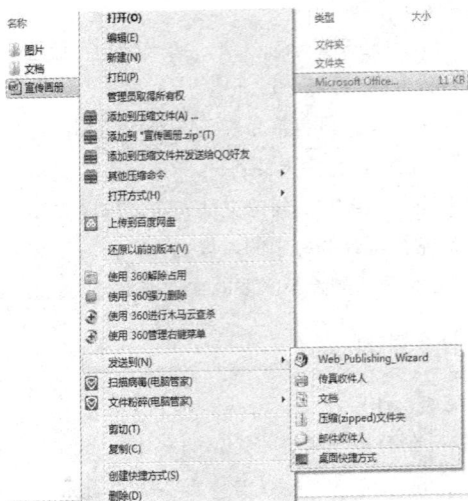

图 1-2-3    创建桌面快捷方式

7. 删除"E:\宣传画册原始材料\公司的联系方式.txt"文件

① 双击桌面上"计算机"图标,在窗口中双击 E 盘驱动器图标,双击"宣传画册原始材料"文件夹,单击"公司的联系方式.txt 文件。

② 选择菜单中"文件"→"删除"命令将该文件删除,或者右击该文件,在弹出的快捷菜单中选择"删除"命令。

### 1.2.4  知识精讲

1. 文件和文件夹的概念

文件就是用户赋予了名字并存储在磁盘上的信息的集合,它可以是用户创建的文档,也可以是可执行的应用程序或一张图片、一段声音等。文件夹是系统组织和管理文件的一种形式,是为方便用户查找、维护和存储而设置的,用户可以将文件分门别类地存放在不同的文件夹中。

任何一个文件都有文件名,文件名一般由主文件名和扩展名两部分组成,主文件名一般代表文件内容的标识,扩展名代表了文件的类型。例如:"公司简介.doc",主文件名为"公司简介"(代表文章内容是介绍公司基本概况、发展历程的),扩展名为"doc"(document,代表用 Word 编辑的文档)。

Win 7 文件的命名规则如下:

① 文件名、文件夹名称不能超过 255 个字符。

② 不能包含以下字符:"/""\"":""*""?""""<"">""|"。

③ 在同一个文件夹中的文件、文件夹名称不能相同。

④ 文件的扩展名表示文件的类型,通常为 1~3 个字符,如.bmp(位图文件)、.exe(可执行文件)、.c(C 语言程序)、.txt(文本文件)。

⑤ 文件和文件夹名不区分大小写字母。

2. 路径

明确一个文件,不仅要给出该文件的文件名,还应给出该文件的路径——可查找路径。路径是指从根目录（或当前目录）开始，到达指定的文件所经过的一组目录名（文件夹名），盘符与文件夹名之间以"\"分隔，文件夹与下一级文件夹之间也以"\"分隔，文件夹与文件名之间仍以"\"分隔。在同一个文件夹中，Win 7 不允许两个文件（子文件夹）同名；在不同的路径中，允许两个或更多个文件同名。

例如：

E:\歌曲\我的 MP3 音乐\天堂.mp3

表示存储在"E 盘"→"歌曲"文件夹→"我的 MP3 音乐"子文件夹的"天堂"这首歌的文件，指明了文件所在的盘符和所在具体位置的完整路径，即为绝对路径。如果用户现在打开的是在 E 盘"歌曲"文件夹窗口，想找到"天堂"这首歌，只要从当前位置开始，向下找到"我的 MP3 音乐"子文件夹，再向下找到"天堂"即可，即表示为"我的 MP3 音乐\天堂.mp3"，这种以当前文件夹开始的路径，即为相对路径。

3. 文件和文件夹的选定

（1）选定单一文件或文件夹

选定单一文件或文件夹，直接单击要选定的文件或文件夹即可。

（2）同时选定多个文件或文件夹

① 选定当前窗口显示的全部文件和文件夹：单击窗口的"编辑"菜单的"全选"命令，或按快捷键 Ctrl+A。

② 选定连续排列的一组文件和文件夹：单击该组的第一个对象，再将光标移到该组的最后一个对象上，按住 Shift 键的同时单击。

③ 选定多个不连续文件和文件夹：按住 Ctrl 键后，单击要选定的各个对象。

④ 选定多组文件和文件夹：第一组的选定按照前面介绍的方法；选定第二组时，按住 Ctrl 键，单击第二组的第一个对象，继续按住 Ctrl 键，移动光标到第二组的最后一个对象上，在按住 Ctrl 和 Shift 键的同时单击第二组的最后一个对象。在选定其他组时，方法相同。

⑤ 利用"编辑"菜单的"反向选择"命令，可以选定全区域内未选定的对象，而取消已经选择的对象。

⑥ 选择一块区域中的所有对象：用鼠标单击并按住鼠标左键拖动，会出现虚框，凡是被矩形框框住的文件或文件夹，都处于被选中状态。

要取消选定文件或文件夹，在空白处单击即可；若取消某个选定，可按住 Ctrl 键不放，并单击要取消的文件（文件夹）。

4. 新建文件和文件夹

① 在"计算机"窗口中，选择要创建文件夹或文件的驱动器或文件夹图标，选择"文件"菜单的"新建"命令，弹出它的级联菜单。在"文件"菜单的"新建"级联菜单中，包含多个命令，利用它们可以在所选驱动器或文件夹中建立文件夹、快捷方式、文本文件、Word 文档、Excel 工作表等。

② 在窗口空白处单击右键，弹出快捷菜单，在快捷菜单的"新建"命令中，包含着与"文件"菜单的"新建"命令中同样的子命令，利用它们也可以在所选驱动器或文件夹中建立文件夹、快捷方式、文本文件、Word 文件、Excel 工作表等。

③ 在"计算机"窗口中，在工具栏中单击"新建文件夹"按钮，即可建立一个新的文件夹。

5. 文件夹和文件的复制

（1）在"计算机"中利用菜单或工具栏复制文件或文件夹

① 在"计算机"的窗口（左窗口或右窗口）选定要复制的文件或文件夹。

② 打开窗口的"编辑"菜单，单击"复制"命令；或在窗口工具栏上按"组织"按钮，在其下的菜单中选择"复制"命令；或直接右键单击要复制的文件（文件只能在右窗口）或文件夹，在弹出快捷菜单中选择"复制"命令，将要复制的对象放入"剪贴板"。

③ 选择目标驱动器或文件夹，在窗口的"编辑"菜单中选择"粘贴"命令；或在窗口工具栏上按"组织"按钮，在其下的菜单中选择"粘贴"命令；或在目标驱动器或文件夹的窗口单击右键，在快捷菜单中选

择"粘贴"命令。

④ 利用鼠标拖动的方法复制文件或文件夹。

在"计算机"窗口中选定要复制的文件或文件夹。当在不同的驱动器之间复制时，直接拖动选定的文件或文件夹到目标驱动器或到文件夹图标上面，在目标驱动器或文件夹的名称反向显示时，释放鼠标左键可以完成复制；当在同一驱动器的不同文件夹之间复制时，按住 Ctrl 键后用鼠标左键拖曳选定的文件或文件夹到目标驱动器或到文件夹的图标上，在目标驱动器或文件夹的名称反向显示时，释放鼠标左键，可以完成复制。

（2）利用快捷键的方法复制文件或文件夹

① 选定要复制的文件或文件夹，按 Ctrl+C 组合键进行复制。

② 选定目标位置，按 Ctrl+V 组合键进行粘贴。

6. 文件夹和文件的移动

（1）在"计算机"中利用菜单或工具栏移动文件或文件夹

① 在"计算机"的窗口（左窗口或右窗口）选定要移动的文件或文件夹。

② 打开窗口的"编辑"菜单，单击"剪切"命令；或在窗口工具栏上按"组织"按钮，在其下的菜单中选择"剪切"命令；或直接右键单击要移动的文件或文件夹，弹出快捷菜单，在菜单中选择"剪切"命令，将要移动的对象放入"剪贴板"。

③ 在左窗口中选择目标驱动器或文件夹，在窗口的"编辑"菜单中选择"粘贴"命令；或在窗口工具栏上按"组织"按钮，在其下的菜单中选择"粘贴"命令；或直接用右键单击目标驱动器或文件夹，弹出快捷菜单，在快捷菜单中选择"粘贴"，即可完成文件或文件夹的移动。

也可以利用鼠标拖曳的方法移动文件或文件夹：在"计算机"窗口中选定要移动的文件或文件夹。当在不同的驱动器之间移动时，按住 Shift 键并拖动选定的文件或文件夹到目标驱动器或到文件夹的图标上面，当目标驱动器或文件夹的名称反向显示时，释放鼠标左键可以完成移动；当在同一驱动器的不同文件夹之间移动时，不需按住 Shift 键，直接拖动即可。

（2）利用快捷键的方法移动文件或文件夹

① 选定要复制的文件或文件夹，按 Ctrl+X 组合键进行移动。

② 选定目标位置，按 Ctrl+V 组合键进行粘贴。

7. 文件或文件夹的重命名

① 在"计算机"窗口中，选定要重命名的文件或文件夹，选择"文件"菜单的"重命名"命令。输入新的文件或文件夹名称，再用鼠标左键单击任意的空白位置或按 Enter 键确定。

② 在"计算机"窗口中，在要重命名的文件或文件夹上右击，弹出快捷菜单，单击"重命名"命令。

③ 在"计算机"窗口中，在要重命名的文件或文件夹上单击，使其处于选中状态，再单击其名称。进行以上操作时，当文件或文件夹的名称反向显示，且被方框框住时，可以直接输入新名称，修改完毕，按 Enter 键。

8. 文件或文件夹的删除与还原

① 在"计算机"窗口中，选定要删除的文件或文件夹，选择"文件"菜单的"删除"命令。

② 在"计算机"窗口中，选定要删除的文件或文件夹，直接按 Delete 键。

③ 在"计算机"窗口中，在要删除的文件或文件夹图标上右击，在弹出的快捷菜单中选择"删除"命令。

④ 在"计算机"窗口中，选定删除的文件或文件夹，在窗口工具栏上按"组织"按钮，在其下的菜单中选择"删除"按钮。

以上操作都会出现确认文件或文件夹删除询问对话框，单击"是"按钮，即可删除。

⑤ 在"计算机"中选定要删除的文件或文件夹，直接将它们拖曳到回收站。

**注意**：在执行以上操作时，若按住 Shift 键的同时进行以上操作，要删除的文件或文件夹将不进入"回收站"而直接从计算机中彻底删除，不能恢复。

文件和文件夹删除后进入"回收站"，如果认为删除错误，要将文件还原到原来的位置，则打开桌面的"回收站"，选择要还原的文件或文件夹，单击鼠标右键，在弹出的快捷菜单中选择"还原"命令，或者选择"文件"菜单的"还原"命令，文件或文件夹即可恢复到原来位置。

9. 文件和文件夹的属性

利用属性对话框可以查看或设置文件及文件夹的属性。

（1）文件夹属性

在"计算机"窗口中，选择要查看或设置属性的文件夹的图标，单击"文件"菜单的"属性"命令；或选择要查看或设置属性的文件夹的图标后，在窗口工具栏上按"组织"按钮，在其下的菜单中选择"属性"命令；或右击要查看或设置属性的文件夹的图标，弹出快捷菜单，选择"属性"命令。以上方法都会弹出文件夹"属性"对话框。

在"属性"对话框中，一般都有"常规"选项卡和"共享"选项卡。通过"常规"选项卡可以知道文件夹的类型、位置、大小、占用空间、包括的文件夹和文件数目、创建时间和属性，可以利用"属性"对话框中的选项修改文件夹的属性；利用"共享"选项卡可以设置文件夹的共享。

（2）文件属性

在"计算机"窗口中，选定要查看或设置属性的文件的图标，单击"文件"菜单的"属性"命令；或选定要查看或设置属性的文件的图标后，在窗口工具栏上按"组织"按钮，在其下的菜单中选择"属性"命令；或右击要查看或设置属性的文件的图标，弹出快捷菜单，选择"属性"命令。以上方法都会弹出文件属性对话框。

选择的文件类型不同，弹出的对话框的选项卡的数目也不同，一般的对话框都有"常规"和"摘要"选项卡。通过"常规"选项卡可以知道文件的类型、位置、大小、占用空间、创建时间、修改时间、访问时间和属性，利用"常规"选项卡可以修改文件的属性；在"摘要"选项卡中，有标题、主题、作者、类别、关键字、备注等，可以根据需要输入。

10. 文件和文件夹的搜索

在"计算机"窗口中查找文件或文件夹时，在窗口右上角的"搜索"栏中输入要搜索的文件或文件夹名称，如图 1-2-4 所示，或按要求决定要搜索的文件大小、日期等条件，即可开始进行查找。

**图 1-2-4　搜索对话框**

**11. 文件或文件夹的打开**

在"计算机"中打开文件或文件夹的方法有四种：

① 选定要打开的文件或文件夹图标后，单击"文件"菜单的"打开"命令，可以打开选定的文件或文件夹。

② 直接在要打开的文件或文件夹的图标上双击，可以打开选定的文件或文件夹。

③ 右击选定的文件或文件夹图标，弹出快捷菜单，单击快捷菜单的"打开"命令，可以打开选定的文件或文件夹。

④ 选定要打开的文件或文件夹图标后，按 Enter 键。

**12. 剪贴板**

剪贴板（ClipBoard）是内存中的一块区域，是 Windows 内置的一个非常有用的工具，通过剪贴板，使得在各种应用程序之间传递和共享信息成为可能。然而，美中不足的是，剪贴板只能保留一份数据，每当新的数据传入，旧的便会被覆盖。剪贴板可以存放的信息种类是多种多样的。剪切或复制时，保存在剪贴板上的信息，只有在剪贴或复制另外的信息，或停电，或退出 Windows，或有意地清除时，才可能更新或清除其内容，即剪贴或复制一次，就可以粘贴多次。

PrintScreen 键是一个拷屏键，按下 PrintScreen 键，当前屏幕上显示的内容将会被全部抓取下来。通过 PrintScreen 键可以迅速抓取当前屏幕内容，然后粘贴到"画图"或 Photoshop 之类的图像处理程序中，即可进行后期的处理。但通常只需要抓取当前活动窗口中的内容，因此，每次抓图后都要进行适当的裁剪，非常麻烦。其实，可以在按住 Alt 键的同时，按下 PrintScreen 进行屏幕抓图，这样抓下来的图像仅仅是当前活动窗口的内容，然后保存即可。

**13. 快捷方式**

应用程序安装在不同的路径，若要打开应用程序，需要进入其文件所在目录，然后双击程序运行，若是不清楚应用程序或文件安装在什么路径就很麻烦。有了快捷方式，一切就简单了。建立这个应用程序的快捷方式后，可以将快捷方式放到任何地方（应用程序不能到处乱移动），比如桌面、开始菜单、用户常用的文件夹等，双击快捷方式，就可以运行程序了。

在桌面上建立文件的快捷方式有两种方法。

① 右击桌面，在弹出的快捷菜单中选择"新建"→"快捷方式"命令，在弹出的"创建快捷方式"对话框中的文本框中输入文件的正确路径，如图 1-2-5 所示。单击"下一步"按钮，在弹出的新对话框中输入快捷方式的名称，如图 1-2-6 所示，单击"完成"按钮即可。

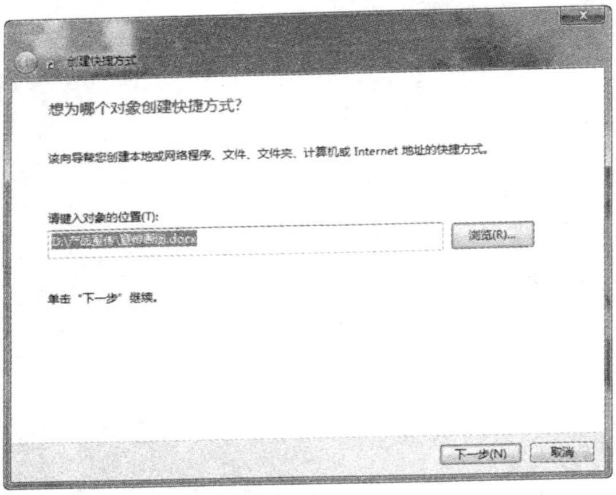

图 1-2-5　输入路径 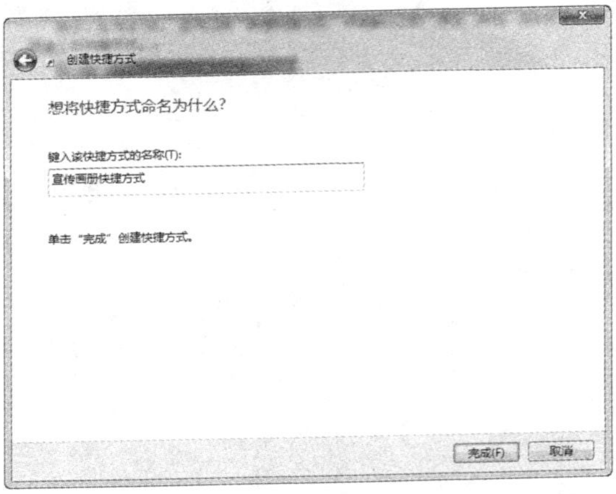　　　　　　　　　　　　　图 1-2-6　输入名称

**提示**：在 Win 7 中，可以按"创建快捷方式"对话窗口上的"浏览"按钮，选择文件夹和文件，再建立其快捷方式。

② 右击文件，在弹出的快捷菜单中选择"发送到"→"桌面快捷方式"命令即可。

14. 计算机图标

"计算机"是 Win 7 系统提供的资源管理工具，可以用它查看本台电脑的所有资源，特别是它提供的树形文件系统结构，能更清楚、更直观地展示电脑的文件和文件夹。

"计算机"也是窗口，其各组成部分与一般窗口大同小异，其特别之处是整个窗口包括文件夹窗口和文件夹内容窗口。左边的文件夹窗口以树形目录的形式显示文件夹，右边的文件夹内容窗口是左边窗口中所打开的文件夹中的内容，如图 1-2-7 所示。

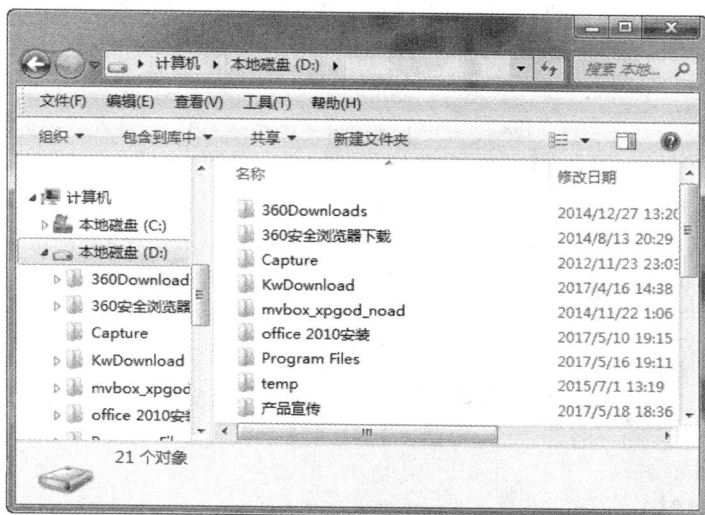

图 1-2-7　"计算机"窗口

（1）"计算机"窗口的组成

计算机分为左窗口和右窗口，中间有左右分隔条，拖动分隔条可改变左右窗口大小。

左窗口：左窗口显示各驱动器及内部各文件夹列表等。

● 选中（单击文件夹）的文件夹称为当前文件夹，此时其图标呈打开状态，名称呈反向显示。

● 文件夹左方有标记"▷"的，表示该文件夹有尚未展开的下级文件夹，单击"▷"可将其展开（此时变为◢）；没有标记的，表示没有下级文件夹。

右窗口：显示当前文件夹所包含的文件和下一级文件夹。

● 右窗口的显示方式可以改变：右击后，在快捷菜单中选择"查看"命令或选择"查看"菜单，可以超大图标、大图标、小图标、列表、详细资料显示。

● 右窗口的排列方式可以改变：右击后，在快捷菜单中选择"排序方式"命令或选择"查看"菜单→"排序方式"，可按名称、按类型、按大小、按修改日期、递增或递减显示。

（2）移动与复制文件（夹）

在"计算机"窗口中移动与复制文件或文件夹非常方便，可以直接用鼠标拖动来完成移动与复制操作。

① 移动：按住 Shift 键将文件（夹）拖动到"计算机"左窗口的目标文件夹；如在同一驱动器中移动，则不用按 Shift 键。

② 复制：按住 Ctrl 键将文件（夹）拖动到"计算机"左窗口的目标文件夹；如在不同驱动器间复制，则不用按 Ctrl 键。

### 1.2.5 技巧与提高

**1. 文件通配符**

通配符有星号"*"和问号"？"两种。当查找文件或文件夹时，可以使用它来代替一个或多个真正的字符；当不知道真正的字符或者不想键入完整的名字时，常常使用通配符代替一个或多个真正的字符。

（1）"*"通配符

可以代表所在位置的 0 个或多个字符。例如："*.*"可以代表所有的文件夹和文件；"*.bmp"代表所有的主文件名任意、扩展名是 bmp 的位图文件。"A*.*"代表所有的以字符"A"开头的文件。如果正在查找以 AEW 开头的一个文件，但不记得文件名其余部分，可以输入"AEW*"，查找以 AEW 开头的所有文件类型的文件，如 AEWT.txt、AEWU.EXE、AEWIX.dll 等。要缩小范围，可以输入 AEW*.txt，查找以 AEW 开头，并且以.txt 为扩展名的文件，如 AEWIP.txt、AEWDF.txt。

（2）"？"通配符

可以代表所在位置的一个字符。例如，"A?.Doc"可以代表以"A"字母开头，主文件名只有两个字符且第二个字符不确定，扩展名是.doc 的文件。

**2. 文件扩展名的显示与隐藏**

在"计算机"中选择"工具"菜单"文件夹选项"命令，弹出"文件夹选项"对话框，如图 1-2-8 所示。

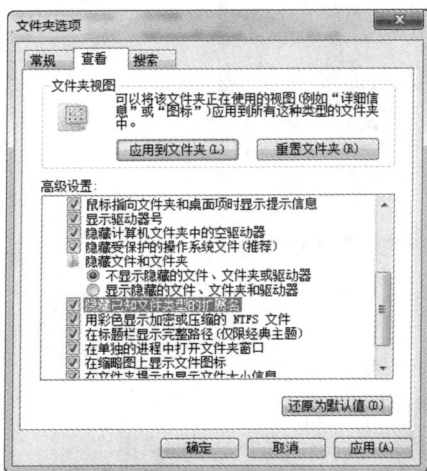

图 1-2-8 "文件夹选项"对话框

单击"查看"选项卡，拖动"高级设置"列表框中的垂直滚动条，选中"隐藏已知文件类型的扩展名"复选项后，按"确定"按钮，则窗口中所有的文件扩展名将不再显示。相反，取消选中此复选项，则文件的扩展名就会显示出来。注意，文件重命名时，一般不要改变其扩展名，否则文件可能无法正常打开。

**3. 隐藏文件的显示**

设置了隐藏文件属性的文件和文件夹一般在"计算机"窗口中不能显示出来，对它们进行删除或重命名、复制等操作时，由于看不到该文件而无法进行操作。用上面的文件夹选项对话框，同样可以将隐藏文件显示出来。具体操作步骤是：在"计算机"中选择"工具"菜单"文件夹选项"命令，弹出"文件夹选项"对话框，如图 1-2-8 所示，单击"查看"选项卡，拖动"高级设置"列表框中的垂直滚动条，选中"显示隐藏的文件、文件夹和驱动器"单选项后按"应用"按钮，再按"确定"按钮。

### 1.2.6 训练任务

在计算机上完成如下操作：

① 在 D:盘根目录下建立一个"学生信息"文件夹，在"学生信息"文件夹下分别以自己的学号和姓名为文件夹名建立两个子文件夹。

② 在"学生信息"文件夹中建立一个文本文件，文件名为"个人简历.txt"，文件的内容包括自己的学号、姓名和籍贯。

③ 将"学生信息"中的文件"个人简历.txt"分别复制到"学号"和"姓名"两个文件夹中，将"学号"中的文件重新命名为"自我简介.txt"，将"姓名"中的文件属性设为"只读"和"隐含"。

④ 在 C 盘中查找以字母"a"开头，以字母"t"结尾，扩展名为"dll"的前 5 个文件，将其复制到"姓名"文件夹中。

⑤ 进入 C:\windows 文件夹，通过大图标、小图标、列表、详细资料方式显示文件和目录。

⑥ 通过鼠标选中 C:\windows 文件夹下的前三个位图文件（扩展名为 bmp），将其复制到 D 盘中的学生信息目录下。

# 任务 1.3　接入公司局域网

计算机网络已经成为当今社会生活中一种不可缺少的信息处理和通信工具，是社会生活的重要组成部分。很多企事业单位都组建了局域网，并开发了相应的办公自动化（Office Automation，OA）系统，提高了企事业单位内部的办公效率与质量。

## 1.3.1　任务描述

小张是一名企业新员工，公司为他新配置了一台电脑，他需要将自己的计算机接入单位的局域网，以方便使用公司局域网上的信息。

## 1.3.2　任务分析

完成本项工作任务，需要进行如下操作：

① 检查计算机的网卡是否工作正常。

② 使用一根双绞线电缆，将计算机的网卡接口与局域网信息插座或交换机连接起来。

③ 配置计算机的 IP 协议的各项参数，包括 IP 地址、子网掩码、网关与 DNS 服务器地址。

④ 配置计算机的工作组和计算机名，重启后生效。

⑤ 使用 ping 命令测试 IP 地址的有效性。

该工作任务的实施，要求操作人员具有计算机网络的基本概念，了解常用的网络传输介质与通信设备，了解 TCP/IP 协议及 IP 地址的相关概念，并掌握 IP 地址的设置方法和测试网络连通性的操作方法，才能实现将自己的电脑接入企业内部局域网的目标。

## 1.3.3　任务实现

### 1. 检查网卡是否正常工作

网卡也称为网络适配器，是计算机与网络相连接的必需的基本设备。它为计算机与网络相连提供物理接口。无论是什么样的计算机，只要想连接到局域网内，就需要安装一块网卡。如果有必要，一台计算机可以同时安装两块或多块网卡，可以为计算机提供多个物理的网络接口。网卡在任务 1.1 中已经介绍过，它提供的网络接口最常见的是 RJ-45 接口，如图 1-3-1 所示，与电话的接口类似。

图 1-3-1　PCI 网卡的 RJ-45 接口

网卡一般插在计算机主板的 PCI 扩展槽中，也有 USB 接口的网卡。其实，对于现在的计算机，网卡大多数被集成到主板上，一般不需要人为安装，除非需要多个网络接口。那么，要检查自己的计算机是否安装了网卡，就可以查看计算机的背板上是否有 RJ-45 接口。网卡要想正常工作，还需要安装其驱动程序。一般情况下，操作系统在安装时都能自动识别已安装的网卡并自动安装相应的网卡驱动程序。电脑中的网卡能否正常工作，可以通过以下方法判断：

① 进入控制面板，双击"网络和共享中心"→"更改适配器设置"，若看到"本地连接"，说明网卡已安装，如图 1-3-2 所示；若安装多块网卡，则能看到多个本地连接。

图 1-3-2　网络连接

② 进入控制面板，单击"设备管理器"，在设备管理器中可看到网络适配器。若在硬件列表中没看到网络适配器，或网络适配器前有一个黄色的"！"，说明网卡未安装正确；若看到如图 1-3-3 所示的网络适配器的配置信息，则表示已正确安装。

若发现网卡没有正确安装，可以运行主机配套安装光盘上的网卡驱动安装程序，或在图 1-3-3 所示的"设备管理器"窗口中，选中计算机名，执行"扫描检测硬件改动"，系统若能自动检测到，则可正确安装。若还不能正确安装使用，说明网卡可能损坏，需要更换。

2. 使用双绞线电缆把计算机接入局域网

现今最常用的局域网是以太网，它成本低，并支持多种协议和计算机硬件平台。以太网组网技术中最常用的网络连接方式如图 1-3-4 所示。这种网络连接结构称为星形网络拓扑结构。

图 1-3-3　设备管理器

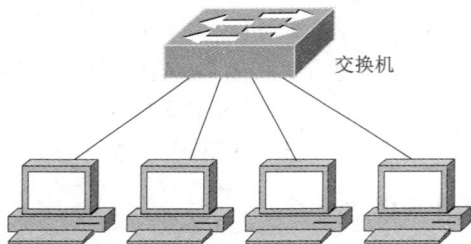

图 1-3-4　局域网的星形网络拓扑结构

在星形网络结构中，所有的计算机通过独立的传输线路连接到中心设备上，计算机之间的数据通信都由中心设备转发。这个中心设备称为交换机，交换机上有多个 RJ-45 端口，用于连接多个计算机及交换机。用户使用双绞线电缆把自己计算机上的网卡与交换机上的 1 个端口连接在一起，从而完成物理上的网络连接。双绞线电缆与交换机如图 1-3-5 所示。

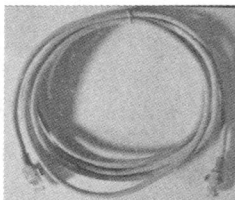

（a）

（b）

图 1-3-5　双绞线电缆与交换机

（a）双绞线缆；（b）交换机

3. 设置 IP 协议的各项参数

在局域网硬件连接完成后，需要进一步配置接入网络电脑的 TCP/IP 协议，主要包括设置 IP 地址、子网掩码、默认网关与 DNS 服务器地址 4 项参数，如图 1-3-6 所示，其设置操作步骤如下：

进入控制面板，双击"网络和共享中心"→"更改适配器设置"，右击"本地连接"，在快捷菜单中，执行"属性"命令，进入"本地连接 属性"对话框，如图 1-3-7 所示。

若发现网卡没有正确安装，可以运行主机配套安装光盘上的网卡驱动安装程序，或在图 1-3-3 所示的"设备管理器"窗口中选中计算机名，执行"扫描检测硬件改动"，系统若能自动检测到，则可正确安装；若还不能正确安装使用，说明网卡可能损坏，需要更换。

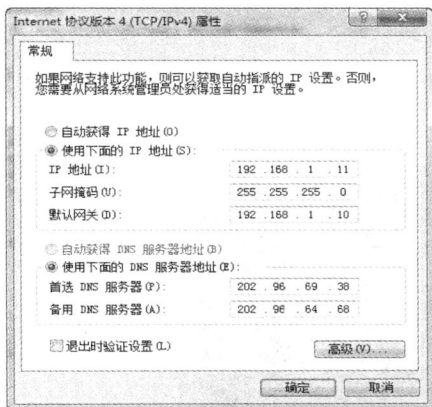

图 1-3-6　"Internet 协议 4（TCP/IPV4）属性"对话框

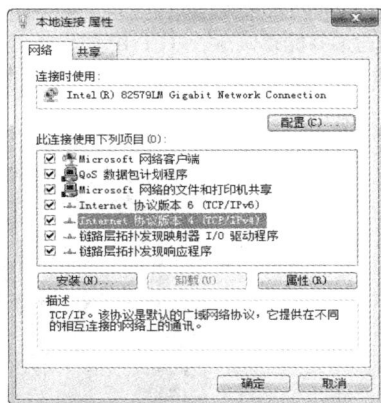

图 1-3-7　"本地连接 属性"对话框

4. 设置工作组和计算机名

工作组和计算机名是为了方便管理局域网的用户而设置的。设置工作组和计算机名的操作步骤如下：

① 右击 Win 7 桌面上的"计算机"图标，在弹出的快捷菜单中选择"属性"，打开"系统"对话框，单击左侧的"系统保护"或"高级系统设置"，打开"系统属性"对话框，单击"计算机名"选项卡，即可看到该计算机的工作组名和计算机名，系统默认加入"WORKGROUP"工作组，计算机名则是随机生成的，如图 1-3-8 所示。

② 单击"更改"按钮，打开"计算机名/域更改"对话框，如图 1-3-9 所示。在"计算机名"文本框中输入自定义的名字，在"工作组"文本框中输入想加入的工作组名称。如果输入的工作组名称是一个不存在的工作组，那么就相当于新建一个工作组，当然，也只有你自己的计算机在新建的工作组中。

图 1-3-8　"系统属性"对话框

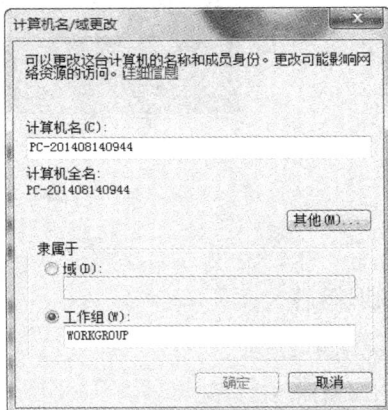

图 1-3-9　"计算机名/域更改"对话框

③ 单击"确定"按钮后，系统提示需要重新启动，按要求重新启动之后，再进入"网络"，就可以看到你所在工作组的成员了。

**提示：**计算机名和工作组的长度都不能超过 15 个英文字符，可以输入汉字，汉字不能超过 7 个。

5. 检查网络的连通性

ping 命令是一个适用于测试 TCP/IP 协议配置的工具，可以用来测试网络的连通性。该命令的用法如下：

```
ping  IP 地址
```

其操作方法如下：

① 打开"命令提示符"窗口。单击"开始"菜单→"所有程序"→"附件"→"命令提示符"命令。

② 使用 ping 命令进行测试。首先，输入"ping 192.168.1.11"（主机本身的地址），测试本机网络小组连接是否正常并能正常运行 TCP/IP 协议。然后，输入"ping 192.168.1.10"（其他已入网主机的地址），测试两台主机的网络连通性。若网络测试结果如图 1-3-10（a）所示，表示网络连通一切正常；若如图 1-3-10（b）所示，表示网络不能连通。

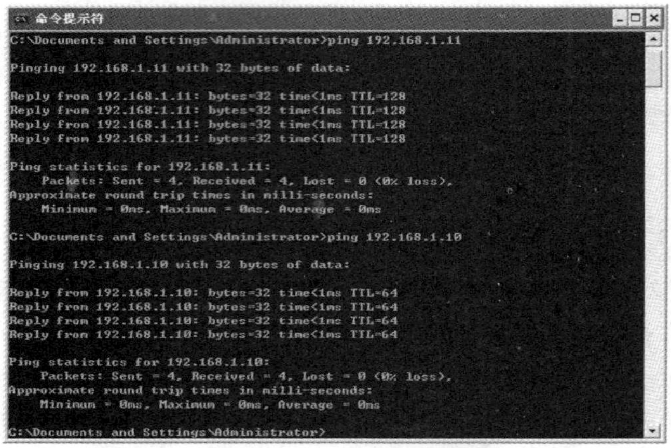

（a）

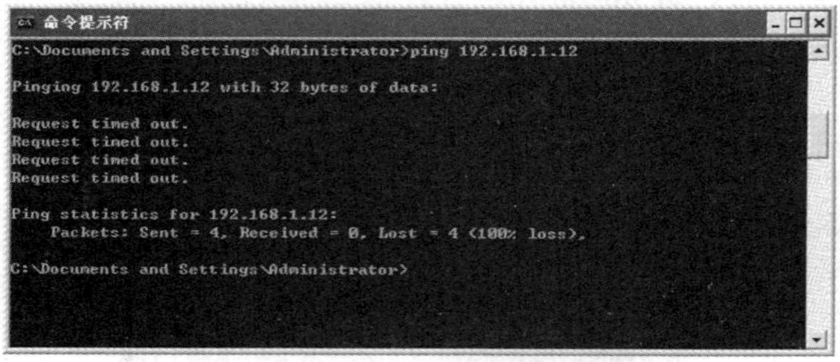

（b）

**图 1-3-10  ping 命令操作演示**

（a）正确连通结果；（b）不能连通结果

### 1.3.4  知识精讲

1. 计算机网络概述

（1）计算机网络的定义

所谓计算机网络，就是利用通信线路和通信设备，把分布在不同地理位置的具有独立功能的多台计算机、终端及其附属设备连接起来，按照网络协议进行数据通信，并由功能完善的网络软件实现资源共享和网络通信的复合系统。它是计算机技术与通信技术相结合的产物。

（2）计算机网络的功能与应用

计算机网络的功能主要体现在资源共享、数据通信、集中管理、分布式处理、可靠性高、均衡负荷等几方面。现今，计算机网络主要用于办公自动化系统（OA）、管理信息系统（MIS）、电子数据交换（EDI）、电子商务（EC）、分布式控制系统（DCS）等重要方面。

（3）计算机网络的分类

按照网络覆盖范围和计算机之间互连距离的不同，计算机网络可以分为局域网、城域网和广域网三类。局域网是指网络覆盖范围有限（一般为 10 km 以内）的网络系统，通常适用于一个企业、一个学校或一座大楼内。局域网传输速率高，误码率低，组网方便，使用灵活，易管理、易维护，是目前计算机网络发展中最活跃的分支。广域网是指将分布在不同地区、国家，甚至全球范围内的各种局域网、计算机、终端等互连而成的大型计算机通信网络。其特点是采用的协议和网络结构多样、复杂，传输速率较低。城域网是指介于局域网与广域网之间的一种大型网络，它的设计目标是满足几十千米范围内的大量企业、学校、公司的多个局域网的互连需求。不过，随着计算机网络技术的发展，局域网、广域网和城域网的界限已经变得模糊了。

按照网络传输介质来分类，计算机网络可分为有线网络和无线网络两类。其中，有线网络采用的传输介质主要有双绞线、同轴电缆及光缆。无线网络主要采用三种技术，即微波通信、红外线通信和激光通信。

（4）计算机网络的组成

从资源构成的角度讲，与计算机系统相似，计算机网络系统也是由硬件系统和软件系统两部分组成的。其中，硬件系统主要包括主机、终端等用户端设备，以及调制解调器、交换机、路由器等通信控制处理设备和通信线路；而软件系统则由网络操作系统、网络协议、网络管理和应用软件以及大量的数据资源组成。在硬件系统中，调制解调器主要用于计算机网络与公共电话网之间的连接，交换机主要用于局域网内部的主机与设备之间的互连，路由器则用于不同网络之间的互连。

从逻辑功能上来看，计算机网络分为资源子网和通信子网，如图 1-3-11 所示。其中，通信子网是计算机网络中负责数据通信的部分，主要完成数据的传输、交换及通信控制，它由网络通信节点、通信链路组成。资源子网则由主机系统、终端和各种软件数据资源组成，负责网络的数据处理业务，并向网络客户提供各种网络资源和网络服务。

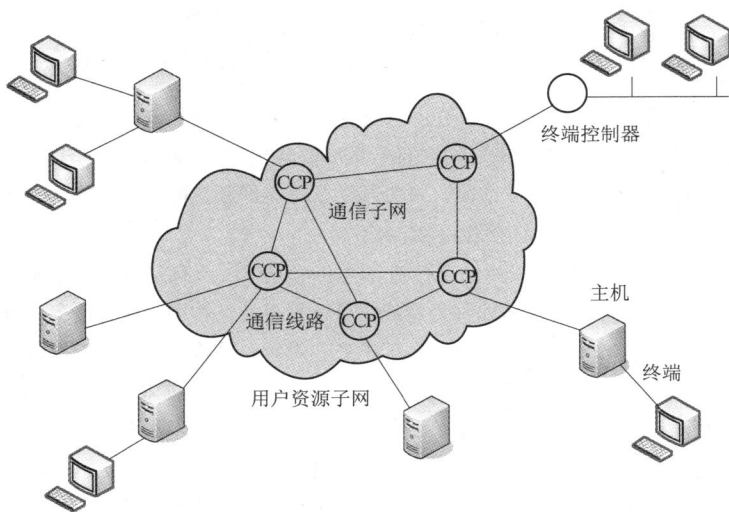

图 1-3-11　计算机网络组成

（5）计算机网络的拓扑结构

按照拓扑学的观点，将主机、交换机等网络设备单元抽象为"点"，网络中的传输介质抽象为"线"，那么计算机网络系统就变成了由点和线组成的几何图形，它表示了通信介质与各节点的物理连接结构，这种结构称为计算机网络拓扑结构。

按照网络中各节点位置和布局的不同，计算机网络可分为总线型拓扑、星形拓扑、环形拓扑、树形拓扑和网状拓扑等类型，如图 1-3-12 所示。现今网络中，Internet 和广域网大多采用网状拓扑，而大多数局域网采用树形网络，也就是多个层次的星形网络纵向连接而成。

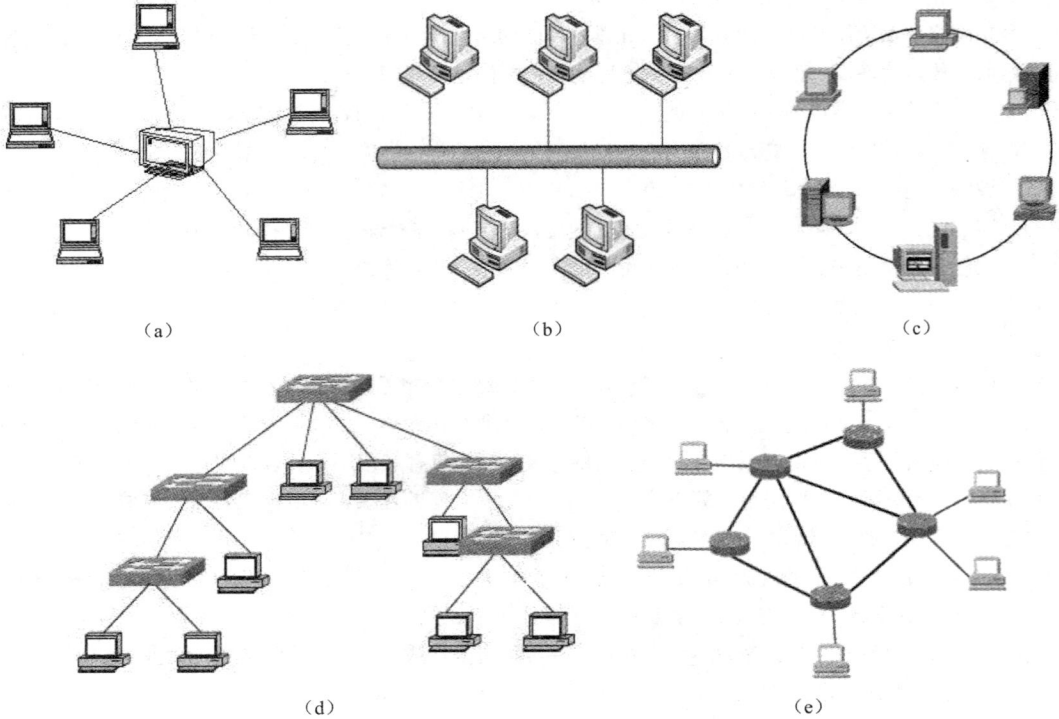

**图 1-3-12　计算机网络拓扑**

（a）星形拓扑结构；（b）总线型拓扑结构；（c）环形拓扑结构；（d）树形拓扑结构；（e）网状拓扑结构

① 星形拓扑。星形拓扑由中央节点和通过点到点通信链路接到中央节点的各个站点组成。其是一个中心、多个分节点结构形式。它的结构简单，连接方便，管理和维护都相对容易，而且扩展性强；网络延迟时间较短，传输误差低。缺点是，若中心无故障，一般网络就没有问题，但中央节点的负担较重，若中心出现故障，网络就出问题；共享能力差，通信线路利用率不高。

② 总线型拓扑。总线型拓扑结构采用一个信道作为传输媒体，所有站点都通过相应的硬件接口直接连到这一公共传输媒体上。该公共传输媒体即称为总线。总线型拓扑结构中，所有设备都连接到一条连接介质上。总线型结构所需要的电缆数量少，线缆短，易于扩充和维护；结构简单，有较高的可靠性；多个节点共用一条传输信道，信道利用率高。但总线的传输距离有限，通信范围受到限制，故障诊断和隔离困难。

③ 环形拓扑。环形拓扑网络由站点和连接站的链路组成一个闭合环。工作站少，节约设备，电缆长度短；增加或减少工作站时，仅需简单的连接操作。当然，这样就导致一个节点出问题，会引起全网故障，而且不容易诊断故障。环形拓扑结构的媒体访问控制协议都采用令牌传递的方式，在负载很小时，信道利用率相对来说就比较低。

⑤ 在"计算机"中选定要删除的文件或文件夹,直接将它们拖曳到回收站。

**注意**:在执行以上操作时,若按住 Shift 键的同时进行以上操作,要删除的文件或文件夹将不进入"回收站"而直接从计算机中彻底删除,不能恢复。

文件和文件夹删除后进入"回收站",如果认为删除错误,要将文件还原到原来的位置,则打开桌面的"回收站",选择要还原的文件或文件夹,单击鼠标右键,在弹出的快捷菜单中选择"还原"命令,或者选择"文件"菜单的"还原"命令,文件或文件夹即可恢复到原来位置。

9. 文件和文件夹的属性

利用属性对话框可以查看或设置文件及文件夹的属性。

(1)文件夹属性

在"计算机"窗口中,选择要查看或设置属性的文件夹的图标,单击"文件"菜单的"属性"命令;或选择要查看或设置属性的文件夹的图标后,在窗口工具栏上按"组织"按钮,在其下的菜单中选择"属性"命令;或右击要查看或设置属性的文件夹的图标,弹出快捷菜单,选择"属性"命令。以上方法都会弹出文件夹"属性"对话框。

在"属性"对话框中,一般都有"常规"选项卡和"共享"选项卡。通过"常规"选项卡可以知道文件夹的类型、位置、大小、占用空间、包括的文件夹和文件数目、创建时间和属性,可以利用"属性"对话框中的选项修改文件夹的属性;利用"共享"选项卡可以设置文件夹的共享。

(2)文件属性

在"计算机"窗口中,选定要查看或设置属性的文件的图标,单击"文件"菜单的"属性"命令;或选定要查看或设置属性的文件的图标后,在窗口工具栏上按"组织"按钮,在其下的菜单中选择"属性"命令;或右击要查看或设置属性的文件的图标,弹出快捷菜单,选择"属性"命令。以上方法都会弹出文件属性对话框。

选择的文件类型不同,弹出的对话框的选项卡的数目也不同,一般的对话框都有"常规"和"摘要"选项卡。通过"常规"选项卡可以知道文件的类型、位置、大小、占用空间、创建时间、修改时间、访问时间和属性,利用"常规"选项卡可以修改文件的属性;在"摘要"选项卡中,有标题、主题、作者、类别、关键字、备注等,可以根据需要输入。

10. 文件和文件夹的搜索

在"计算机"窗口中查找文件或文件夹时,在窗口右上角的"搜索"栏中输入要搜索的文件或文件夹名称,如图 1-2-4 所示,或按要求决定要搜索的文件大小、日期等条件,即可开始进行查找。

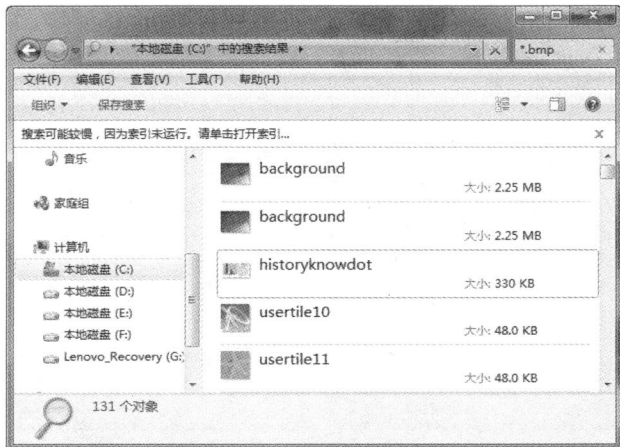

图 1-2-4 搜索对话框

11. 文件或文件夹的打开

在"计算机"中打开文件或文件夹的方法有四种：

① 选定要打开的文件或文件夹图标后，单击"文件"菜单的"打开"命令，可以打开选定的文件或文件夹。

② 直接在要打开的文件或文件夹的图标上双击，可以打开选定的文件或文件夹。

③ 右击选定的文件或文件夹图标，弹出快捷菜单，单击快捷菜单的"打开"命令，可以打开选定的文件或文件夹。

④ 选定要打开的文件或文件夹图标后，按 Enter 键。

12. 剪贴板

剪贴板（ClipBoard）是内存中的一块区域，是 Windows 内置的一个非常有用的工具，通过剪贴板，使得在各种应用程序之间传递和共享信息成为可能。然而，美中不足的是，剪贴板只能保留一份数据，每当新的数据传入，旧的便会被覆盖。剪贴板可以存放的信息种类是多种多样的。剪切或复制时，保存在剪贴板上的信息，只有在剪贴或复制另外的信息，或停电，或退出 Windows，或有意地清除时，才可能更新或清除其内容，即剪贴或复制一次，就可以粘贴多次。

PrintScreen 键是一个拷屏键，按下 PrintScreen 键，当前屏幕上显示的内容将会被全部抓取下来。通过 PrintScreen 键可以迅速抓取当前屏幕内容，然后粘贴到"画图"或 Photoshop 之类的图像处理程序中，即可进行后期的处理。但通常只需要抓取当前活动窗口中的内容，因此，每次抓图后都要进行适当的裁剪，非常麻烦。其实，可以在按住 Alt 键的同时，按下 PrintScreen 进行屏幕抓图，这样抓下来的图像仅仅是当前活动窗口的内容，然后保存即可。

13. 快捷方式

应用程序安装在不同的路径，若要打开应用程序，需要进入其文件所在目录，然后双击程序运行，若是不清楚应用程序或文件安装在什么路径就很麻烦。有了快捷方式，一切就简单了。建立这个应用程序的快捷方式后，可以将快捷方式放到任何地方（应用程序不能到处乱移动），比如桌面、开始菜单、用户常用的文件夹等，双击快捷方式，就可以运行程序了。

在桌面上建立文件的快捷方式有两种方法。

① 右击桌面，在弹出的快捷菜单中选择"新建"→"快捷方式"命令，在弹出的"创建快捷方式"对话框中的文本框中输入文件的正确路径，如图 1-2-5 所示。单击"下一步"按钮，在弹出的新对话框中输入快捷方式的名称，如图 1-2-6 所示，单击"完成"按钮即可。

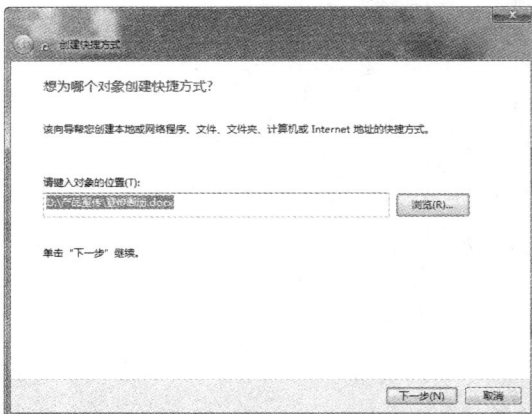

图 1-2-5　输入路径　　　　　　　　　　　图 1-2-6　输入名称

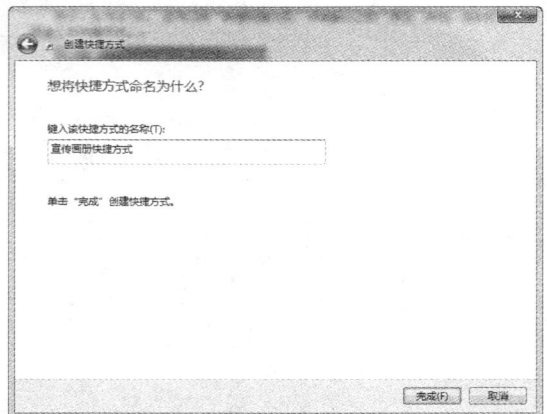

④ 树形拓扑。树形拓扑从总线拓扑演变而来，形状像一棵倒置的树，顶端是树根，树根以下带分支，每个分支还可再带子分支。树根接收各站点发送的数据，然后再广播发送到全网。树形拓扑结构容易扩展，易于诊断错误，但对根部要求高，各个节点对根的依赖性强。

⑤ 网状拓扑。网状拓扑应用得最广泛，它的优点是不受瓶颈问题和失效问题的影响，一条线路出问题，可以走其他线路，但太复杂，成本高。

（6）计算机网络的性能指标

计算机网络最主要的性能指标是数据传输速率，它是指通信线路每秒传送的二进制位数，又称比特率，单位为比特每秒（b/s）。但是，现今社会中更多地使用"带宽"这个词来描述网络的传输容量。带宽本来是指信号具有的频带宽度，即信号占据的频率范围，单位是 Hz。根据香农定理，在数字信道传输过程中，带宽与数据传输速率成正比。因此，现在"带宽"就成为数字信道所能传送的"最高数据率"。例如，一个网络的带宽是 10M，就是指该网络的最大数据传输速率是 10 Mb/s。

误码率是指二进制比特在数据传输系统中被传错的概率，是通信系统的可靠性指标。数据在通信信道传输过程中一定会因某种原因出现错误，传输错误是正常的和不可避免的，但是一定要控制在某个允许的范围内，在计算机网络系统中，一般要求误码率低于 $10^{-6}$（百万分之一）。

（7）调制与解调

普通电话线是针对语音而设计的模拟信道，适用于传输模拟信号。但计算机产生的是离散脉冲表示的数字信号，因此要利用电话交换网实现计算机的数字脉冲信号的传输，就必须首先将数字脉冲信号转换成模拟信号，这个过程称为调制（Modulation）；将接收端模拟信号还原成数字信号的过程称为解调（Demodulation）。将调制和解调两种功能结合在一起的设备称为调制解调器（Modem）。

**2. 局域网概述**

（1）局域网的特点

局域网的特点是网络覆盖的范围有限，传输速率高、可靠性高，易于组建、扩展与维护，其网络拓扑结构简单，主要有星形、树形和环形。

（2）IEEE 802 系列标准

国际上从事局域网标准化的机构主要有 ISO、IEEE、EIA 等。IEEE 在 1980 年 2 月成立了局域网标准化委员会，简称为 IEEE 802 委员会。其制定的一系列标准就称为 IEEE 802 标准，IEEE 802 标准系列是目前应用最广泛的标准。该标准中，现今应用广泛的有 IEEE 802.3（CSMA/CD 技术规范）和 IEEE 802.11（无线局域网技术规范）。

（3）以太网

以太网是一种现今使用最广泛的局域网技术，最早源于美国施乐公司、DEC 与 Intel 这 3 家公司合作研究的 10 Mb/s 局域网实验系统，并于 1980 年 9 月第一次公布了其网络技术规范，随后成为 IEEE 802.3 标准的基础。因此，以太网成为 IEEE 802.3 局域网的代名词。以太网的基本特征是采用 CSMA/CD（带冲突检测的载波侦听多路访问）的介质访问控制方法。在近 30 年的发展中，先后经历了以太网（十兆，10 Mb/s）、快速以太网（百兆，100 Mb/s）、交换式以太网（交换机替代集线器）及高速以太网（千兆、1 000 Mb/s，万兆、10 GMb/s），现今以太网的带宽可达 100 Gb/s，其采用的网络传输介质主要有双绞线和光纤两种。

**3. 网络传输介质**

网络传输介质包括有线传输介质和无线传输介质两大类。有线传输介质主要包括双绞线和光纤，而无线传输介质主要有微波、激光和红外线。

（1）双绞线

双绞线是目前使用最广泛、价格最低廉的一种有线传输介质。它内部由 4 对两两按一定比率相互缠绕的包着绝缘材料的细铜线组成，共 8 根芯线，每对互相缠绕的芯线由一条染有某种颜色的芯线与一条以相同颜色和白色相间的芯线组成。4 条全色芯线的颜色为橙色、绿色、蓝色、棕色，对应的 4 条花色芯线的颜色为橙白、绿白、蓝白、棕白。

双绞线是使用压线钳工具将线两端与 RJ-45 接头（俗称水晶头）压接到一起形成的线缆。线缆的制作采用 ANSI/EIA/TIA-568 国际标准，该标准有 A、B 两种线序，一般采用 568B 标准，即，橙白—1，橙—2，绿白—3，蓝—4，蓝白—5，绿—6，棕白—7，棕—8。

现今使用最广泛的直通双绞线电缆就是线缆两端采用相同的线序，即都采用 568B 标准制作而成，其最大传输距离为 100 m。

到目前为止，EIA/TIA 已颁布了 7 类（Cat）线缆标准。其中，现今常用的标准如下：

① Cat5：适用于 100 Mb/s 的数据传输；

② Cat5e：既适用于 100 Mb/s 的数据传输，又适用于 1 000 Mb/s 的数据传输；

③ Cat6：适用于 1 000 Mb/s 的数据传输；

④ Cat7a（扩展 6 类）：既适用于 1 000 Mb/s 的数据传输，又适用于 10 Gb/s 的数据传输。

（2）光纤

光纤的全称为光导纤维。光纤通信是以光波为载频，以光导纤维为传输介质的一种通信方式。光纤是数据传输中最有效的一种传输介质，它有频带较宽、电磁绝缘性能好、传输距离长等优点。光纤主要有两大类，即单模光纤和多模光纤。其中，单模光纤传输频带宽，传输容量大，传输距离较远，可达几千米甚至几十千米。多模光纤的传输性能相对较差，传输距离一般在 300 m～2 km。

4. 网络协议与 TCP/IP 协议

网络中的计算机之间进行通信时，必须使用一种双方都能理解的语言。这种语言就是网络协议。网络协议就是网络中的计算机和设备之间通信时必须遵循的事先制定好的规则标准。正是有了网络协议，网络上的各种大小不同、结构不同、操作系统不同、厂家不同的计算机与设备才能相互通信，实现资源共享。

在现有网络协议中，TCP/IP 协议是应用最广泛的协议，几乎所有的厂商和操作系统都支持它。TCP/IP 协议也是 Internet 的基础协议，利用它，各种不同结构、不同类型、不同操作系统的计算机网络就可以方便地构成单一协议的互联网络系统。TCP/IP 协议是一个协议集，其中最主要的两个协议是 TCP（传输控制协议）和 IP（网际协议）。

5. IP 地址

（1）IP 地址的作用

TCP/IP 协议要求连入 IP 网络的计算机都必须有唯一的逻辑地址才能相互通信，这个逻辑地址就是 IP 地址。另外，一台计算机可以有多个 IP 地址，但是不能与其他计算机重复，否则将发生地址冲突，不能进行网络通信。

（2）IP 地址的组成

IP 地址从功能上由两部分组成，即网络号（网络 ID）和主机号（主机 ID），如图 1-3-13 所示。其中，网络号用来标识互联网中的一个特定网络，而主机号用来表示该网络中某个主机的一个特定连接。在同一物理网络中的主机一般都使用同一网络 ID。一个网络 ID 代表一个网段，一个网段内所有主机的 ID 必须是唯一的，不得重复使用。因此，IP 地址本身包含了主机本身和主机所在网络的地址信息。

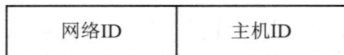

| 网络ID | 主机ID |
| --- | --- |

图 1-3-13　IP 地址结构

（3）IP 地址的表示方法

在 IPv4 中，IP 地址是一个 32 位的二进制数。为了表示方便，它采用点分十进制表示法，是将 32 位的二进制数按字节分成 4 段，每个字节用十进制表示，中间用圆点"."隔开，每部分的最大取值范围是 0～255，例如，192.168.1.1。由于近年来 Internet 上的节点数量增长速度太快，IP 地址逐渐匮乏，为了解决 IPv4 协议面临的各种问题，新的协议和标准 IPv6 诞生了，IPv6 采用 128 位的地址长度，地址空间是 IPv4 的 $2^{96}$ 倍。

（4）子网掩码

子网掩码是 TCP/IP 协议用来区分 IP 地址的四部分是如何划分网络 ID 和主机 ID 的。在简单的 IP 地址分配中，子网掩码主要由两个数（0 和 255）构成，也分为四个部分，例如，255.255.0.0。其中，255 对应的部分为网络号，0 对应的部分为主机号。假设一个 IP 地址为 172.16.1.2，子网掩码为 255.255.255.0，表示 IP 地址的前 3 部分为网络号，后 1 部分为主机号，则该主机的网络 ID 为"172.16.1.0"，其主机 ID 为"2"。

网络 ID 相同的主机，即在同一个网段内的主机可以直接通信；不同网段中的计算机通信时，需要通过网关或者路由器。

（5）私有地址

Internet 管理委员会在 IP 地址中规划出一组地址，只能在局域网内部使用，这组地址称为私有地址。私有地址共有三块 IP 地址空间，分别是：10.0.0.0～10.255.255.255；172.16.0.0～172.31.255.255；192.168.0.0～192.168.255.255。

（6）IP 地址的分配

IP 地址的分配有静态分配 IP 地址和动态分配 IP 地址两种方式。

静态分配 IP 地址是由网络管理员或用户自己人工设置 IP 地址。在使用静态地址分配时，网络管理员首先需要设计一张 IP 地址资源使用表，将所有主机和特定 IP 地址一一对应起来，然后再人工设置。这种方法适合于小型网络系统。

动态分配 IP 地址则是在网络中必须提供 DHCP（动态主机配置协议）服务，即事先配置一台 DHCP 服务器并时刻运行，想自动获取 IP 地址的主机，在启动时就能从 DHCP 服务器获得一个临时的 IP 地址了。

6. 网关

网关或称为 IP 路由器，它可以将数据发送到不同网络地址的目的主机中。在局域网中，有内部网关，还有外部网关。内部网关用来实现内部不同子网之间的数据通信。外部网关是局域网负责连接外部互联网的路由器或代理服务器。它是局域网内部与外部互联网之间的一道通信闸门，所有内网与外网的数据通信都经过它转发，是内网主机通向外网的网络接口。网关地址就是网关在其局域网内部的 IP 地址。在配置某台主机的 TCP/IP 协议参数时，若没有指定默认网关，则表示该主机只能在内网通信。

7. 域名系统

互联网上的主机资源非常丰富，每台主机都有唯一的 IP 地址。网络用户在访问主机时，需要提供主机的 IP 地址，但要记住大量的 IP 地址却非常困难。因此，为了方便人们记忆使用，用一组由字符组成的名字代替 IP 地址。为了避免重名，互联网采用一种分层次结构的名字来表示主机，各层次的子域名之间用"."间隔开，这个名字称为域名。域名从左到右依次是：

主机名.….第二级域名.第一级域名

由于 Internet 诞生在美国，所以美国的第一级域名就是组织机构名，其他国家的第一级域名采用主机所在国家的名称，例如，CN（中国）、JP（日本）、UK（英国）等。第二级域名是组织机构（类别域名）或地理模式（地区域名），例如，COM 表示工商和金融等企业，EDU 表示教育单位，GOV 表示国家政府部门，ORG 表示各社会团体及民间非营利组织，NET 表示互联网络。地区域名共 34 个"行政区域名"，如 BJ（北京）、TJ（天津）、CQ（重庆）等。

例如，北京大学的域名是 www.pku.edu.cn，其中 pku 是北京大学的英文缩写，edu 表示教育机构，cn 表示中国。搜狐网站主机的域名为 www.sohu.com，sohu 是主机名，com 表示商业或企业。另外，主机域名在互联网中需要向指定管理部门申请注册才能得到。但是，在网络的数据传输过程中，还需要知道主机的 IP 地址，为此，互联网提供了 DNS 服务器（域名解析服务器）。在 DNS 服务器中，记录了互联网上的主机域名与其 IP 地址的对应关系，当用户需要时，它负责实现域名与 IP 地址之间的相互转换，并提供给网络用户。

这样，网络用户在访问互联网主机时，就可以使用域名进行访问了。

### 1.3.5　技巧与提高

#### 1. 简单网络故障的诊断与维护

在发现计算机不能上网后，使用 ping 命令通过对不同 IP 地址的连通性进行测试，可以达到定位简单网络故障的目的。具体操作方法如下：

① 在测试 IP 地址前，先检查主机的网络连接状态。Windows 操作系统一般在桌面右下角的状态提示中，若显示""，则表示连接正常；若显示""，则表示自己主机的网络连接不正常，需要检查网线或网络接口。

② 网络连接正常情况下，先测试本机 IP 地址。若测试失败，说明本机的网卡或连接线路工作不正常；若测试成功，则说明本机的网络系统工作正常。

③ 测试本机 IP 地址成功后，再测试同一子网内其他主机地址的 IP 地址。若测试失败，说明可能是网络设备或对方主机的网络连接工作不正常；若测试成功，则表示当前局域网系统工作正常。

④ 测试网关的 IP 地址。若测试失败，说明可能是网关的工作不正常；若测试成功，则表示当前局域网对外的网络出口系统工作正常。

⑤ 前 4 步测试成功后，再测试一下 DNS 服务器的 IP 地址。若测试失败，说明互联网 ISP 提供的网络连接或网络服务出现了问题。

#### 2. 网络共享文件夹的建立与访问

（1）共享文件夹的建立

局域网在建立之后，同一子网、同一工作组的主机之间可以通过共享文件夹的方式传递共享数据。建立共享文件夹的具体操作方法如下：

① 在主机磁盘中，建立一个文件夹，名为"share"（文件夹名可以任意）。

② 右击该文件夹，在其快捷菜单下选择"共享"命令，在其级联菜单中选择"家庭组（读取）"，则在同一个家庭组的其他计算机就可以访问该文件夹了。

（2）共享文件夹的访问

在共享文件夹建立后，局域网内同一子网、同一工作组的其他主机就可以通过"网络"来访问了。其具体操作方法如下：双击"网络"图标，打开"网络"窗口，当前窗口的右侧会显示出本工作组内所包含的计算机名。然后再双击建立共享资源的主机名，即可看到其建立的共享资源。

### 1.3.6　训练任务

某办公室有 5 台计算机，安装的操作系统均为 Win 7，并且已建立了一个小型以太网，现在要实现任意两台计算机之间能相互访问共享资源。请设计并实现：

① 规划工作组名称、各计算机名称；

② 规划设计各计算机 IP 地址、子网掩码与默认网关；

③ 规划资源共享，设计共享文件夹。

## 任务 1.4　在 Internet 上搜索产品信息

Internet（因特网）是 20 世纪最伟大的发明之一，是一个集各个国家、各个部门、各个领域的各种信息资源为一体的超级信息资源网，因此也称为"国际互联网"。Internet 除了提供资源共享和信息查询等服务，已经逐渐成为人们了解世界、学习研究、购物休闲、商业活动、结识朋友的重要途径。

### 1.4.1  任务描述

由于工作需要，公司准备购置一批笔记本电脑，要求办公室的小张在 Internet 上搜索 6 000 元左右的笔记本电脑的品牌与型号，对它们的性价比进行对比分析，提出购置意见，为公司采购笔记本电脑提供依据。

### 1.4.2  任务分析

要完成本项工作任务，需要进行如下操作：

① 使用浏览器访问 Internet。

② 使用搜索引擎搜索资料。

③ 下载搜索到的信息。

④ 制作报告。

要完成本工作任务，小张要了解 Internet 的构成，掌握使用浏览器的方法，记住常用网站的网址，学会搜索引擎的操作方法，了解从网络下载信息的操作方法，通过对信息的搜集、整理与分析，最终才能形成购置建议。

### 1.4.3  任务实现

**1. 认识 IE 浏览器**

浏览器是用来访问 Internet 的工具软件。Windows 操作系统自身携带了一款浏览器软件 Internet Explorer，简称为 IE 浏览器。IE 浏览器随 Windows 操作系统捆绑安装到主机中，因此，它是使用非常广泛的一款浏览器软件。本任务以 IE9 为例，讲解 Internet 的浏览与访问。

默认情况下，Internet Explorer 9（简称为 IE9）浏览器的快捷方式放置在桌面、任务栏的"快速启动"栏和"开始"菜单中，选择任一种启动方式均可。

IE9 浏览器窗口的组成如图 1-4-1 所示，主要包括地址栏、选项卡、菜单栏、命令栏、浏览区和状态栏。如果有的栏目在窗口中没有显示，可以右击窗口上方工具栏的任意空白位置，在弹出的快捷菜单中选择相应的栏目名称即可，不想显示相应的栏目时，用同样的方法取消即可。

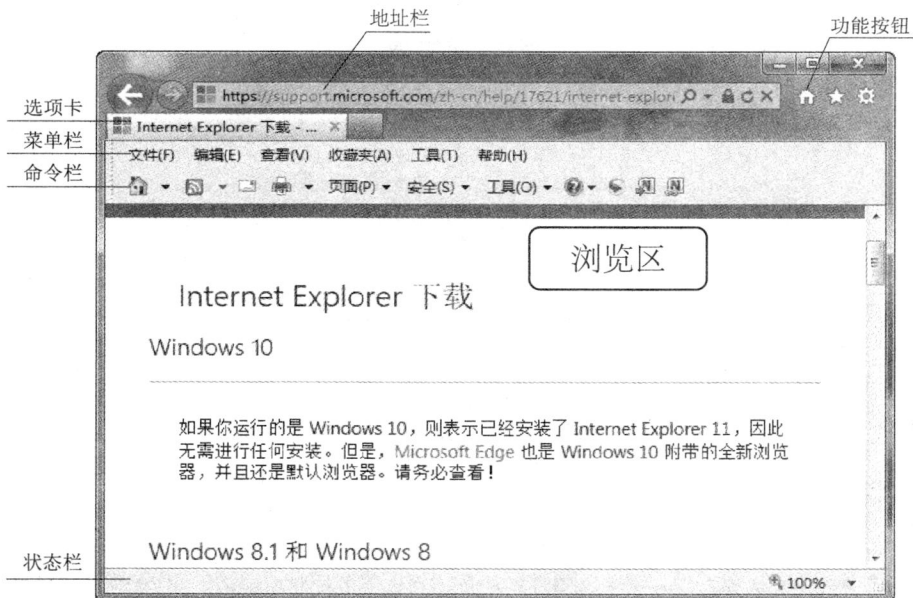

图 1-4-1  IE9 窗口

各部分的主要功能如下。

菜单栏：有 6 个子菜单，IE9 提供的所有操作命令都可以在菜单栏中找到。

命令栏：提供若干操作按钮给用户，以便其快速访问 IE 的常用功能。

地址栏：用于输入和显示 Web 网页的地址。

功能按钮：分别是"主页""收藏夹""工具"按钮。

选项卡：显示当前正在浏览的网页名称，打开几个网页窗口就有几个选项卡。

状态栏：窗口最下方的灰色长条，显示当前访问的一些状态信息，如显示比例等。

浏览区：显示正在访问的 Web 网页内容。

2. 使用 IE 浏览器访问搜索引擎

在 IE 浏览器的地址栏中输入要访问网站的网址，按 Enter 键即可进入该网站提供的主页，再单击网站主页上的各个网页链接进一步打开想浏览的网页即可。例如，要浏览搜狐网站的新闻信息，首先在 IE 的地址栏中输入搜狐网站的网址"www.sohu.com"，按 Enter 键后，IE 将显示搜狐网站的主页。再单击搜狐主页上的"新闻"链接，则可进入搜狐网站的新闻主页，查看新闻页面。常见的搜索引擎有的以独立专题网站的形式存在，主要有百度、谷歌等，还有一些综合网站也提供搜索引擎服务，如搜狐的搜狗、网易的有道等，它们一般都能够提供网页、视频、图片等多种资源的信息查询服务。目前，人们常用的中文搜索引擎的网址如下：

① 百度：http://www.baidu.com/。

② 搜狗：http://www.sogou.com/。

③ 有道：http://www.youdao.com/。

例如，在 IE 浏览器的地址栏中输入百度的网址"www.baidu.com"，按 Enter 键，打开百度的主页，如图 1-4-2 所示。

图 1-4-2　百度网站

3. 使用搜索引擎查找所需的信息

利用搜索引擎搜索信息时，需要在搜索文本框中输入要搜索信息的关键字，关键字可以是一个中心词汇，也可以是多个词汇（中间用空格分隔），还可以是一个句子。搜索产生的结果往往很多，一般将搜索到的网页链接及网页摘要依次分页显示出来，供用户选择访问。

本任务中，小张在百度的搜索文本输入框中输入关键字"笔记本　价格　6000 元"，使用默认的搜索类型——网页，单击"百度一下"按钮，即可看到百度搜索产生的查询结果，如图 1-4-3 所示。在搜索结果中，选择感兴趣的链接进一步打开访问，即可找到所需要的信息。单击窗口下方的分页链接可以显示下一组搜索结果。

4. 下载所需的信息

Internet 提供的信息资源主要有文字、图片、视频、软件等多种媒体形式，而小张需要的信息是笔记本的性能、价格及其外观图片。

图 1-4-3　百度搜索结果

（1）复制文字到 Word 文档

打开相应的网页后，先将需要的文字信息选中，按 Ctrl+C 组合键执行复制操作，再新建一个 Word 文档，执行"粘贴"命令或"选择性粘贴"命令，即可将网页上的文字信息下载保存到自己的文档中。本任务中，小张将在网页中找到的价格在 6 000 元左右的笔记本的相应技术参数从网页上复制到自己的文档中即可。

（2）下载图片

在打开的网页中，右击需要的图片，在弹出的快捷菜单中执行"图片另存为"命令，将图片以图片文件的形式保存到磁盘上。也可以像文字信息一样直接复制粘贴到文档中保存。

5. 制作笔记本电脑购置建议的报告

在 Word 文档中，将上述下载的文字和图片进行合理的排版即可完成调查报告。

## 1.4.4　知识精讲

1. Internet 简介

（1）Internet 的产生与发展

19 世纪 60 年代开始，美国国防部的高级研究计划局（Advance Research Projects Agency，ARPA）计划投资建立阿帕网 ARPANet，其目的是将各地不同的主机以一种对等的通信方式连接起来，最初只有四台主机。直到 1969 年 12 月，ARPANet 正式投入运行，在美国 4 所大学之间建成了一个实验性的计算机网络。1983 年，ARPANet 已连接了三百多台计算机，供美国各研究机构和政府部门使用，可以进行数据通信和资源共享。由于这个网络是由许多个不同网络互连而成的，因此被称为 Internet（网际网）。ARPANet 就是 Internet 的前身。

1986 年，美国国家科学基金会（National Science Foundation，NSF）建立了自己的计算机通信网络 NSFnet，它将美国各地的科研人员连接到分布在美国不同地区的超级计算机中心，并将按地区划分的计算机广域网与超级计算机中心相连（实际上它是一个三级计算机网络，分为主干网、地区网和校园网，覆盖了美国主要的大学和研究所）。在 1989—1990 年，NSFnet 逐渐取代了 ARPANet 在 Internet 的地位，并且成为 Internet 中的主要部分。同时，鉴于 ARPANet 的实验任务已经完成，在历史上起过重要作用的 ARPANet 就正式宣布关闭。

随着 NSFnet 的建设和开放，网络节点数和用户数迅速增长。以美国为中心的 Internet 网络互连也迅速向全球发展，世界上的许多国家纷纷接入 Internet，使网络上的通信量急剧增长。Internet 的迅猛发展始于 20 世纪 90 年代。由欧洲原子核研究组织 CERN 开发的万维网 WWW 被广泛使用在 Internet 上，大大方便了广大非网络专业人员对网络的使用，成为 Internet 发展的指数级增长的主要驱动力，WWW 的站点数目与上网用户数都急剧增长。

近十年来，计算机网络技术和通信技术的大发展，人类社会从工业社会向信息社会过渡的趋势越来越明显，人们越来越重视开发和使用信息资源，从而促使 Internet 得到迅猛发展，使连入这个网络的主机和用户数目急剧增加。今天的 Internet 已不仅仅是计算机人员和军事部门进行科研的领域，而是成为一个开发和使用信息资源的覆盖全球的信息海洋。

（2）中国的 Internet 发展

Internet 在中国的发展起步于 1986 年，北京市计算机应用技术研究所实施的国际联网项目——中国学术网（Chinese Academic Network，CANET）开始启动。1987 年 9 月，CANET 正式建成中国第一个国际 Internet 电子邮件节点，并于 9 月 14 日发出了中国第一封电子邮件——"Across the Great Wall we can reach every corner in the world."（越过长城，走向世界），揭开了中国人使用 Internet 的序幕。1988 年年初，中国第一个 X.25 分组交换网 CNPAC 建成，实现了计算机国际远程连网，以及与欧洲和北美地区进行电子邮件通信。1989 年 10 月，NCFC（中国国家计算机与网络设施）工程正式立项启动，到 1992 年年底，NCFC 工程的院校网，即中科院院网（CASNET，连接了中关村地区三十多个研究所及三里河中科院院部）、清华大学校园网（TUNET）和北京大学校园网（PUNET）全部完成建设。在 1994 年 4 月 20 日，NCFC 工程通过美国 Sprint 公司连入 Internet 的 64K 国际专线开通，实现了与 Internet 的全功能连接，开启了中国 Internet 发展的新篇章。继此之后，我国又建成了中国教育和科研网（CERNET）、中国公用计算机 Internet（CHINANET）、中国金桥信息网（CHINAGBN），为公众提供 Internet 服务。

随着中国 Internet 发展进入商业应用阶段，各地 ISP（Internet 服务提供商）也如雨后春笋般地蓬勃兴起。目前，国内主要有三大基础运营商：中国电信、中国移动、中国联通。此外，各地的有线电视运营商也提供 Internet 接入服务。

2. Internet 接入方式

目前，ISP 提供的可供选择的接入方式主要有 PSTN、ISDN、DDN、ADSL、Cable-Modem、FTTx 和无线上网等。

（1）PSTN（公用电话交换网）拨号上网

PSTN（公用电话交换网）拨号上网是通过调制解调器（Modem）拨号实现用户接入 Internet 的，最大的速率为 56 kb/s，现今已被淘汰。

（2）ISDN（综合业务数字网）接入技术

ISDN（综合业务数字网）接入技术俗称"一线通"，其特点是采用数字传输和数字交换技术，利用一条用户线路，可以在上网的同时拨打电话、收发传真，就像两条电话线一样，其极限带宽为 128 Kb/s。

（3）DDN（数字数据网）专线

DDN（数字数据网）专线是面向集团企业的高速度、高质量的通信环境，可以向用户提供点对点、点对多点透明传输的数据专线出租电路，为用户传输数据、图像、声音等信息。DDN 的通信速率可根据用户需要在 N×64 kbps（N=1～32）之间进行选择，当然，速度越快，租用费用也越高。

（4）ADSL（Asymmetric Digital Subscriber Line，非对称数字用户环路）

ADSL 是一种能够通过普通电话线提供宽带数据业务的技术，也是目前应用广泛并极具发展前景的一种接入技术。采用 ADSL 接入 Internet 除了需要一台带有网卡的计算机和一条直拨电话线外，还需向电信部门申请 ADSL 业务，由相关服务部门负责安装信号分离器、ADSL 调制解调器及拨号软件，再根据用户名与口令拨号上网。

ADSL 是一种新的数据传输方式。它采用频分复用技术把普通的电话线分成电话、上行和下行三个相对独立的信道，从而避免了相互之间的干扰。即使边打电话边上网，也不会发生上网速率和通话质量下降的情况。通常 ADSL 在不影响正常电话通信的情况下可以提供最高 3.5 Mb/s 的上行速度和最高 24 Mb/s 的下行速度。由于受到传输高频信号的限制，ADSL 需要 ISP 端接入设备和用户终端之间的距离不能超过 5 km，即用户的电话线连到电话局的距离不能超过 5 km。

ADSL 是一种非对称的 DSL 技术。所谓非对称，是指用户线的上行速率与下行速率不同，上行速率低，下行速率高，特别适合传输多媒体信息业务，如视频点播（VOD）、多媒体信息检索和其他交互式业务。

ADSL 通常提供三种网络登录方式：桥接、PPPoA（PPP over ATM，基于 ATM 的端对端协议）、PPPoE（PPP over Ethernet，基于以太网的端对端协议）。桥接是直接为用户提供静态 IP 地址接入，而后两种通常是动态地给用户分配网络的 IP 地址。在个人家庭接入时，主要采用的是 PPPoE 方式。

（5）Cable-modem（线缆调制解调器）

Cable-modem 利用有线电视网络接入 Internet。

（6）FTTx（光纤接入）

FTTx 是当今 Internet 服务提供商（Internet Service Provider，ISP）接入服务发展的趋势，其中包括 FTTC（光纤到小区）、FTTB（光纤到大楼）、FTTH（光纤到家）、FTTD（光纤到桌）。尤其是国家正在推行的三网融合（电信网、计算机网和有线电视网），将完全建立在光纤接入的基础上完成。

（7）无线连接

无线局域网的构建不需要布线，因此为组网提供了极大的便捷，并且易于更改和维护。架设无线局域网首先需要一台无线访问节点（Access Point，AP）。无线 AP 是无线网和有线网之间沟通的桥梁，所有的无线网都需要在某个点上连接到有线网络中。它接入有线网络后把有线信号转为无线网络，笔记本或电脑通过接受它发射的信号接入无线 WiFi 局域网。这一点有点类似于交换机或无线集线器。主要用于宽带家庭、大楼内部及园区内部，典型距离覆盖几十米至上百米，目前主要技术为 802.11 系列。大多数无线 AP 还带有接入点客户端模式（AP Client），可以和其他 AP 进行无线连接，延展网络的覆盖范围。由于无线 AP 的覆盖范围是一个向外扩散的圆形区域，因此，应当尽量把无线 AP 放置在无线网络的中心位置，而且各无线客户端与无线 AP 的直线距离最好不要超过 30 m，以避免因通信信号衰减过多而导致通信失败。

无线路由器：无线路由器是单纯型 AP 与宽带路由器的一种结合体。它借助于路由器功能，可实现家庭无线网络中的 Internet 连接共享、ADSL 和小区宽带的无线共享接入，另外，无线路由器可以把通过它进行无线和有线连接的终端都分配到一个子网，这样子网内的各种设备交换数据就非常方便。可以这样说，无线路由器就是 AP、路由功能和交换机的集合体，支持有线无线组成同一子网，直接接上 MODEM。无线 AP 相当于一个无线交换机，接在有线交换机或路由器上，为跟它连接的无线网卡从路由器那里分得 IP。

3. Internet 应用

Internet 提供了丰富的信息资源和应用服务。它不仅可以传送文字、声音、图像等多媒体信息，人们还可以通过它实现点播、即时对话、在线交谈、网上购物等。目前 Internet 提供的服务主要有：

（1）万维网

万维网（World Wide Web，WWW）的含义是"环球信息网"，又称为 3W、Web，这是一个基于超文本（Hypertext）方式的信息查询工具。它是由位于瑞士日内瓦的欧洲粒子物理实验室（the European Partical Physics Laboratory，CERN）最先研制的，并在 Internet 中得以迅速地推广应用。WWW 网站中包含很多网页（又称 Web 页），网页是用超文本标记语言（Hyper Text Markup Language，HTML）编写的，并在 HTTP 协议下运行。WWW 是把位于全世界不同地方的 Internet 网上数据信息有机地组织起来，形成一个巨大的公共信息资源网供人们浏览、使用。

（2）电子邮件服务

电子邮件（E-mail）是指 Internet 上或常规计算机网络上的各个用户之间，通过电子信件的形式进行通信的一种现代邮政通信方式。由于 E-mail 采用了先进的网络通信技术，又能传送多种形式的信息，与传统的邮政通信相比，其具有传输速度快、费用低、效率高、全天候全自动服务等优点。同时，E-mail 的传送不受时间、地点、位置的限制，发送者和接收者可以随时进行信件交换，因此，E-mail 得以迅速地普及和应用。

（3）FTP 服务

文件传输协议（File Transfer Protocol，FTP）是 Internet 文件传送的基础。通过该协议，用户可以从一个 Internet 主机向另一个 Internet 主机拷贝文件。在使用 FTP 的过程中，用户经常遇到两个概念："下载"（Download）和"上载"（Upload）。"下载"文件就是从远程主机拷贝文件至自己的计算机上；"上载"文件就是将文件从自己的计算机中拷贝至远程主机上。

（4）远程登录服务

远程登录服务（Telnet）是 Internet 为用户所提供的原始服务之一。Telnet 允许用户通过本地计算机登录到远程计算机中，不论远程计算机是在隔壁，还是远在千里之外，只要用户拥有远程计算机的合法账号与口令即可。当成功登录上远程计算机后，你的电脑就仿佛是远程计算机的一个终端，就可以用自己的计算机直接操纵远程计算机的各种资源，包括程序、数据库和其上的各种设备，享受远程计算机本地终端同样的权力。

（5）电子公告板系统

电子公告板系统（Bulletin Board System，BBS），在国内一般称作网络论坛。在计算机网络中，BBS 系统是为用户提供一个参与讨论、交流信息、张帖文章、发布消息、交换软件的网络信息系统。

4. WWW 服务

（1）工作模式

WWW 服务采用客户/服务器工作模式。它以超文本标记语言（HTML）与超文本传输协议（HTTP）为基础，为用户提供界面一致的信息浏览系统。

在 WWW 服务系统中，信息资源以页面（也称网页或 Web 页）的形式存储在 WWW 服务器（通常称为 Web 站点）中，这些页面采用超文本方式对信息进行组织，并且通过超链接将这些网页链接成一个有机的整体供用户访问浏览，页面到页面的链接信息由统一资源定位器（URL）维持。WWW 服务器不但保存大量的 Web 页面，还要随时接收和处理客户端的访问请求。

WWW 的客户端程序称为 WWW 浏览器，它是通过 HTTP 协议来浏览 WWW 服务器中的 Web 页面的软件。在 WWW 服务系统中，WWW 浏览器负责接收用户的访问请求（用户输入的网址），并将用户的 URL 请求传送给 WWW 服务器，则服务器根据客户端发来的 URL 找到某个页面，并将它返回给客户端，然后客户端的浏览器把它显示给用户，如图 1-4-4 所示。

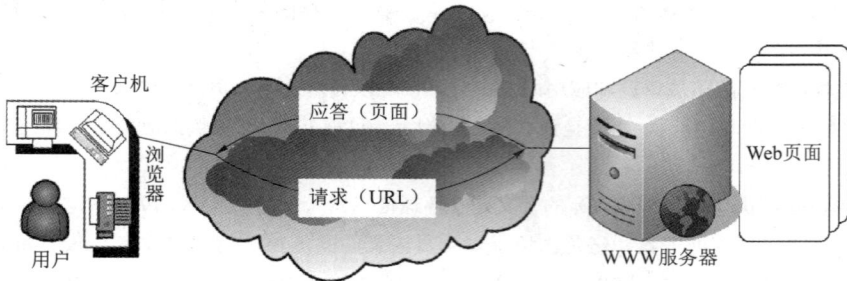

图 1-4-4　WWW 系统的工作模式

（2）页面地址

Internet 中有众多的 WWW 服务器，并且每台 WWW 服务器中都保存着大量的 Web 页面，那么用户如何指明要访问的页面呢？这就要使用统一资源定位器（Uniform Resource Locator，URL）了。利用 URL 来描述 Web 网页的地址和访问它时所用的协议。用户可以指定要访问什么协议类型的服务器、Internet 上的哪台服务器，以及服务器中的哪个文件。URL 一般由协议类型、主机域名、路径及文件名组成：

协议类型://主机域名/路径/文件名

例如，搜狐新闻的一个网页的 URL 为：

http://www.sohu.com/a/142788932_5857521

5. 浏览器软件

浏览器是用于浏览 WWW 的工具，安装在用户端机器上，是一种客户软件。它能够把用超文本标记语言描述的信息转换成便于理解的形式。它还是用户与 WWW 之间的桥梁，把用户对信息的请求转换成网络上计算机能够识别的命令。目前个人电脑上常用的网页浏览器包括微软的 Internet Explorer、Mozilla 的 Firefox、Apple 的 Safari、Google 的 Chrome、360 安全浏览器、腾讯 TT、搜狗浏览器、傲游浏览器、百度浏览器等。

## 1.4.5　技巧与提高

1. IE 浏览器的使用技巧

（1）收藏夹的使用

IE 浏览器中的"收藏夹"功能，是专门用于保存用户访问过的网页地址的。用户可以将经常使用的、自己喜爱的网页地址保存在"收藏夹"中，以后再次访问该网页时，可以直接在"收藏夹"中选取该网页的地址，达到直接访问的目的。

以 IE9 为例，收藏网页的具体操作如下：打开要收藏的网页，单击浏览器中的"收藏夹"菜单→"添加到收藏夹"命令（或者在功能按钮组中单击"收藏夹" ★ 按钮），打开"添加收藏"对话框，如图 1-4-5 所示。单击"添加"按钮后，该网页的地址就保存到"收藏夹"中了。以后访问该网页时，打开"收藏夹"菜单，单击该网页地址即可访问该网页。

当收藏夹中含有太多的 Web 页时，收藏夹的列表会很长，不便于用户查找。此时可以建立子文件夹来分类保存收藏的 Web 页地址。用户可以根据个人爱好来组织收藏的 Web 页，通常可以按主题将 Web 页分类收集到子文件夹中。例如，创建"新闻"文件夹来保存所有与新闻时事有关的网页地址，创建"音乐"文件夹来保存经常访问的音乐网站等。设置网址分类的方法有两种：

① 在收藏网址时，可以在"添加收藏夹"对话框中单击"新建文件夹"按钮，建立子文件夹，并将网址保存其中。

② IE 浏览器为了方便用户管理收藏夹中的 Web 页地址，提供了一个"整理收藏夹"命令。在"收藏夹"菜单中执行"整理收藏夹"命令项，打开"整理收藏夹"对话框，如图 1-4-6 所示。在对话框中，利用"新建文件夹"和"移动"两个按钮完成分类收集操作，也可使用"删除"按钮（或 Delete 键）将保存的不再需要的网址删除。

（2）设置访问主页

IE 浏览器在启动后，在默认情况下会自动打开第一个网页，称为 IE 主页。若想让自己经常访问的网页在 IE 浏览器启动后自动打开，可以调整 IE 浏览器的主页设置。现今，很多 Internet 用户都喜欢将网址导航类网站的主页设置为自己的 IE 浏览器的主页。

在 IE9 中，设置 IE 访问主页的方法如下：打开某网址导航类网站，在 IE9 中选择"工具"菜单→"Internet 选项"命令，打开"Internet 选项"对话框，如图 1-4-7 所示。单击"常规"选项卡→"主页"组→"使用当前页"按钮，则该网址导航网站的主页地址出现在"地址"输入框中，图 1-4-7 所示为将 http://www.hao123.com 设为默认主页，单击"应用"或"确定"按钮即可完成 IE 主页的设置。以后启动 IE 浏览器时，会自动打开该网址导航网站的主页。

（3）删除浏览的历史记录

若需要对用户使用 IE 访问 Internet 的浏览记录进行保护，可以采取删除所有的历史访问记录的方法。其操作方法为：选择"工具"菜单→"删除浏览的历史记录"命令或单击工具栏上的"安全"按钮右侧的下三角按钮，在其下拉菜单中选择"删除浏览的历史记录"命令，则打开"删除浏览的历史记录"对话框，如图 1-4-8 所示，选中需要删除的选项后，单击"删除"按钮完成操作。

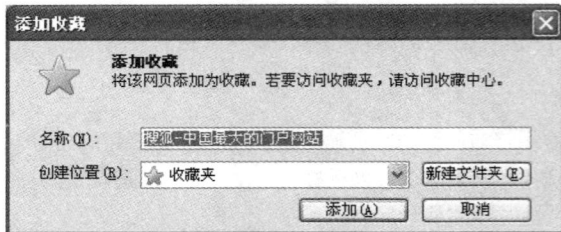

图 1-4-5　添加收藏

图 1-4-6　整理收藏夹

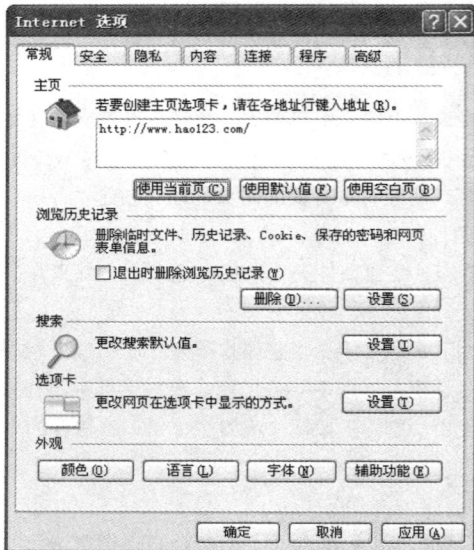

图 1-4-7　Internet 选项

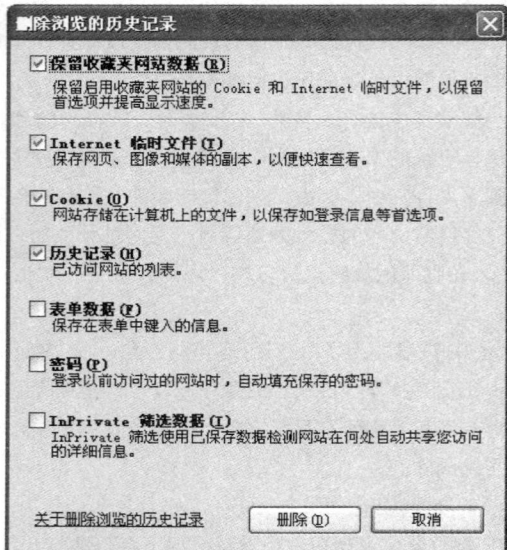

图 1-4-8　删除浏览的历史记录

2. 软件下载

Internet 除了提供文字、图片信息外，还有很多共享的软件和数据文件可以提供给用户进行下载。这些软件与数据文件有的可以使用 IE 直接完成下载，有的需要使用专用的下载工具软件完成。现今，常用的下载工具软件有迅雷（Thunder）、网际快车（FlashGet）等。

当使用 IE 下载时，单击下载链接，将弹出对话框询问文件保存的位置与名称，确定下载文件的保存位置与名称后，系统显示下载进度，直到下载完成。IE 下载不支持断点续传，即只能一次性下载直到结束。而专用的下载工具软件都支持断点续传，因而下载软件最佳的方法是使用下载工具软件。

现以迅雷下载软件为例，从网上下载"搜狗拼音输入法"软件。其操作过程如下：

① 使用 IE 访问百度，并搜索"搜狗拼音输入法"，得到如图 1-4-9 所示结果。

图 1-4-9　搜索"搜狗输入法下载"结果

② 单击进入"太平洋下载"网站，并找到该软件的下载链接，如图 1-4-10 所示。

图 1-4-10　"搜狗拼音输入法"的下载链接

**提示**：在选择下载网站时，应选择大型的软件下载网站，如华军软件园、多特软件站、太平洋下载中心等。这些网站提供的软件一般都经过杀毒等安全处理，相对安全。

③ 迅雷软件在安装后，一般会自动关联 IE 中的下载链接，即在 IE 中单击软件的下载链接后，系统会自动将下载链接传送给迅雷，若迅雷没有启动，会自动启动迅雷。此时，在图 1-4-10 所示页面中单击"本地下载"中的"迅雷下载"链接，则系统弹出如图 1-4-11 所示的对话框。

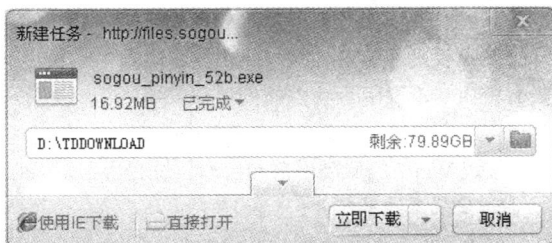

图 1-4-11　迅雷新建任务

在此对话框中，用户需要选择下载软件将保存的文件夹位置，完成后单击"立即下载"按钮，迅雷开始下载，并显示下载进度。下载完成后，在"已完成"任务夹中可查看下载完成的任务列表，右击该任务，在快捷菜单中选择"打开文件夹"命令，即可在打开的文件夹中找到下载的软件。

### 1.4.6　训练任务

① 选择一位喜爱的歌手，搜索其个人信息、工作现状、作品介绍及歌曲作品，并下载到本地计算机。

② 上网搜索音乐播放软件，下载后安装在本地计算机上，进行音乐播放。

# 任务 1.5　保护公司的信息与支付安全

信息安全现在已经成为互联网生活中不可忽视的一个问题。信息安全的实质就是要保护信息系统或信息网络中的信息资源免受各种类型的威胁、干扰和破坏，即保证信息的安全性。

### 1.5.1　任务描述

小张作为销售业务员，完成了自己的第 1 次业务洽谈。在签完交易合同后，进入交易实施阶段，现在需要进行网上支付。小张在进行支付操作前，得到了老业务员的提醒，要注意互联网的信息安全，从而保护公司的网银账号不被他人非法盗取。于是，小张决定先在自己的电脑上安装防护软件后，再实施网上支付。

小张经过咨询，了解到一款免费的网络安全防护软件——360 安全系列软件。于是，他决定将其下载安装到自己的电脑中，并针对自己的网络支付操作设置安全防护。

### 1.5.2　任务分析

完成本项工作任务，需要进行如下操作：

① 下载并安装 360 系列软件；

② 安装系统补丁；

③ 查杀木马和计算机病毒；

④ 设置账号保护。

该工作任务的实施，要求操作人员必须了解信息安全的基本知识，掌握计算机病毒的防治方法，并掌握相关软件的使用操作，这样才能实现保护公司的网银账号。

### 1.5.3　任务实现

1. 下载并安装 360 系列软件

启动 IE 浏览器，访问"360 安全中心"网站的主页（http://www.360.cn），在"360 安全中心"网站的主页上，提供了 360 安全系列软件的下载链接供用户下载。其中包括 360 安全卫士和 360 杀毒两个软件。下载完成后，启动安装程序，在安装向导对话框中同意 360 授权许可协议，选择快速安装，完成 360 安全卫士和 360 杀毒两个软件的安装。

软件安装后，在桌面上将产生两个图标，分别是 360 安全卫士和 360 杀毒。这两个软件在安装后都将随操作系统 Win 7 的启动而自动启动、进驻内存，同时打开木马防火墙和实时防护对系统进行保护。

2. 安装系统补丁

双击 360 安全卫士图标，启动 360 安全卫士，打开其管理界面，如图 1-5-1 所示。

单击"修复漏洞"标签，则 360 安全卫士开始扫描系统，检查当前系统还有哪些补丁程序没有安装。检测完成后，系统存在的已知漏洞将分类显示给用户，如图 1-5-2 所示。在这些漏洞中，提示的高危漏洞必须要修复，一些其他类型的漏洞可以自行选择。

图 1-5-1　360 安全卫士窗口

3. 查杀木马

在 360 安全卫士的窗口中，单击"木马查杀"标签，则打开"查杀木马"选项卡，如图 1-5-3 所示。一般情况下，单击"快速扫描"按钮，可完成对系统关键位置的扫描检测，速度较快，比较省时。若考虑查杀的全面性，也可单击"全盘扫描"，则对系统所有存储位置进行检测，但比较费时。

图 1-5-2　360"修复漏洞"

4. 查杀病毒

360 杀毒窗口如图 1-5-4 所示，在"病毒查杀"选项卡中，有 3 个按钮供用户选择，分别是"快速扫描""全盘扫描""指定位置扫描"。其中，"快速扫描"是扫描系统关键位置上的文件，"全盘扫描"是所有位置全面扫描，"指定位置扫描"是自己选择扫描位置进行局部扫描。一般情况下，选择"快速扫描"即可。

5. 设置账号保护

为了防止在网络中使用的账号被人非法盗取，还要在 360 安全卫士网站中下载并安装"360 保险箱"，并在"360 保险箱"中添加要保护的各类账号。"360 保险箱"可以保护的账号有聊天、游戏、银行、购物 4 类账号，几乎涵盖了网民在互联网上所有应用账号登录的行为。在安装后，"360 保险箱"将随电脑启动而自启动，从而保护用户的登录行为。

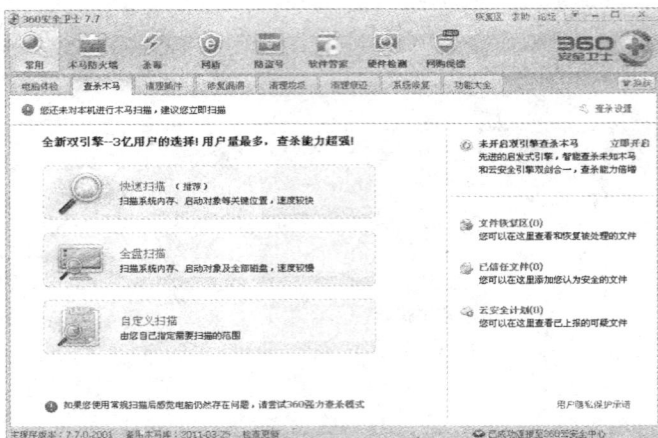

图 1-5-3　360 "查杀木马"

图 1-5-4　360 杀毒界面

打开 "360 保险箱" 窗口后，保险箱在第 1 次运行时，会弹出操作向导，分类逐步提示用户添加保护的账号，完成后如图 1-5-5 所示。

图 1-5-5　360 保险箱

此时，还可单击"添加"链接，打开如图 1-5-6 所示的"添加保护对象"对话框，自行添加需要保护的对象。

图 1-5-6　添加保护对象

经过上述操作，小张的计算机系统得到了相应的安全防护。此时，小张可以放心地进行网上交易操作了。但是，在以后的工作中，还要定期检查并安装补丁程序、升级病毒库等，并对自己的计算机定期进行病毒与木马的清查，从而持久地确保计算机系统的安全。

### 1.5.4　知识精讲

1. 计算机病毒

（1）计算机病毒的定义

计算机病毒（Computer Virus）在《中华人民共和国计算机信息系统安全保护条例》中被明确定义，是指"编制者在计算机程序中插入的破坏计算机功能或者破坏数据，影响计算机使用并且能够自我复制的一组计算机指令或者程序代码"。计算机病毒实质上是一种特殊的计算机程序。这种程序具有自我复制能力，可非法入侵并隐藏在存储媒体中的引导部分、可执行程序或数据文件中。当病毒被激活时，源病毒能把自身复制到其他程序体内，影响和破坏程序的正常执行和数据的正确性。有些恶性病毒对计算机系统具有极大的破坏性。

（2）计算机病毒的特点

① 寄生性。计算机病毒都是寄生在其他程序中的，当执行这个程序时，病毒就会发作并起到破坏作用，而在未启动这个程序之前，它是不易被人发觉的。

② 传染性。计算机病毒具有传染性，一旦病毒被复制或产生变种，其传染速度之快令人难以预防。传染性是生物界病毒的基本特征，即病毒从一个生物体扩散到另一个生物体。同样，计算机病毒也会通过各种传播渠道从已被感染的计算机扩散到未被感染的计算机。计算机病毒一旦进入计算机并得以执行，它就会搜寻其他符合其传染条件的程序或存储介质，确定传染目标后，再将自身代码插入其中，达到自我繁殖的目的。因此，是否具有传染性是判断一个程序代码是否为计算机病毒的最重要条件。

③ 潜伏性。计算机病毒程序，进入系统之后一般不会马上发作。在得到运行的机会后，它首先会四处繁殖、扩散，等到一定条件具备的时候，一下子就发作起来，对系统进行破坏。

④ 隐蔽性。计算机病毒具有很强的隐蔽性，并且将自己隐藏在计算机的多处地方。有的可以通过病毒软件检查出来，有的根本就查不出来，这类病毒处理起来通常很困难。

⑤ 破坏性。计算机病毒发作后，可能会导致正常的程序无法运行，或对计算机内存储的数据文件进行破坏，通常表现为增、删、改、移，从而造成计算机软件系统损坏、无法运行。

⑥ 可触发性。计算机病毒因某个事件或数值的出现，诱使病毒实施感染或进行攻击的特性称为可触发性。计算机病毒的触发机制用来控制感染和破坏动作的频率。病毒具有预定的触发条件，这些条件可能是时间、日期、文件类型或某些特定数据等。病毒运行时，触发机制检查预定条件是否满足，如果满足，启动感染或破坏动作，使病毒进行感染或攻击；如果不满足，使病毒继续潜伏。

（3）计算机病毒的传播途径

当前计算机病毒的传播途径主要有两种：一种是通过网络传播，一种是通过硬件设备传播。

1）通过网络传播，又分为通过因特网传播和通过局域网传播两种。网络信息时代，因特网和局域网已经融入了人们的生活、工作和学习中，成为社会活动中不可或缺的组成部分。特别是因特网，已经越来越多地被用于获取信息、发送和接收文件、接收和发布新的消息、下载文件和程序。随着因特网的高速发展，计算机病毒也走上了高速传播之路。因特网已经成为计算机病毒的第一传播途径。

① 因特网传播：因特网既方便又快捷，不仅提高了人们的工作效率，而且降低了运作成本，逐步被人们所接受并得到广泛的使用。商务往来的电子邮件、浏览网页、下载软件、即时通信软件、网络游戏等，都是通过因特网这一媒介进行的。如此频繁的使用率，注定备受病毒的"青睐"。

● 通过电子邮件传播：在电脑和网络日益普及的今天，商务联通更多使用电子邮件传递，病毒也随之找到了载体，最常见的是通过 Internet 交换 Word 格式的文档。由于 Internet 使用广泛，其传播速度相当快。电子邮件携带病毒、木马及其他恶意程序，会导致收件者的计算机被黑客入侵。E-mail 协议的新闻组、文件服务器、FTP 下载和 BBS 文件区也是病毒传播的主要形式。经常有病毒制造者上传带毒文件到 FTP 和 BBS 上，通常是使用群发到不同组，很多病毒伪装成一些软件的新版本，甚至是杀毒软件。很多病毒流行都是依靠这种方式同时使上千台计算机染毒的。

BBS 是由计算机爱好者自发组织的通信站点，由于其登录容易、投资少，因此深受用户的喜爱，用户可以在 BBS 上进行文件交换（包括自由软件、游戏、自编程序）。各城市 BBS 站间通过中心站进行传送，传播面较广。由于 BBS 站一般没有严格的安全管理，也无任何限制，这样就给一些病毒程序编写者提供了传播病毒的场所。

提示：培养良好的安全意识，对来历不明的邮件及附件不要轻易打开，即使是亲朋好友的邮件也要倍加小心。

● 通过即时通信软件传播：即时通信（Instant Messenger，IM）软件可以说是目前我国上网用户使用率最高的软件，它已经从原来的纯娱乐休闲工具变成生活工作的必备利器。由于用户数量众多，再加上即时通信软件本身的安全缺陷，例如，内建有联系人清单，使得病毒可以方便地获取传播目标，这些特性都能被病毒利用来传播自身，导致其成为病毒的攻击目标。事实上，臭名昭著、造成上百亿美元损失的求职信（Worm.Klez）病毒就是第一个通过 ICQ 进行传播的恶性蠕虫，它可以遍历本地 ICQ 中的联络人清单来传播自身。而更多的对即时通信软件形成安全隐患的病毒还正在陆续发现中，并有愈演愈烈的态势。目前为止，通过 QQ 来进行传播的病毒已达上百种。

P2P，即对等互联网络技术（点对点网络技术），它使用户可以直接连接到其他用户的计算机，进行文件共享与交换。每天全球有成千上万的网民在通过 P2P 软件交换资源、共享文件。由于这是一种新兴的技术，还很不完善，因此，存在着很大的安全隐患。由于其不经过中继服务器，使用起来更加随意，所以许多病毒制造者开始编写依赖于 P2P 技术的病毒。

提示：在聊天时收到好友发过来的可疑信息时，千万不要随意单击，应当首先确定是否真的是好友所发。要防范通过 IRC 传播的病毒，还需注意不要随意从陌生的站点下载可疑文件并执行，轻易不要在 IRC 频道内接收别的用户发送的文件，以免计算机受到损害。

● 通过网络游戏传播：网络游戏已经成为目前网络活动的主体之一，更多的人选择进入游戏来缓解生活的压力，实现自我价值，可以说，网络游戏已经成为一部分人生活中不可或缺的东西。对于游戏玩家来说，网络游戏中最重要的就是装备、道具这类虚拟物品了，这类虚拟物品会随着时间的积累而成为一种有真实价值的东西，因此，出现了针对这些虚拟物品的交易，从而出现了偷盗虚拟物品的现象。要想非法得到用户的虚拟物品，就必须得到用户的游戏账号信息，因此，目前网络游戏的安全问题主要就是游戏盗号问题。由于网络游戏要通过电脑并连接到网络上才能运行，偷盗玩家游戏账号、密码最行之有效的武器莫过于特洛伊木马（Trojan horse）。专用于偷窃网游账号和密码的木马也层出不穷，这种攻击性武器无论是菜鸟级的黑客，还是研究网络安全的高手，都视为最爱。

② 局域网传播。局域网是由相互连接的一组计算机组成的，这是数据共享和相互协作的需要。组成网络的每一台计算机都能连接到其他计算机，数据也能从一台计算机发送到其他计算机上。如果发送的数据感染了计算机病毒，接收方的计算机将自动被感染，因此，有可能在很短的时间内感染整个网络中的计算机。局域网络技术的应用为企业的发展做出了巨大贡献，同时也为计算机病毒的迅速传播铺平了道路。同时，由于系统漏洞所产生的安全隐患也会使病毒在局域网中传播。

2）通过计算机硬件设备传播。

此种传播方式是通过不可移动的计算机硬件设备进行病毒传播，其中计算机的专用集成电路芯片（ASIC）和硬盘为病毒的重要传播媒介。通过 ASIC 传播的病毒极为少见，但是其破坏力却极强，一旦遭受病毒侵害，将会直接导致计算机硬件的损坏，检测、查杀此类病毒的手段还需进一步的提高。

① 硬盘是计算机数据的主要存储介质，因此也是计算机病毒感染的重灾区。硬盘传播计算机病毒的途径是：硬盘向 U 盘上复制带病毒文件、向光盘上刻录带病毒文件、硬盘之间的数据复制，以及将带病毒文件发送至其他地方等。

提示：定期使用正版杀毒软件查杀病毒非常重要。

② 通过移动存储设备传播。更多的计算机病毒逐步转为利用移动存储设备进行传播。移动存储设备包括常见的光盘、移动硬盘、U 盘（含数码相机、MP3 等）、ZIP 和 JAZ 磁盘，后两者是存储容量比较大的特殊磁盘。光盘的存储容量大，所以大多数软件都刻录在光盘上，以便互相传递；同时，盗版光盘上的软件和游戏及非法拷贝也是目前传播计算机病毒的主要途径。随着大容量可移动存储设备如 Zip 盘、可擦写光盘、磁光盘（MO）等的普遍使用，这些存储介质也成为计算机病毒寄生的场所。随着时代的发展，移动硬盘、U 盘等移动设备也成为新攻击目标。而 U 盘因其超大空间的存储量，逐步成为使用最广泛、最频繁的存储介质，为计算机病毒的寄生提供更宽裕的空间。目前，U 盘病毒逐步增加，使得 U 盘成为第二大病毒传播途径。

提示：在学校里的公用机房、网吧等特定公共场所使用 U 盘（闪存）等移动设备的用户，要特别谨慎小心，以防感染木马，造成自己的信息失密并被窃取。

③ 无线设备传播。

目前，这种传播途径随着手机功能性的开放和增值服务的拓展，已经成为有必要加以防范的一种病毒传播途径。随着智能手机的普及，通过上网浏览与下载到手机中的程序越来越多，不可避免地会对手机安全产生隐患，手机病毒会成为新一轮电脑病毒危害的"源头"。手机，特别是智能手机和网络发展的同时，手机病毒的传播速度和危害程度也与日俱增。通过无线传播很有可能会发展为第二大病毒传播方式，并很有可能与网络传播造成同等的危害。

提示：使用手机上网时，应尽量以浏览信息为主，尽可能地减少从网上下载信息和文件，即便是有这方面的需求，也最好从一些正规网站上下载。收到带有病毒的短信或邮件时，应立即删除，键盘被锁死应立即取下电池，然后重新开机进行删除。可先用光华反病毒软件手机版查杀病毒，如仍旧不能恢复正常，及时将手机送厂维修，避免病毒二次传播。

（4）计算机病毒的分类

按计算机病毒的感染方式，分为如下五类。

① 引导区病毒。通过 U 盘、光盘等各种移动存储介质感染引导区病毒，感染硬盘的主引导记录。当硬盘主引导记录感染病毒后，病毒就会企图感染每个插入该计算机进行读写的移动盘的引导区。引导区病毒常常将其病毒程序替代引导中的系统程序，总是先于系统文件装入内存储器，获得控制权并进行传染和破坏。

② 文件型病毒。主要感染可执行文件，通常寄生在文件的首部或尾部，并修改程序的第一条指令。当感染病毒的程序执行时，先跳转去执行病毒程序，进行传染和破坏。这类病毒只有当带毒程序执行时才能进入内存，一旦符合激发条件就会发作。

③ 混合型病毒。既可以传染磁盘的引导区，也可以传染可执行文件，兼有上述两类病毒的特点。混合型病毒通过这两种方式来感染，更增加了病毒的传染性和存活率。不管以哪种方式感染，只要中毒，就会经开机或执行程序而感染其他磁盘或文件。

④ 宏病毒。开发宏可以让工作变得简单、高效。但是，黑客利用了宏具有的良好扩展性编制病毒，宏病毒就是寄存在 Microsoft Office 文档或模板的宏中的病毒。它只感染 Word 文档文件和模板文件，与操作系统没有特别的关联。由于微软的 Office 系列办公软件和 Windows 系统占了绝大多数的 PC 软件市场，加上 Windows 和 Office 提供了宏病毒编制和运行所必需的库（以 VB 库为主），所以宏病毒是最容易编制和流传的病毒之一，很有代表性。

宏病毒发作方式：在 Word 打开病毒文档时，宏会接管计算机，然后感染其他文档，或直接删除文件等。Word 将宏和其他样式储存在模板中，因此病毒总是把文档转换成模板再储存它们的宏。这样的结果是某些 Word 版本会强迫用户将感染的文档储存在模板中。根据美国国家计算机安全协会统计，这位"后起之秀"已占目前全部病毒数量的 80% 以上。另外，宏病毒还可衍生出各种变种病毒，这种"父生子子生孙"的传播方式让许多系统防不胜防，这也使宏病毒成为威胁计算机系统的"第一杀手"。

判断是否被感染：宏病毒一般在发作的时候没有特别的迹象，通常会伪装成其他的对话框让用户确认。在感染了宏病毒的机器上，会出现不能打印文件、Office 文档无法保存或另存为等情况。

宏病毒带来的破坏：删除硬盘上的文件；将私人文件复制到公开场合；从硬盘上发送文件到指定的 E-mail、FTP 地址。

防范措施：平时最好不要几个人共用一个 Office 程序，要加载实时的病毒防护功能。病毒的变种可以附带在邮件的附件里，在用户打开邮件或预览邮件的时候执行。一般的杀毒软件都可以清除宏病毒。

⑤ 网络病毒。大多是通过 E-Mail 传播的，黑客是危害计算机系统的源头之一。"黑客"是指利用通信软件，通过网络非法进入他人的计算机系统，截取或篡改数据，危害信息安全的人。

2. 木马与后门程序

利用计算机程序的漏洞侵入后窃取文件的程序被称为木马。在计算机领域中，木马是一类恶意程序。木马大多不会直接对电脑产生危害，而是以控制为主。木马是一个完整的软件系统，它一般由控制端程序和服务端程序两部分组成。木马制造者一般诱骗他人安装执行服务端程序，然后用控制端程序对他人的计算机进行控制，成为其傀儡主机（也称为肉机）。

后门程序也称为特洛伊木马，一般是指那些绕过安全性控制而获取对程序或系统访问权的程序方法，即是一种可以为计算机系统秘密开启访问入口的程序代码。它与计算机病毒的区别是，它一般不具有传染性，只是为后门程序的使用者提供一个秘密登录的方法，再进一步安装木马，达到永久控制的目的。

现在，大多数网络木马都是先添加后门，再植入键盘记录功能的木马程序，从而盗取用户在键盘上敲击的各种登录账号与口令信息。

3. 钓鱼网站

所谓钓鱼网站，是一种网络欺诈行为，指不法分子利用各种手段，仿冒真实网站的 URL 地址及页面内容，或者利用真实网站服务器程序上的漏洞在站点的某些网页中插入危险的 HTML 代码，以此来骗取用户银行或信用卡账号、密码等私人信息资料。

"钓鱼网站"近来在中国频繁出现，严重地影响了在线金融服务、电子商务的发展，危害公众利益，影响公众应用互联网的信心。钓鱼网站通常伪装成银行网站，窃取访问者提交的账号和密码信息。它一般通过欺骗方式诱骗他人单击伪装的链接，让使用者打开钓鱼网站。钓鱼网站的页面与真实网站界面基本一致，要求访问者提交账号和密码，然后盗取用户的敏感信息，进而获取经济利益。

### 4. 系统漏洞

系统漏洞是指操作系统软件或应用软件在逻辑设计上的缺陷或错误，这个缺陷或错误可以被不法者或者电脑黑客所利用，通过植入木马、病毒等方式来控制或攻击电脑，从而窃取被攻击电脑中的重要资料和信息，甚至破坏电脑中的系统和数据。

漏洞影响的范围很大，包括系统本身及其支撑的软件。换而言之，在这些不同的软硬件设备中都可能存在不同的安全漏洞问题。例如，自从 Windows 系统发布的那一天起，随着用户的深入使用和反馈，Windows 系统漏洞会不断地暴露出来。这些被发现的漏洞也会不断被微软公司发布的补丁程序所修补，或在以后发布的新版系统中得以纠正。然而，在新版系统纠正了旧版本中具有漏洞的同时，也会引入一些新的漏洞和错误。因而随着时间的推移，旧的系统漏洞会不断消失，新的系统漏洞会不断出现。这是软件设计不可避免的一个问题，因此系统漏洞问题会长期存在下去。对于普通用户，则需要经常为自己的系统与软件下载安装其发布的补丁程序。

### 5. 反病毒软件

反病毒软件也称为安全防护软件，国内也称杀毒软件。早期的杀毒软件是指在电脑中毒后，要杀掉病毒。而反病毒则包括了杀毒和防毒两种功能。近年来陆续出现了集成防火墙的"互联网安全套装"或"全功能安全套装"软件，是用于消除电脑病毒、特洛伊木马和恶意软件的一类安全防护软件。其通常集成监控识别、病毒扫描和清除及自动升级等功能，有的反病毒软件还带有数据恢复等功能。总之，它是一种可以对病毒、木马等一切已知的对计算机有危害的程序代码进行清除和防治的程序工具。

目前国内反病毒软件有"三大巨头"：360 杀毒、金山毒霸和瑞星杀毒软件。国外的反病毒软件主要有 McAfee（迈克菲）、Symantec（赛门铁克）、ESET NOD32、Kaspersky（卡巴斯基）。

现今，反病毒软件的任务是实时监控和扫描磁盘。它一般都是随操作系统的启动而进驻系统并开启实时监控的，并且大部分的杀毒软件还具有防火墙功能。扫描磁盘则由用户在系统提示下自选决定。

另外，反病毒软件不可能查杀所有的病毒和木马。有的病毒即使能查到，也不一定能杀掉。现在，反病毒软件对被感染病毒的文件有多种杀毒方式：清除、删除、禁止访问、隔离、不处理。为了更好地防护自己的电脑，用户要定期升级反病毒软件的病毒库。对于一些新出现的病毒，还可上网下载对应的专杀工具进行查杀。

## 1.5.5　技巧与提高

### 1. 如何防治计算机病毒

（1）计算机中毒后常见的几种现象

计算机病毒虽然很难检测，但只要细心留意计算机的运行情况，还是可以发现计算机受到病毒感染后表现出的异常症状的。

① 机器不能正常启动。加电后机器根本不能启动，或者可以启动，但所需要的时间比原来的启动时间长。有时会突然出现黑屏现象。

② 运行速度降低。如果发现在运行某个程序时，读取数据的时间比原来长，保存文件或调用文件的时间也增加了，那么就可能是由病毒造成的。

③ 磁盘空间迅速变小。由于病毒程序要进驻内存，而且还能繁殖，因此使内存空间变小，甚至变为 0，用户什么信息也进不去。

④ 计算机系统中的文件长度、日期、时间、属性等发生变化。一个文件存入磁盘后，它的长度和内容都不会改变，可是由于病毒的干扰，文件长度可能改变，文件内容也可能出现乱码。有时文件内容无法显示或显示后又消失了。文件的日期和时间被修改成最近的日期或时间（用户自己并没有修改）。

⑤ 经常出现"死机"现象。正常的操作是不会造成死机现象的，即使是初学者，命令输入不对也不会死机。如果机器经常死机，可能是由于系统感染病毒了。

⑥ 外部设备工作异常。因为外部设备受到系统的控制，如果机器中了病毒，外部设备在工作时可能会出现一些异常情况，出现一些用理论或经验说不清的现象。

⑦ 显示器上经常出现一些莫名其妙的信息或异常现象。

⑧ 系统不识别硬盘。

⑨ 键盘输入异常。

以上仅列出一些比较常见的病毒表现形式，肯定还会遇到一些其他的特殊现象，这就需要由用户自己判断了。

（2）计算机病毒的防治

根据计算机病毒的传播特点，防治计算机病毒关键要注意以下几点：

① 提高对计算机病毒危害的认识。

② 养成良好的使用计算机的习惯。即对重要文件必须保留备份，不在计算机上乱插乱用盗版光盘和来路不明的 U 盘，经常用反病毒软件检查硬盘和每一张外来光盘或硬盘等。

③ 正确使用现有的反病毒软件，定期查杀计算机病毒，并及时升级杀毒软件。

④ 开启反病毒软件的实时监测功能。

⑤ 及时采取打补丁和系统升级等安全措施，并加强对网络流量等异常情况的监测。

⑥ 有规律地备份系统的关键数据，建立应对灾难的数据安全策略，并保证备份的数据能够正确、迅速地恢复。

2. 如何防治木马与后门程序

（1）木马与后门程序的传播方式

木马与后门程序的传播方式主要有 3 种：

① 通过 E-mail，控制端将木马程序以附件的形式夹在邮件中发送出去，收信人只要打开附件系统，就会感染木马或后门程序。

② 软件下载，一些非正规的网站以提供软件下载为名义，将木马捆绑在软件安装程序上，下载后，只要运行这些程序，木马就会自动安装。

③ 在一些非正规的网站和论坛中，往往存在着以淫秽色情等诱惑性内容为标题的网页链接，当用户单击打开网页时，网页上夹带的后门程序也植入电脑。

（2）防治的方法

防治木马与后门程序的危害，应该采取以下措施：

① 安装反病毒软件和个人防火墙，并及时升级。

② 把个人防火墙设置好安全等级，防止未知程序向外传送数据。

③ 可以考虑使用安全性比较好的浏览器和电子邮件客户端工具。

④ 尽量不要访问那些非正规的网站，不要打开那些不正常的网页链接。

⑤ 不要到非正规的网站下载软件或下载安装不明软件和浏览器插件，以免被木马趁机侵入。

⑥ 不要打开不知来源的邮件，直接删除即可。

3. 如何防范网络钓鱼

（1）钓鱼网站的传播方式

目前互联网上活跃的钓鱼网站的传播途径主要有如下几种：

① 通过 QQ、阿里旺旺等客户端聊天工具发送传播钓鱼网站链接。

② 在搜索引擎、中小网站投放广告，吸引用户单击钓鱼网站链接。

③ 通过 E-mail、论坛、博客、微博散布钓鱼网站链接。

④ 通过仿冒邮件，例如冒充"银行密码重置邮件"，来欺骗用户进入钓鱼网站。

⑤ 感染病毒后弹出模仿 QQ、阿里旺旺等聊天工具窗口，用户单击后进入钓鱼网站。

⑥ 恶意导航网站、恶意下载网站弹出仿真悬浮窗口，单击后进入钓鱼网站。

⑦ 伪装成用户输入网址时易发生的错误，如 gogle.com、sinz.com 等，一旦用户写错，就误入钓鱼网站。

（2）防治的方法

① 查验"可信网站"。通过第三方网站身份诚信认证方式辨别网站的真实性。目前不少网站已在网站首页安装了第三方网站身份诚信认证——"可信网站"，可帮助用户判断网站的真实性。"可信网站"验证服务，通过对企业域名注册信息、网站信息和企业工商登记信息进行严格交互审核来验证网站的真实身份。通过认证后，企业网站就进入中国互联网络信息中心（CNNIC）运行的国家最高目录数据库中的"可信网站"子数据库中，从而全面提升企业网站的诚信级别，网民可通过单击网站页面底部的"可信网站"标识确认网站的真实身份。用户在进行网络交易时，应养成查看网站身份信息的使用习惯，企业也要安装第三方身份诚信标识，加强对消费者的保护。

② 核对网站域名。假冒网站一般和真实网站有细微区别，有疑问时要仔细辨别其不同之处，比如在域名方面，假冒网站通常将英文字母 I 替换为数字 1，CCTV 被换成 CCYV 或者 CCTV-VIP 这样的仿造域名。

③ 比较网站内容。假冒网站上的字体样式不一致，并且模糊不清。假冒网站上没有进一步的访问链接，用户可单击栏目或图片中的各个链接看看能否打开。

④ 查看安全证书。目前大型的电子商务网站大都应用了安全网络传输协议，这类网站的网址一般都是以"https"打头，如果发现不是"https"开头，应谨慎对待。

### 1.5.6　训练任务

下载安装"金山毒霸"反病毒软件，并使用它对计算机进行安全保护操作。

## 任务 1.6　给公司客户发"合同"电子邮件

电子邮件是一种用电子手段提供信息交换的通信方式。电子邮件采用存储转发的方式进行传递：从发信源节点出发，经过路径上若干个网络结点的存储和转发，最终使电子邮件传送到目的邮箱。通过网络的电子邮件系统，用户可以用非常低廉的价格（不管发送到哪里，都只需负担电话费和网费即可），以非常快速的方式（几秒钟之内可以发送到世界上任何指定的目的地），与世界上任何一个角落的网络用户联系，可以传送文字、图片、图像、声音、文档等各种多媒体信息。

### 1.6.1　任务描述

销售部的小张在一次业务洽谈中，与一位客户经过网上交流后，确定了交易合作的意向。客户提出需要两天的时间对交易进一步确认，要求小张将交易的合同文本通过电子邮件发给他。于是，小张在得到部门主管的同意后，将公司拟定的交易合同电子稿发给客户，并将对方的邮箱地址存入自己的通信簿中以方便以后的联系。

### 1.6.2　任务分析

完成本项工作任务，需要进行如下操作：

① 申请自己的电子邮箱地址；

② 登录邮件服务器网站；

③ 创建电子邮件并以附件的形式将合同的电子文档发给客户；

④ 将客户的电子邮件地址存入通讯录中。

要想顺利地给客户发送电子邮件，要求操作人员必须掌握电子邮件服务的基本原理和电子邮件收发的基本操作方法。

### 1.6.3　任务实现

**1. 申请自己的电子邮箱地址**

提供电子邮件服务的中文网站有很多，本任务以网易 163 邮箱为例，介绍电子邮箱的申请与使用。在 IE 地址栏中，输入网址"http://mail.163.com"，打开网易邮箱页，如图 1-6-1 所示。

图 1-6-1　163 网易邮箱网站

在打开的网页上，单击"去注册"按钮，进入"注册网易免费邮箱"页面，如图 1-6-2 所示。在此页面中，首先输入"用户名"，光标移动到下一项时会自动检测输入的用户名是否已经被使用。在确认无人使用的情况下，再输入"密码""确认密码""手机号码""验证码"等必填内容，通过手机短信免费获取验证码，最后输入"短信验证码"信息，单击"立即注册"即可完成邮箱账号的申请。

图 1-6-2　163 邮箱注册用户

2. 登录自己的电子邮箱

返回 163 网页邮箱登录页面，如图 1-6-1 所示，输入已注册的用户名和密码，单击"登录"按钮，即可打开用户邮箱的管理页面，如图 1-6-3 所示。

图 1-6-3　163 网易邮箱管理页面

在 163 邮箱的管理页面中，提供了常用的邮箱管理按钮和链接，如"收信""写信""收件箱""草稿箱""已发送""通讯录"等。其管理功能如下：

①"收信"按钮：即时接收邮件服务器收到的邮件，刷新收件箱的邮件列表；

②"写信"按钮：打开写信页面，创建新邮件；

③"收件箱"链接：查看已接收的邮件列表；

④"草稿箱"链接：写信过程中，在单击"发送"前，系统自动将新邮件保存至此；

⑤"已发送"链接：新邮件在发送后，系统将邮件自动保存至此；

⑥"通讯录"链接：打开通讯录页面，对联系人进行管理。

3. 创建并发送电子邮件

单击"写信"按钮，可打开写信页面，如图 1-6-4 所示。在写信页面中，用户必须填写"收件人"的电子邮件地址和邮件"主题"的内容。在邮件的"内容"区域内可编辑邮件的具体内容，也可附带其他各类数据文件，即添加附件。若要将邮件同时发送给多个邮箱，则在"收件人"栏目中输入多个电子邮件地址，它们之间用";"分隔。

公司的合同文本是一个独立的 Word 文档，可以通过电子邮件附件的形式发送给对方。添加附件的操作方法是：单击"添加附件"链接，打开"选择要上载的文件"对话框，如图 1-6-5 所示。

选择要上载的文件（合同文本.docx），单击"打开"按钮开始上载，上载完成后的邮件如图 1-6-4 所示。单击"发送"按钮，即可将新邮件传送出去，并且系统会自动将其保存到"已发送"邮件夹中。

4. 将客户的电子邮件地址保存到通讯录中

在新邮件发送成功后，163 邮箱系统会自动弹出"发送成功"页面，如图 1-6-6 所示。在"1 个收件人不在通讯录中"选项卡中选择邮箱地址后的"添加"按钮，在"快速添加联系人"页面上可填入"姓名""邮箱地址""手机/电话"及所属组信息，单击"确定"按钮后，客户的邮件地址即可存入通讯录中。至此，小张完成了发送合同的任务。

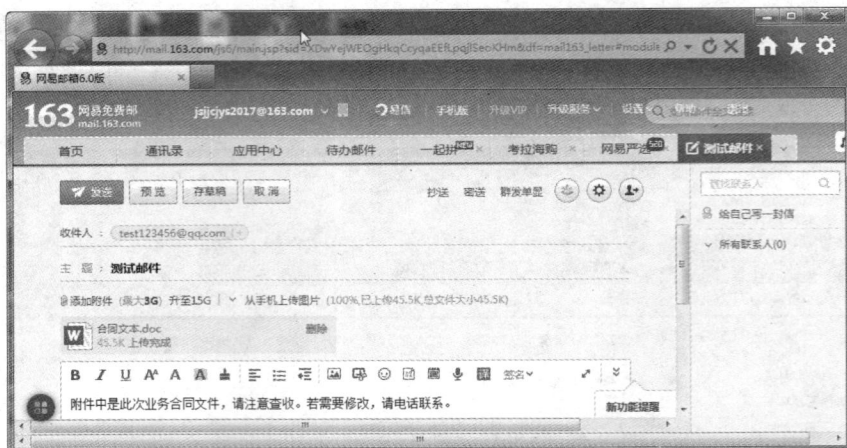

图 1-6-4 写邮件

图 1-6-5 "选择要上载的文件"对话框

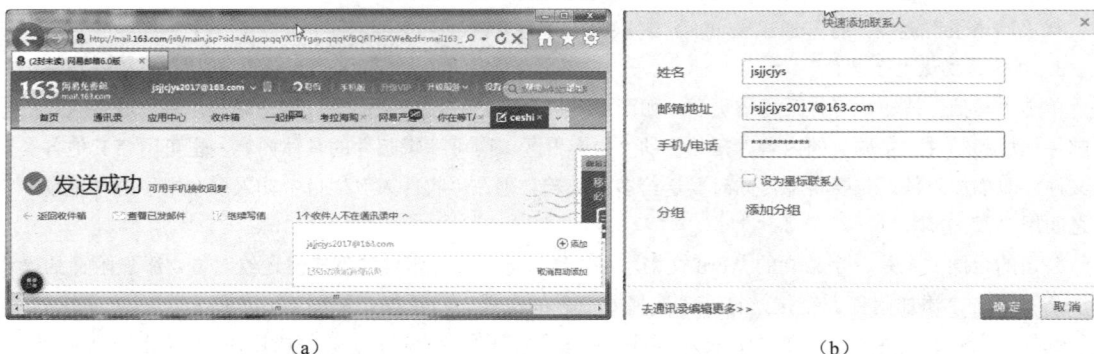

(a)                 (b)

图 1-6-6 邮件发送成功页面（a）和"快速添加联系人"对话框（b）

## 1.6.4 知识精讲

### 1. 电子邮件服务简介

（1）电子邮件系统

电子邮件服务系统基于客户/服务器工作模式。电子邮件服务器是电子邮件服务系统的核心，它的作用与人工邮递系统中邮局的作用非常相似。电子邮件服务器一方面负责接收用户发送来的邮件，并根据邮件的收件人的地址将其传送到对方的邮件服务器中；另一方面则负责接收从其他邮件服务器发来的邮件，并根据收件人的地址将邮件分发到各自的电子邮箱中。

在电子邮件系统中，用户发送和接收邮件需要在客户机上使用电子邮件客户端程序来完成。Outlook Express、Foxmail、金山邮件等都是电子邮件客户程序的一种。电子邮件客户程序一方面负责为用户创建邮件并将用户发送的邮件传送到邮件服务器；另一方面负责检查用户在邮件服务器中的邮箱，并读取及管理邮件。

（2）电子邮件地址

电子邮件地址就是电子邮箱地址。电子邮箱实际上是邮件服务器为每个用户开辟的一个存储用户邮件的存储空间。它需要用户在邮件服务器上注册申请得到，具备账号与口令。只有合法的用户才能打开阅读邮箱中的邮件。

电子邮件地址的一般形式为：用户邮箱名@邮件服务器域名。其中，用户邮箱名即用户在邮件服务器上注册的账号名。例如，电子邮件地址"test@163.com"表示用户在域名为"163.com"的邮件服务器中注册的邮箱 test。

2. 电子邮件传递协议

在 TCP/IP 互联网中，邮件服务器之间使用简单邮件传输协议（SMTP）相互传递电子邮件。而电子邮件客户端程序使用 SMTP 协议向邮件服务器发送邮件，使用第 3 代邮局协议（POP3）或交互式电子邮件存取协议（IMAP）从邮件服务器的邮箱中读取邮件。

### 1.6.5　技巧与提高

1. Outlook 2010 的使用

Outlook 2010 可以用于电子邮件的收发和管理工作。用户使用它可以在自己的主机上直接对在电子邮件服务器上注册的电子邮箱进行管理。目前电子邮件客户端软件很多，如 Foxmail、金山邮件等，都是常用的收发电子邮件的客户端软件。虽然各软件的版面各有不同，但其操作方式基本都是类似的。例如要发电子邮件就必须填写收件人的邮件地址、主题、邮件本体等。以 Outlook 2010 为例详细介绍电子邮件的撰写、收发、阅读、回复、转发等操作。

（1）启动 Outlook 2010

打开"开始"菜单，执行"所有程序"→"Microsoft Office"→"Microsoft Office Outlook 2010"命令，启动 Outlook 2010。在第一次启动 Outlook 2010 时，Outlook 2010 系统会自动运行启动向导。

（2）按启动向导完成初次运行的配置操作

① 在 Outlook 2010 向导对话框中，单击"下一步"按钮，进入"账户配置"对话框。

② 因为需要进一步配置电子邮件账户实现对电子邮箱的管理，所以选中"是"单选按钮，并单击"下一步"按钮，打开"添加新账户"对话框。

③ 输入姓名、注册申请的电子邮件地址及相应的授权密码，如图 1-6-7 所示，单击"下一步"按钮，进行电子邮件设置（时间较长，需等待几分钟）。

**提示：** 添加到 Outlook 账户中的邮箱需要开启 POP3/SMTP/IMAP 服务，如图 1-6-8 所示。开启邮箱服务时，首先会要求开启"客户端授权密码"，这需要用手机号码进行验证。使用授权密码登录第三方邮件客户端 Outlook。

④ 单击"完成"按钮，从而完成了电子邮件账户的添加并启动 Outlook 2010。

（3）添加多个邮箱账户

Outlook 2010 可以实现对用户在 Internet 上注册申请的多个电子邮件账户同时进行管理。要添加多个电子邮件账户，只需执行"文件"→"信息"→"添加账户"命令按钮，打开"添加新账户"对话框，选中

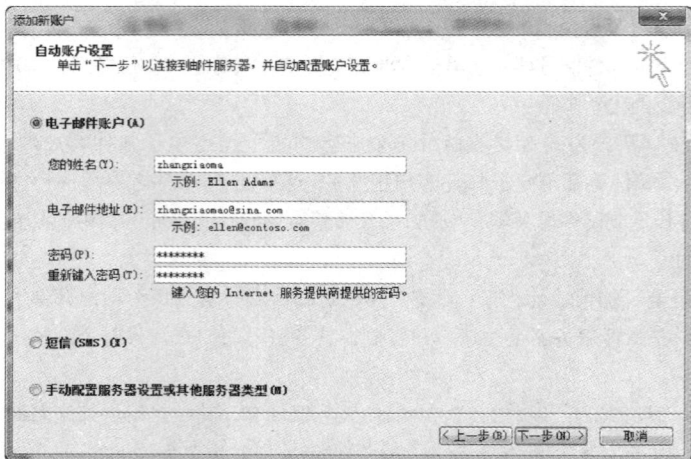

图 1-6-7　Outlook 添加新账户

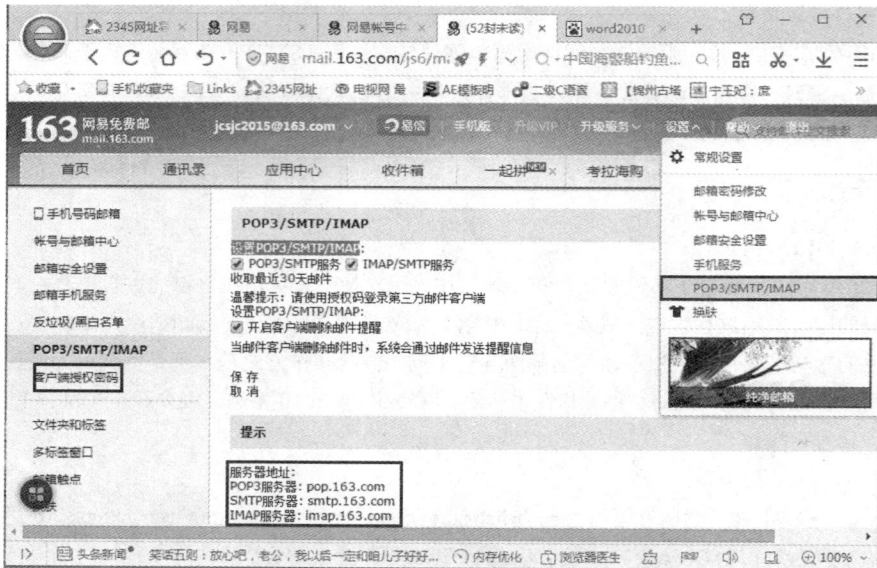

图 1-6-8　邮箱服务开启

"电子邮件账户"单选钮，在出现的对话框中填写好 E-mail 地址和密码等信息，如图 1-6-7 所示。单击"下一步"按钮，Outlook 会自动联系邮箱服务器进行账户配置，如果填写的信息正确，即可添加一个新的电子邮件账户。

（4）接收和阅读邮件

启动 Outlook 2010 后，打开如图 1-6-9 所示的窗口。Outlook 2010 把刚刚添加的账户"jsjjcjys2017@163.com"邮箱中的邮件下载到本地主机进行管理，这一步操作可以通过"发送/接收"→"发送/接收组"→"仅 jsjjcjys2017@163.com"→"收件箱"来实现。单击左侧导航栏中的账户邮箱下的"收件箱"，查看邮件内容。该窗口分为四栏，第一列为 Outlook 导航栏；第二列为邮件列表区，收到的所有邮件都在第二列中列出；第三列为邮件预览区，邮件内容显示在此列中；第四列为日历（待办事项栏）。如果邮件中含有附件，则在邮件图标的右侧会列出附件的名称，可右击附件的文件名，在弹出的快捷菜单中选择"另存为"命令，在打开的"保存附件"对话框中指定保存的路径，并单击"保存"按钮。

（5）创建并发送邮件

单击 Outlook 2010 窗口中的"文件"选项卡→"新建"组→"新建电子邮件"按钮，即可打开新邮件窗口，如图 1-6-10 所示。

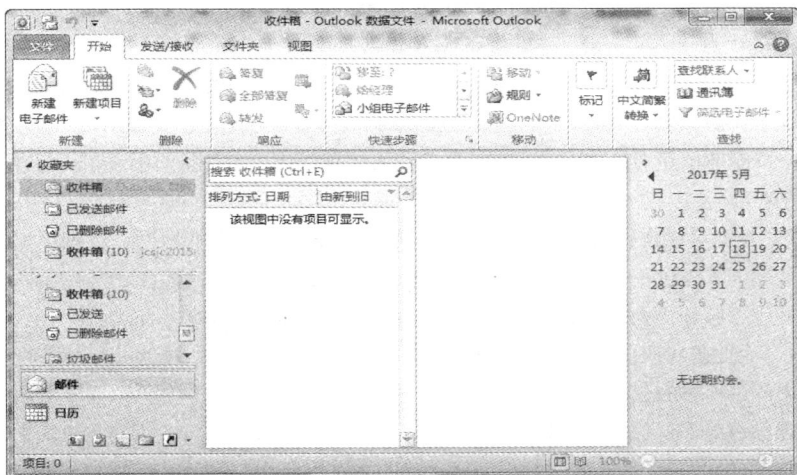

图 1-6-9　Outlook 2010 窗口界面

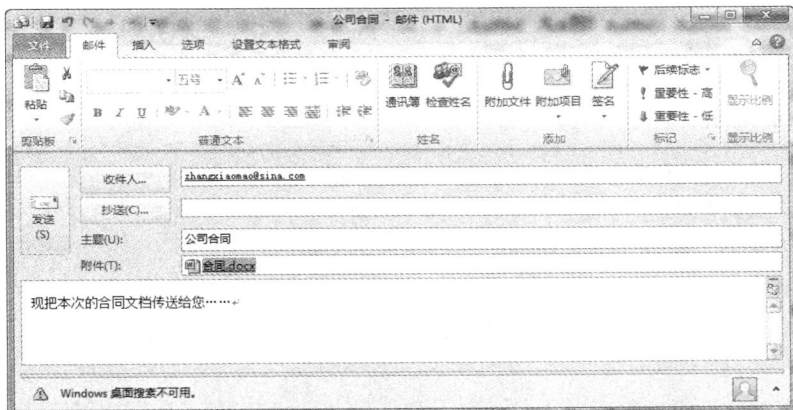

图 1-6-10　创建新邮件

在新邮件中，用户要填写"收件人"的电子邮件地址和邮件"主题"的内容。"抄送"及下方的邮件具体内容有时可以省略。"抄送"是指将邮件发送给收件人的同时，也发送给抄送人。在"收件人"及"抄送"中都可输入多个电子邮件地址，它们之间用分号"；"分隔。单击工具栏中"附加文件"按钮可添加附件。

新邮件创建完成后，单击"发送"按钮，则 Outlook 2010 将邮件先保存到"发件箱"中，再将其发送到 SMTP 邮件服务器并传送到收件人的电子邮箱中。

（6）回复邮件

单击"开始"→"响应"组→"答复"命令，弹出回信窗口，这时发件人和收件人的地址已由系统自动填好，原邮件的内容也都显示出来作为引用内容，可修改原内容或填写新内容后，单击"发送"按钮即可完成回信任务。

（7）转发邮件

单击"开始"→"响应"组→"转发"命令，可进入类似回复的窗口，收件人地址可以有多个，中间用逗号或分号隔开。

2. 企业邮箱

（1）企业邮箱的定义

企业邮箱是指企业自己开设电子邮局，为企业员工提供以企业域名作为电子邮件地址后缀的电子邮箱。即一个企事业单位的所有员工的邮箱地址均为"用户名@企业域名"。

（2）企业邮箱的优点

① 建立及推广企业形象。以企业域名为后缀的企业邮箱，其重要性不亚于一个企业网站，有助于宣传企业形象。通过企业邮箱跟客户联系，客户可通过邮箱后缀得知企业网站，登录网站了解更多的企业资讯。同时，以整齐划一的企业邮箱对外交流时，可使企业给人以规模化及专业化的感觉，从而进一步提升企业形象，增加客户的信任度。

② 便于管理。企业可以自行设定管理员来分配和管理内部员工的邮箱账号，根据员工的部门、职能的不同来设定邮箱的空间、类别和所属群体，并可以根据企业的发展状况随时添加、删除用户。当员工离职时，企业可回收邮箱并保存邮箱内的业务通信信息，从而保证业务活动的连贯性。

③ 安全性高。企业邮箱服务商都具有专业的设备和专业的技术队伍，能为企业邮箱设立非常安全的防护体系，可以使通信过程中的企业资料和商务信息得到最大程度的保护。例如，提供专业的杀毒和反垃圾系统，保证企业获得绿色邮件通信的服务。

（3）企业邮箱的建立与管理

目前，国内的企业邮箱服务商有很多，比较知名的有 35 互联（www.35.com）、263（www.263.net）、万网（www.net.cn）等。到企业邮箱服务商相应的网站注册申请即可得到企业邮箱，企业邮箱服务一般都是收费的。企业自行设立企业邮箱管理员，其在企业邮箱下为所属的员工建立相应的邮箱账号。

### 1.6.6　训练任务

请在自己所知的电子邮件服务网站完成 1 个电子邮箱的申请工作，然后为班级申请一个公共邮箱。另外，要求每名学生向公共邮箱发送电子邮件，主题为"学号+姓名"，并插入一个附件，附件为"自我简介.txt"，"自我简介.txt"文件中包含学号、姓名和 100 字左右的自我介绍。

## 任务 1.7　Office 办公软件的基本操作

Microsoft Office 是一套由微软公司开发的办公软件，Office 2010 版本是第三代处理软件的代表产品，是日常办公和管理的平台，可以提高使用者的工作效率和决策能力。

### 1.7.1　任务描述

小张是某公司的文职人员，日常工作就是进行文字材料的录入及领导的日常行程安排，如准备文字材料、制作会议用的幻灯片和一些简单报表等。为了做好工作，小张必须熟悉常用办公软件 Office 2010 的基本操作。为此，他将从最基本的文档建立操作开始，踏上学习之旅。

### 1.7.2　任务分析

要完成本项工作任务，需要完成下面 4 个步骤：

① 打开 Word 2010 窗口，新建一个文件。

② 文字录入。

③ 保存文档到磁盘，这里选择存放到 D 盘根目录，文件名称命名为"小张的简介"。

④ 正确关闭 Word 2010 窗口，以免信息丢失。

### 1.7.3　任务实现

**1. 启动 Word 2010**

单击"开始"按钮，打开"开始"菜单，执行"所有程序"→"Microsoft Office"→"Microsoft Office Word 2010"命令，打开 Word 2010 应用程序窗口，如图 1-7-1 所示。

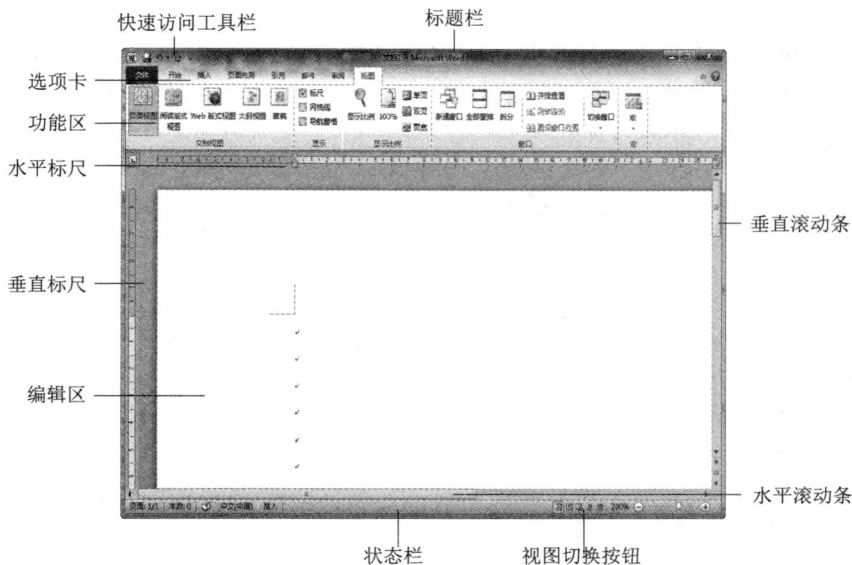

图 1-7-1　Word 2010 窗口的组成

**2. 熟悉窗口的组成**

（1）标题栏

位于窗口顶部，它显示应用程序名称及当前正在编辑的文档名称，标题栏左侧是快速访问工具栏，标题栏右侧是控制窗口的三个按钮：最小化按钮 、还原 （最大化 ）按钮、关闭按钮 。

（2）选项卡

在默认状态下，选项卡栏包含了"文件""开始""插入""页面布局""引用""邮件""审阅""视图"8 个选项卡。单击其中的一个选项卡，功能区会显示很多工具按钮。用鼠标单击选项卡名或按 Alt+字母组合键，均可选中该选项卡。

（3）功能区

选项卡下常用命令按钮的集合区。

（4）标尺

利用水平标尺、垂直标尺与鼠标可以进行文本定位、改变段落的缩进、调整页边距、改变栏宽、设置制表位等。标尺的显示或隐藏可以通过垂直滚动条上方的"标尺"按钮 来实现，也可用"视图"选择卡"显示"组的"标尺"复选按钮来实现。

（5）编辑区

编辑区中有一个闪烁的"I"形光标，表示当前插入点，可以接受键盘输入。每个段落用 Enter 键结束，其后都有一个段落标志。

（6）滚动条

文档窗口的右边是垂直滚动条，底边是水平滚动条，用户可移动滚动条的滑块或单击滚动条两端箭头按钮，滚动查看当前屏幕上未显示出来的文档内容。

（7）状态栏

位于窗口的底部，状态栏的左侧显示当前文档的页数/总页数和字数、使用的语言，以及当前文档的插入/改写状态切换按钮。插入状态时，输入的文字插入光标所在处，光标后面的文字自动后移；改写状态时，在光标处所输入的新文字将覆盖光标后的旧文字。按键盘上的 Insert 键也可以切换插入/改写状态。

（8）视图切换按钮

在状态栏的右侧有 5 种视图切换按钮，单击按钮选择相应的视图方式。视图方式的转换还可通过"视图"选项卡进行。在视图切换按钮的右侧看到当前的显示比例，通过拖动右边的滑块可以改变显示比例的大小，这部分操作也可在"视图"选项卡中进行。

3. 录入文字

① 单击任务栏上的"中文（简体）" 将输入法切换到中文状态，选择一种自己熟悉的中文输入方法，如搜狗拼音输入法。

② 输入以下文字：

姓名：张明　　专业：计算机软件　　　　性别：男　　　　政治面貌：共青团员

学历：本科　　学制：4 年　　　　毕业学校：网络学院

出生日期：1995 年 10 月　　　　　　毕业时间：2017 年 6 月

主修外语：英语　　　　　　外语级别：四级

参与社会活动及获奖情况：

2013—2014 年被评为优秀学生干部

2014—2015 年获二等奖学金

2015—2016 获三好学生

2016—2017 年获校英语演讲比赛三等奖

4. 保存文档

单击 Office 2010 按钮，选择"保存"命令，打开"另存为"对话框，在左侧文件夹窗口中选择"本地磁盘(D:)"，在"文件名"框中输入"小张的简介"，如图 1-7-2 所示，单击"保存"即可。

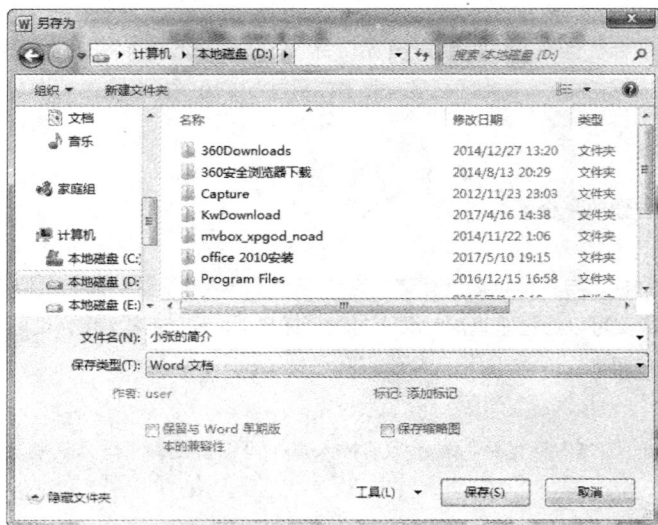

图 1-7-2 "另存为"对话框

5. 退出 Word 2010

单击标题栏上的"关闭"按钮。

### 1.7.4　知识精讲

1. Word 2010 的基本操作

（1）启动 Word 2010 的方法

① 在"开始"菜单中执行"程序"→"Microsoft Office"→"Microsoft Office Word 2010"命令。

② 双击某个 Word 文档，在打开 Word 2010 应用程序窗口的同时打开该文档并进入编辑状态。

（2）常用新建文档的方法

① 单击"文件"选项卡，在弹出的菜单中选择"新建"命令，选中"空白文档"，单击"创建"按钮可新建一个空白文档（或双击"空白文档"）。

② 单击自定义快速访问工具栏中的"新建"按钮。

提示：单击"自定义快速访问工具栏"右侧的下三角按钮，在弹出的菜单中选择"新建"命令，如图 1-7-3 所示，即可将"新建"按钮添加到快速访问工具栏中。

③ 使用快捷键 Ctrl+N。

（3）常用打开文档的方法

① 单击"文件"选项卡，在弹出的菜单中选择"打开"命令。

② 单击自定义快速访问工具栏中的"打开"按钮。

③ 使用快捷键 Ctrl+O。

（4）常用保存文档的方法

① 单击"文件"选项卡，在弹出的菜单中选择"保存"命令。

② 单击快速访问工具栏中的"保存"按钮。

③ 使用快捷键 Ctrl+S 或按 F12 键。

（5）常用退出 Word 的方法

① 单击"文件"选项卡，在弹出的菜单中单击右下角的"退出"按钮。

② 单击标题栏最右侧的"关闭"按钮。

③ 按快捷键 Alt+F4。

提示：若已对文档进行过修改，则在退出时，会弹出警告对话框提醒是否需要保存。

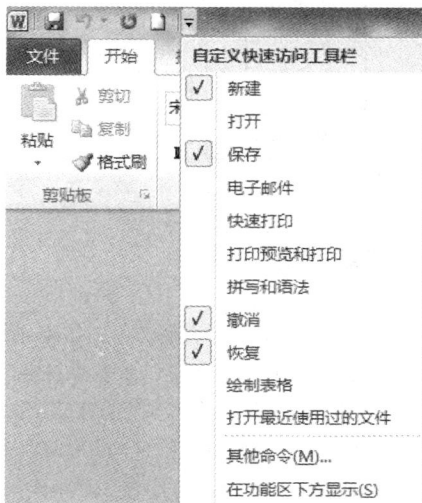

图 1-7-3　自定义快速访问工具栏

2. 文字输入

（1）计算机操作姿势

长时间使用计算机很容易产生疲劳，为了在快速、准确地输入信息的同时避免产生过度疲劳，在键盘操作时应保持正确的姿势。

① 调整座椅使其达到合适的高度和舒适度，身体坐直或稍微倾斜，使座椅的靠背完全托住用户的后背，双脚放在地板上或者脚垫上。

② 调整显示器到视线的正前方，距离刚好是手臂的长度。颈部要伸直，不能前倾。屏幕的顶部与眼睛保持在同一高度，显示器稍微向上倾斜，原稿在键盘左或右放置，便于阅读。两肩平齐，上臂自然下垂并贴近身体，胳膊肘呈 90°（或者稍微再大一点）。前臂和手应该平放，两手放松。手腕处于自然位置，手指自然弯曲或轻轻放在基准键上。

（2）键盘结构

常用的键盘结构如图 1-7-4 所示，它包括主键盘区、功能键区、数字键盘区及编辑键区四个区域。

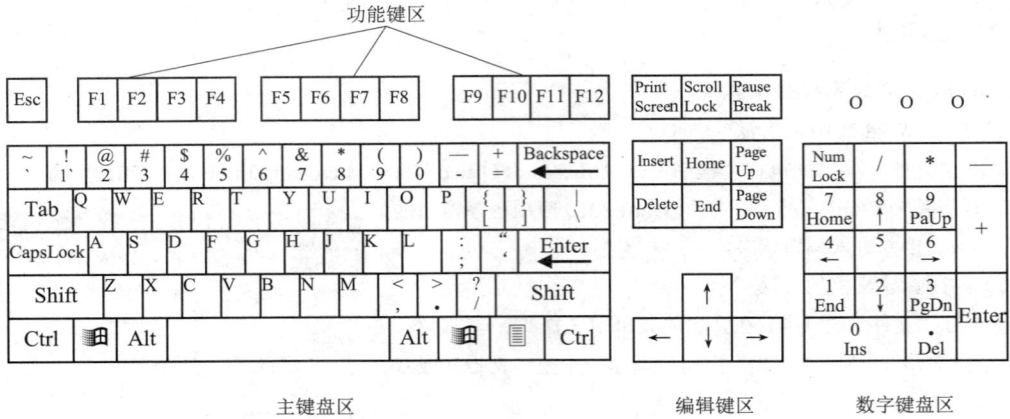

图 1-7-4　键盘结构图

主要键的功能：

Enter：回车键。表示命令的结束或段落的结束。

Shift：上档键。辅助输入双字符键的上档字符，如":"和"+"等。

Ctrl：控制键。经常与其他键配合使用。

Alt：交替换档键。经常与其他键配合使用。

Delete：删除键。每按一次，删除光标后面的一个字符。

Backspace：退格键。每按一次，删除光标前面的一个字符。

Insert：插入/改写状态转换键。

Caps Lock：大小写字母转换键。注意 Caps Lock 指示灯的变化。

Space：空格键。

Num Lock：数字/光标转换键。注意 Num Lock 指示灯的变化。

Esc：取消键。取消当前正在进行的操作。

Print Screen：将当前屏幕以图像方式复制到剪贴板。

↑、↓、←、→：光标移动键。控制光标上、下、左、右移动。

Home、End、PgUp、PgDn：控制光标移动至行首、行尾、向上翻页、向下翻页。

字母键：直接按键输入。可以通过 Caps Lock 键进行大、小写字母的转换，也可按 Shift+字母键进行单个字母的大、小写转换。

数字键：直接按键输入。通过数字键盘区的小键盘也可输入数字，此时 CapsLock 灯亮。

双字符键的上档字符：借助于 Shift 键输入。

（3）指法

所谓指法，就是依据键盘键位的位置，将每个按键按照特定的规律，分派到十个手指上的键盘操作方法。根据主要的输入区域的不同，指法分为"主键盘指法""数字小键盘指法"。

① 主键盘指法。主键盘区是日常操作中使用最为频繁的按键区域，也是提高输入速度的关键。主键盘区共分为五排，因此将中间一排设定为基准键位区，并将手指初始位置称为基准键位。主键盘区基准键位在中间一排，其中在"F"和"J"键位处设计一个突起，用于盲打定位。当手指离开基准键位按键输入其他键后，应及时回到基准键位。

以基准键位为基础，指法要求对主键盘区所有按键分派到左右两手的十个手指上，具体分派的情况如图 1–7–5 所示。每个手指负责所分配的键位的按键操作。对于组合键（如 Shift 键、Alt 键、Ctrl 键），两手都可以使用。

② 数字小键盘指法。数字小键盘区是数字键与编辑键的复合键区，由 Num Lock 键控制切换。当 Num Lock 键按下（Num Lock 灯亮）时，切换到数字键模式，否则，处于编辑键模式。

在数字键模式下，数字小键盘的指法如图 1–7–6 所示。小键盘由右手操作，它的基准键位是"4""5""6""+"，其中在"5"键位处设计一个突起，用于盲打定位。

（4）汉字输入方法

汉字输入方法很多，常用的有五笔输入法、全拼输入、简拼输入法、双拼输入法、智能 ABC 输入法、郑码输入法等，只要掌握其中一种方法即可。以智能 ABC 输入法为例说明其状态条的各键功能，如图 1–7–7 所示。

● Ctrl+Shift 组合键：切换输入法。

● Ctrl+Space 组合键（shift 键）：切换中文与英文输入法。

● +或 PgDn：重码字较多时，向后翻页。

● –或 PgUp：重码字较多时，向前翻页。

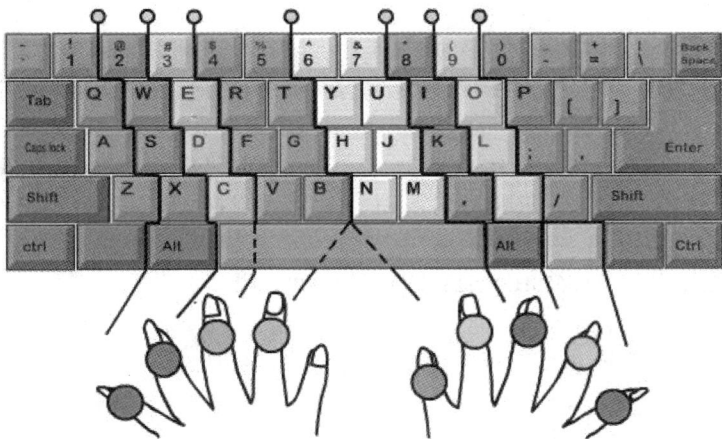

图 1–7–5　主键盘指法示意图

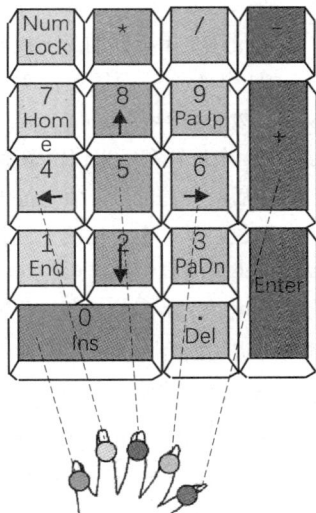

图 1–7–6　数字小键盘指法示意图

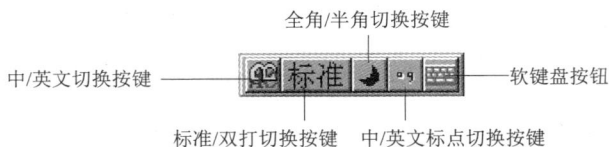

图 1–7–7　输入法状态条

### 3. 信息的表示与存储

（1）西文字符的编码

计算机中的数据都是用二进制编码表示的，用以表示西文字符的编码最常用的是美国标准信息交换代码（American Standard Code for Information Interchange，ASCII）。这是美国在 19 世纪 60 年代为了建立英文字符和二进制的关系时制定的编码规范，它能表示 128 个字符，其中包括英文字符、阿拉伯数字、西文字符及 32 个控制字符。它用一个字节来表示具体的字符，但它只用了后 7 位来表示字符，最前面的一位统一规定为 0。

例如："a"字符的编码为 01100001，对应的十进制数是 97，则"b"的编码值为 98。"A"字符的编码为 01000001，对应的十进制数是 65，则"B"的编码值为 66。

原来的 ASCII 对于英文语言的国家是够用的，但是欧洲国家的一些语言会有拼音，这时 7 个二进制位就不够用了。因此，一些欧洲国家就决定利用字节中闲置的最高位编入新的符号，称为扩展的 ASCII。比如，法语中的 é 的编码为 130（二进制 10000010）。这样这些欧洲国家使用的编码体系最多可以表示 256 个符号。但这时问题也出现了：不同的国家有不同的字母，因此，即使它们都使用 256 个符号的编码方式，代表的字母却不一样。但是不管怎样，所有这些编码方式中，0～127 表示的符号是一样的，不一样的只是 128～255 这一段。

（2）汉字的编码

ASCII 只对英文字母、数字和标点符号进行了编码，为了使计算机能够处理汉字字符，就需要对汉字进行编码。中国标准总局 1981 年制定了中华人民共和国国家标准 GB 2312—80《信息交换用汉字编码字符集——基本集》，简称 GB 码或国标码。GB 2312—80 字符集收入汉字 6 763 个，符号 715 个，总计 7 478 个字符，这是大陆普遍使用的简体字字符集。其是大多数输入法采用的字符集，楷体–GB 2312、仿宋–GB 2312、华文行楷等绝大多数字体都支持显示这个字符集。市面上绝大多数繁体字体，其实采用的是 GB 2312 字符集简体字的编码，用字体显示为繁体字，而不是直接用 GBK 字符集中繁体字的编码。由于一个字节只能表示 256 种编码，不足以表示 6 763 个汉字，所以，一个国标码用两个字节来表示一个汉字，每个字节的最高位为 0。

区位码是国标码的另一种表现形式，把国标 GB 2312—80 中的汉字、图形符号组成一个 94×94 的方阵，分为 94 个"区"，每区包含 94 个"位"，其中"区"的序号为 01～94，"位"的序号也是 01～94。94 个区中位置总数=94×94=8 836（个），其中 7 445 个汉字和图形字符中的每一个占一个位置，还剩下 1 391 个空位，这 1 391 个位置空下来保留备用。例如，汉字"中"的区位码是 5448，它是一个 4 位的十进制数，前两位是区号，后两位是位号，即它位于第 54 行、第 48 列。

区位码是一个 4 位的十进制数，国标码是一个 4 位的十六进制数。为了与 ASCII 码兼容，汉字的区位码与国标码之间有一个简单的转换关系。将一个汉字的十进制区号和十进制位号分别转换成十六进制；再分别加上 20H（十进制数是 32），就成为汉字的国标码。例如：汉字"中"的区位码是 5448（十进制），转换成的十六进制数为 3630H，则它所对应的国标码即为 5650H，转换成的十进制数 8680。

（3）汉字的处理过程

计算机中汉字也是用二进制编码表示的，同样也是人为编码的。而汉字之所以可以输入计算机中，在计算机中存储，经过转换在屏幕上显示或在打印机上打印，是由于汉字是经过处理的。计算机对汉字信息的处理过程实际上是各种汉字编码间的转换过程。转换流程如图 1–7–8 所示。

图 1–7–8　汉字信息的处理过程

1）输入码。输入码也叫外码，是用来将汉字输入计算机中的一组键盘符号。常用的输入码有拼音码、五笔字形码、自然码、表形码、认知码、区位码和电报码等，一种好的编码应有编码规则简单、易学好记、操作方便、重码率低、输入速度快等优点，每个人可根据自己的需要进行选择。前面介绍的区位码也是一种输入法，其最大的优点是一字一码的无重码输入法，最大的缺点是代码难以记忆。

2）机内码。根据国标码的规定，每一个汉字都有确定的二进制代码，在微机内部汉字代码都用机内码，在磁盘上记录汉字代码也使用机内码。当一个汉字输入计算机后，必须转换为机内码才能在机器内传和处理。对应于国标码，汉字的机内码也用 2 个字节来存储一个汉字，并把每个字节的最高二进制位置"1"，作为汉字内码的标识，以免与单字节的 ASCII 产生歧义。如果用十六进制来表示，就是把汉字的国标码的每个字节上加一个 80H（二进制为 10000000）。所以，汉字的国标码与其内码的关系为：汉字内码=汉字国标码+8080H。例如：汉字"中"的国标码为 5650H，则汉字"中"的机内码为 5650H+8080H=D6D0H。

3）汉字的字形码。字形码是汉字的输出码，输出汉字时都采用图形方式，无论汉字的笔画多少，每个汉字都可以写在同样大小的方块中。字形存储是指供计算机输出汉字（显示或打印）用的二进制信息，也称字模。通常，采用的是数字化点阵字模，用于汉字在显示屏或打印机输出。汉字字形码有两种表示方式：点阵式和矢量式。

用点阵表示字形时，根据输出汉字的要求不同，点阵的多少也不同。简易型汉字通常用 16×16 点阵来显示汉字，普通型汉字为 24×24 点阵，提高型汉字为 32×32 点阵、48×48 点阵等。图 1-7-9 显示了"次"字的 16×16 字形点阵。例如，在 16×16 的点阵中，每一个点在存储器中用一个二进制位（bit）存储，有点的用"1"表示，没有笔画点的用"0"表示。这样，从上到下，每一行需要 16 个二进制位，占两个字节，共 16 行，一个汉字的字形码需 16×2=32（字节）的存储空间。在相同点阵中，不管其笔画繁简，每个汉字所占的字节数相等。

为了节省存储空间，普遍采用了字形数据压缩技术。所谓的矢量汉字，是指用矢量方法将汉字点阵字模进行压缩后得到的汉字字形的数字化信息。

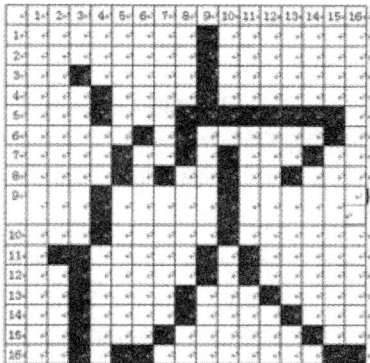

图 1-7-9　汉字的字形点阵

4）汉字地址码。汉字地址码是指汉字库中存储汉字字形信息的逻辑地址码。汉字字库中，字形信息都是按一定顺序（大多数按标准汉字交换码中汉字的排列顺序）连续存放在存储介质上的，所以汉字的地址码大多数也是连续有序的。它与汉字内码有着简单的对应关系，以简化内码到地址码的转换。

5）其他汉字内码。

① GBK 字符集，中文名是国家标准扩展字符集，兼容 GB 2312—80 标准，包含 Big-5 的繁体字，但是不兼容 Big-5 字符集编码，收入 21 003 个汉字，882 个符号，共计 21 885 个字符，包括了中日韩（CJK）统一汉字 20 902 个、扩展 A 集（CJK Ext-A）中的汉字 52 个。宋体、隶书、黑体、幼圆、华文中宋、华文细黑、华文楷体、标楷体（DFKai-SB）、Arial Unicode MS、MingLiU、PMingLiU 等字体支持显示这个字符集。

② Big-5 字符集，中文名是大五码，是台湾繁体字的字符集，收入 13 060 个繁体汉字，808 个符号，总计 13 868 个字符，普遍使用于台湾、香港等地区。Big-5（台湾繁体字）与 GB 2312—80（大陆简体字）编码不相兼容，字符在不同的操作系统中便产生乱码。文本文字的简体与繁体（文字及编码）之间的转换，可用 BabelPad、TextPro 或 Convertz 之类的转码软件来解决。

③ ISO/IEC 10646/Unicode 字符集，这是全球可以共享的编码字符集，两者相互兼容，涵盖了世界上主要语言的字符，其中包括简繁体汉字，共有：CJK 统一汉字编码 20 992 个、CJK Ext-A 编码 6 582 个、CJK Ext-B 编码 36 862 个、CJK Ext-C 编码 4 160 个、CJK Ext-D 编码 222 个，共计 74 686 个汉字。

④ Unicode 编码，这是一个国际编码标准，它最初由 Apple 公司发起制定的通用多文字字符集，它包含了世界上所有的符号，并且每一个符号都是独一无二的。Unicode 编码可容纳 65 536 个字符编码，主要用来解决多语言的计算问题，如不同国家的字符标准，允许交换、处理和显示多语言文本，以及公用的专业符号和数学符号。但是正因为 Unicode 包含了所有的字符，而有些国家的字符用一个字节便可以表示，有些国家的字符要用多个字节才能表示出来。即产生了两个问题：第一，如果有两个字节的数据，那么计算机怎么知道这两个字节是表示一个汉字还是表示两个英文字母呢？第二，因为不同字符需要的存储长度不一样，那么如果 Unicode 规定用 2 个字节存储字符，那么英文字符存储时前面 1 个字节都是 0，这就大大浪费了存储空间。上面两个问题造成的结果是：第一，出现了 Unicode 的多种存储方式，

也就是说，有许多种不同的二进制格式可以用来表示 Unicode。第二，Unicode 在很长一段时间内无法推广，直到互联网的出现，不同国家的用户进行数据交换的需求越来越大，Unicode 编码因此成为当今最为重要的交换和显示的通用字符标准。

总的来说，ASCII 编码用来表示英文，它使用 1 个字节表示，其中第一位规定为 0，其他 7 位存储数据，一共可以表示 128 个字符。拓展 ASCII 编码用于表示更多的欧洲文字，用 8 个位存储数据，共可以表示 256 个字符。GBK/GB 2312/GB18030 表示汉字，其中，GBK/GB 2312 表示简体中文，GB18030 表示繁体中文。Unicode 编码包含世界上所有的字符，是一个字符集。

### 1.7.5　技巧与提高

1．Office 2010 中的"保存文件"

保存文件使用"文件"中的"保存"或"另存为"命令，两者的区别是："保存"文件时，不改变文件的名称、类型和保存地点，仅更新文件的内容；而"另存为"文件时，可以改变文件的名称、类型或保存地点，而原文件保持不变，另存了一个文件。

2．设置自动保存

"自动保存"是指在一定时间内按用户设定的时间周期，定时将编辑的结果保存在一个临时文件中。当计算机遇到系统故障的时候，会自动恢复刚才保存的文档。

自动保存的操作步骤如下：

① 单击"文件"，在弹出的菜单中单击"选项"按钮，打开"Word 选项"对话框。

② 切换至"保存"选项卡，选中"保存自动恢复信息时间间隔"复选框，并在后面设置一个合适的时间（默认为 10 分钟），如图 1-7-10 所示。

3．Office 2010 文档保存时自动保存为 Office 2003 可以打开的格式

Word 2010 保存文件时，默认的扩展名是.docx；Excel 2010 保存文件时，默认的扩展名是.xlsx；PowerPoint 2010 保存文件时，默认的扩展名是.pptx。Office 2010 文档在 Office 2003 及以前的版本中不能直接打开，可以通过自动保存设置来解决上面的问题，步骤如下。

① 单击 Office 2010 左上角的"文件"选项卡，单击菜单中"选项"按钮，打开"Word 选项"对话框，单击"保存"选项卡。

② 在右侧窗格中的"保存文档"栏中，单击"将文件保存为此格式"下拉列表框，选择"Word 97-2003 文档（*.doc）"选项，再单击"确定"按钮即可，如图 1-7-10 所示。

提示：Excel 2010 和 PowerPoint 2010 自动保存功能与 Word 2010 的相同。

4．Office 2010 的新特性

与之前的 Office 版本相比，Office 2010 具有以下新特性。

（1）功能区

功能区位于界面上方，用它取代了传统的菜单和工具栏。功能区由多个选项卡组成，选项卡的前后顺序都是与用户所要完成的任务相一致的。常用的功能都放在了"文件"选项卡中。

（2）上下文选项卡

由于某些功能只有在编辑、处理某些特定对象的时候才会用到，为了使 Office 界面整洁，带有这些功能的选项卡会自动隐藏起来，只有在用到这些选项卡的时候，它们才会出现在其他选项卡的右侧，这些就是"上下文选项卡"。例如，单击图片时，与之相关的"图片工具"选项卡就会自动显示在功能区中，其中罗列了与图片操作相关的所有命令按钮，

图 1-7-10　Office 2010 的"Word 选项"对话框

（3）图示库

借助全新的 SmartArt 图形和图表功能，可以在短时间内快速创建出具有很强视觉冲击力效果的文档。

（4）实时预览

不同的样式设置会有不同的显示效果，以前想要看哪一种效果最好，需要一个一个分别设置，如今，当将鼠标指针移到相关选项的时候，"实时预览"功能就会直接在文档中动态地显示对应的效果。

（5）浮动工具栏

当选择一段文本的时候，在鼠标右侧就会自动显示浮动工具栏，如图 1-7-11 所示。其上面集中了文本设置时最常用的功能按钮，直接在上面单击按钮，就可以快速设置文本的格式和样式。

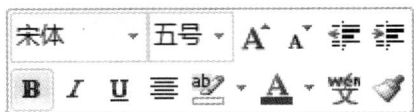

图 1-7-11　Office 2010 浮动工具栏

（6）快速访问工具栏

默认位于 Office 界面最上方，可以把平时最常用的几个按钮添加进去，如新建、打开、保存等，也可以把它挪到功能区的下方显示。

（7）键盘导航

在 Office 2010 中可以轻松使用键盘来替代鼠标进行操作。当按下 Alt 键后，各个选项卡和按钮旁边都会显示相应的字母和数字字作为快捷键，方便用户操作。

（8）"文件"选项

在 Office 2010 中，"文件"选项集成了丰富的文档编辑以外的操作。其中值得一提的是，在"保存和发送"中新增加了保存为"PDF/XPS"格式，使得用户不需要借助第三方软件就可以直接创建 PDF/XPS 文档。常用功能都会罗列在"文件"选项中。另外，它也是整个 Office 程序的控制台，单击其中的"选项"按钮，可以对整个环境做全局性的设置。

## 1.7.6　训练任务

① 打开 Word 2010 窗口，输入学生自己的班级、学号、姓名、所学专业等信息。

② 将文件存储到桌面上，文件名称为"学生信息"，再将文件另存一份到 E 盘根目录，名称为"我的信息"，另存时，文件类型为"Word 97-2003 文档"。

③ 关闭 Word 2010 窗口。

# 第 2 章

# 文字处理软件 Word 2010

## 任务 2.1 制 作 通 知

在 Word 2010 中进行文字处理，必须先要学会文字的录入和文本的编辑操作；为了使文档更加美观且方便阅读，还要对文档进行相应的字符格式设置、段落格式设置和页面设置等常见的操作。

### 2.1.1 任务描述

学院工会为了提高教职工的快乐幸福指数和工作效率，准备举办一次"快乐工作、幸福生活"的主题讲座，需要做一份通知，通知样文如图 2-1-1 所示。

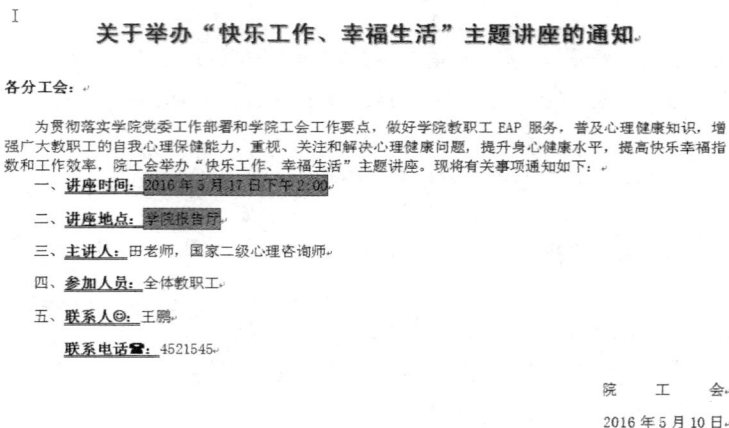

**关于举办"快乐工作、幸福生活"主题讲座的通知**

各分工会：

为贯彻落实学院党委工作部署和学院工会工作要点，做好学院教职工 EAP 服务，普及心理健康知识，增强广大教职工的自我心理保健能力，重视、关注和解决心理健康问题，提升身心健康水平，提高快乐幸福指数和工作效率，院工会举办"快乐工作、幸福生活"主题讲座。现将有关事项通知如下：

一、**讲座时间：** 2016 年 5 月 17 日下午 2:00

二、**讲座地点：** 学院报告厅

三、**主讲人：** 田老师，国家二级心理咨询师

四、**参加人员：** 全体教职工。

五、**联系人☺：** 王鹏

**联系电话☎：** 4521545

院  工  会
2016 年 5 月 10 日

图 2-1-1 举办主题讲座通知的样文

### 2.1.2 任务分析

要实现本工作任务，首先要进行文本录入，包括特殊字符的输入，然后对文本进行一定的编辑修改，如复制、剪切、移动和删除等，最后按要求对文本进行相应的格式设置，从而学会对会议通知、纪要、工作报告和总结等日常办公文档的制作。

要完成本项工作任务，需要进行如下操作：

① 新建文档，命名为"举办主题讲座的通知.docx"。

② 页面设置：页边距为"普通"，纸张方向为纵向，纸张大小为 A4。

③ 文本录入。

④ 设置标题文字格式：字体为黑体，字号为二号，字形为加粗，字体颜色为红色，右下斜偏移阴影效果；段前、段后为 12 磅，对齐方式为居中对齐。

⑤ 设置正文格式：字体为宋体，字号为四号；段落行距为固定值 19 磅，首行缩进 2 字符，最后一段首行缩进 4 个字符。

⑥ 设置称谓格式：字形为加粗；段后为 12 磅，无首行缩进。

⑦ 设置各段子标题格式：字形为加粗，下划线为双线；段后为 12 磅。

⑧ 设置时间和地点格式：底纹为浅蓝色，边框为 0.75 磅，红色单线。

⑨ 插入符号：在"联系人"后插入☺符号，在"联系电话"后插入☎符号。

⑩ 设置落款格式：对齐方式为右对齐。

⑪ 保存文档。

### 2.1.3　任务实现

**1. 创建"举办主题讲座的通知"文档并保存**

启动 Word 2010，系统会默认建立一个以"文档 1.docx"为名的文档。单击"文件"选项卡，在弹出的下拉菜单中选择"保存"命令，会弹出"另存为"对话框。选择"保存位置"在"桌面"，在"文件名"文本框中输入文档的名字为"举办主题讲座的通知"，然后单击"保存"按钮。

**2. 页面设置**

选择"页面布局"选项卡，在"页面设置"命令组中单击"页边距"下拉按钮，在弹出的下拉菜单中选择"普通"命令，则完成了页边距的设置，如图 2-1-2 所示。单击"纸张方向"下拉按钮，在弹出的下拉菜单中选择"纵向"，则完成了纸张方向的设置，如图 2-1-3 所示。单击"纸张大小"下拉按钮，在弹出的下拉菜单中选择"A4"，则完成了纸张大小的设置，如图 2-1-4 所示。

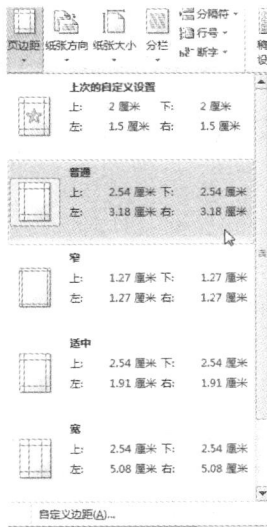

图 2-1-2　页边距设置　　　　图 2-1-3　纸张方向设置　　　　图 2-1-4　纸张大小设置

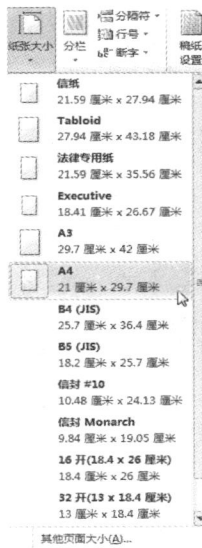

**3. 文本录入**

先要选择一种中文输入法，之后在页面的起始位置开始逐个输入文字。如果需要换行，可直接按 Enter 键，使光标插入点移至下一行行首。

文本录入完成后的效果如图 2-1-5 所示。

关于举办"快乐工作、幸福生活"主题讲座的通知

各分工会：

为贯彻落实学院党委工作部署和学院工会工作要点，做好学院教职工 EAP 服务，普及心理健康知识，增强广大教职工的自我心理保健能力，重视、关注和解决心理健康问题，提升身心健康水平，提高快乐幸福指数和工作效率，院工会举办"快乐工作、幸福生活"主题讲座。现将有关事项通知如下：

一、讲座时间：2016 年 5 月 17 日下午 2:00

二、讲座地点：学院报告厅

三、主讲人：田老师，国家二级心理咨询师

四、参加人员：全体教职工

五、联系人：王鹏

联系电话：4521545

院工会

2016 年 5 月 10 日

**图 2-1-5　录入文本**

4. 字体设置

① 按住鼠标左键选中标题文字，单击"开始"选项卡，在"字体"命令组中单击"字体"下拉列表框 宋体 右侧的下三角按钮，在弹出的"字体"下拉列表中选择"黑体"；单击"字号"下拉列表框 五号 右侧的下三角按钮，在弹出的"字号"下拉列表中选择"二号"；单击"加粗"按钮 **B**，使所选的标题文字的字形加粗；单击"字体颜色"右边的下拉按钮 **A**，在下拉列表中选择"其他颜色"命令，则弹出颜色对话框，在调色板中选择红色；单击"文本效果"右边的下拉按钮 **A**，在弹出的"文本效果"下拉列表中选择"阴影"，在"阴影"下拉列表中选择"外部"中的"右下斜偏移"，如图 2-1-6 所示，这样就对标题文本设置了阴影的效果。

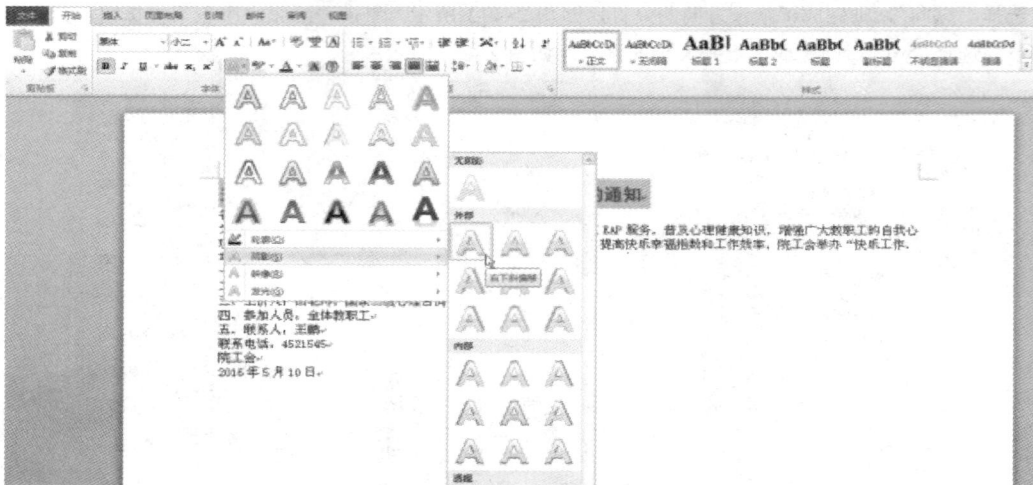

**图 2-1-6　阴影效果设置**

② 选中正文部分，在"开始"选项卡的"字体"命令组中设置字体为"宋体"，字号为"四号"。

③ 选中称呼文字部分，在"开始"选项卡的"字体"命令组中单击"加粗"按钮 **B**，加粗称呼文字。

④ 选中子标题"讲座时间："，在"开始"选项卡的"字体"命令组中单击"加粗"按钮 **B**，使所选的文字加粗显示；单击"下划线"右边的下拉按钮 **U**，在弹出的下拉列表中选择"双下划线"，则完成了对"讲座时间："子标题的字符格式的设置。

由于其他的子标题都具有和"讲座时间："相同的字符格式，所以可以利用"格式刷"功能将"讲座时间："子标题的格式复制给其他的子标题，具体的操作方法如下：

按住鼠标左键，选择已经设置完成格式的子标题"讲座时间："文本，在"开始"选项卡的"剪贴板"命令组中双击"格式刷"按钮，则"格式刷"按钮呈现黄色选中状态，鼠标指针则变为，按下鼠标左键并

拖动，依次选择其余的子标题文本，则所有的子标题都具有与"讲座时间:"相同的字符格式。完成以上操作后，单击一次"格式刷"按钮，则停止格式复制。

5. 段落设置

① 选中标题段落或者将光标的插入点放在标题段落的任意位置处，然后在"开始"选项卡的"段落"命令组中单击"居中"命令按钮 ，将标题段落的对齐方式设为居中对齐；之后单击"段落"命令组的组按钮 ，则打开"段落"对话框，在对话框"缩进和间距"选项卡中的"间距"选项组中设置"段前"和"段后"的值均为 12 磅，如图 2-1-7（a）所示。

② 选中正文，依上述步骤打开"段落"对话框，在"缩进和间距"选项卡中的"间距"选项组中设置"行距"为"固定值"，"设置值"为 19 磅；在"缩进"选项组的"特殊格式"中设置"首行缩进"，其"磅值"设为 2 字符，如图 2-1-7（b）所示。选择正文最后一段，即"联系电话：4521545"，按上述步骤设置"特殊格式"为"首行缩进"，"磅值"为 4 字符。

③ 选中称谓"各分工会:"，依上述步骤打开"段落"对话框，在"缩进和间距"选项卡中的"间距"选项组设置"段后"为 12 磅。

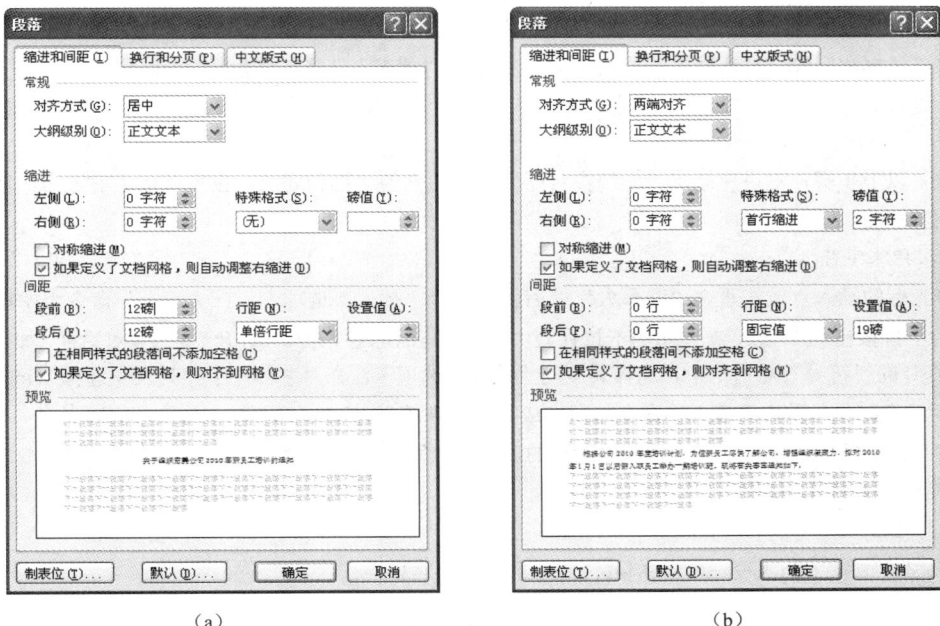

（a）　　　　　　　　　　　　　　　　　（b）

**图 2-1-7　段落格式设置**

（a）设置段间距；（b）设置行距

④ 按住 Ctrl 键，同时按下鼠标左键并拖动，依次选中通知中所有子标题，按上述操作步骤，设置"段后"为 12 磅。

⑤ 选中最后两段，在"开始"选项卡的"段落"命令组中单击"右对齐"按钮 ，将落款两段的对齐方式设为右对齐。

6. 边框和底纹设置

① 选中"2016 年 5 月 17 日下午 2:00"（不包括段落标记 ），在"开始"选项卡的"段落"命令组中单击"下框线"右边的下拉按钮 ，在弹出的下拉菜单中选择最后一项"边框和底纹"命令，打开对话框，如图 2-1-8 所示。

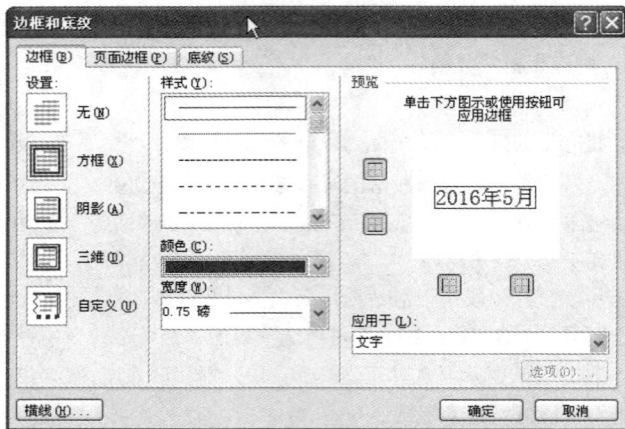

图 2-1-8 "边框和底纹"对话框

② 在"边框和底纹"对话框中单击"边框"选项卡，在"设置"选项组中单击"方框"，"样式"选择为单实线，"颜色"选择红色，"宽度"选择为 0.75 磅，"应用于"选择为"文字"。

③ 在"边框和底纹"对话框中单击"底纹"选项卡，"填充"选择浅蓝色，"应用于"选择"文字"。此外，单击"填充"下拉列表的"其他颜色"命令，可以打开"颜色"对话框，其中有更为丰富的颜色可以选择。

④ 重复以上步骤，对讲座地点"学院报告厅"设置相同的边框和底纹。也可以按之前操作，使用"格式刷"功能来完成。

7. 插入特殊字符

① 将光标的插入点放在正文"联系人"的后面，选择"插入"选项卡，在"符号"命令组中单击"符号"右边的下拉按钮 Ω 符号 ，在弹出的下拉列表中单击"其他符号"命令，打开"符号"对话框，如图 2-1-9 所示。在打开的"符号"对话框中，选择其中的"符号"选项卡，在"字体"下拉列表中选择 Wingdings 选项，选择"☺"符号，单击"插入"命令按钮完成插入特殊符号。

② 将光标的插入点放在正文"联系电话"的后面，依照之前的步骤，选择"☎"符号，单击"插入"命令按钮完成插入特殊符号。

8. 保存文档

单击快速工具栏上的"保存"按钮，将文档及时保存好。

图 2-1-9 "符号"对话框

### 2.1.4  知识精讲

**1. 后台视图**

Word 2010 功能区包含了用于在文档中工作的所有命令集，Word 2010 后台视图适用于对文档和应用程序执行所有操作的命令集。

在 Word 2010 应用程序中单击"文件"选项卡，就可查看 Word 2010 后台视图。在后台视图中可以管理文档的所有相关操作。例如，创建、保存并发送、打印文档；文档安全控制的选项；应用程序的自定义选项等，如图 2-1-10 所示。

**图 2-1-10  Word 2010 后台视图**

**2. 使用模板创建文档**

Word 2010 提供了便于使用的文档创建工具，同时也为用户提供了丰富的功能来创建更加复杂的文档。

在 Word 2010 中，用户可以通过以下方式新建文档：

① 创建空白的新文档。

② 利用现有的模板创建新文档。

（1）创建空白的新文档

如果要创建一个空白的 Word 2010 文档，操作步骤如下：

① 鼠标单击 Windows 任务栏中的"开始"按钮，执行"程序"命令。

② 在展开的程序列表中，执行"Microsoft Office"→"Microsoft Office Word 2010"命令，启动 Word 2010 应用程序。

此时，系统便会创建一个空白文档，用户可以直接在此空白的文档中输入文本并进行编辑。

如果用户已经启动了 Word 2010 应用程序，在编辑文档的过程中，还需创建另一个新的空白文档，可以通过"文件"选项卡的后台视图来实现，操作步骤如下：

① 在 Word 2010 应用程序中单击"文件"选项卡，在打开的后台视图中选择"新建"命令。

② 在"可用模板"中选择"空白文档"。

③ 单击右侧"创建"按钮，即可创建出一个新的空白文档，如图 2-1-11 所示。

图 2-1-11　创建空白文档

（2）利用现有的模板创建新文档

使用现有的模板可以快速创建出精美、专业的文档，Word 2010 提供了多种类型的模板，用户可以根据自己的需要选用不同的模板。对于一些不熟悉 Word 2010 的初级用户而言，有效地使用模板能够大大减轻使用负担。

Office 2010 已经把 Office Online 上的模板嵌入到应用程序中了，使用用户可以在新建文档时能够快速查找并选择合适的模板。

利用现有的模板创建新文档的操作步骤如下：

① 在 Word 2010 应用程序中单击"文件"选项卡，在打开的后台视图中选择"新建"命令。

② 在"可用模板"选项区中选择"样本模板"，然后打开在应用程序中已经安装的 Word 2010 模板类型，选择好合适的模板后，在窗口右侧将显示利用这个模板创建的文档的外观状态，如图 2-1-12 所示。

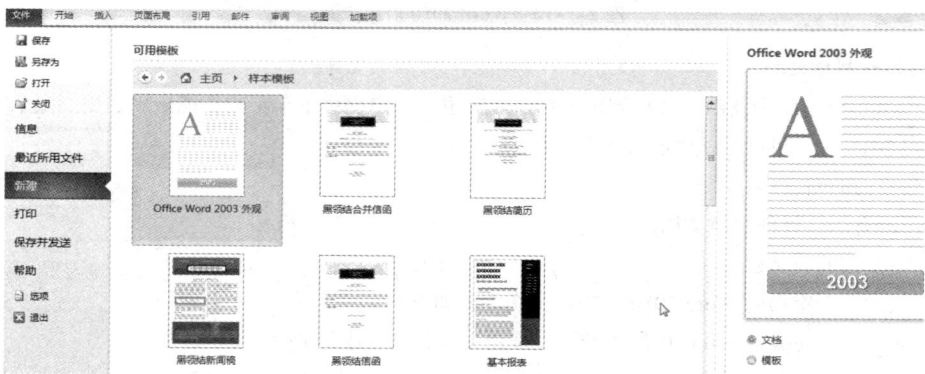

图 2-1-12　利用现有的模板创建新文档

③ 单击"创建"按钮，就可快速地创建出一个带有所选模板格式的文档。

如果计算机上已安装的模板还不能满足用户的需要，那么可以到微软公司网站上的模板库中进行挑选。在 Office Online 上可以浏览和下载近 40 个分类、近万个文档的模板。通过使用 Office Online 模板，不但可以节省创建标准化文档的时间，还可以提高用户处理 Word 文档的效率。

如果计算机可以连接因特网，那么在 Word 2010 应用程序中单击"文件"选项卡，在打开的后台视图中选择"新建"命令，就可以浏览和搜索 Office Online 的模板类型，如图 2-1-13 所示。

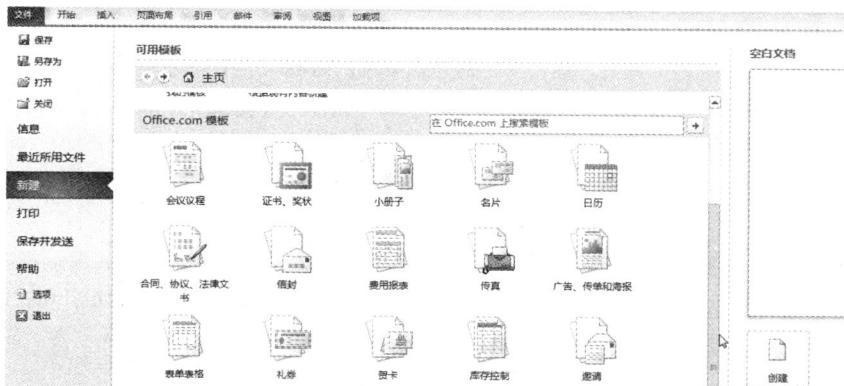

图 2-1-13　搜索 Office.com 上的模板

查找到所需要的文档模板后，选择该模板，在后台视图上将出现本文档的预览效果，如图 2-1-14 所示，用户可以选择单击"下载"按钮将选中的模板下载，并利用该模板创建一个新的 Word 文档。

图 2-1-14　下载文档模板并创建新文档

### 3. 文本的录入

文档制作的一般原则是先进行文字的录入，然后进行格式排版。在文字录入的过程中，注意不要使用空格来对齐文本。

文字录入一般都是从页面的起始位置开始的。当一行文字输入满行后，Word 会自动换行，进行下一行的输入，整个段落输入完毕后，按 Enter 键结束输入（在一个自然段内不要使用 Enter 键进行换行操作）。

文档中的 ↵ 标记称为段落标记，一个段落标记代表一个段落。

当文档处于编辑状态时，存在"插入"和"改写"两种状态，双击状态栏上的"插入"或"改写"按钮，或者按 Insert 键，都可以切换这两种状态。在"插入"状态下，输入的字符将插入光标插入点处；在"改写"状态下，输入的字符将覆盖已有的字符。

### 4. 文本的选择

对文本的任何编辑，一般都要先选定文本，然后再进行相应的操作。

（1）用鼠标选择文本

① 按住鼠标左键，从文本的起始位置拖动到终止位置，鼠标指针拖过的文本呈现蓝色，即被选中。这种方式用于选择小块的并且不跨页的文本。

② 将光标插入点放在文本的起始位置，按住 Shift 键的同时，鼠标单击文本的终止位置，起始位置与终

止位置之间的文本呈现蓝色，则被选中。这种方式用于选择大块的并且跨页的文本。

③ 选择一句：按住 Ctrl 键的同时，单击句中的任意位置，则可以选中一句，被选中的文本呈现蓝色。

④ 选择一行：将鼠标指针移到纸张左侧的选定栏处，当鼠标指针变成 ◢ 时再单击，鼠标指针所指的一行呈现蓝色，表明被选中。

⑤ 选择多行：将鼠标指针移到纸张左侧的选定栏处，当鼠标指针变成 ◢ 时，按住鼠标左键，从起始行拖动到终止行结束，则可以选中多行，都呈现蓝色。

⑥ 选择一段：将鼠标指针移到纸张左侧的选定栏处，当鼠标指针变成 ◢ 时，双击鼠标指针所指的这段文本，则整段文本呈现蓝色。或者在段落中的任意位置处快速三击，也可以选中鼠标指针所在的段落。

⑦ 选择全文：将鼠标指针移到纸张左侧的选定栏处，当鼠标指针变成 ◢ 时，快速三击，或按住 Ctrl 键的同时单击，都可以使整篇文档呈现蓝色，即选择了整篇文档。

（2）用键盘选择文本

① Shift+←（→）方向键：分别向左（向右）扩展选定一个字符。

② Shift+↑（↓）方向键：分别向上（向下）扩展选定一行。

③ Ctrl+Shift+Home：从当前位置选择文本到本文档的开始处。

④ Ctrl+Shift+End：从当前位置选择文本到本文档的结尾处。

⑤ Ctrl+A：选定整篇文档。

（3）撤销文本的选定

鼠标单击文档的任意位置可以撤销对文本的选定。

5．文本的删除

① 选择文本后，按 Delete 键就可以将选择的文本删除。

② 按 Delete 键可以删除光标后面的字符。

③ 按 BackSpace 键可以删除光标前面的字符。

6．文本的复制

① 选定要复制的文本，在"开始"选项卡的"剪贴板"命令组中单击"复制"按钮 ，将选定的文本复制到剪贴板上，然后将光标定位到目标位置处，单击"剪贴板"命令组中的"粘贴"按钮 ，将剪贴板中的文本粘贴到目标位置处，即完成了文本的复制。

② 选择要复制的文本，按 Ctrl+C 快捷键进行文本复制，再将光标定位到目标位置处，按 Ctrl+V 快捷键完成文本的复制。

③ 选择好要复制的文本，将鼠标指针指向已经选定的文本，当鼠标的指针变成 ◥ 时，按住 Ctrl 键，同时按住鼠标左键，则鼠标指针的尾部会出现带"+"符号的虚线方框，并且指针前会出现一条竖虚线，此时拖动鼠标左键的竖虚线到目标位置，再松开鼠标就可以完成文本的复制。

7．文本移动

① 选择要移动的文本，在"开始"选项卡的"剪贴板"组中单击"剪切"按钮，将选定的文本剪切到剪贴板，再将光标定位到目标位置，单击"粘贴"按钮，将剪贴板中的文本粘贴到目标位置，即可完成文本的移动。

② 选择要移动的文本，按 Ctrl+X 快捷键进行文本剪切，再将光标定位到目标位置，按 Ctrl+V 快捷键进行文本粘贴，也可实现文本的移动。

③ 选择要移动的文本，用鼠标指针指向已选定的文本，当鼠标指针变成 ◥ 时，按住鼠标左键，鼠标指针尾部会出现空的虚线方框，且指针前出现一条竖虚线，此时拖动竖虚线到目标位置，再松开鼠标即可完成文本的移动。

8. 字符格式的设置

常用的字符格式设置包括字体、字号、字形、加粗、倾斜、字体颜色、下划线等。字符格式设置通过"开始"选项卡的"字体"命令组来实现，如图 2-1-15 所示。

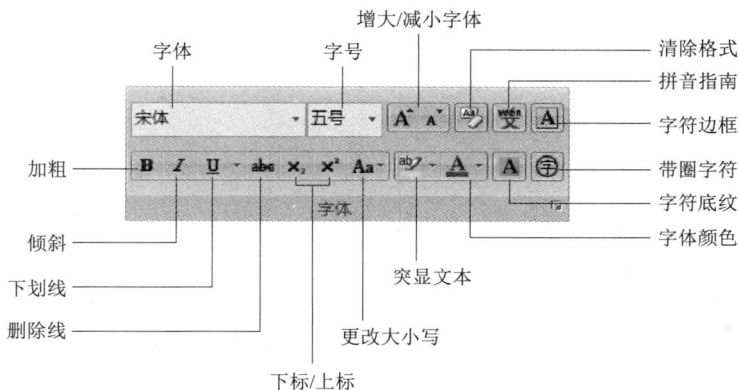

图 2-1-15　"字体"组

在 Word 2010 中，以"Word 2010 文字处理"为例，各样式如下：

- 字体为黑体：**Word 2010 文字处理**
- 字号为五号：Word 2010 文字处理
- 字形为加粗：**Word 2010 文字处理**
- 字形为倾斜：*Word 2010 文字处理*
- 文本加单下划线：Word 2010 文字处理
- 文本加删除线：~~Word 2010 文字处理~~
- 文本变为上标/下标：Word 2010 文字$^{处理}$/Word 2010 文字$_{处理}$（"处理"二字设置为上/下标）
- 增大/减小字体：Word 2010 文字处理/Word 2010 文字处理

- 更改大小写：WORD 2010 文字处理（该命令按钮可以将所选文本全部改为大写、小写或其他常见的大小写形式）

- 突出文本：Word 2010 文字处理（可以从弹出来的调色板中选择颜色）
- 字体颜色：Word 2010 文字处理（可以从弹出来的调色板中选择颜色）
- 清除格式：清除所选文本的所有格式，只留下纯文本。

- 拼音指南：Word 2010 文字处理（wénzìchǔlǐ）
- 字符边框：Word 2010 文字处理
- 字符底纹：Word 2010 文字处理

- 带圈字符：Word 2010 ㊌ ㋼ ⚠ 理

利用"字体"对话框可以进行字符格式的设置。单击"开始"选项卡的"字体"命令组的组按钮 ，可以打开"字体"对话框，在"字体"对话框中可以对已经选定的文本进行字符的格式设置，如图 2-1-16 所示。

除此之外，还可以利用浮动的工具栏对选择的文本进行字体的设置。

9. 段落的格式设置

段落的格式设置通过"开始"选项卡中的"段落"命令组来实现，如图 2-1-17 所示。

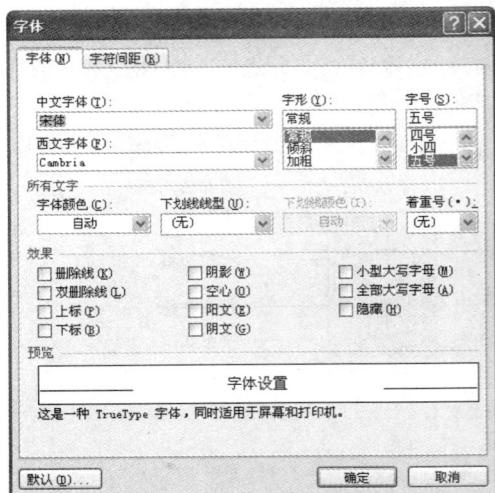
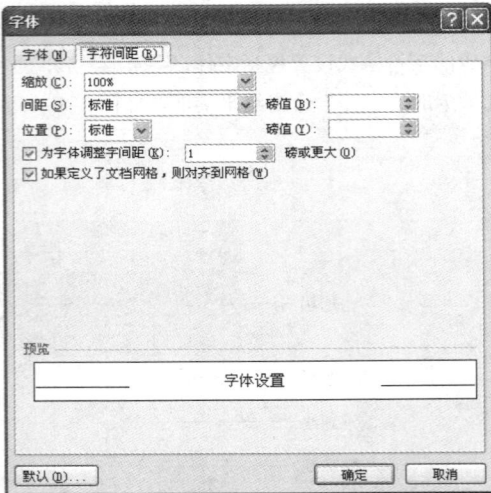

（a）　　　　　　　　　　　　　（b）

图 2-1-16　"字体"对话框

（a）设置字体；（b）设置字符间距

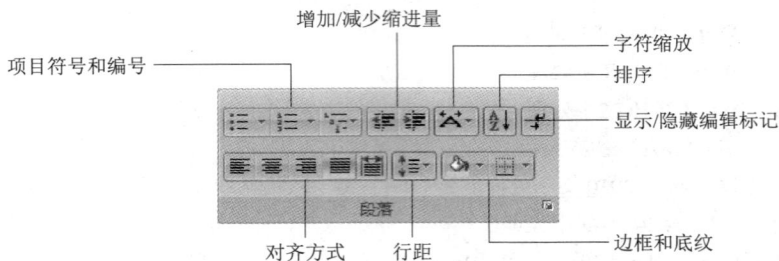

图 2-1-17　"段落"组

段落是指以特定符号作为结束标记的一段文本，用于标记段落的符号是不可以打印的字符。编排 Word 文档时，合理的段落格式设置，不仅可以使内容层次分明，结构清晰，而且便于用户阅读。

Word 2010 的段落排版命令适用于整个文档，所以要对一个段落进行排版，则可以将光标移到这个段落的任何地方。但是，如果同时对多个段落进行排版，则需要将这几个段落同时选中。

（1）段落对齐方式

Word 2010 提供了五种段落的对齐方式。在"开始"选项卡的"段落"命令组中，可以看到五种段落的对齐方式的按钮：文本左对齐、居中、文本右对齐、两端对齐和分散对齐。

（2）段落的缩进

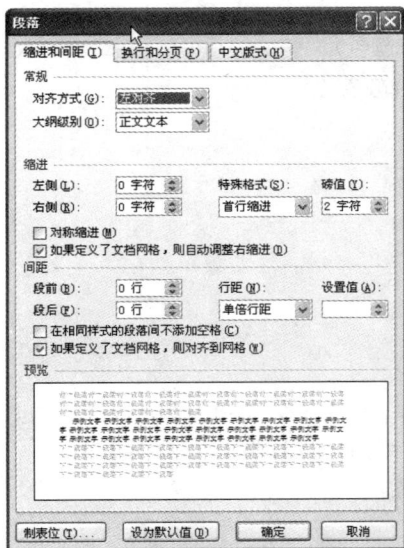

图 2-1-18　段落设置

文本的输入范围是整个 Word 页面除去页边距以外的部分。有时为了美观和增加可读性，文本要向内缩进一段距离，这就是段落缩进。增加或者减少缩进量的时候，增加或者减少的是文本和页边距之间的距离。在默认状态下，段落的左右缩进量都是"0 字符"，如图 2-1-18 所示。

在 Word 2010 功能区的"开始"选项卡中，鼠标单击"段落"命令组中的组按钮█，打开"段落"对话框。在"缩进"选项区中就可以对选中的段落设置其缩进方式和缩进量。

首行缩进是指每个段落中第一行首个字符的缩进空格位。中文段落习惯方式为首行缩进两个字符。设置段落首行缩进之后，当用户按 Enter 键继续输入后续段落时，Word 2010 会自动为后续段落设置与之前段落相同的首行缩进的格式，不再需要重新设置。

悬挂缩进是指段落的首行的起始位置不变，其余各行都缩进一定的距离。这种缩进的方式常用于诸如词汇表、项目列表等文档。

左缩进是指整个段落都向右缩进一定的距离，而右缩进是指向左拖动，使段落的右端均匀地向左移动一定的距离。

用户可以通过单击"开始"选项卡"段落"命令组中的"减少缩进量"按钮▉和"增加缩进量"按钮▉来迅速减少或增加段落的缩进量，此时的缩进是对整个段落进行缩进，即左缩进。

（3）行距和段落间距

行距决定了段落中的各行文字之间的垂直距离。"开始"选项卡上"段落"命令组中的"行和段落间距"按钮便可以用来设置行距，默认值是 1.0，即单倍行距。单击"行和段落间距"按钮旁边的下三角按钮，会弹出一个下拉列表，如图 2-1-19 所示。

在"行距"下拉列表中可以选择所需的行距，也可以执行"行距选项"命令，即打开"段落"对话框，选择"缩进和间距"选项卡，在"间距"选项区域中有"行距"下拉列表框，可以选择各种行距，然后在"设置值"框中设置行距具体的数值（如 2-1-20 所示）。

图 2-1-19　"行距"下拉列表　　　　图 2-1-20　设置行距

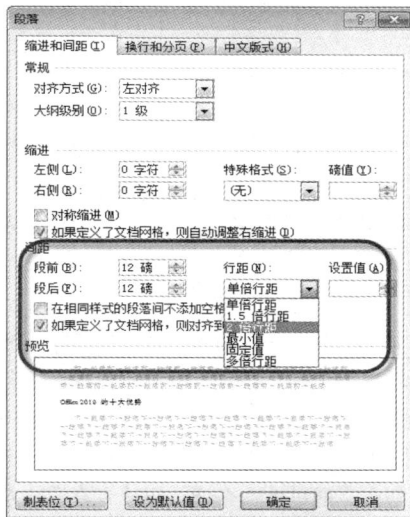

段落间距是指段落与段落之间的距离。有时为了排版的需要，会对段落之间的距离进行设置调整，用户可以通过以下三种方式来设置调整段落间距。

① 单击"开始"选项卡上"段落"命令组中的"行和段落间距"按钮，单击"增加段前间距"或者"增加段后间距"命令来调整段落的间距。

② 单击"开始"选项卡上"段落"命令组中的"行和段落间距"按钮，选择其下拉列表中的"行距选项"命令，打开"段落"对话框。在"间距"选项区域中，单击"段前"和"段后"框中的微调按钮可以精确地设置段落的间距数值。

③ 单击"页面布局"选项卡，在"段落"命令组中单击"段前"和"段后"微调框中的微调按钮，也可以完成段落间距的设置，如图 2-1-21 所示。

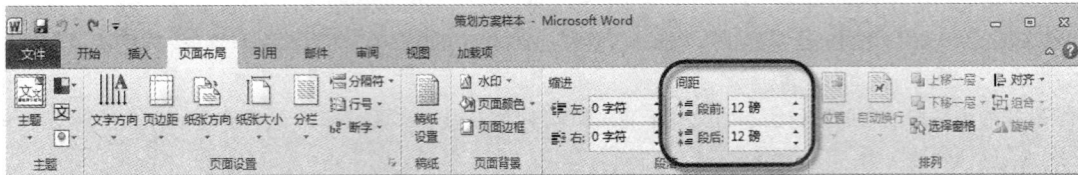

图 2-1-21　设置段落间距

**10. 页面设置**

"页面"的含义如图 2-1-22 所示。

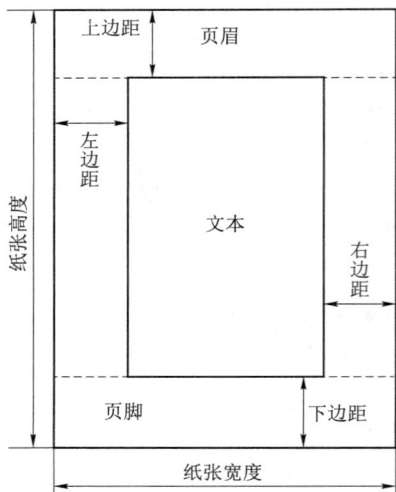

图 2-1-22　"页面"的含义

Word 2010 提供的页面设置功能可以协助用户轻松地完成对文字方向、页边距、纸张方向、纸张大小、分栏等选项的设置，如图 2-1-23 所示。

图 2-1-23　"页面设置"命令组

（1）设置页边距

Word 2010 提供了页边距设置的选项，用户可以使用默认（即预定义设置）的页边距，也可以自己设定页边距，以满足不同的文档排版要求。页边距设置的操作步骤如下：

① 在 Word 2010 的功能区中，选择"页面布局"选项卡。

② 在"页面布局"选项卡中的"页面设置"命令组中，单击"页边距"按钮。

③ 在弹出的下拉列表中，提供了普通、窄、适中、宽等预定义的页边距，用户可以自行选择，以快速设置页边距，如图 2-1-24 所示。

④ 用户也可以自己设定页边距。在弹出的下拉列表中选择"自定义边距"命令，打开"页面设置"对话框，选择"页边距"选项卡，在"页边距"选项区域中，通过单击微调按钮或者直接输入数值的方式来调整上下左右的页边距，在"装订线位置"下拉列表框中选择选项"左"或"上"，如图 2-1-25（a）所示。

在"页面设置"对话框中的"应用于"下拉列表框中，有"整篇文档"和"所选文字"两个选项可以选择。如果选择"整篇文档"选项，则用户设置的页边距就应用于整篇文档，这也是默认的状态。如果只想设置一部分的页面而不是全部，则需要将光标移到这部分页面的起始位置，然后在"页面设置"对话框中的"应用于"下拉列表框中选择"所选文字"，则从起始位置之后的所有页面都将应用当前的设置。

⑤ 单击"确定"命令按钮即完成自定义页边距的设置工作。

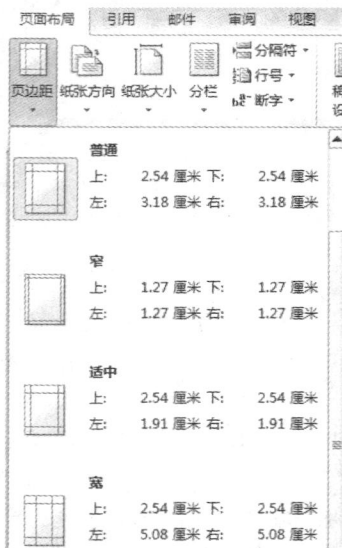

图 2-1-24　快速设置页边距

（2）设置纸张方向

"纸张方向"决定了文档页面所采用的布局方式，Word 2010 提供了"纵向"（垂直）和"横向"（水平）两种布局方式供用户选择。更改纸张方向时，与其相关的选项内容也会随之更改。

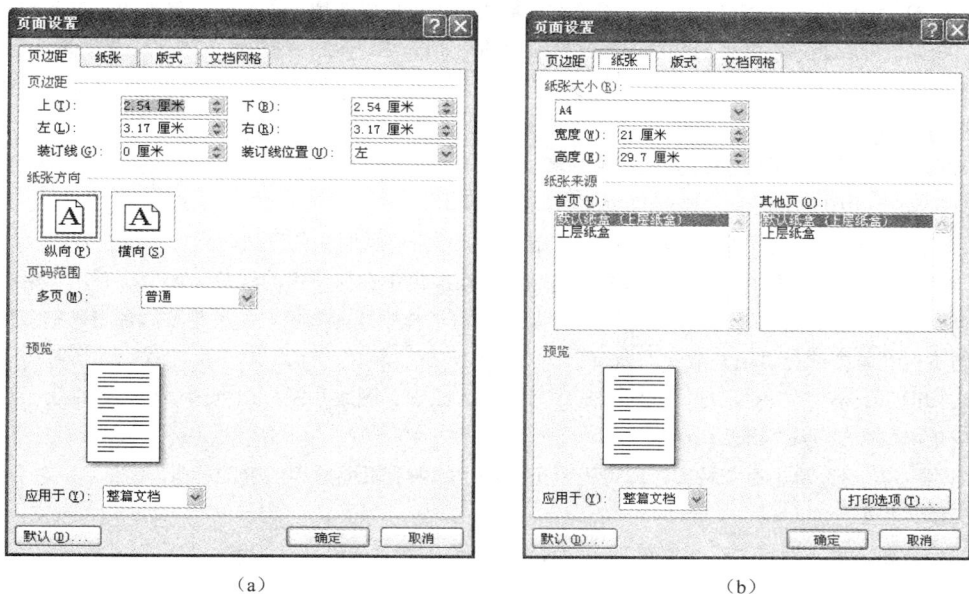

（a）　　　　　　　　　　　　　　　　　（b）

**图 2-1-25　"页面设置"对话框**

（a）设置页边距和纸张方向；（b）设置纸张大小

如果需要更改整个文档的纸张方向，操作步骤如下：

① 在 Word 2010 功能区中选择"页面布局"选项卡。

② 在"页面布局"选项卡的"页面设置"命令组中单击"纸张方向"命令按钮。

③ 在弹出的下拉列表中，提供了"纵向"和"横向"两个选项，用户可根据自己的需要任选其一即可。

（3）设置纸张大小

和页边距相同，Word 2010 为用户提供了预定义的纸张大小的设置，用户既可以使用默认的纸张大小，也可以自己设定纸张的大小，以满足不同的用户需求。设置纸张大小的操作步骤如下：

① 在 Word 2010 的功能区中选择"页面布局"选项卡。

② 在"页面布局"选项卡的"页面设置"命令组中单击"纸张大小"命令按钮。

③ 在弹出的下拉列表中有许多可以选择的纸张大小，如图 2-1-26 所示，用户可以从中单击选择，以快速设置纸张大小。

④ 如果用户想要自己指定纸张大小，可以在弹出的下拉列表中选择"其他页面大小"命令，然后打开"页面设置"对话框，选择"页面设置"对话框中的"纸张"选项卡，如图 2-1-25（b）所示。在"纸张大小"下拉列表框中，用户可以根据需要选择不同型号的打印纸，例如，A3、A4、16 开和自定义大小等。当用户选择"自定义大小"

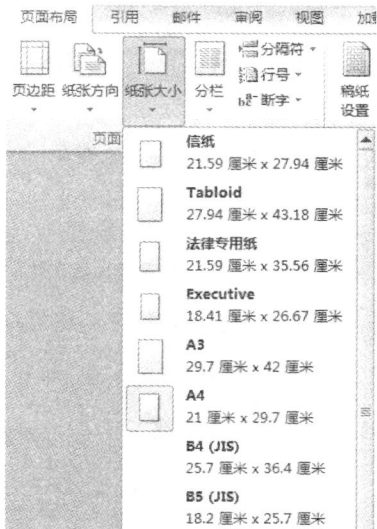

**图 2-1-26　快速设置纸张大小**

时，可以在下面的宽度和高度的微调框中定义纸张的大小。

⑤ 单击"确定"命令按钮即可完成自定义纸张大小的设置。

（4）设置页面颜色和背景

Word 2010 为用户提供了丰富的页面背景设置功能，用户可以便捷地为文档设置水印、页面颜色和页面边框等。例如，可以通过设置页面颜色，为背景应用图片、图案、渐变、纯色和纹理等填充效果，其中图片、图案、渐变和纹理将用平铺或者重复的方式来填充页面，既而让用户可以面对不同的应用场景来制作更加专业和美观的文档。

为文档设置页面颜色和页面背景的操作步骤如下：

① 在 Word 2010 的功能区中选择"页面布局"选项卡。

② 在"页面布局"选项卡的"页面背景"命令组中单击"页面颜色"按钮。

③ 在弹出的下拉列表中，用户可以在主题颜色和标准色中选择所需的颜色。如果没有用户所需要的颜色，还可以选择"其他颜色"命令，在打开的"颜色"对话框中选择颜色。如果想要添加特殊的效果，可以在弹出的下拉列表中选择"填充效果"命令。

④ 打开"填充效果"对话框，此对话框中有渐变、纹理、图案和图片四个选项卡，分别用于设置页面的特殊效果，如图 2-1-27 所示。

⑤ 设置完毕后，单击命令按钮，即可为整个文档中的所有页面应用所选的背景。

**11. 打印设置**

文档设置完成后，通过"打印预览"功能对整篇文档的设置效果进行预览，预览完成后就可以打印了。具体操作方法如下：

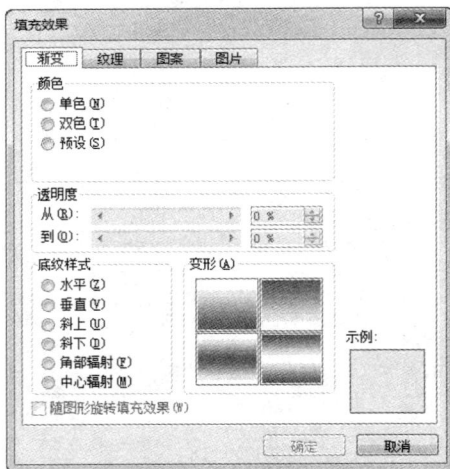

① 单击"文件"选项卡，在打开的后台视图中选择"打印"，则在页面的右侧就会出现整篇文档的预览效果。

② 在页面左侧的打印设置区域中，用户可以对页面范围、打印份数等进行设置，之后单击"打印"图标即可对所选文档进行打印。

**12. 格式刷**

格式刷用来复制字符格式和段落格式，使用方法如下：

① 选择要进行复制格式的文本（也叫源文本），或将光标置于要进行复制格式的文本段落中。

② 选择"开始"选项卡，单击"剪贴板"命令组中的"格式刷"按钮，此时鼠标指针变为 ▲I。

③ 拖动鼠标指针，选择目标文本。

如果多处文本都要使用同一个格式，那么鼠标双击"格式刷"按钮，依次拖动鼠标指针选择要应用这个格式的文本，之后单击"格式刷"按钮，停止格式的复制。

图 2-1-27　设置页面填充效果

如果是要复制段落格式，则必须选择整个段落，其中包括段落标记。

## 2.1.5　技巧与提高

编辑文档时，有时要输入一些通过键盘无法输入的特殊符号，通过使用 Word 提供的符号功能即可实现，方法如下：

① 选择"插入"选项卡，单击"符号"组中的"符号"下拉按钮，在其下拉列表中选择"其他符号"命令，打开"符号"对话框。通过"字体"和"子集"的设置，在"符号"对话框中选择要输入的特殊符号，

单击"插入"按钮，符号就会插入光标所在位置。

② 单击"特殊符号"组中的"符号"下拉按钮，在其下拉列表中选择"更多"命令，弹出"插入特殊符号"对话框。在此对话框中选择要输入的特殊符号，单击"确定"按钮，便可插入特殊符号。

## 2.1.6　训练任务

在"桌面"上新建一个 Word 2010 文档，命名为"大学生电子设计竞赛选拔赛的通知"。

1. 录入内容

大学生电子设计竞赛选拔赛的通知

各系学生：

为参加"全国大学生电子设计竞赛"选拔人才，提高学生专业技能水平，结合教学系统 2016 年工作计划，举办 2016 年"大学生电子设计竞赛选拔赛"，现将有关事项通知如下：

一、指导思想：

通过"大学生电子设计竞赛选拔赛"的开展，培养大学生的实践创新意识与实践能力、团队协作的人文精神和理论联系实际的学风；有助于学生工程实践素质的培养，提高学生针对实际问题进行电子设计制作的能力；有助于吸引、鼓励广大青年学生踊跃参加课外科技活动，为优秀人才的脱颖而出创造条件。

二、组织领导：

2016 年"全国大学生电子设计竞赛选拔赛"组织委员会

主　任：王　楠

副主任：李　莉　吴　强

三、大赛的具体安排：

2016 年"大学生电子设计竞赛选拔赛"面向 2015 级的相关专业在校生，考核形式分为理论和实践操作部分，考核内容为全国大学生电子设计大赛中的基础电子电路和单片机 C 语言编程知识。成绩优异者推荐参加上一级比赛。

希望相关班级认真准备，并积极组织报名。

四、报名截止日期：2016 年 3 月 28 日

五、报名负责老师：金老师

六、联系电话：3263558

院团委

2016 年 2 月 23 日

2. 对文档进行排版

具体排版要求如下：

① 页面设置：上页边距为 1 厘米，下页边距为 2 厘米，左、右页边距均为 2 厘米，纸张大小为 B5，纸张方向为横向。

② 标题文字：字体为隶书，字号为二号，字形为加粗，字体颜色为蓝色，效果为阴影内部左上角；段前、段后各为 0.5 行，对齐方式为居中对齐。

③ 正文：字体为宋体，字号为四号；行距为 1.5 倍行距，首行缩进 2 字符。

④ 称呼"各系学生："：字形为加粗，下划线，字体颜色为红色。

⑤ 各段子标题：字形为加粗，字体颜色为红色；文本底纹为灰色，边框为蓝色 0.5 磅单线。

⑥ 落款两段：对齐方式为右对齐。

⑦ 在标题左边插入♫符号，字号为初号，颜色为红色。

# 任务 2.2　制作产品说明书

在文档的排版过程中，经常需要制作出丰富多彩的样式和效果。本节将结合任务介绍一些常用的设置，包括设置页眉和页脚、分栏、设置水印背景、插入项目符号和编号等。

## 2.2.1　任务描述

涌泉公司要求设计部的小张为本公司生产的新款不锈钢杯制作使用说明书。小张设计的说明书如图 2–2–1 所示。

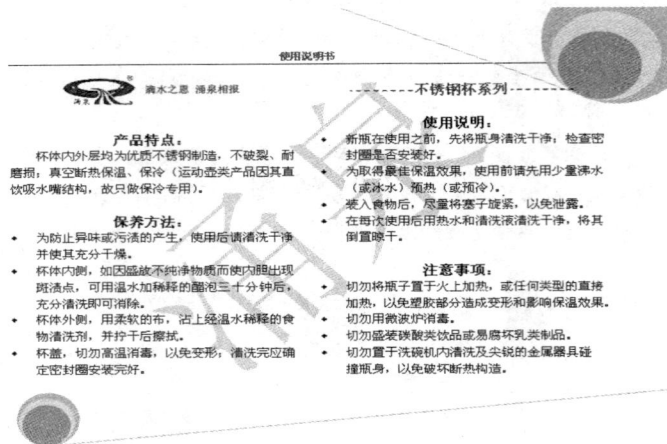

图 2–2–1　不锈钢杯的使用说明书

## 2.2.2　任务分析

要完成本项工作任务，需要进行如下操作：

① 新建文档，命名为"不锈钢杯的使用说明书.docx"。

② 页面设置：页边距为"适中"，纸张大小为：宽 21 厘米、高 15 厘米，纸张方向为"横向"。

③ 在第一行插入图片"涌泉商标.JPG"，位置为"嵌入文本行中"，对齐方式为居中对齐。

④ 插入页眉为现代型（奇数页），输入文本"使用说明书"，将文本加粗，页脚为现代型（偶数页），将页眉、页脚中多余的文本删除。

⑤ 文本录入。

⑥ 各级标题：宋体，小四号，加粗；段前为 1 行，居中对齐。

⑦ "产品特点"标题下的文本：宋体，五号；首行缩进 2 字符。

⑧ 其余标题下的文本：宋体，五号；添加项目符号◆。

⑨ 将全文分成两栏。

⑩ 在第二栏首行输入文本"不锈钢杯系列"，宋体，小四，加粗，蓝色，居中对齐；在文本两边插入虚线，蓝色，粗细为 1 磅。

⑪ 文本背景设置文字水印为"涌泉"。

## 2.2.3　任务实现

1. 创建"不锈钢杯的使用说明书"文档并保存

启动 Word 2010，新建一个空白文档。单击快速访问工具栏中的"保存"按钮，打开"另存为"对话框，其中设置"保存位置"为"桌面",设置"文件名"为"不锈钢杯的使用说明书",然后单击"保存"按钮。

2. 页面设置

选择"页面布局"选项卡,在"页面设置"命令组中单击"页边距"下拉按钮,在其下拉列表中选择"适中"命令,完成页边距的设置。然后单击"纸张方向"下拉按钮,在其下拉菜单中选择"横向",既而完成纸张方向的设置。单击"纸张大小"下拉按钮,在其下拉菜单中单击"其他页面大小"命令,打开"页面设置"对话框。选择"纸张"选项卡,利用微调按钮或者手动输入来设置纸张宽度为"21 厘米"、高度为"15厘米",既而完成纸张大小的设置。

3. 插入图片

① 将光标的插入点放在首行的起始位置上,选择"插入"选项卡,在"插图"命令组中单击"图片"按钮,打开"插入图片"对话框,选择所插入图片的位置和名字,找到"涌泉商标.JPG"图片,单击"插入"命令按钮即可完成图片插入。

② 鼠标单击选中图片,选择"格式"上下文选项卡,在"排列"命令组中单击"位置"下拉按钮,在其下拉列表中选择"嵌入文本行中",如图 2-2-2 所示。

③ 鼠标单击选中图片,在"开始"选项卡的"段落"命令组中单击"居中"按钮。

4. 插入页眉和页脚

① 单击"插入"选项卡,在"页眉和页脚"命令组中选择"页眉"下拉按钮,在弹出的下拉列表中选择"现代型(奇数页)"样式的页眉。

② 在页眉中"[键入文档标题]"的位置输入文本"使用说明书",然后将页眉中的第二行用退格键删除。选择"使用说明书"文本,单击"开始"选项卡,在"字体"命令组中选择"加粗"命令按钮,对其进行"加粗"设置。然后双击文档的任意位置退出页眉的设置。

③ 单击"插入"选项卡,在"页眉和页脚"命令组中选择"页脚"下拉按钮,在弹出的下拉列表中选择"现代型(偶数页)"样式的页脚。

④ 删除页脚中的页码数字"1"。

5. 文本录入

进行文本的录入,输入完成后的效果如图 2-2-3 所示。

图 2-2-2 图片"位置"设置

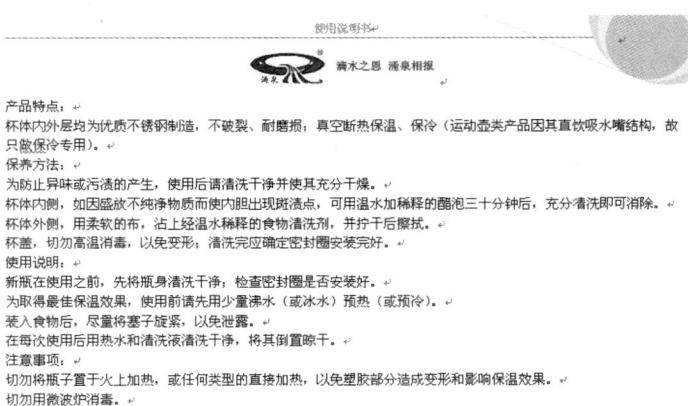

图 2-2-3 录入无格式文本

6. 字体和段落设置

① 选中文本"产品特点",单击"开始"选项卡,在"字体"命令组中设置"字体"为宋体,"字号"为"小四",选择"加粗"按钮进行"加粗"设置。单击"开始"选项卡,在"段落"命令组中选择"居中"

按钮；然后在"段落"命令组中单击"组"按钮，打开"段落"对话框，在"段落"对话框的"间距"选项组中利用微调按钮或手动输入方式设置"段前"为1行。

② 选中文本"产品特点"，单击"开始"选项卡，在"剪贴板"命令组中双击"格式刷"按钮，再依次选中其他标题文本。全部完成后，再次单击"格式刷"按钮，完成标题文本的样式复制。

③ 选中标题"产品特点"下面的文本段落，单击"开始"选项卡，在"段落"命令组中单击"组"按钮，打开"段落"对话框，在"段落"对话框的"缩进和间距"选项卡的"缩进"选项组中设置"特殊格式"为"首行缩进"，磅值为"2字符"。

7. 添加项目符号

① 选中标题"保养方法"下面的4个文本段落，单击"开始"选项卡，在"段落"命令组中单击"项目符号"下拉按钮，在其下拉列表中选择"项目符号库"的◆符号，单击即可完成项目符号的添加，如图2-2-4所示。

② 依照以上步骤，对标题"使用说明"下面的4个段落和标题"注意事项"下面的4个段落添加相同的项目符号。

8. 分栏设置

按Ctrl+A组合键选中全文，单击"页面布局"选项卡，在"页面设置"命令组中选择"分栏"下拉按钮，在下拉列表中选择"两栏"命令。文本分栏前和分栏后的样文分别如图2-2-5和图2-2-6所示。

图2-2-4 "项目符号"设置

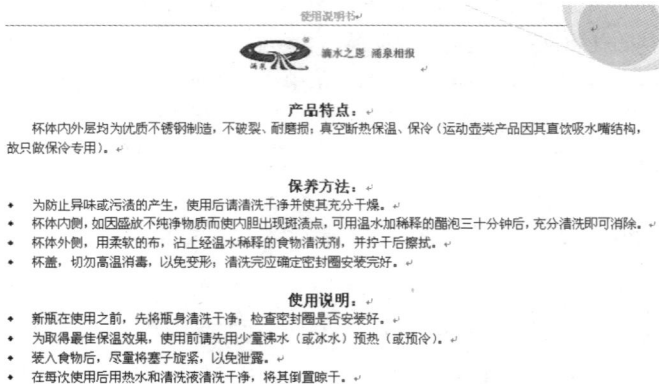

图2-2-5 分栏前的文本样式

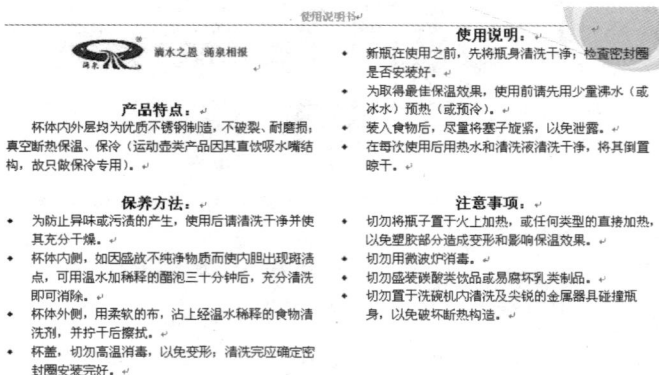

图2-2-6 分栏后的文本样式

9. 画直线

① 将光标插入点放在第一栏末尾行"……安装完好。"的后面，连按 3 次 Enter 键，这时第二栏首部将出现两行空行。

② 在第二栏首部的第一行空行中输入文本"不锈钢杯系列"。选中此文本，单击"开始"选项卡，在"字体"命令组中设置"字体"为宋体，"字号"为"小四"，选择"加粗"按钮进行加粗设置；选择"字体颜色"按钮，在弹出的快捷菜单中选择标准色"蓝色"；在"段落"命令组中选择"居中"命令按钮，设置文本的居中对齐。

③ 选择"插入"选项卡，在"插图"命令组中单击"形状"下拉按钮，在弹出的下拉列表中选择"线条"里边的"直线"。这时光标变成十字形状，然后在文本"不锈钢杯系列"的左边，按住 Shift 键的同时拖动鼠标画一条直线。

④ 选中这条直线，选择"格式"选项卡，在"形状样式"命令组中单击"形状轮廓"右边的下拉按钮，在弹出的下拉列表中选择标准色"蓝色"，如图 2-2-7 所示；选择"粗线"命令，值设置为 1 磅；选择"虚线"命令，值设置为"短划线"。

⑤ 选中这条虚线，使用快捷键 Ctrl+C 将虚线复制，然后使用快捷键 Ctrl+V 将虚线粘贴。使用鼠标将新粘贴的虚线移动到文本"不锈钢杯系列"的右边。按住 Shift 键，同时依次选择两条虚线，使得两条虚线都被选中，然后单击"格式"选项卡，在"格式"选项卡的"排列"命令组中单击"对齐"下拉按钮，在此下拉列表中选择"顶端对齐"命令，如图 2-2-8 所示，这样就可以使两条虚线在同一水平线上了。

10. 设置文字水印

选择"页面布局"选项卡，在"页面背景"命令组中单击"水印"下拉按钮，在弹出的下拉列表中选择"自定义水印"命令。在打开的"水印"对话框中，选中单选按钮"文字水印"，然后在"文字"文本框中输入文本"涌泉"，如图 2-2-9 所示，然后单击"确定"按钮即可完成水印设置。

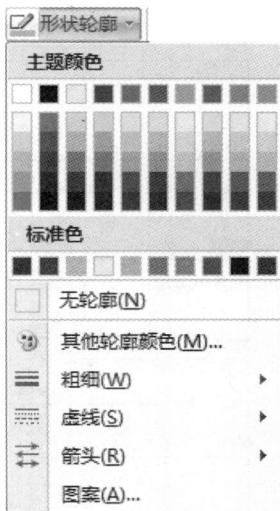

图 2-2-7  "形状轮廓"列表

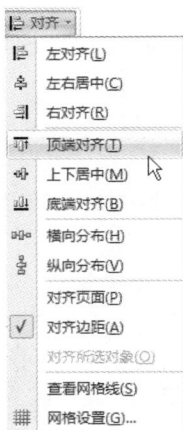

图 2-2-8  "对齐"列表

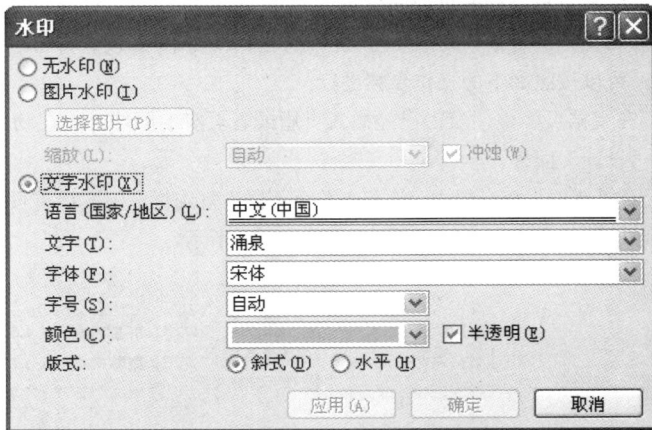

图 2-2-9  "水印"对话框

11. 保存文档

单击快速工具栏上的"保存"按钮，将文档保存。

### 2.2.4 知识精讲

1. 页眉、页脚和页码

页眉和页脚是 Word 2010 文档中的注释性的信息，例如，文档的章节标题、作者、日期与时间、公司徽标、姓名或单位名称等。页眉在文档正文的顶部，页脚在文档正文的底部。

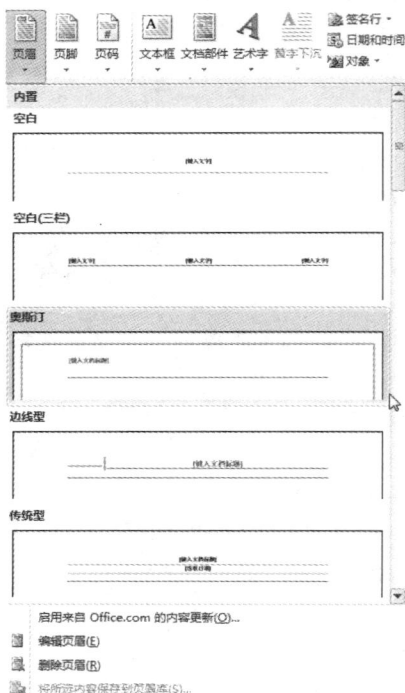

图 2-2-10 插入"页眉"

用户使用 Word 2010 应用程序，不但可以在文档中插入和修改系统预设的页眉和页脚的样式，还可以根据需要创建自定义样式，并将用户自定义的页眉和页脚保存到 Word 2010 样式库中去。

（1）在文档中插入 Word 2010 预设的页眉和页脚

在整篇文档中插入系统预设的页眉和页脚的操作方法十分类似，操作步骤如下：

① 在 Word 2010 的功能区中，单击"插入"选项卡。

② 在"页眉和页脚"命令组中单击"页眉"命令按钮。

③ 在弹出的下拉列表中以图示的方式给出了很多供选择的内置的页眉样式，从中选择一个合适的页眉样式，例如"奥斯丁"，如图 2-2-10 所示。

④ 这样所选的页眉样式就会被应用到整篇文档中了。

同样，在"插入"选项卡的"页眉和页脚"命令组中，单击"页脚"按钮，在下拉列表中的"内置"页脚样式中可以选择适合的页脚样式，单击则选中，将其样式插入整个文档中。另外，在文档中插入了页眉或页脚后，Word 2010 会自动出现"页眉和页脚工具"选项卡，其中的命令按钮组可以完成对页眉或页脚的所有操作，选择"关闭页眉和页脚"按钮即可关闭页眉和页脚的设计区域。

（2）创建首页不同的页眉和页脚

在编辑文档的时候，经常要将文档首页的页眉和页脚设置得与后边页不一样，想要创建首页不同的页眉和页脚，可以按照如下的操作步骤进行：

① 在文档页面中，双击已经插入页眉或者页脚的区域，则在功能区中会出现"页眉和页脚工具"选项卡中的"设计"面板。

② 在"选项"命令组中，选择"首页不同"复选框，则文档首页中原来定义的页眉或者页脚就删除了，用户可以根据需要重新进行设置，如图 2-2-11 所示。

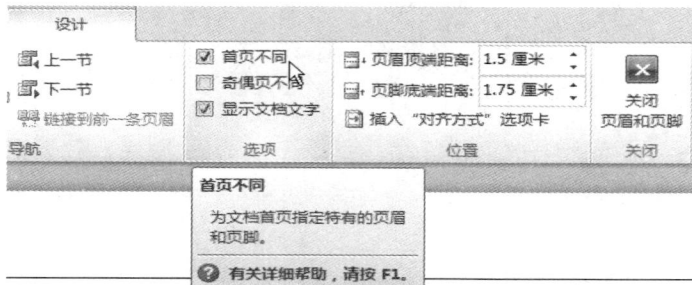

图 2-2-11 创建首页不同的页眉和页脚

（3）创建奇偶页不同的页眉和页脚

在编辑文档的时候，用户有时需要文档中的奇数页和偶数页使用不同的页眉或页脚。例如，很多图书的奇数页上显示图书的名称，而偶数页上显示的是章节的标题。要对文档的奇偶页分别使用不同的页眉或页脚，可以按照如下的操作步骤进行设置：

① 在文档页面中，双击已经插入页眉或者页脚的区域，则在功能区中会出现"页眉和页脚工具"选项卡中的"设计"面板。

② 在"选项"命令组中，选择"奇偶页不同"复选框，则文档中的奇数页和偶数页就可以设置不同的页眉或页脚了，如图 2-2-12 所示。

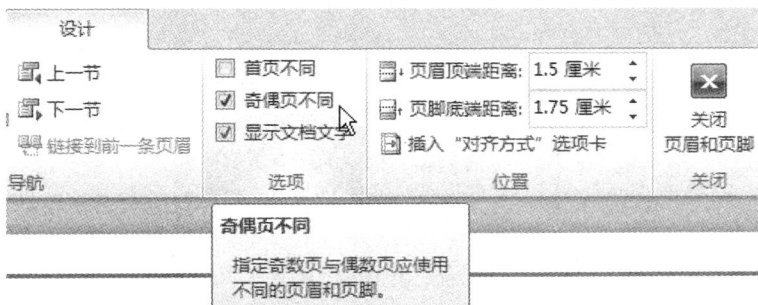

图 2-2-12　创建奇偶页不同的页眉和页脚

③ 单击"导航"命令组中的"上一节"或"下一节"按钮，则可以在文档的奇数页和偶数页之间进行切换。

在"页眉和页脚工具"选项卡中，单击"设计"选项卡，选择"导航"命令组中的"转至页眉"按钮或"转至页脚"按钮，则可以在文档的页眉区域和页脚区域进行切换。

（4）为文档的各节创建不同的页眉或页脚

为文档的各节创建不同的页眉或页脚，具体操作如下：

① 将鼠标指针放在文档的某一节中，选择 Word 2010 功能区的"插入"选项卡，在"页眉和页脚"命令组中单击"页眉"命令按钮。

② 在下拉列表中的"内置"页眉样式中选择要放在这一节处的页眉样式，例如"边线型"，那么这个页眉的样式就被应用到此节文档中的每一页了。

③ 单击选项卡"页眉和页脚"的"设计"选项卡，在"导航"命令组中单击"下一节"命令按钮，鼠标光标就转到页眉的下一节区域中了。

④ 在"导航"命令组中，单击"链接到前一条页眉"命令按钮，断开下一节中的页眉与前一节中的页眉之间的链接。此时，Word 2010 文档的页面中将不再显示"与上一节相同"的文本提示信息，这时可以新建页眉的样式或者更改现有的页眉的样式，如图 2-2-13 所示。

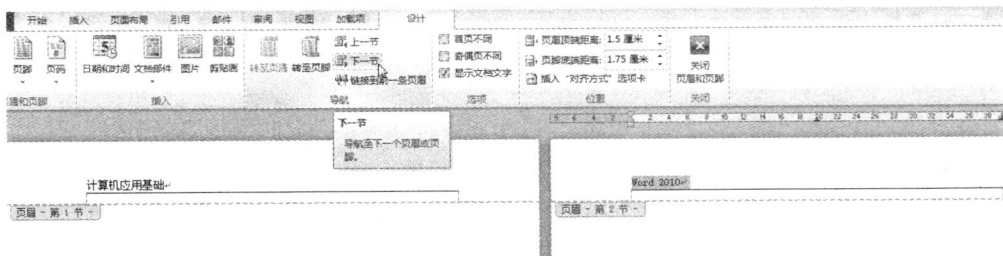

图 2-2-13　为文档各节创建不同的页眉

⑤ 单击选项卡"页眉和页脚"工具的"设计"选项卡，在"页眉和页脚"命令组中单击"页脚"命令按钮。

⑥ 在下拉列表中的"内置"页脚样式中选择要放在这一节的页脚样式，例如"堆积型"，那么这个页脚的样式就被应用到此节文档中的每一页了，这样就实现了在文档的各节创建不同的页眉和页脚。

（5）删除页眉或页脚

删除文档中的页眉和页脚，具体操作步骤如下：

① 鼠标单击文档中的任意位置，在 Word 2010 的功能区中单击"插入"选项卡。

② 在"页眉和页脚"命令组中单击"页眉"命令按钮。

③ 在弹出的下拉列表中选择"删除页眉"命令，就可以将整篇文档中的所有页眉删除，如图 2-2-14 所示。

同样，在"插入"选项卡中的"页眉和页脚"命令组中单击"页脚"命令按钮，在弹出的下拉列表中选择"删除页脚"命令，就可以将整篇文档中的所有页脚删除。

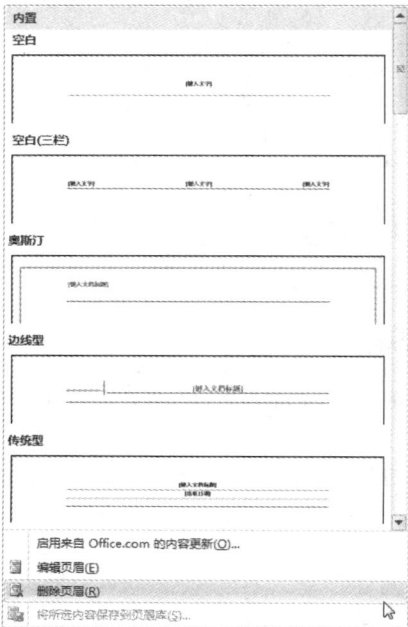

图 2-2-14 删除页眉

（6）页码的设置

在 Word 2010 的功能区中单击"插入"选项卡，在"页眉和页脚"命令组中单击"页码"命令按钮，在其下拉列表中选择页码的样式和页码显示的位置。如果用户要对页码的格式进行更改，可以单击"设置页码格式"选项进行格式修改。如果用户想要删除此页码，可以单击"删除页码"选项，删除对页码的设置，如图 2-2-15 所示。

2. 分栏

在进行文档编辑时，有时文档中一行的文字太长，不便于阅读，或者为了版面的美观，需要将文档分为多个列显示，这时可以利用 Word 2010 提供的分栏功能。分栏是一种常用的排版格式，可以使文档的排版更加灵活，更加生动。

对文档进行分栏，具体的操作步骤如下：

① 在 Word 2010 的功能区中单击"页面布局"选项卡。

② 在"页面布局"选项卡中选择"页面设置"命令组，单击"分栏"命令按钮。

③ 在弹出的下拉列表中，Word 2010 提供了"一栏""两栏""三栏""偏左"和"偏右"5 种系统预定义的分栏方式，用户可以直接单击选择合适的分栏方式完成分栏设置。

④ 如需要对分栏效果进行更为详细的设置，则在弹出的下拉列表中选择"更多分栏"命令。打开"分栏"对话框，如图 2-2-16 所示，在"栏数"微调框中单击向上或向下的微调按钮或者手动输入所需的分栏数值。在"宽度和间距"选项区域中设置栏的宽度和栏的间距，如果选择了"栏宽相等"复选框，则 Word 会自动计算栏的宽度，使各栏宽度相等。选择"分隔线"复选框，则 Word 2010 会在这些栏的中间插入分隔线，使分栏的界限更加清晰和明了。

"分栏"对话框的下方"应用于"命令默认为应用于整篇文档。如果只想对部分文档进行分栏，则在"应用于"下拉列表框中选择"插入点之后"选项，则分栏设置将应用于当前插入点之后的所有文本。

⑤ 设置完成后，单击"确定"按钮，完成分栏的文档排版。

⑥ 如果要取消分栏的设置，则在 Word 2010 的功能区中单击"页面布局"选项卡，选择"页面设置"命令组，单击"分栏"命令按钮，在弹出的下拉列表中选择"一栏"命令，即可取消对文档分栏的设置。

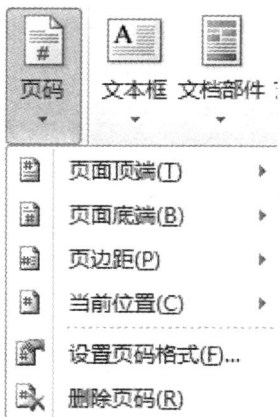

图 2-2-15 "页码"列表

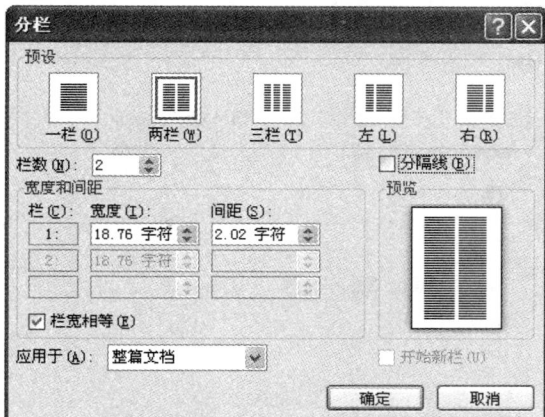

图 2-2-16 "分栏"对话框

3. 项目符号

在 Word 2010 中，可以给文档添加项目符号或编号，使文档层次清晰，可读性强，更有条理性。

项目符号放在文本条目的前面，起到强调的作用。

（1）自动创建项目符号列表

① 在文档中需要应用项目符号列表的位置处输入星号"*"，然后按下空格键和 Tab 键，就可以应用项目符号列表了。

② 录入所需要的文本后，按下 Enter 键，就会添加一个列表项，Word 2010 会自动插入下一个项目符号。

③ 完成列表的输入之后，连按两次 Enter 键或者按 Backspace 键，可以删除列表中最后一个项目符号，则项目符号列表设置完成。

如果不想将文本转化为项目列表，则可以单击在项目符号列表前面出现的"自动更正选项"按钮。这是一个智能标记按钮，单击其右侧的下拉按钮，可以在弹出的下拉列表中选择"撤销自动编排项目符号"命令撤销项目符号列表的设置，使文本变成原来的样式。

（2）为文本添加现有的项目符号

用户可以为文本添加现有的项目符号，操作步骤如下所示：

① 在文档中选择好要添加项目符号的文本。

② 在 Word 2010 功能区中单击"开始"选项卡，选择"段落"命令组，单击"段落"命令组中的"项目符号"按钮右边的下三角按钮。

③ 在弹出的"项目符号"下拉列表中提供了很多种不同样式的项目符号，如图 2-2-17 所示，用户可以根据需要自行选择。

④ 这时选中的文档前会添加已经选择的项目符号。

如果"项目符号"下拉列表中的项目符号不能满足用户的需求，那么可以选用新的符号、图片或字体来自定义所需的项目符号，具体操作步骤如下：

① 在文档中选择好要添加项目符号的文本。

② 在 Word 2010 功能区中单击"开始"选项卡，选择"段落"命令组，单击"段落"命令组中的"项目符号"按钮右边的下三角按钮。

③ 在弹出的"项目符号"下拉列表中选择"定义新项目符号"命令。

④ 打开"定义新项目符号"对话框，在"项目符号字符"选项区域中单击"符号"按钮，如图 2-2-18 所示。

⑤ 打开"符号"对话框，在"字体"右边的下拉列表中选择字体，单击合适的符号作为项目符号，然后单击"确定"命令按钮。

图 2-2-17  "项目符号"下拉列表

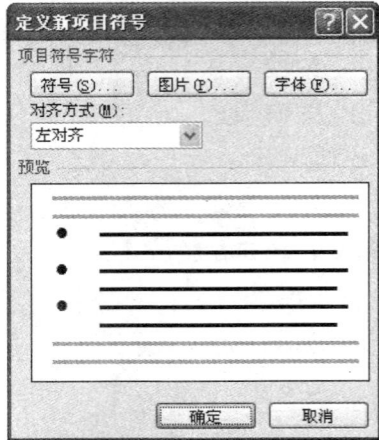

图 2-2-18  定义新项目符号

⑥ 窗口返回到"定义新项目符号"对话框，单击"确定"按钮即可完成对文本项目符号的设置。这时所选的文本就应用了指定的符号作为项目符号了。

4. 编号列表

Word 2010 的编号使用的是一组连续的数字或者字母，出现在文本段落之前。文档中添加编号有助于增强文本的逻辑性、层次感和可读性。创建编号列表的方法和创建项目符号列表的方法极其相似，可以在新输入文本时自动创建编号列表，也可以给现有的文本添加编号。

给现有的文本添加编号，具体的操作步骤如下：

① 选中需要添加编号的文本段落。

② 在 Word 2010 功能区中，单击"开始"选项卡的"段落"命令组，单击"编号"按钮旁边的下三角按钮 。

图 2-2-19  "编号"下拉列表

③ 弹出的下拉列表中提供了编号库，其中包含了多种不同样式的编号，用户可以自行单击进行选择，例如，单击"（一）、（二）、（三）"样式的编号，如图 2-2-19 所示。

④ 这时文档中被选中的文本就会被添加选定的编号。

另外，根据需要，用户还可以选择"多级列表"下拉按钮对选中的文本进行多级列表设置，使整个文档的内容更具层次感和条理性，可读性更强。

5. 查找与替换

在文档编辑的过程中，用户可能会发现某个词语输入有错误或者用法不够妥当，这时如果拖动滚动条，人工逐行查找该词语，然后再逐个修改，将是一件非常浪费时间和精力的事，并且也可能出现疏漏。

Word 2010 为用户提供了异常强大的查找和替换功能，可以帮助用户从反复的人工修改中解脱出来，从而提高工作的效率。

（1）查找文本

查找文本选项可以帮助用户快速找到指定的文本及这个文本所

在的位置，同时，还能帮助用户核对该文件是否存在。查找文本的操作步骤如下：

① 单击 Word 2010 功能区的"开始"选项卡，单击"编辑"命令组中的"查找"按钮。

② 界面左侧自动打开"导航"任务窗格，在搜索文档区域输入用户想要查找的文本，如图 2-2-20 所示。

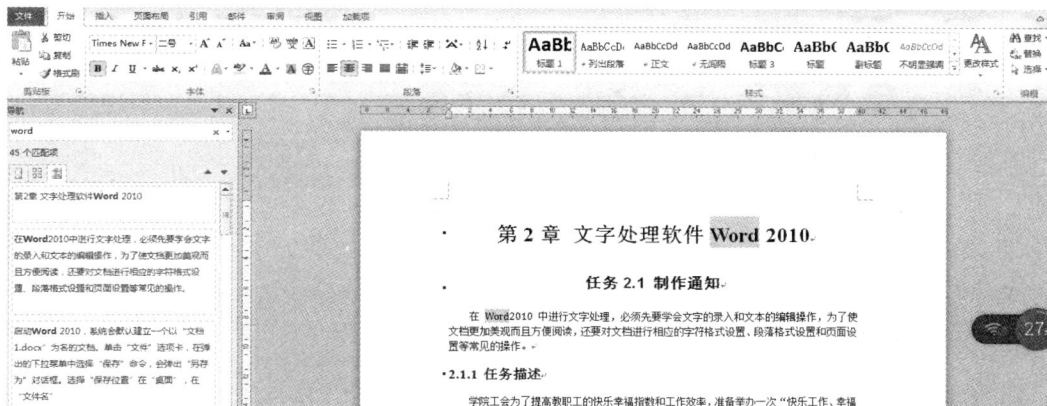

图 2-2-20　在"导航"任务窗格中查找文本

③ 此时，在文档中查找到的文本便会以黄色突出显示。

（2）替换文本

使用 Word 2010 的"查找"功能，可以迅速找到指定文本和其位置。如果要将查找到的目标文本进行替换，就要使用"替换"命令。替换文本的操作步骤如下：

① 单击 Word 2010 功能区的"开始"选项卡，单击"编辑"命令组中的"替换"按钮。

② 打开如图 2-2-21 所示的"查找和替换"对话框，在"替换"选项卡的"查找内容"文本框中输入用户想要查找的文本内容，在"替换为"文本框中输入要替换的文本内容。

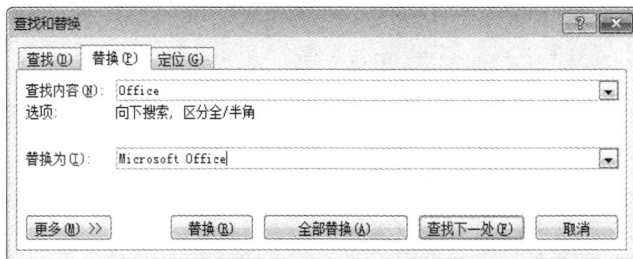

图 2-2-21　"查找和替换"对话框

③ 单击"全部替换"命令按钮。也可以连续单击"替换"命令按钮，逐个完成查找并进行替换。

④ 最后会弹出一个提示性的对话框，告知用户已经完成对指定文本的搜索和替换工作，单击"确定"按钮即可。文档中的文本替换工作会自动完成。

另外，用户还可以在"查找和替换"对话框中，单击左下角"更多≫"按钮，这时"更多≫"按钮变为"≪更少"按钮，进行更加高级的查找和替换的设置，如图 2-2-22 所示。

6. 检查文档中文字的拼写和语法

用户在编辑文档时，时常在文本输入时由于马虎造成文本的拼写和语法有错误，如果逐一检查，会浪费了大量的时间和精力。Word 2010 的拼写和语法功能解决了这一问题，这个功能将自动在认为有错误的文本下面加上标记，以提醒用户。如果文本出现拼写错误，则用红色波浪线进行标记；如果文本出现语法错误，则用绿色波浪线进行标记。

图 2-2-22 高级查找和替换设置

开启此项检查功能的操作步骤如下：

① 在 Word 2010 应用程序中，单击"文件"选项卡，打开 Word 后台视图。

② 单击选择"选项"命令。

③ 打开"Word 选项"对话框，选择"校对"选项卡。

④ 在"在 Word 中更正拼写和语法时"选项区域中选择"键入时检查拼写"和"键入时标记语法错误"复选框，如图 2-2-23 所示。也可以根据其他复选框来设置相关的功能。

⑤ 最后，单击"确定"命令按钮，则开启拼写和语法检查功能。

在 Word 2010 功能区中单击"审阅"选项卡，在"校对"选项组中单击"拼写和语法"按钮，则打开"拼写和语法"对话框，然后根据文本的实际情况进行忽略、更改、解释等操作，如图 2-2-24 所示。

图 2-2-23 设置自动拼写和语法检查功能

## 2.2.5　技巧与提高

1. 页面背景

Word 2010 应用程序可以为文档的页面背景设置水印、页面颜色和页面边框。

（1）水印

Word 2010 应用程序中的水印是指在页面内容后面插入虚影文字，这通常表示要将文档特殊对待，如"机密"或者"紧急"。

图 2-2-24　使用拼写和语法检查功能

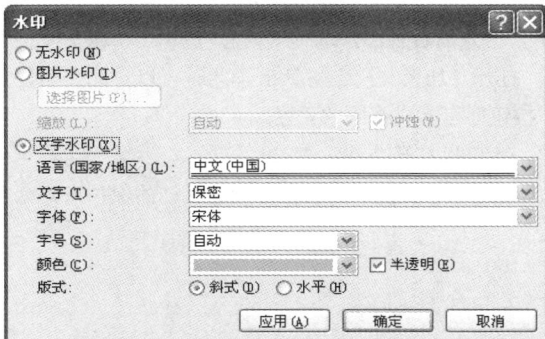

为文档添加水印背景效果的具体方法如下：

① 在 Word 2010 应用程序的功能区中单击"页面布局"选项卡，在"页面背景"命令组中单击"水印"下拉按钮，在弹出的下拉列表中可以直接选择需要的水印文字及样式，也可以单击选择"自定义水印"命令，打开"水印"对话框。

② 在"水印"对话框中，单击"图片水印"作为水印背景，然后单击"选择图片"命令按钮，选择需要的图片作为水印背景；还可以单击"文字水印"作为水印背景，在"文字"文本框中自行输入需要的文字，对文字的字体、字号、颜色和版式进行相应的设置，之后单击"确定"按钮即可完成水印背景效果的设置，如图 2-2-25 所示。

（2）页面颜色

为页面背景设置页面颜色时，可以设置为渐变、纹理、图案和图片。设置页面颜色的具体步骤如下：

① 在 Word 2010 应用程序的功能区中，单击"页面布局"选项卡，在"页面背景"命令组中，单击"页面颜色"下拉按钮，在弹出的下拉列表中可以直接选择需要的颜色，也可单击"填充效果"命令，打开"填充效果"对话框，如图 2-2-26 所示。

② 在"填充效果"对话框中，可以分别选择"渐变""纹理""图案""图片"四个选项卡，对页面的颜色背景做详细的设置，之后单击"确定"命令按钮完成设置。

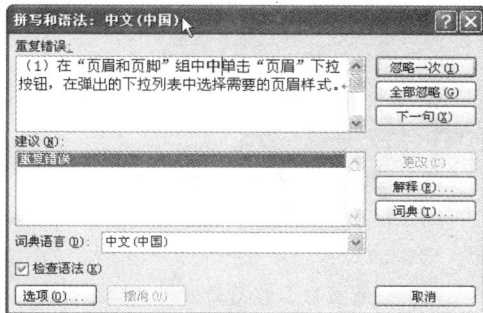

图 2-2-25　"水印"对话框图

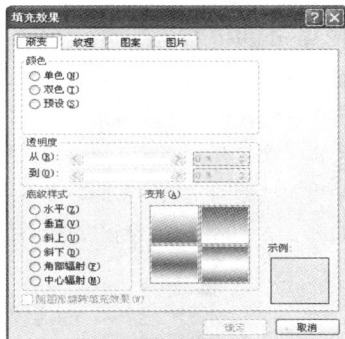

图 2-2-26　"填充效果"对话框

（3）页面边框

为页面背景设置页面边框时，可以设置页面边框的样式、颜色、宽度和艺术型等，设置页面边框的具体步骤如下：

① 在 Word 2010 应用程序的功能区中，单击"页面布局"选项卡，在"页面背景"命令组中，单击"页面边框"下拉按钮，打开"边框和底纹"对话框，如图 2-2-27 所示。

② 在"边框和底纹"对话框中，选择"页面边框"选项卡，对页面边框的样式、颜色、宽度和艺术型等背景做详细的设置。在"边框和底纹"对话框中的右下方，有"应用于"下拉按钮，选择应用于整篇文档或部分文档，之后单击"确定"命令按钮完成设置。

## 2．字数统计

（1）在文本输入时统计字数

Word 2010 在输入文本过程中，可以自动统计文档中的页数和字数，其结果显示在状态栏的左下角，例如 页面: 10/11 字数: 4,497 。

（2）统计一个或多个区域中文本的字数

用鼠标选择要统计字数的一个或多个文本区域，状态栏的左下角将显示出选择区域中文本的字数。例如，"59/5,497"表示选择的文本区域中的字数为 59 个，整篇文档的总字数为 5 497 个。

（3）查看页数、字符数、段落数和行数

在 Word 2010 应用程序的功能区中，单击"审阅"选项卡，在"校对"命令组中，单击"字数统计"命令按钮 字数统计 ，在弹出的"字数统计"对话框中可以查看统计信息，其中包括文档的页数、字数、字符数（计空格的和不计空格的）、段落数和行数等信息，如图 2-2-28 所示。

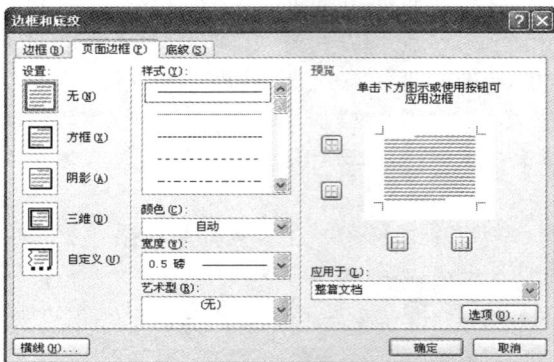

图 2-2-27 "边框和底纹"对话框

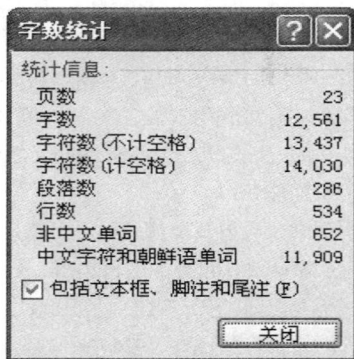

图 2-2-28 "字数统计"对话框

## 3．设置密码

在 Word 2010 应用程序中，单击"文件"选项卡，进入后台视图，选择"信息"，单击"保护文档"下拉按钮，在其下拉列表框中选择"用密码进行加密"，打开"加密文档"对话框。此时可以对此文档设置密码，进行密码保护，再次确认密码后，单击"确定"按钮即可完成密码的设置。

当再一次打开文档时，只有输入文档的保护密码，才可以打开文档。

如果想要删除文档的密码，需要重复以上的步骤，在"加密文档"对话框中设置文档的保护密码为空即可，如图 2-2-29 所示。设置完成后注意保存好文档。

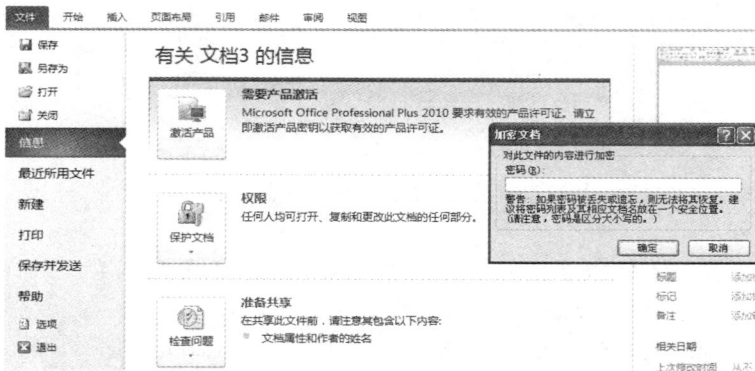

图 2-2-29 设置文档密码

**4. 中文版式**

在 Word 2010 应用程序中，使用其提供的中文版式功能可以编辑出具有中文特点的文档。Word 2010 向用户提供了"双行合一""合并字符""调整宽度""纵横混排"和"字符缩放"等中文版式，如图 2-2-30 所示。

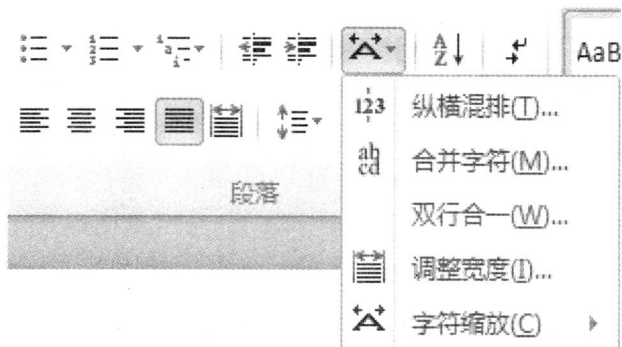

图 2-2-30　"中文版式"下拉列表

图 2-2-31　"文字方向"
下拉列表

（1）文字方向

在 Word 2010 应用程序中，文字方向是指自定义文档或所选文本框中的文字方向。设置文字方向的具体操作步骤如下：

在 Word 2010 应用程序的功能区中，单击"页面布局"选项卡，在"页面设置"命令组中，单击"文字方向"下拉按钮，在弹出的下拉列表中，如图 2-2-31 所示，可以选择文字水平、垂直和将字符旋转等设置。如果这些设置还不能够满足用户的需要，则可以在下拉列表中选择"文字方向选项"命令，打开"文字方向"对话框，如图 2-2-32 所示，可以对整篇文档或所选的部分文档进行文字方向的设置，最后单击"确定"按钮完成设置。

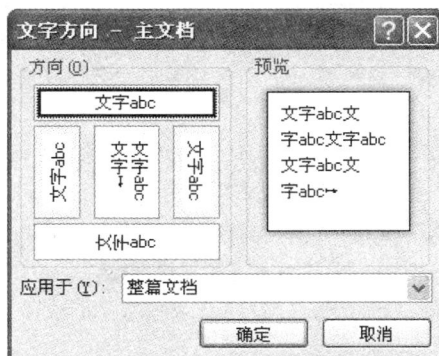

图 2-2-32　"文字方向"对话框

（2）纵横混排

在 Word 2010 应用程序中，纵横混排是指将所选文本的方向更改为水平，同时保持剩余文本为垂直方向。在使用"文字方向"命令中的"垂直"来编辑文本时，发现数字和字母不能实现垂直，如图 2-2-33 所示。这时可以使用 Word 2010 提供的"纵横混排"命令，将数字和字母水平排列。

具体操作步骤如下：

① 将需要水平排列的英文和数字选中。

② 在 Word 2010 应用程序的功能区中，单击"开始"选项卡，在"段落"命令组中单击"中文版式"下拉按钮，在弹出的下拉列表中，选择"纵横混排"命令，则完成设置，设置后的文本效果如图 2-2-34 所示。

图 2-2-33　文字方向为"垂直" 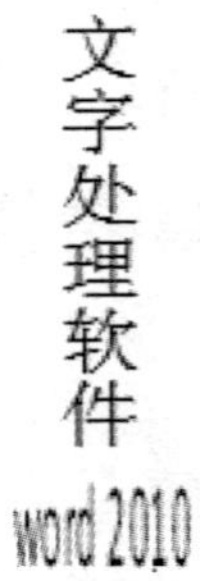　　　　　　图 2-2-34　纵横混排效果

如想要取消"纵横混排"设置，则具体的操作步骤如下：

① 鼠标选中要取消纵横混排的文本。

② 单击"开始"选项卡，在"段落"命令组中，单击"中文版式"下拉按钮，在弹出的下拉列表中，单击"纵横混排"命令，打开"纵横混排"对话框。

③ 单击"删除"命令按钮，即可取消已经设定的"纵横混排"，恢复之前的排列。

（3）合并字符

合并字符是将一行文本变成两行来显示，合并之后的文本只占用一行的宽度，其中合并字符的文本数不能超过 6 个。

具体操作步骤如下：

① 将需要合并字符的文本选中。

② 在 Word 2010 应用程序的功能区中，单击"开始"选项卡，在"段落"命令组中，单击"中文版式"下拉按钮，在弹出的下拉列表中，选择"合并字符"命令，如图 2-2-30 所示，打开"合并字符"对话框。

③ 在"合并字符"对话框中，对字体和字号进行设置，设置完成后单击"确定"按钮。文本设置后的效果如图 2-2-35 所示。

如果要取消"合并字符"设置，具体的操作步骤如下：

① 鼠标选中要取消合并字符的文本。

② 单击"开始"选项卡，在"段落"命令组中，单击"中文版式"下拉按钮，在弹出的下拉列表中，单击"合并字符"命令，打开"合并字符"对话框。

③ 单击"删除"命令按钮，即可取消已经设定的"合并字符"，恢复之前的排列。

（4）双行合一

双行合一与合并字符的效果十分相似，是将选中的文本变成两行显示，但是对文本的个数没有限制。

具体的操作步骤如下：

① 将需要双行合一的文本选中。

② 在 Word 2010 应用程序的功能区中，单击"开始"选项卡，在"段落"命令组中，单击"中文版式"下拉按钮，在弹出的下拉列表中，选择"双行合一"命令，如图 2-2-30 所示，打开"双行合一"对话框。

③ 在"双行合一"对话框中，对文字和是否带括号进行设置，设置完成后单击"确定"按钮。文本设置后的效果如图 2-2-36 所示。

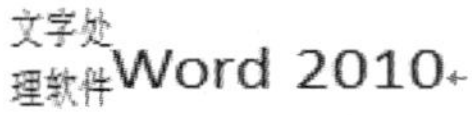

图 2-2-35　合并字符效果 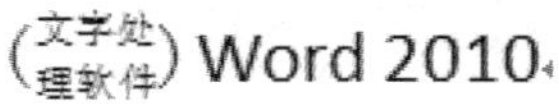　　　　　　图 2-2-36　双行合一效果

如果要取消"双行合一"设置，具体的操作步骤如下：

① 鼠标选中要取消双行合一的文本。

② 单击"开始"选项卡，在"段落"命令组中，单击"中文版式"下拉按钮，在弹出的下拉列表中，单击"双行合一"命令，打开"双行合一"对话框。

③ 单击"删除"命令按钮，即可取消已经设定的"双行合一"，恢复之前的排列。

（5）调整宽度

在 Word 2010 应用程序中，调整宽度是指调整文本字符之间的宽度。

具体的操作步骤如下：

① 将需要调整宽度的文本选中。

② 在 Word 2010 应用程序的功能区中，单击"开始"选项卡，在"段落"命令组中，单击"中文版式"下拉按钮，在弹出的下拉列表中，选择"调整宽度"命令，如图 2-2-30 所示，打开"调整宽度"对话框。

③ 在"调整宽度"对话框中，对"新文字宽度"的值进行设置，设置完成后单击"确定"按钮。文本设置后的效果如图 2-2-37 所示。

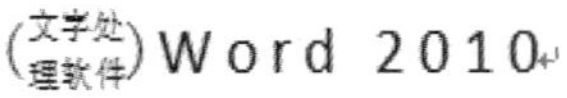

图 2-2-37　调整宽度效果

如果要取消"调整宽度"设置，则具体的操作步骤如下：

① 鼠标选中要取消调整宽度的文本。

② 单击"开始"选项卡，在"段落"命令组中，单击"中文版式"下拉按钮，在弹出的下拉列表中，单击"调整宽度"命令，打开"调整宽度"对话框。

③ 单击"删除"命令按钮，即可取消已经设定的"调整宽度"，恢复之前的排列。

（6）字符缩放

文本经过双行合一设置以后，字号明显要比同一行中的其他字符小，这时可以通过"字符缩放"对字符进行设置，让其更加美观。

具体的操作步骤如下：

① 将需要进行字符缩放的文本选中。

② 在 Word 2010 应用程序的功能区中，单击"开始"选项卡，在"段落"命令组中，单击"中文版式"下拉按钮，在弹出的下拉列表中，选择"字符缩放"命令，如图 2-2-30 所示，在弹出的列表中可以直接选择缩放的比例。

③ 如果想对字符缩放设置得更加详细，则可以单击"开始"选项卡，在"段落"命令组中，单击"中文版式"下拉按钮。在弹出的下拉列表中，选择"字符缩放"命令，在弹出的列表中选择"其他"选项。打开"字体"对话框，选中"高级"选项卡，如图 2-2-38 所示，对其中的字符间距做更加详细的设置。设置完成后单击"确定"按钮。文本设置后的效果如图 2-2-39 所示。

如果要取消"字符缩放"设置，则具体的操作步骤如下：

① 鼠标选中要取消字符缩放的文本。

② 单击"开始"选项卡，在"段落"命令组中，单击"中文版式"下拉按钮，在弹出的下拉列表中，单击"字符缩放"命令，在弹出的列表中选择缩放的比例为 100%即可。

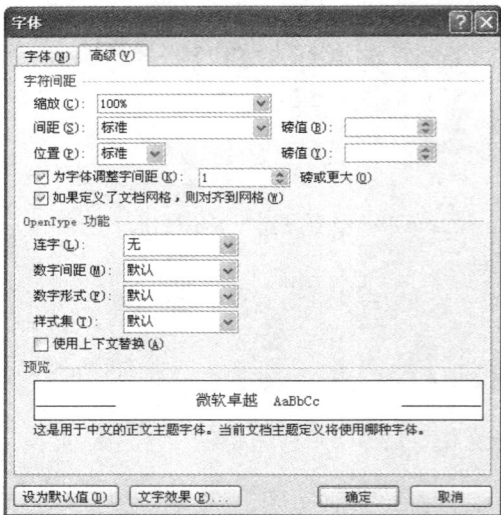

图 2-2-38 "字体"对话框

图 2-2-39 字符缩放效果

5. 超链接

在 Word 2010 应用程序中，超链接是指将文档中的文字或者图片同其他位置的相关信息链接起来。当鼠标单击已经建立链接的文字或者图片时，就可以跳转到链接的相关信息的位置处。超链接既可以跳转到其他的文档或者网页上，也可以跳转到本文档的其他某个位置处。在编辑文档时使用超链接功能，能够使文档包含更加广泛的信息，大大增强了文本的可读性。

在 Word 2010 应用程序中，建立超链接的具体操作步骤如下：

① 选中文档中要设置超链接的文本或者图片。

② 在 Word 2010 应用程序的功能区中，单击"插入"选项卡，在"链接"命令组中，单击"超链接"按钮，打开"插入超链接"对话框。

③ 在"插入超链接"对话框中，可以选择链接到"现有文件或网页"，如图 2-2-40 所示；也可以选择链接到"本文档中的位置"，如图 2-2-41 所示。如果文本超链接到"本文档中的位置"，则需要先将本文档使用书签或者用标题样式标记超链接的位置，之后再做超链接，需要选择相应的标签或者标题的样式进行定位。除此之外，还可以选择链接到"新建文档"和"电子邮件地址"。

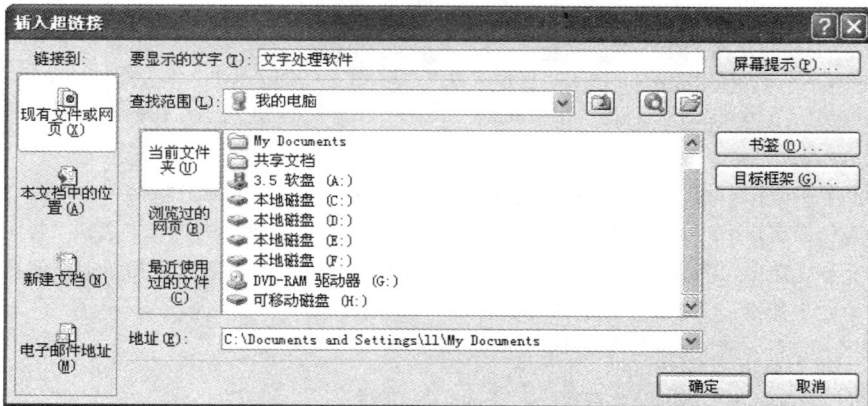

图 2-2-40 链接到"现有文件或网页"

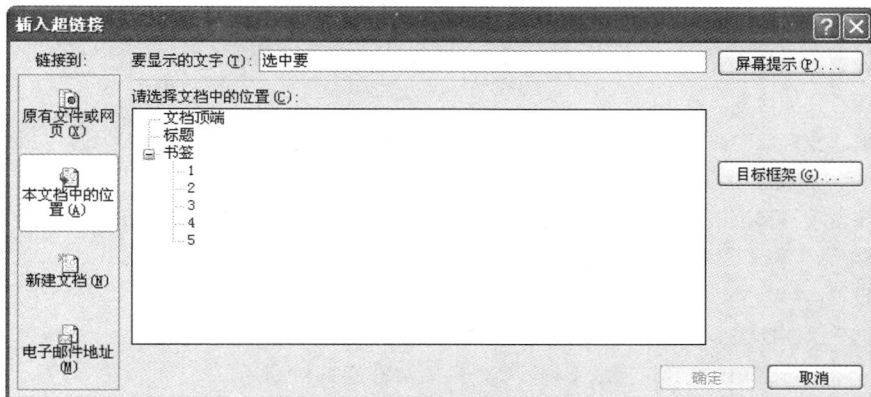

图 2-2-41 链接到"本文档中的位置"

④ 单击"确定"命令按钮，完成超链接的设置。设置完成后，超链接的文本会呈蓝色显示，同时会带有蓝色的下划线。当鼠标指针移到超链接时，会显示超链接的目标文档或者文件，按住 Ctrl 键并单击可以访问链接。

## 2.2.6 训练任务

1）设置一篇旅游公司简介的文档，效果如图 2-2-42 所示，具体排版格式要求如下：

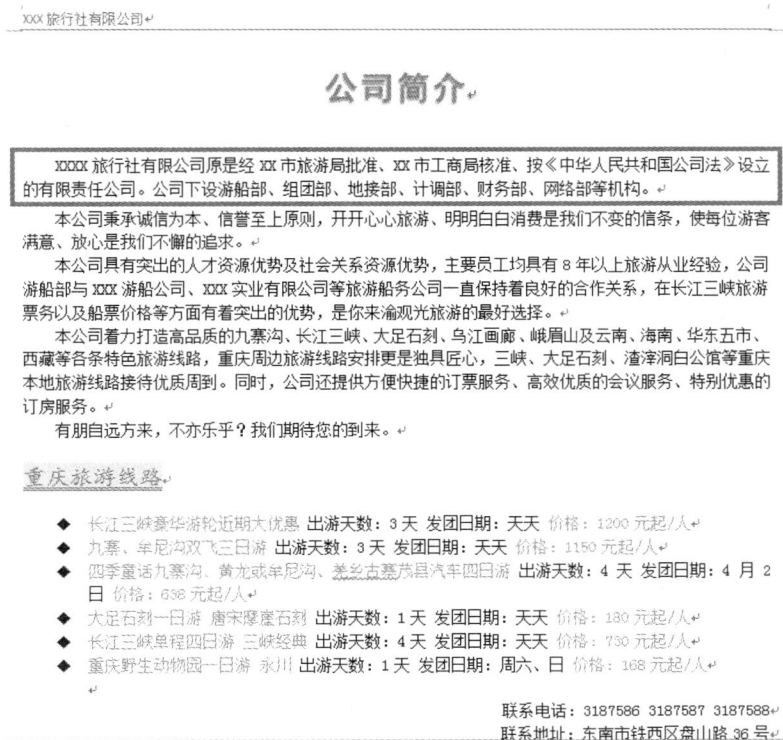

图 2-2-42 "旅游公司简介"样文

① 页面设置为 A4 纸，纵向，上、下、左、右边距均为 2 厘米。

② 标题"公司简介"设置为黑体、加粗、二号字，字体颜色为天蓝色，效果为阴影向下偏移，段前段

后设置为1行，居中对齐。

③ 正文设置为宋体、五号字，段落对齐方式为两端对齐、单倍行距。

④ 第一段正文加边框，蓝色，3磅。

⑤ 小标题"重庆旅游路线"设置为楷体、小三号字，字体颜色为蓝色、加双下划线，左对齐，段前、段后各为0.5行，底纹颜色设置为黄色。

⑥ 所有旅游项目和价格的字体颜色设置为橙色，对10条"旅游线路"设置项目符号。

⑦ "联系电话"和"联系地址"对齐方式为右对齐。

⑧ 页眉设置："×××旅行社有限公司"，字体为小五号字，左对齐。

⑨ 保存文件到"D:\旅游公司简介"。

2）新建一个Word 2010文档，完成下列操作，效果如图2-2-43所示。

① 设置纸张大小为A4，上、下、左、右边距都为2厘米。

② 用艺术字样式添加"全球金融危机"标题，字体为宋体，字号为36号，自行设计艺术字的效果。

③ 每个段落的首行设置为缩进2个字符。

④ 为第一段文字加边框与底纹，边框为双波浪线绿色，底纹为茶色，背景2。

⑤ 为3种金融危机表现添加项目符号。

⑥ 通过Word校对功能改变文档中的一个错别字。

⑦ 将最后一段文字分成两栏并加分隔线。

⑧ 设置文章摘要标题，如图2-2-43所示。

⑨ 将第二段文字设为行间距为1.5倍，字符间距为加宽1磅。

⑩ 将"金融危机类型可以分为："缩放为200%。

⑪ 将文档保存为"金融危机.docx"。

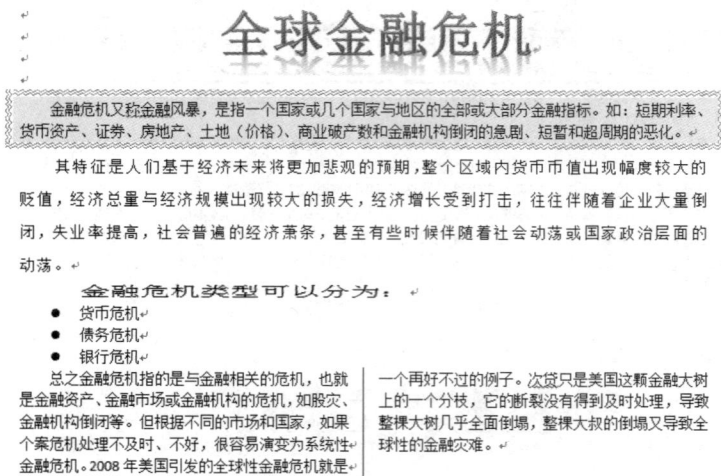

**图2-2-43 "金融危机"样文**

## 任务2.3 制作三峡风光宣传页

在实际的文档处理过程中，为了使文档的内容更具有直观性和艺术性，可以在文档中插入一些图片或艺术字等对象来装饰文档，从而增强文档的视觉效果。同时，还可以根据需要对文档中的对象进行剪裁和修饰。

### 2.3.1　任务描述

一家旅游公司要向客户宣传三峡旅游的线路，要求该公司宣传部的小李制作一份三峡风光的宣传页，小李制作的广告页如图 2-3-1 所示。

图 2-3-1　"三峡风光宣传页"样文

### 2.3.2　任务分析

要完成本项工作任务，需要进行如下操作：

① 页面设置为 A4 纸，横向，上下左右边距均为 2 厘米，页面边框为红色双波浪线。

② 页面分为三栏，栏宽相等，无分隔线。

③ 标题"三峡风光"使用艺术字，位置放到文档上端中央。

④ 文章二级标题设置底纹为浅蓝色。

⑤ 插入多个图片文件，设置图片大小，环绕方式为"紧密型环绕"。

⑥ 插入竖排文本框，内容为"高峡出平湖"，放到文档右侧，填充颜色为"无填充颜色"，线条颜色为"无颜色"，环绕方式为"四周型"。

⑦ 倒数第二段设置首字下沉行数为两行。

⑧ 使用自选图形添加三段文字。文字标题设置为蓝色，下面三段设置项目编号。

### 2.3.3　任务实现

1. 页面设置

① 在 Word 2010 功能区中单击"页面布局"选项卡，选择"页面设置"命令组，单击"页边距"命令按钮，在弹出的下拉列表框中选择"自定义边距"，打开"页面设置"对话框，设置页边距为上、下、左、右均为 2 厘米，如图 2-3-2 所示。

② 纸张方向：在 Word 2010 功能区中，选择"页面布局"选项卡的"页面设置"命令组，单击"纸张方向"命令按钮，在弹出的下拉列表中，选择"横向"。

③ 纸张大小：在 Word 2010 的功能区中，选择"页面布局"选项卡的"页面设置"命令组，单击"纸张大小"命令按钮，在弹出的下拉列表中，选择"A4"。

④ 在"页面布局"选项卡的"页面背景"命令组中,单击"页面边框"命令按钮,弹出"边框和底纹"对话框,单击"页面边框"选项卡,边框的样式选择"双波浪线",颜色为红色,如图 2-3-3 所示。

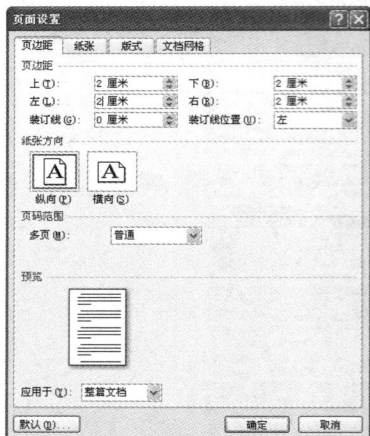

图 2-3-2 "页面设置"对话框      图 2-3-3 "边框和底纹"对话框

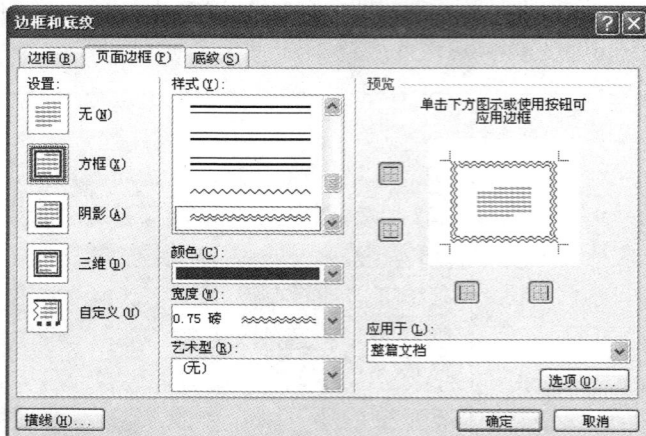

**2. 分栏**

在"页面布局"选项卡的"页面设置"命令组中,单击"分栏"命令按钮,在下拉列表中选择"三栏",默认为栏宽相等,无分隔线。

**3. 插入艺术字**

在"插入"选项卡的"文本"命令组中,单击"艺术字"下拉按钮,在下拉列表中选择艺术字样式为"填充-红色,强调文字颜色 2,双轮廓-强调文字颜色 2",如图 2-3-4 所示,将已有文本修改为"三峡风光",鼠标右键单击,在弹出的快捷菜单中选择"字体"命令,打开"字体"对话框,将字体设为"楷体",字号设为 60,设置加粗。

插入艺术字后,单击艺术字将其选中,则在标题栏中间会出现"绘图工具",在"格式"选项卡"艺术字样式"命令组中单击"文本效果"下拉按钮,在下拉列表中选择"转换"命令,在弹出的快捷列表中单击"跟随路径"中的"上弯弧",如图 2-3-5 所示,将插入的艺术字选定并按住鼠标左键,将其拖动到合适的位置处。

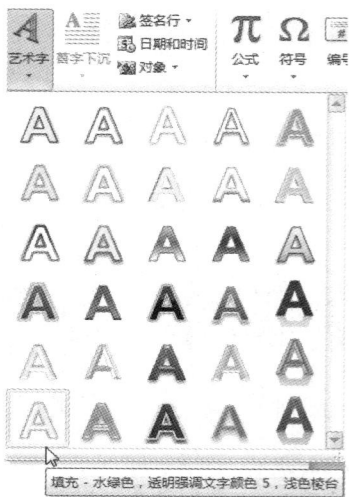

图 2-3-4 "艺术字"下拉列表      图 2-3-5 "文本效果"下拉列表

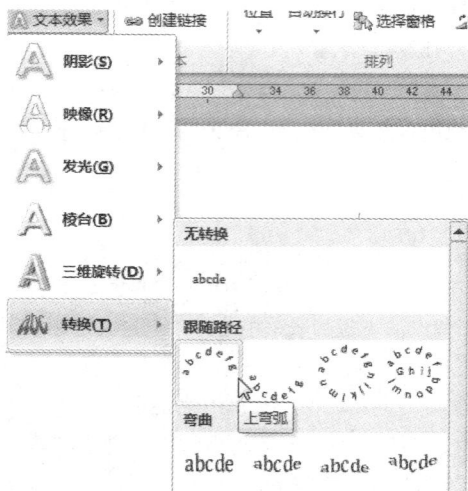

4. 插入文字

① 打开素材中的"长江三峡.docx"文件，将文字复制到当前页面中。

② 选中"瞿塘峡"二级标题，按住 Ctrl 键的同时再依次选中"巫峡""西陵峡""巫山小三峡"和"长江三峡大坝"这些二级标题，在功能区单击"页面布局"选项卡，在"页面背景"命令组中单击"页面边框"命令按钮，打开"边框和底纹"对话框。选择"底纹"选项卡，"填充"选择"浅蓝色"，"应用于"选择"段落"，然后单击"确定"按钮，完成设置二级标题段落的底纹为浅蓝色。

5. 插入图片文件

① 将光标定位在准备要插入图片的"瞿塘峡"段落的中间位置处。

② 单击"插入"选项卡，在"插图"命令组中选择"图片"命令按钮，在弹出的"插入图片"对话框中，选择存放在素材中的"瞿塘峡图片"文件。

③ 右键单击要调整大小的图片，从弹出的快捷菜单中选择"设置图片格式"命令，则打开"设置图片格式"对话框。在对话框中单击"大小"选项卡，在"缩放"组中设置"高度"和"宽度"的值均为50%，如图 2-3-6 所示，单击"确定"按钮完成设置。

④ 右键单击要调整环绕方式的图片，从弹出的快捷菜单中选择"设置图片格式"命令，则打开"设置图片格式"对话框。在对话框中单击"版式"选项卡，在"环绕方式"组中选择"紧密型"，在"水平对齐方式"组中选择"右对齐"，然后单击"确定"按钮完成设置，如图 2-3-7 所示。

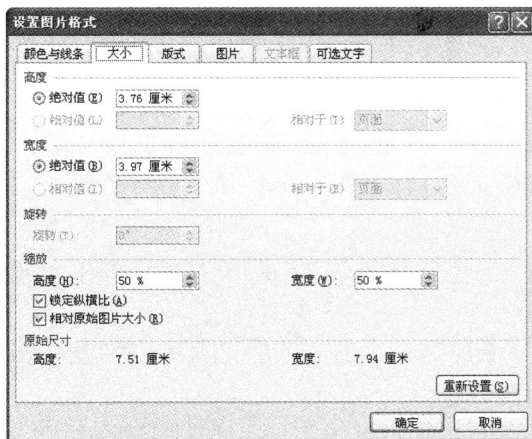

图 2-3-6　设置图片大小　　　　图 2-3-7　设置图片版式

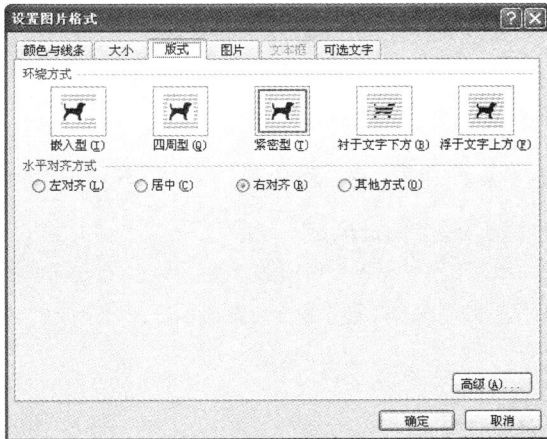

依照上面的步骤，插入另外三个图片到相应的位置处。

6. 插入文本框

① 将光标定位在准备插入图片的"长江三峡大坝"段落的中间位置处。

② 单击"插入"选项卡，在"文本"命令组中选择"文本框"命令按钮，单击"绘制竖排文本框"命令，则文档中鼠标指针变成"+"形状，按住鼠标左键在文档编辑区进行拖动，拖动到适合大小后松开鼠标，会出现一个四周为黑色框线的文本框。

③ 在文本框中输入"高峡出平湖"，字体为楷体，字号为一号，颜色为红色，加粗。

④ 选中文本框，使其处于编辑状态，则功能区将出现"绘图工具"选项卡，相应地出现"格式"上下文选项卡。单击"格式"选项卡，选择"形状样式"命令组的"形状轮廓"下拉按钮，在出现的下拉列表中单击"无轮廓"，即把线条颜色设为"无"，如图 2-3-8 所示。

⑤ 单击"格式"选项卡，选择"排列"命令组的"位置"下拉按钮，在出现的下拉列表中单击文字环

绕方式为"中间居右，四周型文字环绕"，如图 2-3-9 所示。

⑥ 选定文本框，拖住鼠标左键来调整其到合适的大小。

7. 设置首字下沉

① 将光标定位在"长江三峡大坝"段落的任意位置处。

② 单击"插入"选项卡，在"文本"命令组中选择"首字下沉"命令按钮，在弹出的下拉列表中单击"首字下沉选项"命令，则打开"首字下沉"对话框。

③ 在打开的"首字下沉"对话框中，"位置"项选择为"下沉"，"下沉行数"设置为 2，如图 2-3-10 所示。

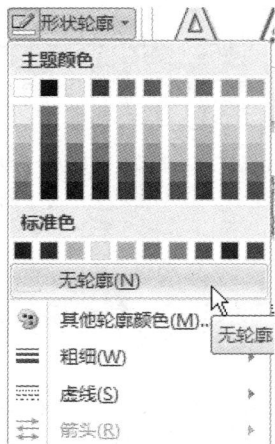

**图 2-3-8** "形状轮廓"下拉按钮    **图 2-3-9** "位置"下拉按钮    **图 2-3-10** "首字下沉"对话框

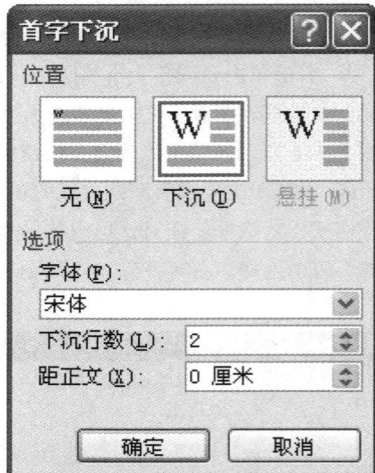

8. 自选图形的操作

① 单击"插入"选项卡，在"插图"命令组中选择"形状"命令按钮，在弹出的下拉列表中选择"矩形"组的"圆角矩形"命令，此时鼠标指针变成"+"形状。

② 将"+"形状的鼠标指针移至要插入自选图形的位置，按住鼠标左键并拖动到合适的大小即松开鼠标左键。

③ 选中圆角矩形，使其处于编辑状态，则功能区将出现"绘图工具"选项卡，相应地出现"格式"选项卡。单击"格式"选项卡，选择"形状样式"命令组的"形状轮廓"下拉按钮，在出现的下拉列表中单击"标准色"组的"红色"，即把线条颜色设为"红色"。单击"形状轮廓"的下拉按钮，在出现的下拉列表中选择"粗细"命令，在弹出的列表中选择 2.25 磅，如图 2-3-11 所示。

④ 选中圆角矩形，使其处于编辑状态，则功能区将出现"绘图工具"选项卡，相应地出现"格式"选项卡。单击"格式"选项卡，选择"形状样式"命令组的"形状填充"下拉按钮，在出现的下拉列表中单击"标准色"组的"黄色"，即把填充颜色设为"黄色"，如图 2-3-12 所示。

⑤ 单击"格式"选项卡，选择"排列"命令组的"自动换行"下拉按钮，在出现的下拉列表中选择"衬于文字下方"，如图 2-3-13 所示。

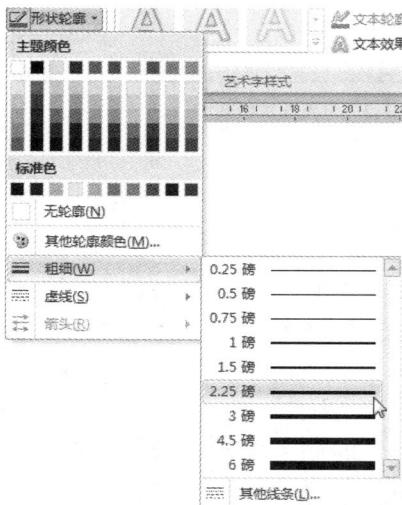

**图 2-3-11** "形状轮廓"下拉列表

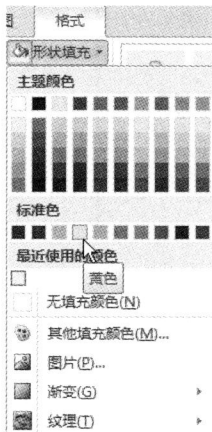

图 2–3–12　"形状填充"下拉列表

图 2–3–13　"自动换行"下拉列表

⑥ 单击"圆角矩形"，使其处于编辑状态，找到素材"三峡旅游路线.docx"，将其中的文字复制粘贴到圆角矩形内，并调整"圆角矩形"的大小到合适位置。

9. 保存文件

保存文件后，退出 Word。

### 2.3.4　知识精讲

1. 图片设置

在实际的文档处理过程中，用户经常需要在文档中插入一些图片或者剪贴画进行修饰，进而增强文档的视觉效果。Word 2010 提供了强大的、全新的图片效果，例如棱台、发光、阴影、三维旋转等，使文档中的图片更加绚烂夺目。同时，用户还可以剪裁和修饰文档中的图片。

（1）在文档中插入图片

① 将鼠标指针定位在文档中将要插入图片的位置，之后在 Word 2010 的功能区中单击"插入"选项卡，在"插图"命令组中单击"图片"命令按钮。

② 打开"插入图片"的对话框，在所需的文件夹下选择需要插入的图片，然后单击"插入"按钮，则将所选择的图片插入文档中。

③ 在文档中插入图片以后，会自动出现"图片工具"功能区中的"格式"选项卡，如图 2–3–14 所示。

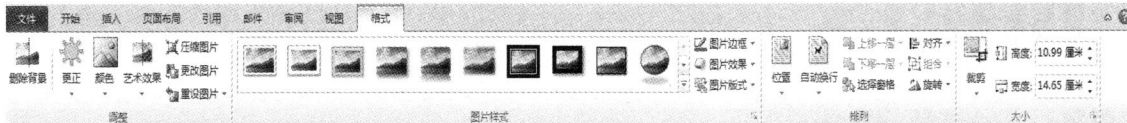

图 2–3–14　"格式"选项卡

④ 单击插入的图片，使其处于编辑状态。用户可以通过按住鼠标左键进行拖动，来调整图片的大小。另外，在"图片工具"功能区的"格式"选项卡中，在"大小"的命令组中可以直接设置图片的"宽度"和"高度"。还可以在"大小"的命令组中单击右下角的"对话框启动器"命令按钮，打开"布局"对话框，选择其中的"大小"选项卡，如图 2–3–15 所示。在"缩放"区域中，选中复选框"锁定纵横比"，之后设置图片的高度和宽度的百分比就可以改变插入图片的大小，最后单击"确定"按钮关闭"布局"对话框。

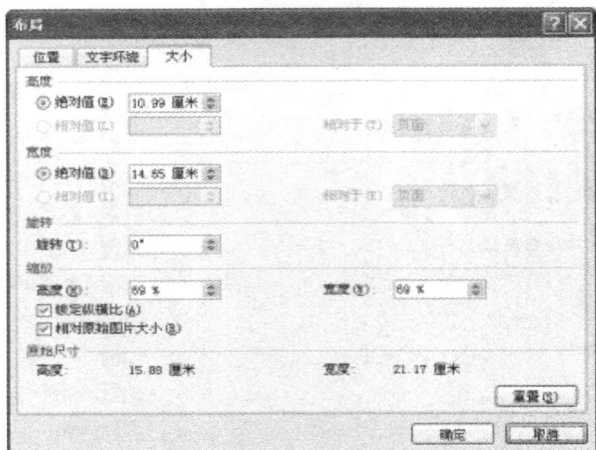

图 2-3-15 "布局"对话框

⑤ 在"图片工具"功能区中的"格式"选项卡中，单击"图片样式"命令组中的"其他"按钮，出现 Word 2010 提供的很多图片的样式以供选择，如图 2-3-16 所示。

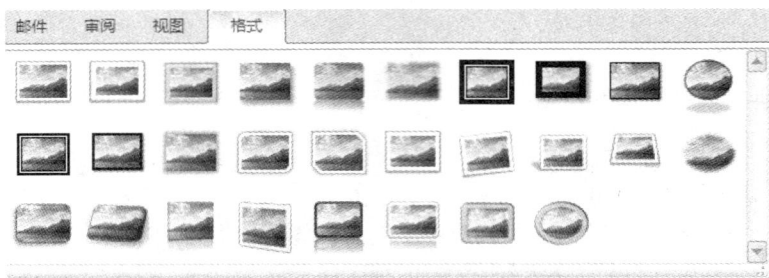

图 2-3-16 "图片样式"调整

⑥ 这时，插入文档中的图片就会以全新的样式展现在用户面前了。

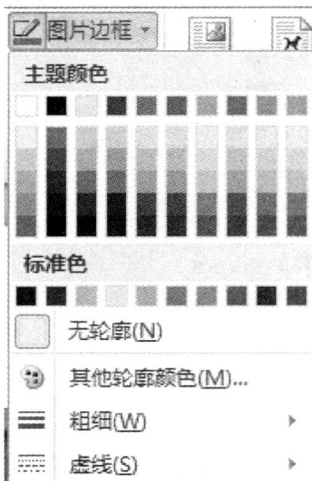

图 2-3-17 "图片边框"设置

另外，在"格式"上下文选项卡的"图片样式"命令组中，包括了三个命令按钮："图片边框""图片效果"和"图片版式"。当 Word 2010 的"图片样式库"中的图片样式不能满足用户的实际需求时，可以通过选择这三个命令按钮对图片进行设置，如图 2-3-17 所示。

在"格式"上下文选项卡的"调整"命令组中，有"更正""颜色"和"艺术效果"三个命令，可以让用户自由地调节图片对比度、颜色饱和度和艺术效果等，如图 2-3-18 所示。这种效果以前必须通过专业的图形图像编辑软件才能够达到，现在通过 Word 2010 应用程序提供的强大功能已经能够轻松实现了。

（2）设置图片与文字的环绕方式

环绕方式决定了图片与图片之间、图片与文字之间的相互交互的方式，设置图片的环绕方式，具体的操作步骤如下：

① 鼠标单击要进行设置的图片，使其处于编辑状态，然后单击"图片工具"选项卡的"格式"上下文选项卡。

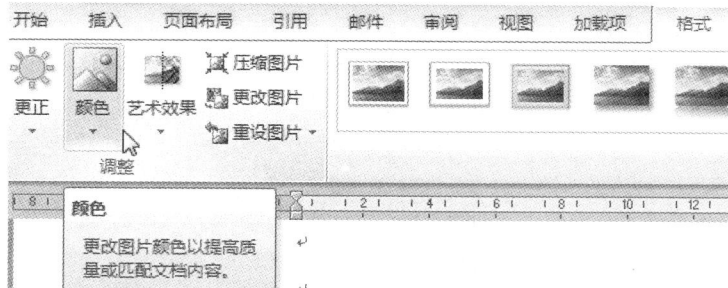

图 2-3-18　图片"颜色"设置

② 在"格式"上下文选项卡中，单击"排列"命令组中的"自动换行"命令按钮，在弹出的下拉列表中选择用户需要的环绕方式，如图 2-3-19 所示。

③ 在"格式"上下文选项卡中，单击"排列"命令组中的"自动换行"命令按钮，在弹出的下拉列表中选择"其他布局选项"命令，打开"布局"对话框，如图 2-3-20 所示，用户根据需要来设置环绕的方式、自动换行和距正文的上下左右的距离。

图 2-3-19　"自动换行"下拉列表

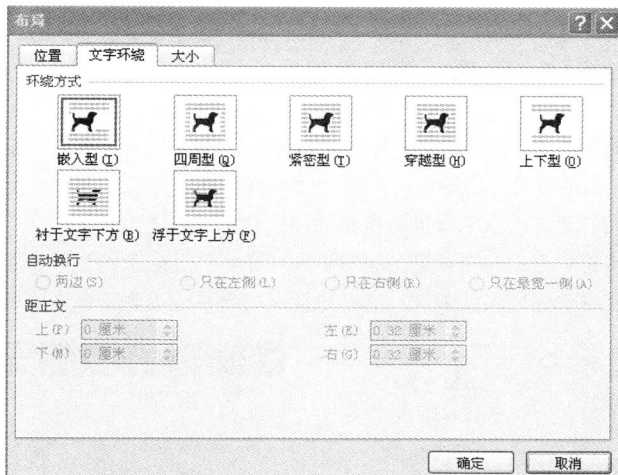

图 2-3-20　设置"文字环绕"

Word 2010 中文字环绕有两种基本的形式：嵌入式和浮动式。嵌入式是指图片嵌入文档的文字层中，因而受到一些限制。浮动式是指图片浮动在图形层中，可以随意地拖动图片到文档的任意位置。在文档中，不同的环绕设置会有着不同的布局效果，详细的环绕设置和其在文档中的效果如下。

● 嵌入型：图片插入文档中的文字层。用户可以用鼠标拖动图片，但只能从一个段落标记移到另外一个段落标记中。通常用于简单的 Word 文档和正式的报告中。

● 四周型环绕：文本中放置图片的位置会出现一个方形的"洞"，文字会环绕在图片的周围，使文字和图片之间产生间隙，可将图片拖到文档中的任意位置处。通常用于含有大量空白的新闻稿和传单中。

● 紧密型环绕：实际上是在文档的文本中放置图片的位置处创建一个形状与图片轮廓十分相同的"洞"，使文字环绕在了图片的周围，可用鼠标将图片拖到文档文本中的任何位置处。通常用于纸张的空间很有限，并且还能接受不规则的形状（更加希望能使用不规则的形状）的出版物中。

● 穿越型环绕：文字环绕着图片的环绕顶点。环绕顶点是可以调整的，这种环绕样式所产生的效果和其表现出的行为与"紧密型"环绕是相同的。

● 上下型环绕：实际上是创建了一个与页边距同等宽度的矩形，文档的文字位于图片的上方和下方，但是不会在图片的旁边。可以将图片拖动到文档的任意位置处。当图片是文档中最重要的地方时，才会使用这种环绕样式。

● 衬于文字下方：图片嵌入文档底部和下方。可以将图片拖动到文档的任何位置处。通常用作水印和页面的背景图片，文字会位于图片的上方。

● 浮于文字上方：图片嵌入文档上方的绘制层。可以将图片拖动到文档任何位置处。通常在用户有意图地用某种方式来遮盖文字，以此来实现某种特殊的效果时使用。

（3）设置图片在文档页面上的位置

Word 2010 为用户提供了可以便捷地控制图片的位置的工具，让用户可以根据文档的类型来布局图片。

设置图片在文档页面中的位置的具体操作步骤如下：

① 鼠标左键单击，选中要进行设置的图片，使其处于编辑状态，然后选择"图片工具"下的"格式"上下文选项卡。

② 在"格式"上下文选项卡中，单击"排列"命令组中的"位置"命令按钮，展开下拉列表，在其中单击要选择的位置布局方式，如图 2-3-21 所示。

③ 如果下拉列表里的位置布局方式不能满足用户的需要，那么可以在"位置"下拉列表中选择"其他布局选项"命令，即打开"布局"对话框，如图 2-3-22 所示。单击"位置"选项卡，在其中根据用户的需求来设置"水平"位置、"垂直"位置和"选项"。

其中，"选项"组的各个复选框的意义说明如下：

● 对象随文字移动：这个设置是指将图片与指定的段落关联起来，使段落和图片始终能显示在同一文档页面上。该设置只能影响文档页面上的垂直位置。

● 允许重叠：这个设置是指允许图像对象互相覆盖。

● 锁定标记：这个设置是指锁定图片在文档页面上的当前位置。

● 表格单元格中的版式：这个设置是指允许使用表格在文档页面上的安排图片的位置。

图 2-3-21 "位置"下拉列表

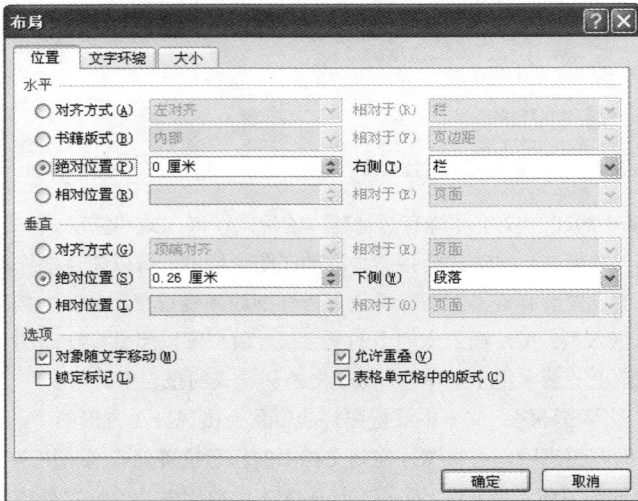

图 2-3-22 "布局"对话框

（4）在文档中插入剪贴画

Microsoft Office 2010 应用程序为用户提供了所需要的大量的剪贴画，并且将其储存在剪辑管理器中。其中包含有照片、声音、影片、剪贴画和其他的媒体文件，这些都称为剪辑，用户可以将它们插入文档中，用于演示或者发布。当用户连接互联网时，还可以快速地搜索 Microsoft Office Online 站点上的为用户免费提供的更多的可用资源。

在 Word 2010 应用程序中，用户可以在文档中插入剪贴画，具体的操作步骤如下：

① 将鼠标指针定位在想要插入剪贴画的文档位置处，在 Word 2010 的功能区单击"插入"选项卡，在"插图"命令组中单击"剪贴画"命令按钮，则在窗口的右侧自动打开"剪贴画"任务窗格。

② 在打开的"剪贴画"任务窗格中，在文本框"搜索文字"中输入用来描述所需要的剪贴画的单词和词组，也可输入剪贴画文件的全部文件名或者部分文件名，如图 2–3–23 所示。

③ 单击"结果类型"下拉按钮，在弹出的下拉列表框中选择搜索结果的类型，其中包括插图、照片、视频和音频。

④ 设置了搜索文字和结果类型以后，单击"搜索"命令按钮。

（5）截取屏幕图片

Word 2010 应用程序增加了屏幕图片捕获的能力，可以让用户方便地在文档中直接插入已经在计算机中打开的所有屏幕画面，还可以按照用户自己选定的范围来截取图片的内容。

在 Word 2010 文档中插入屏幕画面的具体操作步骤如下：

① 将鼠标指针定位在想要插入图片的文档位置处，之后在 Word 2010 的功能区中单击"插入"选项卡，在"插图"命令组中选择"屏幕截图"命令按钮，如图 2–3–24 所示。

② 在弹出的"可用视窗"列表中显示了当前计算机打开的所有应用程序的屏幕画面，用户可以在其中单击选择所需要的屏幕截图图片，就可以将图片插入文档中了。

图 2–3–23　"剪贴画"任务窗格

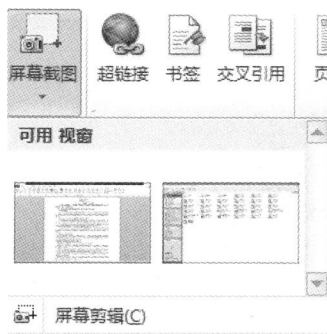

图 2–3–24　插入屏幕截图

③ 如果这些截图的图片不能满足用户的需要，可以选择下拉列表中的"屏幕剪辑"命令，将出现单击之前正在运行的应用程序，页面将变成白色，鼠标指针变成十字形，这时可以按住鼠标左键进行拖动，选择用户需要的屏幕区域，松开鼠标左键，则所选择的区域就作为图片插入文档中了。

（6）删除图片背景与剪裁图片

对于已经插入文档中的图片，有的时候会因为原始图片的大小或者内容等的原因而不能满足用户的需要，这时用户希望能够对所插入的图片进行进一步的处理。Word 2010 应用程序中的删除图片背景和剪裁图片的功能，能够让用户在制作文档的同时完成对图片的处理工作。

删除图片背景和剪裁图片的具体操作步骤如下：

① 鼠标单击选中要进行设置的图片，使其处于编辑状态，选择"图片工具"下的"格式"上下文选项卡。

② 在"格式"上下文选项卡中，单击"调整"命令组中的"删除背景"命令按钮，则在图片上出现了如图 2-3-25 所示的选择区域。

③ 在图片上，可以按住鼠标左键来控制拖动柄，以调整要保留的区域，使要保留部分的主要图片内容浮现出来。调整完成以后，单击"图片工具"下的"背景消除"上下文选项卡，在"关闭"命令组中单击"保留更改"命令按钮，完成图片背景的清除操作，如图 2-3-26 所示。

现在，图片中的背景已经被清除，此图片的大小（即图片的长和宽）与原始图片的相同，用户希望将不需要的空白区域剪裁掉，具体的操作步骤如下：

图 2-3-25　删除图片背景　　　　　　　图 2-3-26　删除背景后的图片

① 在"格式"上下文选项卡中，单击"大小"命令组中的"剪裁"按钮，在下拉列表中单击"剪裁"命令，之后在图片上拖动出现在图片边框的滑块，以调整图片到合适的大小。

② 调整完毕后，按 Esc 键退出剪裁操作，效果如图 2-3-27 所示。

③ 在剪裁完成以后，图片的那些多余区域还保留在文档中，如果用户希望彻底删除这些多余区域，可以单击"调整"命令组中的"压缩图片"命令按钮，打开如图 2-3-28 所示的"压缩图片"对话框。

图 2-3-27　剪裁多余区域后的图片　　　　图 2-3-28　"压缩图片"对话框

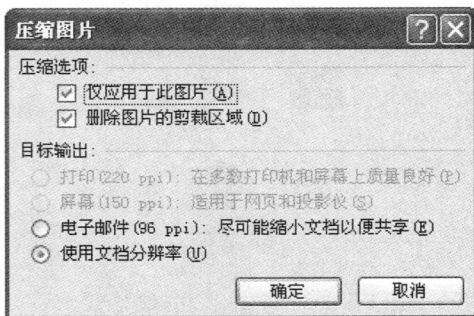

④ 在"压缩图片"对话框中，选择"压缩选项"区域中的复选框"删除图片的剪裁区域"，之后单击"确定"命令按钮，即完成操作。

（7）使用绘图画布

Word 2010 中的绘图是指一个或者一组图形对象，其中包括线条、矩形、基本形状、箭头总汇、公式形状、流程图、星与旗帜和标注等，用户可以使用带颜色的边框或者其他的效果对其进行设置。在 Word 2010

文档中插入图形对象，即可将图形对象放置在绘图画布中。

绘图画布是指，在绘图和文档的其他部分之间，为用户提供了一条框架式的边界。在默认的情况下，绘图画布是没有背景和边框的，但是，如同对图形对象的处理一样，可以对绘图画布进行格式的设置。

绘图画布能够帮助用户将绘图的各个部分组合起来，这在绘图由多个形状组成的情况下甚为有用。如果用户计划在所插入的图形中包含多个形状，最好的做法就是插入一个绘图画布。

在 Word 2010 中插入绘图画布的具体操作步骤如下：

① 将鼠标指针定位在文档中要插入绘图画布的位置处，然后在 Word 2010 的功能区中单击"插入"选项卡。

② 在"插入"选项卡上的"插图"命令组中单击"形状"命令按钮。

③ 在弹出的下拉列表中，选择"新建绘图画布"命令，就可以在文档中插入绘图画布。

插入绘图画布以后，在 Word 2010 的功能区中，自动出现了"绘图工具"下的"格式"上下文选项卡，用户可以根据需要对绘图画布进行格式的设置。例如，在"格式"上下文选项卡上的"形状样式"命令组中，单击"形状样式库"中的一种样式，就可以快速地设置绘图画布的边框和背景了，如图 2-3-29 所示，并且在"大小"命令组中，用户能够精确地设置绘图画布的大小。

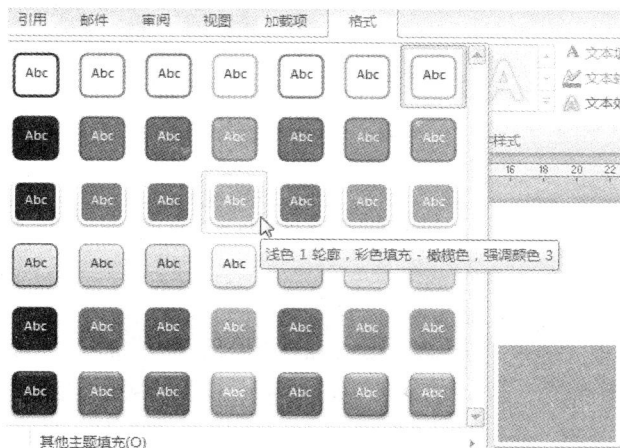

图 2-3-29　设置绘图画布的格式

在文档中插入绘图画布后就能够创建绘图了。用户可以在"绘图工具"的"格式"上下选项卡中选择"插入形状"命令组中的"其他"按钮。在弹出的下拉形状库中，Word 2010 为用户提供了各种线条、矩形、基本形状、箭头总汇、公式形状、流程图、星与旗帜和标注，用户可以根据自己的需要，单击其中的形状，添加到绘图画布中。

如果要删除整个绘图或者部分绘图，选中绘图画布和要删除的图形对象，之后按 Delete 键即可完成删除操作。

2. 艺术字设置

（1）在文档中插入艺术字

在 Word 2010 功能区选择"插入"选项卡，在"文本"命令组中选择"艺术字"下拉按钮，弹出下拉列表，其中列出了艺术字的基本样式供用户选择。在列表中选择用户所需要的样式，即自动出现艺术字编辑区域。在区域中输入艺术字文本，之后按 Enter 键，则完成文档中艺术字的插入。

（2）艺术字的位置

① 艺术字的移动：单击选中艺术字的编辑框，拖动边框，可进行艺术字的移动。

② Word 2010 为用户提供了可以便捷地控制艺术字的位置的工具,让用户可以根据文档的类型来布局艺术字。

设置艺术字在文档页面上的位置的具体操作步骤如下:

a. 鼠标左键单击,选中要进行设置的艺术字,使其处于编辑状态,然后选择"绘图工具"的"格式"上下文选项卡。

b. 在"格式"上下文选项卡中,单击"排列"命令组中的"位置"命令按钮,展开下拉列表,在其中单击要选择的位置布局方式,如图 2-3-30 所示。

c. 如果下拉列表里的位置布局方式不能满足用户的需要,可以在"位置"下拉列表中选择"其他布局选项"命令,即打开"布局"对话框,如图 2-3-31 所示。单击"位置"选项卡,在其中根据用户的需求来设置"水平"位置、"垂直"位置和"选项"。

图 2-3-30 "位置"下拉列表    图 2-3-31 "布局"对话框

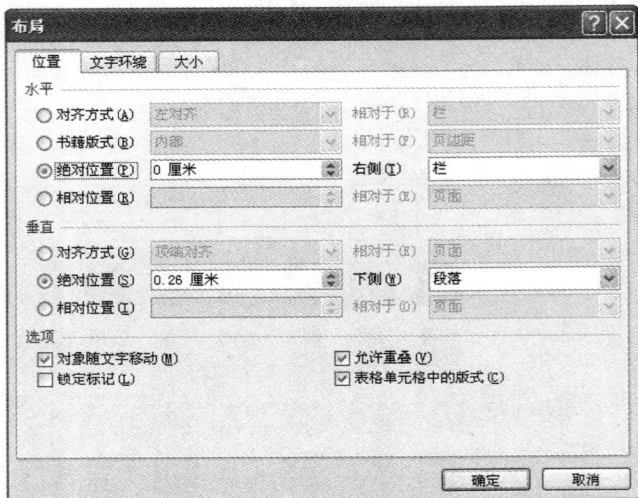

其中,"选项"选项组的各个复选框的意义如下:

● 对象随文字移动:这个设置是指将艺术字与指定的段落关联起来,使段落和艺术字始终显示在同一文档页面上。该设置只能影响文档页面上的垂直位置。

● 允许重叠:这个设置是指允许艺术字对象互相覆盖。

● 锁定标记:这个设置是指锁定艺术字在文档页面上的当前位置。

● 表格单元格中的版式:这个设置是指允许使用表格在文档页面上安排艺术字的位置。

③ 选中艺术字,单击"绘图工具"下的"格式"上下文选项卡,在"排列"命令组选中"对齐"命令按钮。在弹出的下拉列表中,有左对齐、左右居中、右对齐、顶端对齐、上下居中和底端对齐等命令,可以将所选多个对象的边缘对齐,也可以将这些对象居中对齐,或者在页面中均匀地分散对齐,如图 2-3-32 所示。

(3)文字的设置

在"格式"选项卡中的"文字"组中设置文字。

① 编辑文字:选中艺术字,在出现的艺术字编辑框中,可以对文字的内容进行修改,其艺术字样式是不变的。

② 字体的设置:鼠标右键单击艺术字的编辑框,在出现艺术字的字体设置工具栏中,可以完成对艺术字的字体的基本设置。还可以单击艺术字,然后鼠标左键拖动,选中要进行设置的艺术字,单击功能区上的"开始"选项卡,在"字体"命令组中,可以对艺术字的字体、字号、加粗、下划线、边框和底纹等进行设置。

③ 对齐文本：选中艺术字，单击"绘图工具"下的"格式"上下文选项卡，在"文本"命令组中选中
"对齐文本"命令按钮。在弹出的下拉列表中，列出了水平文本的对齐方式：顶端对齐、中部对齐和底端对
齐，如图 2-3-33 所示。

**图 2-3-32　艺术字"对齐"下拉列表**　　　　　**图 2-3-33　"对齐文本"下拉列表**

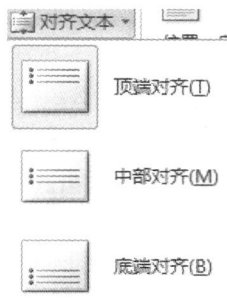

④ 文字方向：选中艺术字，单击"绘图工具"下的"格式"上下文选项卡，在"文本"命令组选中"文
字方向"命令按钮，在弹出的下拉列表中选择"垂直"命令，则将艺术字中的文本竖排排列，如图 2-3-34
所示。

（4）艺术字样式的设置

在"绘图工具"下的"格式"上下文选项卡中，选择"艺术字样式"命令组，如图 2-3-35 所示。

**图 2-3-34　艺术字竖排效果**　　　　　**图 2-3-35　"艺术字样式"命令组**

① 艺术字样式：选中艺术字，在"绘图工具"下的"格式"上下文选项卡中，选择"艺术字样式"命
令组，单击艺术字样式库的"其他"下拉按钮，则可以在其下拉列表中重新选择艺术字的样式，而文字的内
容不会发生变化。

② 文本填充：

选中艺术字，在"绘图工具"下的"格式"上下文选项卡中，选择"艺术字样式"命令组，单击"文本
填充"下拉按钮，则可以对艺术字的文本进行颜色和渐变色的填充，如图 2-3-36 所示。

③ 文本轮廓：

选中艺术字，在"绘图工具"下的"格式"上下文选项卡中，选择"艺术字样式"命令组，单击"文本
轮廓"下拉按钮，则可以对艺术字的文本轮廓的颜色、线条的样式和粗细进行设置，如图 2-3-37 所示。

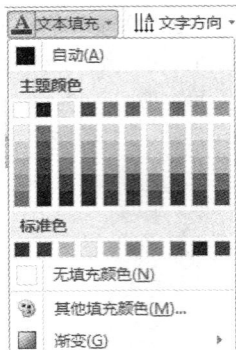

图 2-3-36 "文本填充"　　　　　图 2-3-37 "文本轮廓"

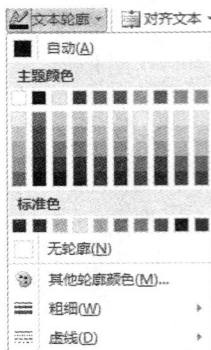

④ 文本效果：

插入艺术字后，单击艺术字将其选中，则在标题栏中间会出现艺术字的上下文选项卡"绘图工具"，单击"格式"选项卡，在"艺术字样式"命令组中单击"文本效果"下拉按钮，在下拉列表中将出现阴影、映像、发光、棱台、三维旋转和转换的命令，可以对文本进行以上效果的设置，如图 2-3-38 所示。

（5）设置艺术字与文本的环绕方式

环绕方式决定了艺术字与文档文本之间的相互交互的方式。设置艺术字的环绕方式，具体的操作步骤如下：

① 鼠标单击要进行设置的艺术字，使其处于编辑状态，然后单击"绘图工具"选项卡的"格式"上下文选项卡。

② 在"格式"上下文选项卡中，单击"排列"命令组中的"自动换行"命令按钮，在弹出的下拉列表中选择用户需要的环绕方式，如图 2-3-39 所示。

③ 在"格式"上下文选项卡中，单击"排列"命令组中的"自动换行"命令按钮，在弹出的下拉列表中选择"其他布局选项"命令，打开"布局"对话框，如图 2-3-40 所示。用户根据需要设置环绕的方式、自动换行和距正文的上下左右的距离。

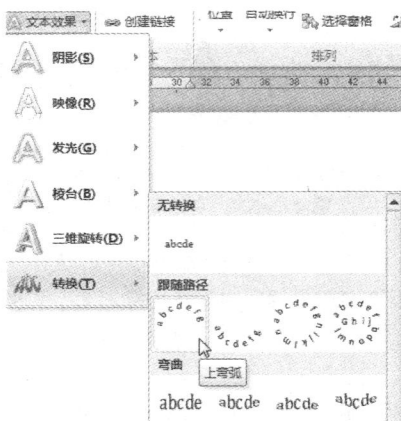

图 2-3-38 "文本效果"　　　　　图 2-3-39 "自动换行"

（6）设置艺术字的旋转

Word 2010 中的艺术字可以按照用户的要求，进行各个角度的旋转，可以美化文档的视觉效果。设置艺术字旋转的具体操作步骤如下：

① 鼠标单击要进行设置的艺术字，使其处于编辑状态，然后单击"绘图工具"选项卡的"格式"上下文选项卡。

② 在"格式"上下文选项卡中，单击"排列"命令组中的"旋转"命令按钮，在弹出的下拉列表中选择用户需要的旋转方式，如图 2-3-41 所示。

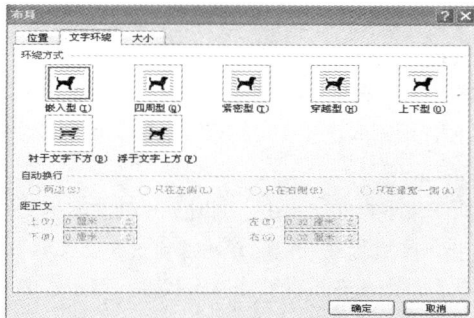

图 2-3-40　设置"文字环绕"

图 2-3-41　设置艺术字的"旋转"

③ 如果下拉列表中的旋转方式不能满足用户的需要，可以在"旋转"下拉列表中选择"其他旋转选项"命令，打开"布局"对话框。

④ 在"布局"对话框中，选择"大小"选项卡，在"旋转"选项组中，可以自行设置旋转的角度，如图 2-3-42 所示。

3. 文本框设置

Word 2010 为用户提供了特别的文本框编辑的操作。文本框实际是一个可以在其中放置文本、图片和表格等内容的矩形框。使用文本框，可以在文档的一个页面上放置多个文字块的内容，也可以是文字按照与文档中其他文字不同的方式进行排布。

（1）插入文本框

在文档中插入文本框的具体操作步骤如下：

① 在 Word 2010 的功能区中，单击"插入"选项卡。

② 单击"插入"选项卡"文本"命令组中的"文本框"下拉按钮。

③ 在弹出的下拉列表中，用户可以在内置的文本框样式中选择所需的文本框类型，如图 2-3-43 所示。

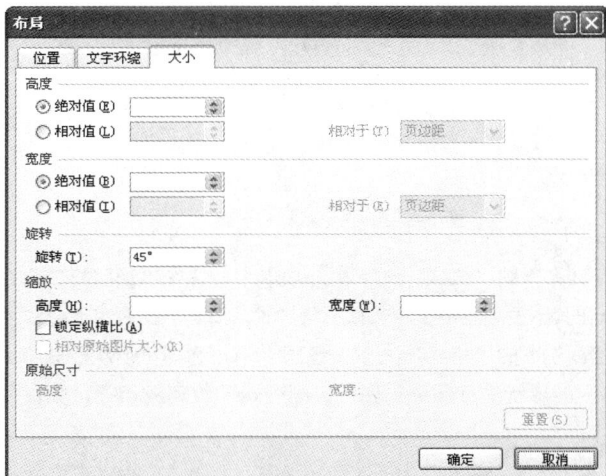

图 2-3-42　"布局"对话框

图 2-3-43　内置的文本框样式

[键入文档的引述或关注点的摘要。您可将文本框放置在文档中的任何位置。请使用"绘图工具"选项卡更改引言文本框的格式。]

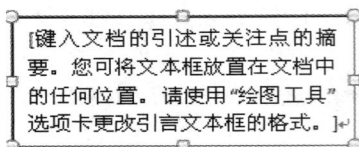

图 2-3-44　编辑文本框

④ 单击选择的文本框类型，则在文档中插入了该文本框，并使其处于编辑状态，如图 2-3-44 所示，这时用户可以直接在文本框中输入内容。

如果"文本框"下拉按钮所提供的内置文本框不能满足用户的需要，可以选择"文本框"下拉列表中的"Office.com 中的其他文本框"命令，在弹出的列表中会给出一些文本框的类型供用户选择。

还可以选择"文本框"下拉列表中的"绘制文本框"命令或者"绘制竖排文本框"命令，当光标变成十字形状时，拖动光标，当文本框到适合大小时松开鼠标，则完成横排文本框或者竖排文本框的绘制。

（2）文本框的选择、移动和文本框大小的设置

1）选择文本框：单击文本框，使光标的插入点放在文本框的文本中，同时可以使文本框的四周都出现控制点。将鼠标指针移动到文本框的外框上，当鼠标指针变成 形状时，单击即可选定文本框。

2）移动文本框：将鼠标指针移动到文本框的外框上，当鼠标指针变成 形状时，单击选中文本框，同时按住鼠标左键，可以拖动文本框到文档的任意位置，即完成文本框的移动。

3）文本框大小的设置：可能通过鼠标左键拖动来改变文本框的大小，也可以通过设置参数进行改变。

通过鼠标左键拖动来改变文本框的大小，其具体操作步骤如下：

① 选中文本框，将指针指向文本框四个角的" "状控制点处，按下鼠标左键并且拖动，可以改变文本框大小。

② 将指针指向文本框四条边的" "状控制点处，按下鼠标左键并且拖动，可以调整图片的高度和宽度。

③ 将指针指向文本框上方的绿色" "状控制点处，按下鼠标左键并且拖动，可以将图片按照任意角度进行旋转。精确设置文本框大小的具体操作方法是：选中文本框，选择"绘图工具"下的"格式"上下文选项卡，在"大小"命令组中的"高度"和"宽度"文本框中进行确切参数的设置，如图 2-3-45 所示。

（3）文本框样式的设置

单击选择文本框，在"绘图工具"下的"格式"上下文选项卡中，选择"形状样式"命令组，如图 2-3-46 所示。

图 2-3-45　"大小"命令组　　　　图 2-3-46　"形状样式"组

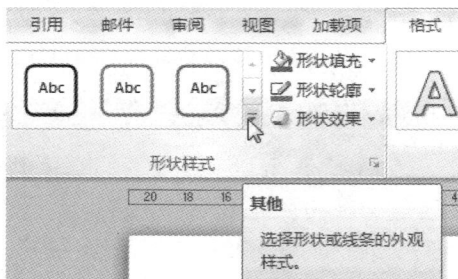

① 外观样式：选中文本框，在"绘图工具"下的"格式"上下文选项卡中，选择"形状样式"命令组，单击形状样式库的"其他"下拉按钮，则可以在其下拉列表中重新选择形状样式，而文字的内容不会发生变化。

② 形状填充：选中文本框，在"绘图工具"下的"格式"上下文选项卡中，选择"形状样式"命令组，单击"形状填充"下拉按钮，则可以对文本框的形状进行颜色、图片、渐变、和纹理的填充，如图 2-3-47 所示。

③ 形状轮廓：选中文本框，在"绘图工具"下的"格式"上下文选项卡中，选择"形状样式"命令组，单击"形状轮廓"下拉按钮，则可以对文本框的形状轮廓的颜色、线条的样式和粗细进行设置，如图 2-3-48 所示。

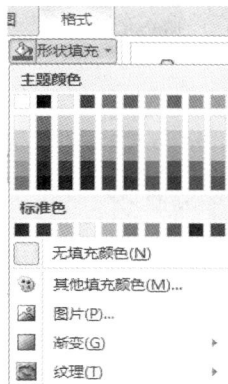

图 2-3-47　"形状填充"

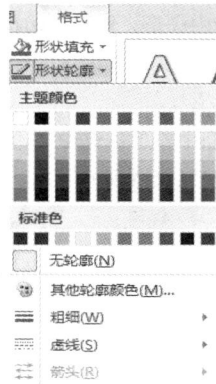

图 2-3-48　"形状轮廓"

④ 形状效果：单击文本框将其选中，则在标题栏中间会出现艺术字的上下文选项卡"绘图工具"，单击"格式"选项卡"形状样式"命令组中的"形状效果"下拉按钮，在下拉列表中将出现预设、阴影、映像、发光、柔化边缘、棱台和三维旋转的命令，可以对文本框的形状效果进行以上设置，如图 2-3-49 所示。

（4）更改文本框的形状

文本框默认的形状是矩形框，如果用户想要更改文本框的形状，可以做如下操作：

选中文本框，在"绘图工具"下的"格式"上下文选项卡中，选择"插入形状"命令组，单击"编辑形状"下拉按钮，此命令可以更改文本框的形状，将其转换为任意多边形，或编辑环绕点以确定环绕绘图的方式，如图 2-3-50 所示。

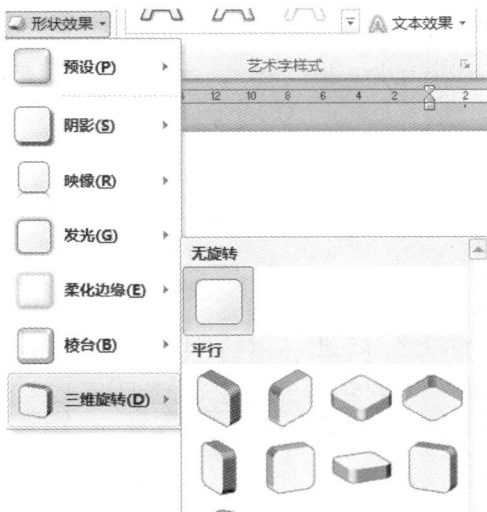

图 2-3-49　"形状效果"

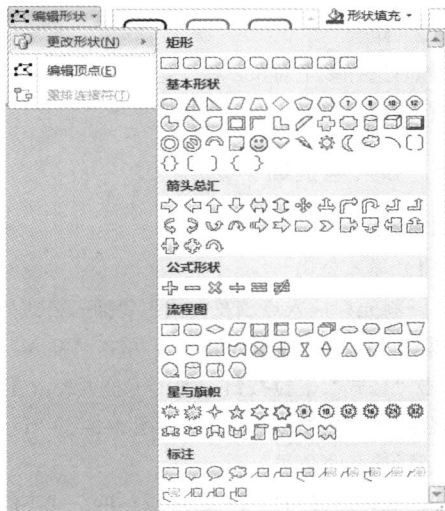

图 2-3-50　"编辑形状"

4. 自选图形设置

① 在文档中插入自选图形：在 Word 2010 的功能区，单击"插入"选项卡，在"插图"命令组中单击"形状"下拉按钮，在弹出的下拉列表中选择所需要的形状，则光标变成十字形状。拖动光标在文档中绘制大小合适的自选图形，松开鼠标即可完成设置。

② 设置形状样式：自选图形的形状样式设置与文本框的形状样式设置是相同的。

③ 设置形状效果：自选图形的阴影效果和三维效果等形状效果，与艺术字的形状效果的设置方法相同。

④ 添加文字：选中图形，使建立的自选图形处于编辑状态，直接输入文字，按 Enter 键结束输入，则在图形内部便出现刚输入的文本和闪烁的光标。

5. 排列设置

在 Word 2010 文档中，单击选中文本框、图片、艺术字或自选图形等对象，在"格式"选项卡中的"排列"命令组中设置这些对象排列的方式。

（1）层叠

在 Word 2010 文档中插入对象的时候，会根据插入的先后顺序，这些对象在文档中显示的层次顺序是由底到上的，也就是最先插入的对象在最底层，后插入的对象会把它遮盖。调整顺序的方法如下：

单击选中要调整层次的对象，单击"上移一层"或"下移一层"下拉按钮，如图 2-3-51 和图 2-3-52 所示。在下拉列表中选择该对象所应放置的层次。

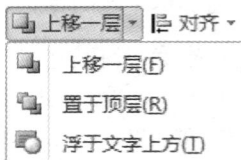

图 2-3-51 "上移一层"　　　图 2-3-52 "下移一层"

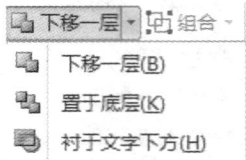

- 上移一层：将所选对象上移，使其不被前面的对象遮挡。
- 置于顶层：将所选对象置于其他所有对象的前面，使此对象的任何部分都不被其他对象遮挡。
- 下移一层：将所选对象下移，使其被前面的对象遮挡。
- 置于底层：将所选对象置于其他所有对象的后面，使此对象的部分或者全部被其他对象遮挡。

（2）组合

同时选择多个对象，在"绘图工具"下的"格式"上下文选项卡中选择"排列"命令组，单击"组合"下拉按钮，在弹出的下拉列表中单击"组合"命令来完成组合。这是将多个对象组合成一个对象的操作。

## 2.3.5 技巧与提高

1. 公式

（1）插入公式

① 将光标插入点放在文档中要插入公式的位置处。

② 在 Word 2010 的功能区，单击"插入"选项卡，在"符号"命令组中单击"公式"下拉按钮，弹出下拉列表，在内置的公式列表中选择所需要的公式或与之类似的公式，如图 2-3-53 所示，此时在光标的插入点处就插入了所选择的公式。

③ 如果内置的公式列表中提供的公式不能满足用户的需要，可以选择"公式"下拉列表中的"Office.com 中的其他公式"，在弹出的列表中给出了多种公式供用户选择。

④ 在"公式"下拉列表中选择"插入新公式"命令，在"公式工具"下的"设计"上下文选项卡中，选择"符号"命令组和"结构"命令组来编辑公式，如图 2-3-54 所示。

（2）修改公式

选择公式，则光标在插入的公式上闪烁，可以对公式进行简单的修改。

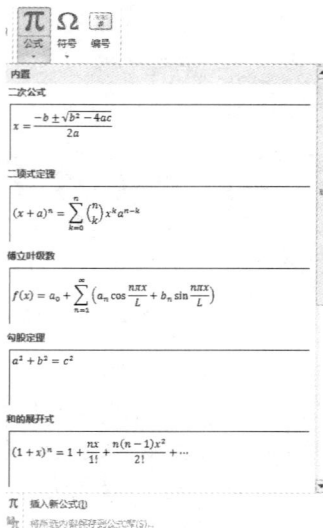

图 2-3-53 "公式"列表

图 2-3-54　"设计"选项卡

还可以单击所插入公式的"公式选项"下拉按钮，其中包含另存为新公式、专业型、线性、更改为"内嵌"和两端对齐命令，可以选择其中的命令，对所插入的公式进行修改，如图 2-3-55 所示。

（3）保存到公式库

选择已经插入文档中的公式，在"公式工具"下的"设计"上下文选项卡中，选择"工具"命令组中的"公式"下拉按钮，选择"将所选内容保存到公式库"命令，则可以把所选择的公式保存到公式库中，方便用户以后的操作。

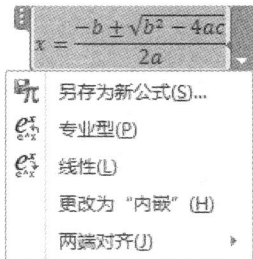

图 2-3-55　"公式选项"下拉按钮

2. 插入智能图形

单纯的文字难以记忆，如果能够将文档中的一些理念用图形的方式展现出来，就能够促进对该理念更快速、更准确的理解与记忆。Office 2010 中提供了强大的 SmartArt 图形功能，可以使单调乏味的单纯文字以美轮美奂的视觉效果呈现在用户面前，从而使用户在脑海里能够留下深刻的印象。SmartArt 图形是由文本框与图形组成的图案，其中包括组织流程图、循环、层次结构、关系和更为复杂的图形等。

（1）在 Word 2010 中添加 SmartArt 图形

具体的操作步骤如下：

① 先将鼠标指针定位在文档中要插入 SmartArt 图形的位置处，然后在 Word 2010 的功能区中单击"插入"选项卡，在"插图"命令组中单击"SmartArt"命令按钮。

② 打开如图 2-3-56 所示的"选择 SmartArt 图形"对话框，此对话框中列出了全部 SmartArt 图形的分类及每一个 SmartArt 图形的外观预览效果，以及十分详细的使用说明信息。

③ 以选择"列表"类别中的"垂直框列表"图形为例，单击"确定"按钮，则将其插入文档中。此时的 SmartArt 图形还没有具体的信息内容，只是显示了占位符文本，如图 2-3-57 所示。

④ 用户可以在 SmartArt 图形中的各种形状上边的文字编辑区域内，直接输入所需要的文本信息来替代占位符文本，也可以在"文本"窗格中直接输入所需要的信息文本。在"文本"窗格中添加和编辑内容时，SmartArt 图形会自动更新，也就是会根据"文本"窗格中的内容来自动地添加和删除形状。

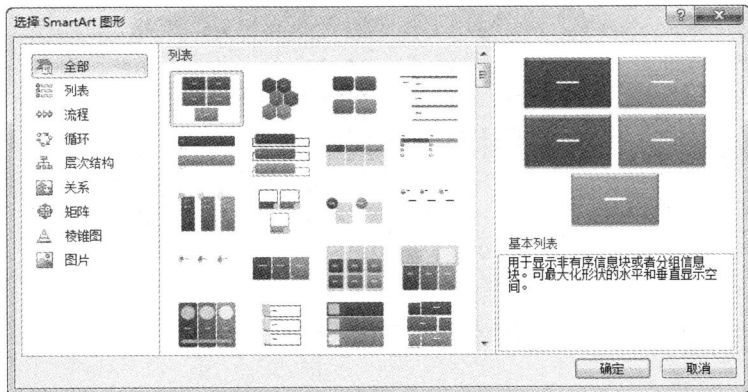

图 2-3-56　"选择图形 SmartArt"对话框

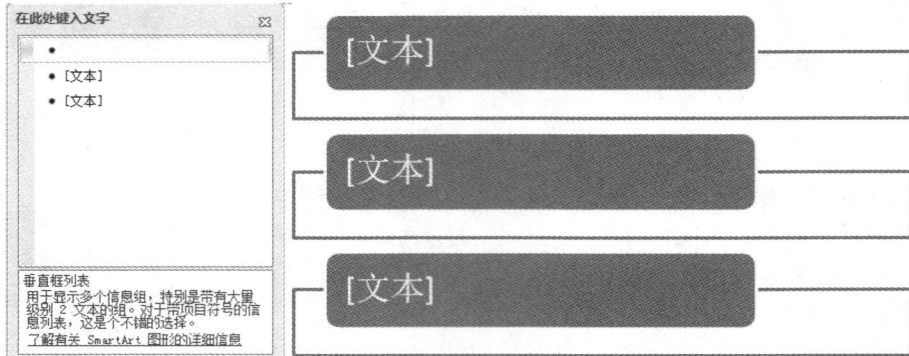

图 2-3-57　新的 SmartArt 图形

如果用户没看到"文本"窗格，则可以在"SmartArt 工具"中的"设计"上下文选项卡中单击"创建图形"命令组中的"文本窗格"命令按钮，来显示出这个窗格。或者单击新建的 SmartArt 图像左侧的"文本"窗格控件，也能将这个窗格显示出来。

（2）修改 SmartArt 图形

① 在"SmartArt 工具"中的"设计"上下选项卡中，单击"SmartArt 样式"命令组中的"更改颜色"按钮，在弹出的下拉列表中可以选择适当的颜色，则 SmartArt 图形就应用了新的颜色搭配。

② 在"设计"上下文选项卡中，选择"SmartArt 样式"命令组中的"其他"按钮，展开 SmartArt 样式库，如图 2-3-58 所示，Word 2010 提供了许多样式供用户选择。单击选择后，一个能够给用户带来强烈视觉冲击的图形就呈现在用户面前了。

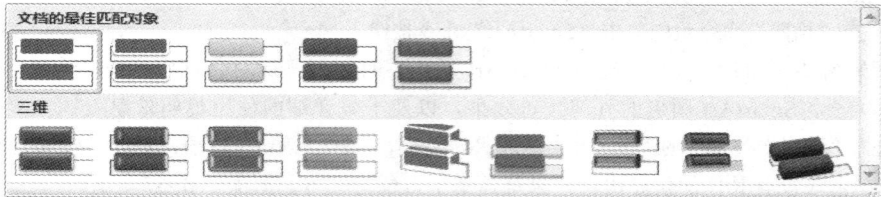

图 2-3-58　SmartArt 样式

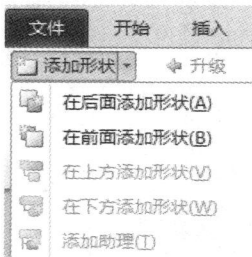

图 2-3-59　"添加形状"下拉列表

③ 在"SmartArt 工具"中的"设计"上下选项卡上，单击"布局"命令组中的"其他"按钮，在弹出的下拉列表中可以更改 SmartArt 图形的布局，如图 2-3-59 所示。

④ 在"SmartArt 工具"中的"设计"上下选项卡上，单击"创建图形"命令组中的"添加形状"下拉按钮，在弹出的下拉列表中可以选择在不同的方向上添加形状，以此来更改 SmartArt 图形的布局。

⑤ 在插入 SmartArt 图形后，可以在"SmartArt 工具"中的"格式"选项卡中设置形状样式、文字的艺术字样式等。

## 2.3.6　训练任务

1）打开文档"WORD 素材.TXT"，根据要求按照下列步骤来完成以下的操作并以文件名（WORD.DOCX）保存结果文档。

张静是一名大学本科三年级学生，经多方面了解分析，她希望在下个暑期去一家公司实习。为获得难得的实习机会，她打算利用 Word 2010 精心制作一份简洁而醒目的个人简历，示例样式如图 2-3-60 所示，要求如下：

① 调整文档版面，要求纸张大小为 A4，上、下页边距为 2.5 厘米，左、右页边距为 3.2 厘米。

② 根据页面布局需要，在适当的位置插入标准色为橙色与白色的两个矩形，其中橙色矩形占满 A4 幅面，文字环绕方式设为"浮于文字上方"，作为简历的背景。

③ 参照示例文件，插入标准色为橙色的圆角矩形，并添加文字"实习经验"，插入一个短划线的虚线圆角矩形框。

④ 参照示例文件，插入文本框和文字，并调整文字的字体、字号、位置和颜色。其中"张静"应为标准色为橙色的艺术字，"寻求能够……"文本效果应为跟随路径的"上弯弧"。

⑤ 根据页面布局需要，插入素材图片"1.png"，依

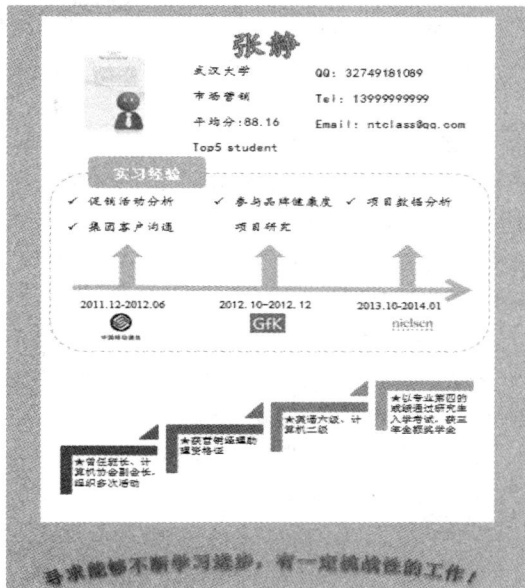

图 2-3-60　简历参考样式

据样例进行裁剪和调整，并删除图片的剪裁区域，然后根据需要插入图片 2.jpg、3.jpg、4.jpg，并调整图片的位置。

⑥ 参照示例文件，在适当的位置使用形状中的橙色箭头（提示：其中横向箭头使用线条类型箭头），插入 SmartArt 图形，并进行适当编辑。

⑦ 参照示例文件，在"促销活动分析"等 4 处使用项目符号"对勾"，在"曾任班长……"等 4 处插入符号"五角星"、颜色为标准色红色。调整各部分的位置、大小、形状和颜色，以展现统一、良好的视觉效果。保存"Word.docx"文件。

步骤如下：

① 单击"页面布局"选项卡→"纸张大小"→"A4"。单击"页边距"→"自定义页边距"→"页边距"，设置上 2.5 厘米、下 2.5 厘米、左 3.2 厘米、右 3.2 厘米。

② 单击"插入"→"形状"→"矩形"，在页面上绘制矩形，并调整矩形大小使其与页面大小一致。单击选择矩形，在"绘图工具"→"格式"→"形状样式"中选择"形状填充"→标准色→橙色；在橙色矩形上右击，选择"自动换行"→"浮于文字上方"。在橙色矩形上方再次执行"插入"→"矩形"，对照样章的白色部分调整第二个矩形的大小，在第二个矩形上右击，选择"自动换行"→"浮于文字上方"。

③ 单击"插入"→"圆角矩形"，在所编辑文档对应"样张"的位置绘制圆角矩形，在所绘制的圆角矩形上右击，选择"添加文字"，并录入"实习经验"，单击选择圆角矩形，再选择"绘图工具"→"格式"→"形状样式"中的"形状轮廓"→"无轮廓"。再次绘制一个"圆角矩形"，根据样章调整此圆角矩形的大小，并在选择此圆角矩形后，执行"绘图工具"→"格式"→"形状样式"中的"形状轮廓"→"虚线"→"短划线"，右击选择此虚线圆角矩形，选择"置于底层"→"下移一层"。

④ 单击"插入"→"艺术字"，输入"张静"，选择艺术字，分别设置艺术字的"文本填充"→"橙色"、"文本轮廓"→"橙色"。单击"插入"→"文本框"，在与样章对应的位置绘制文本框，并在文本框上右击，选择"设置形状格式"→"线条颜色"→"无线条"。在文本框中输入与样张对应的文字。在页面最下方插入艺术字，并录入文本"寻求能够不断学习进步，有一定挑战性的工作"，选中艺术字，执行"绘图工具"

→"格式"→"艺术字样式"→"文本效果"→"转换"→"跟随路径"→"下弯弧"。

⑤ 单击"插入"→"图片",选择素材文件夹下的"1.png",选择图片后右击,执行"自动换行"→"四周环绕",依照样例进行裁剪和调整大小与位置。使用同样的操作方法在对应位置插入图片 2.png、3.png、4.png。

⑥ 单击"插入"→"形状"→"线条"→"箭头",在对应样张的位置绘制水平箭头,选中水平箭头后右击,单击"设置形状格式",填充为橙色、线条颜色为橙色,在线型"宽度"文本框中输入线条宽度（18磅）。执行"插入"→"形状"→"箭头总汇"命令,在对应样张的位置绘制垂直向上的箭头,选中箭头,单击"绘图工具"→"格式"→"形状轮廓",选择"橙色","形状填充"选择"橙色"。单击"插入"→"SmartArt",选择"流程"→"步骤上移流程",录入相应的文字,并适当调整 SmartArt 图形的大小和位置。

⑦ 分别选中"促销活动分析"等文本框的文字,执行"开始"→"段落"功能区中的"项目符号,在"项目符号库"中选择"对勾"符号。分别将光标定位在"曾任班长……"等 4 处位置的起始处,执行"插入"→"符号"→"其他符号",选择"五角星",选中所插入的"五角形"符号,在"开始"中设置颜色"标准色"→"红色"。

2）打开文件"浏览器结构.DOCX",如图 2-3-61 所示。完成以下操作后,以"浏览器结构.docx"为文件名保存在文件夹中。

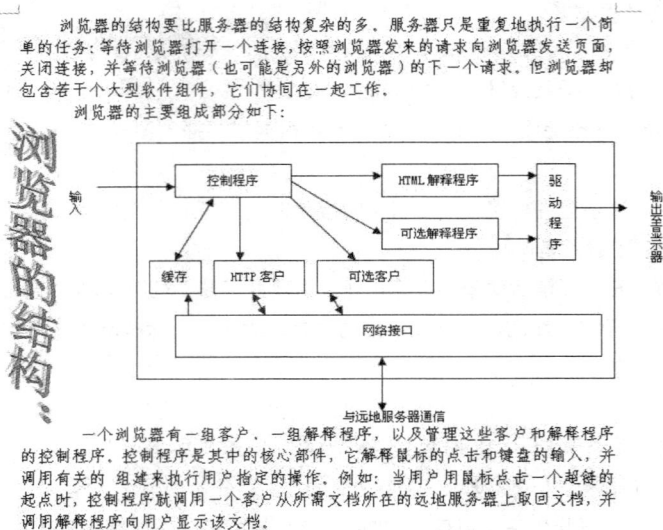

**图 2-3-61 "浏览器结构"样文**

使用绘图工具绘制图形,具体要求为:

① 图中文字框为:矩形、黑色线条、0.75 磅线宽。

② 图中箭头全部为:单向、箭头样式 5。

③ 图中所有输入文字为:宋体、小五号、文字居中。

3）参照样章,完成以下操作后,以"函数的定义.docx"为文件名保存在文件夹中。

① 将文字"函数的定义"插入横排文本框中,并设置文字为黑体,小初号;设置文本框具有阴影样式6,填充金色,线条金色,四周型环绕。

② 在文本中插入"插图.wmf"图片,其高度和宽度缩放比例为 55%,并将图片亮度增加 2 个级别。

③ 参照样章输入如图 2-3-62 所示公式。

图 2-3-62　"函数的定义"样文

4）输入如图 2-3-63 所示文档，并完成文档的美化工作效果。具体排版格式要求如下：

① 设置上、下页边距为 2.5 厘米，左、右页边距为 2.2 厘米；页眉参照样章输入文字，宋体、小四号，左对齐。

② 插入竖排文本框，输入文字"滥竽充数"，并设置文字为华文行楷，小初号，设置文本框具有阴影样式 6，填充效果为纹理中的蓝色砂纸，线条绿色，设置文本框为四周型版式，并参照样章调整文本框的位置。

③ 在文中插入"插图.jpg"，设置图片高度为 7.0 cm；并将图片的高度调整为 55%，四周型环绕方式，并参照样章调整图片的位置。

④ 保存文件。

图 2-3-63　"滥竽充数"样文

# 任务 2.4　制作人事档案登记表

Word 2010 作为一种文字处理软件，表格是必不可少的。与以前的版本相比，Word 2010 中表格的功能有了很大的改善，增加了表格样式的实时预览等很多新的功能和特性，并且最大程度上简化了表格的一些操作，使用户可以非常轻松地创建出美观、专业和非常实用的表格。

## 2.4.1　任务描述

某公司的人事部门要建立一个对公司员工进行档案登记的表格，如图 2–4–1 所示。

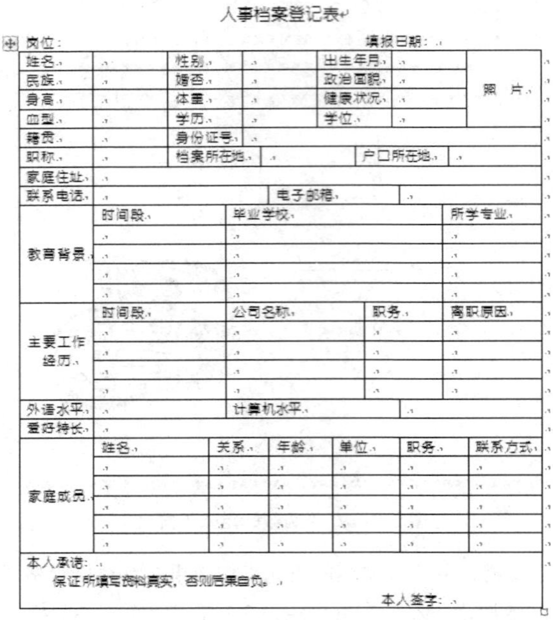

人事档案登记表

岗位：　　　　　　　　　　　　　　　　填报日期：

| | | | | | | |
|---|---|---|---|---|---|---|
| 姓名 | | 性别 | | 出生年月 | | 照　片 |
| 民族 | | 婚否 | | 政治面貌 | | |
| 身高 | | 体重 | | 健康状况 | | |
| 血型 | | 学历 | | 学位 | | |
| 籍贯 | | 身份证号 | | | | |
| 职称 | | 档案所在地 | | 户口所在地 | | |
| 家庭住址 | | | | | | |
| 联系电话 | | 电子邮箱 | | | | |
| 教育背景 | 时间段 | 毕业学校 | | 所学专业 | | |
| | | | | | | |
| | | | | | | |
| | | | | | | |
| | | | | | | |
| 主要工作经历 | 时间段 | 公司名称 | 职务 | 离职原因 | | |
| | | | | | | |
| | | | | | | |
| | | | | | | |
| | | | | | | |
| 外语水平 | | 计算机水平 | | | | |
| 爱好特长 | | | | | | |
| 家庭成员 | 姓名 | 关系 | 年龄 | 单位 | 职务 | 联系方式 |
| | | | | | | |
| | | | | | | |
| | | | | | | |
| | | | | | | |
| | | | | | | |
| 本人承诺：<br>保证所填写资料真实，否则后果自负。<br>本人签字： | | | | | | |

图 2–4–1　人事档案登记表

要完成本次任务，具体的要求如下：

① 根据题目要求绘制表格。

② 根据题目要求向表格中输入文字，并且对文字进行设置。

③ 根据题目要求美化表格。

④ 保存文档。

## 2.4.2　任务分析

要完成本项工作的任务，需要进行如下操作：

① 新建文档，命名为“人事档案登记表.docx”，保存。

② 在文档第一行中输入“人事档案登记表”作为标题，设置字体、字号和对齐方式。

③ 在文档第二行中输入“岗位”和“填表日期”，设置字体、字号和对齐方式。

④ 在文档第三行中插入一个 27 行 7 列的表格。

⑤ 对单元格进行合并和拆分操作。

⑥ 在单元格中输入相应的文字。

⑦ 对表格进行设置。

⑧ 保存文档。

### 2.4.3 任务实现

**1. 新建文档**

启动 Word 2010，将新建一个空白文档。单击快速访问工具栏上的"保存"按钮，则打开"另存为"对话框，在其中设置"保存位置"为"桌面"，设置"公司人事档案登记表"为文件名，然后单击"保存"按钮。

**2. 输入标题**

① 将光标插入点放在第一行第一列。

② 输入文本"人事档案登记表"。

③ 选中文本，单击"开始"选项卡，在其中的"字体"命令组中单击"字号"按钮，设置为三号，单击"加粗"按钮，设置为加粗。单击"开始"选项卡，在其中的"段落"命令组中单击"居中"按钮，设置标题居中对齐，如图 2-4-2 所示。

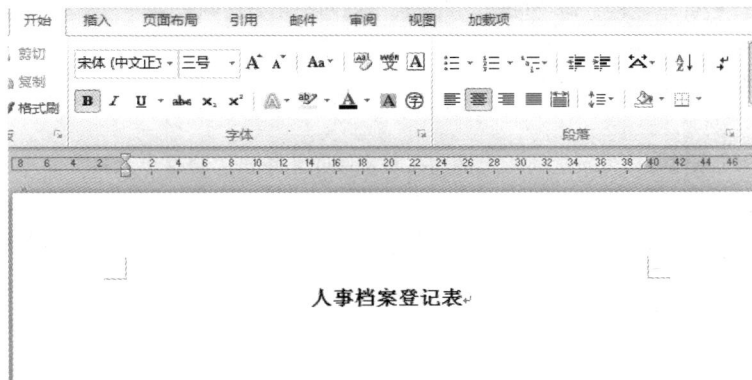

图 2-4-2　输入标题

**3. 输入表头**

① 将光标插入点放在第二行第一列。

② 输入文本"岗位："和"填表日期："。

③ 选中文本，单击"开始"选项卡，在其中的"字体"命令组中单击"字号"按钮，设置为五号。

④ 将光标插入点放在"填表日期"文本的前边，连续按下空格键，使"填表日期"文本放在文档靠右侧的适当位置处。

**4. 插入表格**

① 将光标插入点放在第三行的开始处。

② 单击"插入"选项卡，在其中的"表格"命令组中单击"表格"下拉按钮，在下拉列表中单击"插入表格"命令，如图 2-4-3 所示，则弹出"插入表格"对话框。

③ 在"插入表格"对话框的"表格尺寸"选项组中，设置"列数"为 7，"行数"为 27，如图 2-4-4 所示，然后单击"确定"按钮，完成基本表格的插入。

**5. 修改表格结构**

1）合并单元格。分别选中表格中第 1~8 行中需要合并的单元格，具体操作步骤如下，结果如图 2-4-5 所示。

图 2-4-3　插入表格

图 2-4-4　"插入表格"对话框

① 同时选中第七列中的第 1~4 个单元格，单击"表格工具"选项卡下的"布局"上下文选项卡，在"合并"命令组中单击"合并单元格"命令按钮，此时选中的四个单元格则合并成一个单元格。

② 同时选中第五行中的第 4~7 列单元格，按照步骤①，单击"合并单元格"命令按钮完成单元格的合并。

③ 同时选中第六行中的第 6~7 列单元格，按照步骤①，单击"合并单元格"命令按钮完成单元格的合并。

④ 同时选中第七行中的第 2~7 列单元格，按照步骤①，单击"合并单元格"命令按钮完成单元格的合并。

⑤ 同时选中第八行中的第 2~4 列单元格，按照步骤①，单击"合并单元格"命令按钮完成单元格的合并。

⑥ 同时选中第八行中的第 6~7 列单元格，按照步骤①，单击"合并单元格"命令按钮完成单元格的合并。

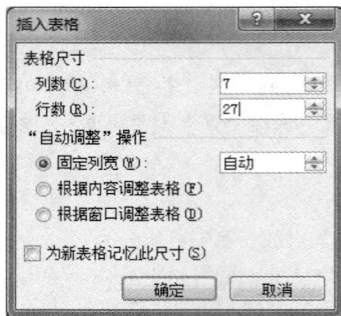

图 2-4-5　合并单元格

2）拆分单元格。单击表格中需要进行拆分的单元格，单击"表格工具"选项卡下的"布局"上下文选项卡，在"合并"命令组中单击"拆分单元格"命令按钮，则打开"拆分单元格"对话框，对列数和行数分别进行设置，如图 2-4-6 所示。例如，把一个单元格拆分成两列一行，实际是把一个单元格拆分成两个单元格。

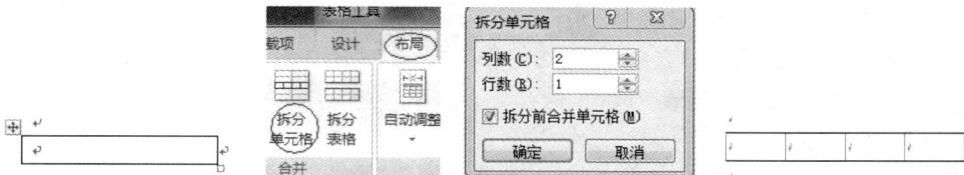

图 2-4-6　拆分单元格

3）把表格中第 9～13 行拆分成 5 行 4 列单元格，然后将拆分后的第 9～13 行的第一列合并，如图 2-4-7 所示。

| 教育背景 | 时间段 | 毕业学校 | 所学专业 |
|---|---|---|---|
| | | | |
| | | | |
| | | | |
| | | | |

图 2-4-7　合并单元格

4）把表格中第 14～18 行拆分成 5 行 5 列单元格，然后将拆分后的第 14～18 行的第 1 列合并，如图 2-4-8 所示。

| 主要工作经历 | 时间段 | 公司名称 | 职务 | 离职原因 |
|---|---|---|---|---|
| | | | | |
| | | | | |
| | | | | |
| | | | | |

图 2-4-8　合并单元格

5）把第 19 行拆分成 1 行 4 列单元格，如图 2-4-9 所示。

| 外语水平 | | 计算机水平 | |
|---|---|---|---|

图 2-4-9　拆分单元格结果

6）把第 20 行拆分成 1 行 2 列单元格，如图 2-4-10 所示。

| 爱好特长 | |
|---|---|

图 2-4-10　拆分单元格结果

7）把第 21～26 行拆分成 6 行 7 列单元格，然后将拆分后的 21～26 行的第一列合并，如图 2-4-11 所示。

| 家庭成员 | 姓名 | 关系 | 年龄 | 单位 | 职务 | 联系方式 |
|---|---|---|---|---|---|---|
| | | | | | | |
| | | | | | | |
| | | | | | | |
| | | | | | | |
| | | | | | | |

图 2-4-11　合并单元格

**6. 输入文本并调整单元格的大小**

① 如图 2-4-1 所示，依次向经过合并和拆分操作后的表格内输入文本。

② 选中要进行调整的单元格，以"教育背景"部分表格为例，鼠标拖动选中"时间段"列，将鼠标指针放在这一列的左边框上，当鼠标指针变为 形状时，按住鼠标左键，向右拖动，对单元格的大小进行调整，使这一列单元格中的文本正好能够一行显示出来，如图 2-4-12 所示。

| 教育背景 | 时间段 | 毕业学校 | 所学专业 |
|---|---|---|---|
| | | | |
| | | | |
| | | | |
| | | | |

| 教育背景 | 时间段 | 毕业学校 | 所学专业 |
|---|---|---|---|
| | | | |
| | | | |
| | | | |
| | | | |

图 2-4-12　选中"时间段"列及调整后效果

③ 单击第 1 行第 1 列单元格，然后按住鼠标左键进行拖动，拖动到第 4～6 列单元格，则选中了 4 行 6 列单元格。单击"表格工具"选项卡，选择其下的"布局"上下文选项卡，在"单元格大小"命令组中单击"分布列"命令按

钮 ⊞ 分布列 ，则在所选列之间平均分布宽度，如图 2-4-13 所示。

| 姓名 | | 性别 | | 出生年月 | |
|------|---|------|---|----------|---|
| 民族 | | 婚否 | | 政治面貌 | |
| 身高 | | 体重 | | 健康状况 | |
| 血型 | | 学历 | | 学位 | |

**图 2-4-13　平均分布所选列**

④ 按照上述操作方法调整表格中其他部分单元格的大小。

### 2.4.4　知识精讲

1．创建表格

（1）使用即时预览功能创建表格

在 Word 2010 应用程序中，用户可以通过多种方法创建精美样式的表格，其中通过选择"表格"的下拉列表来插入表格是既简单直观又方便的操作，还可以让用户能够即时预览到创建的表格在文档中的效果。具体的操作方法如下：

① 在 Word 2010 文本中，将鼠标的指针定位在准备要插入表格的文档位置处，然后在 Word 2010 的功能区中单击"插入"选项卡。

② 选择"插入"选项卡上的"表格"命令组，单击"表格"命令按钮，弹出"表格"下拉列表。

③ 在弹出的"表格"下拉列表中，选择"插入表格"区域，以移动鼠标光标的方式来确定表格的行数和列数，此时，"插入表格"区域的文字"插入表格"则变成了"行数×列数表格"。同时，用户还可以在 Word 2010 的文档中实时预览到表格的大小和变化。确定了表格的行数和列数以后，单击鼠标左键即可，则用户指定行数和列数的表格就插入了文档中鼠标光标定位的地方，如图 2-4-14 所示。

**图 2-4-14　插入并预览表格图**

④ 创建表格以后，用户可以在表格中输入文本或者数据，然后单击选择表格，在 Word 2010 的功能区中会自动出现"表格工具"选项卡，选择其下方的"设计"上下文选项卡，然后直接在"表格样式"命令组的"表格样式库"中选择一种用户需要的表格样式，单击即可快速完成表格的样式设置，如图 2-4-15 所示。

（2）使用"插入表格"命令创建表格

在 Word 2010 应用程序中，用户可以使用"插入表格"命令来创建表格。此方法可以让用户先对表格的尺寸和表格的格式进行设置，然后将设置好的表格插入文档的适当位置处。其具体的操作步骤如下：

① 在 Word 2010 应用程序中，将鼠标指针定位在将要插入表格的文档位置处，然后在 Word 2010 的功能区中单击"插入"选项卡。

② 在"插入"选项卡上的"表格"命令组中，单击"表格"命令按钮，弹出下拉列表。

③ 在弹出的下拉列表中，选择"插入表格"命令，则打开"插入表格"对话框，如图 2-4-16 所示。

④ 在打开的"插入表格"对话框中，选择"表格尺寸"选项区域，在"列数"和"行数"后的列表框中，可以单击微调按钮或者通过手动输入来设置表格的行数和列数，图 2-4-16 中设置为 5 列 2 行。

⑤ 在打开的"插入表格"对话框中，在"'自动调整'操作"选项区域中，可以根据实际需要，选择相对应的单选按钮，其中包括"固定列宽""根据内容调整表格"和"根据窗口调整表格"三个选项，都可以用来调整表格的尺寸。

⑥ 在打开的"插入表格"对话框中，有一个"为新表格记忆此尺寸"复选框。如果用户选中了这个复选框，则表示下次再打开"插入表格"对话框时，Word 2010 就会默认保存这次对表格的设置。

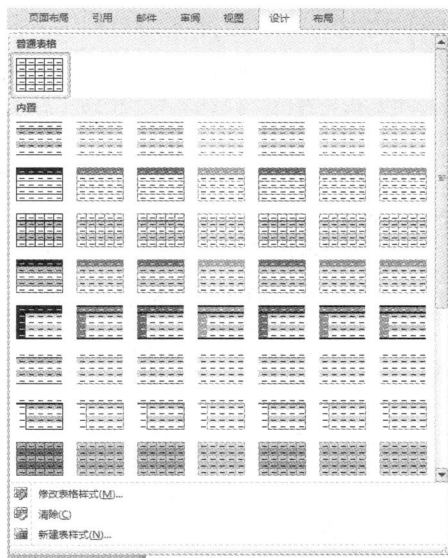

图 2-4-15　快速设置表格样式

⑦ 设置完毕后，单击"确定"命令按钮，即可将设置好的表格插入文档中光标定位处。可以选择 Word 2010 自动打开的"表格工具"选项卡，在其下方的"设计"上下文选项卡上设置表格的外观和属性。

（3）手动绘制表格

如果想要创建的是不规则的复杂的表格，可以采用手动绘制表格的方法。用手动绘制表格，操作上更加简便和灵活。具体的操作步骤如下：

① 在 Word 2010 文档中，将鼠标指针定位在要插入表格的文档位置处，然后在 Word 2010 的功能区中单击"插入"选项卡。

② 在"插入"选项卡上的"表格"命令组中，单击"表格"命令按钮，则弹出表格的下拉列表。

③ 在弹出的下拉列表中，单击"绘制表格"命令，可以绘制表格的边框。

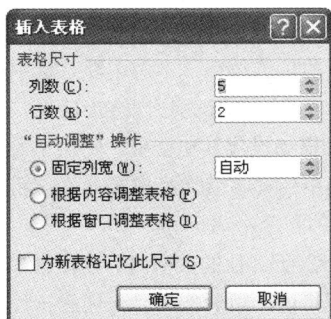

图 2-4-16　"插入表格"对话框

④ 此时，鼠标指针将会变为铅笔的形状。拖动鼠标左键到适当的位置，松开鼠标左键，则用户就绘制了一个矩形框，用来作为表格的外边界。在这个矩形框内，根据用户实际的需要，可以绘制表格的行线和列线。

在手动绘制表格的同时，Word 2010 会自动打开"表格工具"选项卡中的"设计"上下文选项卡，并且"绘图边框"命令组中的"绘制表格"命令按钮会一直处于选中的状态。

⑤ 在绘制表格的过程中，如果想要擦除其中的某条线，可以在"设计"上下文选项卡中单击"绘制边框"命令组中的"擦除"命令按钮，如图 2-4-17 所示，这时的鼠标指针将会变成橡皮擦的形状，单击需要擦除的线条即可进行擦除。

⑥ 擦除线条后，可以再次单击"设计"上下文选项卡中的"绘制边框"命令组的"擦除"命令按钮，使其不再处于选中的状态。这样

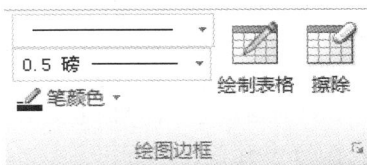

图 2-4-17　"绘图边框"命令组

就可以继续在"设计"上下文选项卡中选择"表格样式"命令组中的"表格样式库"来设计表格的样式。例如，可以在"表格样式库"中选择一种合适的样式应用到表格中去。

⑦ 在"表格工具"选项卡中的"设计"上下文选项卡上，可以在"绘制边框"命令组中的"笔样式"下拉表框中更改用于绘制边框的线型。

⑧ 在"表格工具"选项卡中的"设计"上下文选项卡上，可以在"绘制边框"命令组中的"笔划粗细"下拉表框中更改用于绘制边框的线条宽度。

⑨ 在"表格工具"选项卡中的"设计"上下文选项卡上，可以在"绘制边框"命令组中的"笔划粗细"下拉表框中更改用于绘制边框的线条宽度。

⑩ 在"表格工具"选项卡中的"设计"上下文选项卡上，可以在"绘制边框"命令组中的"笔颜色"下拉表框中更改笔的颜色，即更改绘制表格的边框的颜色。

（4）将文本转换成表格

除了创建表格后在表格中输入信息外，还可以将事先输入好的文本转换成表格，只需要在文本中设置分隔符即可。具体的操作步骤如下：

① 在 Word 2010 的文档中输入文本，并在文档中想要分隔的位置处按 Tab 键，在想要开始新的一行的位置处按 Enter 键，然后选择要转换为表格的文本。

② 在 Word 2010 的功能区中单击"插入"选项卡，选择"表格"命令组中的"表格"命令按钮，则弹出"表格"下拉列表。

③ 在弹出的下拉列表中选择"文本转换成表格"命令。

④ 打开如图 2-4-18 所示的"将文字转换成表格"对话框，在"文字分隔位置"选项区域中，包含段落标记、逗号、空格、制表符和其他字符 5 个单选按钮。通常 Word 2010 会根据用户在文档输入文本时使用的分隔符，默认选择相应的单选按钮。本例中默认选中的是"制表符"单选按钮。Word 2010 能够自动识别出表格的尺寸，本例为 3 列 2 行，用户可以根据实际需要设置其他选项。确认无误以后，单击"确定"按钮。这时文档中的文本就转换成了表格，用户可以根据需要进一步设置这个表格的相应格式。

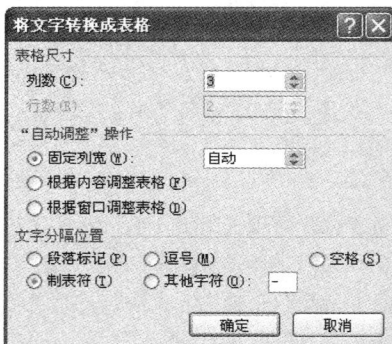

图 2-4-18 "将文字转换成表格"对话框

⑤ 还可以根据需要，将一个表格置于其他的表格内。这种包含在其他表格内的表格，被称作"嵌套表格"。可以将鼠标光标定位在一个单元格内，然后使用以上任意一种创建表格的方法来创建表格，这样就可以插入嵌套表格了。还可以通过将现有的表格复制粘贴到其他表格中，来插入嵌套表格。

（5）使用快速表格

① 在 Word 2010 的文档中，将鼠标指针定位在要插入表格的文档位置处，然后在 Word 2010 的功能区中单击"插入"选项卡。

② 在"插入"选项卡中选择"表格"命令组中的"表格"命令按钮，则弹出"表格"下拉列表。

③ 在弹出的下拉表格中，选择"快速表格"命令，打开 Word 2010 内置的"快速表格库"，其中以图示化的方式向用户展示了许多不同的表格样式，用户可以根据实际的需要进行选择。例如，单击选择"带副标题 1"的快速表格，如图 2-4-19 所示。

④ 此时所选择的"快速表格"就会插入文档中相应的位置。为了满足用户的需要，可以用所需要的数据来替换快速表格中的占位符数据。

在文档中插入表格以后，在 Word 2010 的功能区中会自动打开"表格工具"选项卡中的"设计"上下文选项卡，可以根据需要进一步对表格的样式进行设置。

图 2-4-19　快速表格

在"表格工具"选项卡中的"设计"上下文选项卡上，选择"表格样式选项"命令组，可以选择为表格的某个特定的部分应用特殊的格式。例如，选择"标题行"这个复选框，表示表格的第一行显示特殊格式。

在"表格工具"选项卡中的"设计"上下文选项卡上，在"表格样式"命令组中，单击"表格样式库"右侧的"其他"命令按钮，可以在弹出的"表格样式库"对话框中选择合适的表格样式。当将鼠标指针停留在选择的表格样式上时，可以实时预览到表格的外观。

2. 选择表格对象

（1）选择表格

将鼠标光标放在表格中的任意位置处，在"表格工具"选项卡中的"布局"上下文选项卡上选择"表"命令组，单击"选择"下拉按钮，在其下拉列表中选择"选择表格"命令，如图 2-4-20 所示，这时整个表格都呈蓝色，表示被选中。

还可以将鼠标光标移动到表格左上角，则会出现"全选"符号，单击"全选"符号，可以将整个表格选中。

（2）选择行

将鼠标光标放在表格中要选择的行的任意位置处，在"表格工具"选项卡中的"布局"上下文选项卡上，选择"表"命令组，单击"选择"下拉按钮，在弹出的下拉列表中选择"选择行"命令，此时鼠标光标所在的行呈现蓝色，表示这个行被选中。

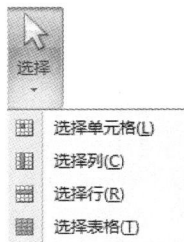

图 2-4-20　"选择"列表

还可以将鼠标指针指向要选择的行中的任意一个单元格的左侧，当指针变成 ➚ 形状时，双击即可将所指向的一行选中。

（3）选择列

将鼠标光标放在表格中要选择的列的任意位置处，在"表格工具"选项卡中的"布局"上下文选项卡上，选择"表"命令组，单击"选择"下拉按钮，在弹出的下拉列表中选择"选择列"命令，此时鼠标光标所在的列呈现蓝色，表示这个列被选中。

还可以将鼠标指针指向要选择的列的上方，这时指针变成 ↓ 形状，单击即可将所指向的一列选中。

（4）选择单元格

单元格是 Word 2010 表格中行和列的交叉点，是表格中的最小单位。

将鼠标光标放在表格中要选择的单元格上，在"表格工具"选项卡中的"布局"上下文选项卡上，选择"表"命令组，单击"选择"下拉按钮，在弹出的下拉列表中选择"选择单元格"命令，此时鼠标光标所在的单元格呈现蓝色，表示这个单元格被选中。

还可以将鼠标指针指向要选择的单元格的左侧，这时鼠标指针变成 ➹ 形状，单击即可将所指向的单元格选中。

3．添加单元格

当用户创建好表格以后，经常会根据实际的需求进行一些改动，例如向表格中添加单元格、添加行或列、从表格中删除行或列等。

如果用户想要向表格中添加单元格，具体的操作步骤如下：

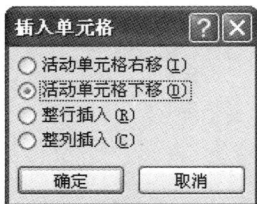

**图 2-4-21　插入单元格"对话框**

① 在 Word 2010 的文档中，将鼠标指针定位在要插入单元格处的右侧或者上方的单元格中，然后在"表格工具"选项卡的"布局"上下文选项卡上选择"行和列"命令组。

② 在"布局"上下文选项卡上的"行和列"命令组中，单击"对话框启动器"命令按钮。

③ 打开如图 2-4-21 所示的"插入单元格"对话框。这个对话框中包括"活动单元格右移""活动单元格下移""整行插入"和"整列插入"4 个单选按钮选项。

如果选择"活动单元格右移"单选按钮，则会插入一个单元格，并且将此行中所有的其他单元格都右移，而此时 Word 2010 不会插入新的列，这就会导致该行的单元格比其他行的单元格多一个。

如果选择"活动单元格下移"单选按钮，则会插入单元格，并且将现有的单元格下移一行，表格的底部也会添加一新行。

如果选择"整行插入"单选按钮，那么会在鼠标光标所在的单元格的上方插入一新行。

如果选择"整列插入"单选按钮，那么会在鼠标光标所在的单元格的左侧插入一新列。

可以根据自己实际的需要来选择相应的单选按钮。

④ 单击"确定"命令按钮即可按照指定的要求来完成插入单元格的操作。

4．添加行或列

在 Word 2010 应用程序中，可以通过单击相应的命令按钮，轻松地在所选单元格的上方或者下方添加新的一行。具体的操作步骤如下：

① 在 Word 2010 文档中，将鼠标指针定位在要添加行的位置处的上方或者下方的单元格中，然后在"表格工具"选项卡中选择"布局"上下文选项卡。

② 在"布局"上下文选项卡上的"行和列"命令组中，单击"在上方插入"命令按钮，则直接在所选单元格的上方添加新行。单击"在下方插入"命令按钮，则直接在所选单元格的下方添加新行，如图 2-4-22 所示。这样，就可以按照指定的要求在原有的表格中添加新的一行了。

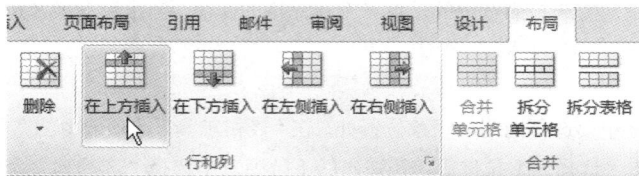

**图 2-4-22　插入行或者列**

可以通过单击相应的命令按钮快速地在所选单元格的右侧和左侧添加新的一列。具体的操作步骤如下：

① 在 Word 2010 的文档中，将鼠标指针定位在要添加列的位置处的右侧或者左侧的单元格中，然后在"表格工具"选项卡中选择"布局"上下文选项卡。

② 在"布局"上下文选项卡的"行和列"命令组中单击"在左侧插入"命令按钮，则直接在所选单元格的左侧添加了一个新列。单击"在右侧插入"命令按钮，则直接在所选单元格的右侧添加了新列。这样，就可以按照指定的要求在原有的表格中添加新的一列了。

5. 删除行、列、单元格或表格

（1）删除行（或列、表格）

将鼠标光标放在要删除的行（或列、表格）的任意单元格处，在"表格工具"选项卡下方的"布局"上下文选项卡中，选择"行和列"命令组，单击"删除"命令按钮，如图 2-4-23 所示，其下拉列表有"删除单元格"命令、"删除列"命令、"删除行"命令和"删除表格"命令这四个命令，如图 2-4-24 所示。单击"删除列"命令、"删除行"命令或者"删除表格"命令即可完成删除行、列、表格操作。

图 2-4-23 "行和列"组          图 2-4-24 "删除"列表

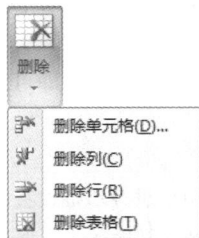

（2）删除单元格

将鼠标光标放在要删除的行（或列、表格）的任意单元格处，在"表格工具"选项卡下方的"布局"上下文选项卡中，选择"行和列"命令组，单击"删除"命令按钮，在其下拉列表中选择"删除单元格"命令，弹出"删除单元格"对话框，如图 2-4-25 所示。选择删除后的单元格样式，单击"确定"命令按钮即可完成删除单元格的操作。

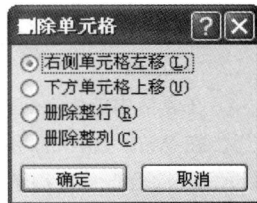

图 2-4-25 "删除单元格"对话框

6. 调整行高和列宽

（1）准确调整

将鼠标光标放在要调整的行或列上的任意一个单元格中，在"表格工具"选项卡下方的"布局"上下文选项卡中，选择"单元格大小"命令组，在"高度"和"宽度"文本框中分别输入准确的数值即可，如图 2-4-26 所示。

（2）鼠标拖动调整

将鼠标指针指向要调整高度或者宽度的行或列的边线上，这时鼠标指针会变成 ↕ 或 ↔ 形状，按住鼠标左键，这时的边线会变成虚线，再拖动鼠标来调整边线的高度或宽度，如图 2-4-27 所示。

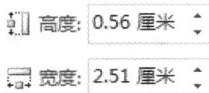

图 2-4-26 准确调整高度和宽度          图 2-4-27 鼠标拖动调整行高和列宽

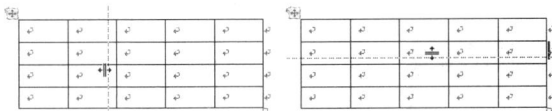

7. 合并或拆分表格中的单元格

合并或者拆分表格中的单元格，在设计表格的过程中是一个十分有用的功能。可以将表格中的同一行或者同一列中的两个或多个单元格合并成一个单元格，也可以将表格中的任意一个单元格拆分成多个单元格。

如果要在水平的方向上合并多个单元格，创建横跨多个列的表格的标题，可以按照如下操作步骤进行设置：

① 将鼠标指针定位在要进行合并的第一个单元格处，然后按住鼠标左键进行拖动，选择需要合并的所有单元，被选中的单元格都呈蓝色。

② 在 Word 2010 的功能区中，单击"表格工具"选项卡下方的"布局"上下文选项卡。

③ 在"布局"上下文选项卡中，选择"合并"命令组，单击"合并单元格"命令按钮。

④ 这时所选的多个单元格就被合并成一个单元格。

如果想要将表格中的一个单元格拆分成几个单元格，可以按照如下的具体操作步骤进行设置：

① 将鼠标指针定位在要进行拆分的单元格处，或者选择多个将要进行拆分的单元格。

② 在 Word 2010 的功能区中，单击"表格工具"选项卡下方的"布局"上下文选项卡。

③ 在"布局"上下文选项卡中，选择"合并"命令组，单击"拆分单元格"命令按钮。

④ 打开"拆分单元格"对话框，如图 2-4-28 所示，可以通过手动输入列数和行数，也可以单击微调按钮来指定列数和行数。

⑤ 单击"确定"命令按钮，即可按照用户指定的要求实现单元格的拆分。

8. 美化表格

（1）设置边框

① 在表格中选中要进行边框设置的表格、行、列或者单元格。

② 在 Word 2010 的功能区中，单击"表格工具"选项卡下方的"设计"上下文选项卡，在"绘图边框"命令组中对"笔样式""笔画粗细"和"笔颜色"按照用户的需要分别进行设置，如图 2-4-29 所示。

③ 单击"表格样式"命令组中的"边框"的下拉按钮，在弹出的"边框"下拉列表中，选择边框线的类型，如图 2-4-30 所示。

（2）设置底纹

① 在表格中选中要进行底纹设置的表格、行、列或者单元格。

② 在 Word 2010 的功能区中单击"表格工具"选项卡下方的"设计"上下文选项卡，在"表格样式"组中单击"底纹"下拉按钮，在弹出的"底纹"下拉列表中选择需要填充的底纹的颜色，如图 2-4-31 所示。

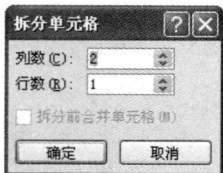

图 2-4-28 "拆分单元格"

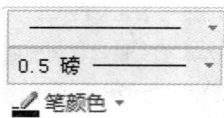

图 2-4-29 笔的设置

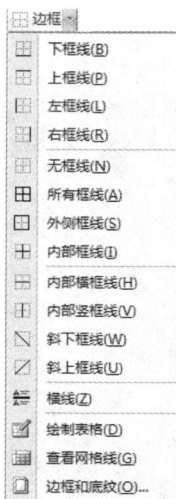

图 2-4-30 "边框"

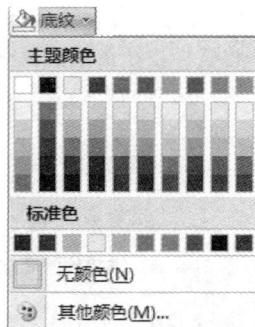

图 2-4-31 "底纹"

### 2.4.5　技巧与提高

1. 表格转换成文本

① 选择要转换成文本的表格。

② 在 Word 2010 的功能区中单击"表格工具"选项卡下方的"布局"上下文选项卡,在"数据"命令组中单击"转换为文本"命令按钮,则弹出"表格转换成文本"对话框,如图 2-4-32 所示。

③ 在"文字分隔符"的选项区域有"段落标记""制表符""逗号"和"其他字符"四个单选按钮,通常选择"逗号",然后单击"确定"按钮完成表格到文本的转换。

2. 在表格前插入空行

用户在用 Word 2010 制作表格的时候,经常会发生表格已经制作完成,但却没有标题的现象。如果表格正好处于文档的首行,就无法再加上标题,这时可以在表格前插入一个空行,用来输入标题。具体的操作步骤如下:

① 将鼠标的光标放在表格的第一行中的第一个单元格内,如果这个单元格内有文本,则将光标放在文本的前面。

② 按下 Enter 键,这样表格的上面就会出现一空行。这时就可以在这个空行处输入表格的标题了。

3. 设置标题行跨页重复

在 Word 2010 文档中,内容比较多的表格会跨越两个页面或者更多的页面。这时如果希望表格的标题一直自动地出现在每个页面的表格的上方,可以按照如下的操作步骤进行设置:

① 将鼠标指针定位在设定为表格标题的行中的任意位置处。

② 在 Word 2010 的功能区中,单击"表格工具"选项卡下方的"布局"上下文选项卡。

③ 在"布局"上下文选项卡中,选择"数据"命令组,单击"重复标题行"命令按钮,如图 2-4-33 所示,即可完成对标题行跨页重复的设置。

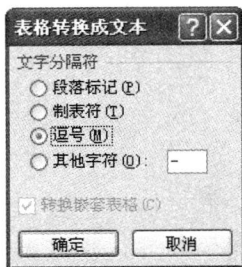

图 2-4-32　"表格转换成文本"对话框

图 2-4-33　设置重复标题行

4. 图表

(1)创建图表

在 Word 2010 应用程序中,可以很容易地对一些表格中的数据创建具有专业样式的图表。操作步骤如下:

① 将鼠标光标的插入点放在文档中要放置图表的位置处。

② 在 Word 2010 的功能区,单击"插入"选项卡,在"插图"命令组中单击"图表"命令按钮,打开"插入图表"对话框,如图 2-4-34 所示。

③ 在"插入图表"对话框中选择用户需要的图表样式,例如选择"簇状柱形图",单击"确定"命令按钮,会弹出名为"Microsoft Word 中的图表-Microsoft Excel"的文件,如图 2-4-35 所示,并且在光标所在的位置处插入了一个图表,如图 2-4-36 所示。

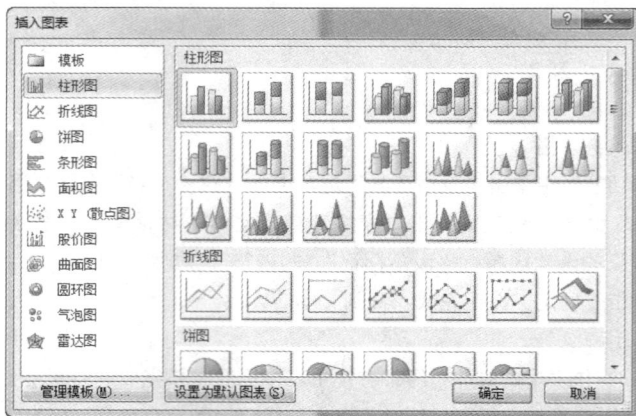

图 2-4-34 "插入图表"对话框

图 2-4-35 "Microsoft Word 中的图表-Microsoft Excel"文件初始效果

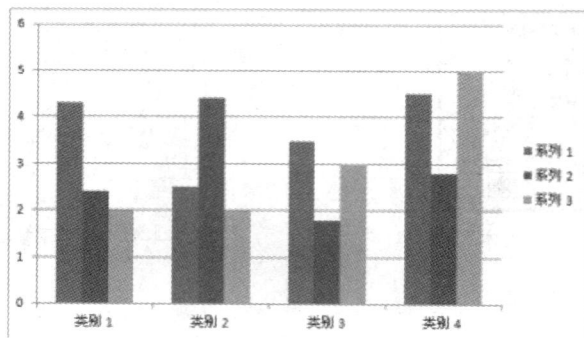

图 2-4-36 图表的初始效果

④ 将要建立图表的表格中的数据选中并复制，在"Microsoft Word 中的图表-Microsoft Excel"文件的 A1 单元格中进行粘贴，与此同时，Word 2010 中的图表也发生着变化。

⑤ 图表插入完成，将"Microsoft Word 中的图表-Microsoft Excel"文件关闭即可。

（2）快速设置图表的样式

鼠标单击图表中的任意位置处，使图表处于编辑状态，这时 Word 2010 功能区自动出现"图表工具"选项卡，在其下边选择"设计"上下文选项卡，单击"图表样式"命令组中的"其他"命令按钮，则弹出"图表样式"下拉列表，如图 2-4-37 所示，可以根据实际的需要来更改图表的整体外观样式。

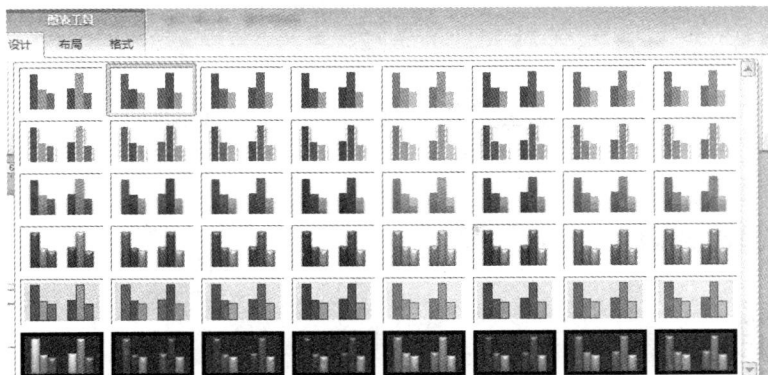

图 2-4-37　图表的样式

（3）设置图表的标签

1）设置图表的标题。操作方法如下：

① 单击图表中的任意位置处，使图表处于编辑状态。这时 Word 2010 功能区自动出现"图表工具"的选项卡，在其下边选择"布局"上下文选项卡，单击"标签"命令组中的"图表标题"命令按钮，则弹出下拉列表，如图 2-4-38 所示，用来添加、删除或者放置图表的标题。

② 在"图表标题"下拉列表中，可以选择"无""居中覆盖标题"或者"图表上方"进行图表标题的设置。如果不能满足用户的需要，可以单击"其他标题选项"命令，打开"设置图表标题格式"对话框进行设置，如图 2-4-39 所示。

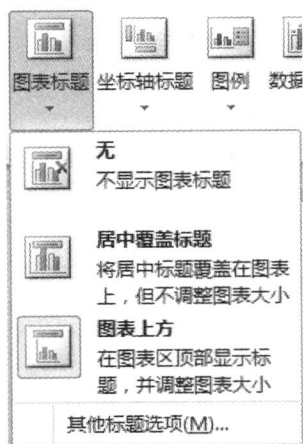

图 2-4-38　"图表标题"下拉列表

图 2-4-39　"设置图表标题格式"对话框

③ 在"设置图表标题格式"对话框中，可以对图表标题的"填充""边框颜色""边框样式""阴影""发光和柔化边缘""三维格式"和"对齐方式"进行更加详细和具体的设置。

2）设置坐标轴的标题。操作方法如下：

① 单击图表中的任意位置处，使图表处于编辑状态。这时 Word 2010 功能区自动出现"图表工具"选项卡，在其下边选择"布局"上下文选项卡，单击"标签"命令组中的"坐标轴标题"命令按钮，则弹出下拉列表，如图 2-4-40 所示，

图 2-4-40　"坐标轴标题"下拉列表

用来添加、删除或者放置用于设置每个坐标轴标签的文本。

② 在"坐标轴标题"下拉列表中，可以选择"主要横坐标轴标题"或者"主要横纵标轴标题"，分别在其下拉列表中进行坐标轴标题的设置。如果不能满足用户的需要，可以单击"其他主要横坐标轴标题选项"或者"其他主要纵坐标轴标题选项"命令，打开"设置坐标轴标题格式"对话框进行设置，如图 2-4-41 所示。

③ 在"设置坐标轴标题格式"对话框中，可以对坐标轴的"填充""边框颜色""边框样式""阴影""发光和柔化边缘""三维格式"和"对齐方式"进行更加详细和具体的设置。

3）设置图例。操作方法如下：

① 单击图表中的任意位置处，使图表处于编辑状态。这时 Word 2010 功能区自动出现"图表工具"选项卡，在其下边选择"布局"上下文选项卡，单击"标签"命令组中的"图例"命令按钮，则弹出"图例"下拉列表，如图 2-4-42 所示，用来添加、删除或者放置图表的图例。

② 在"图例"下拉列表中，可以选择"无""在右侧显示图例""在顶部显示图例""在左侧显示图例""在底部显示图例""在右侧覆盖图例"和"左侧覆盖图例"命令进行图表图例的设置。如果不能满足用户的需要，可以单击"其他图例选项"命令，打开"设置图例格式"对话框进行设置，如图 2-4-43 所示。

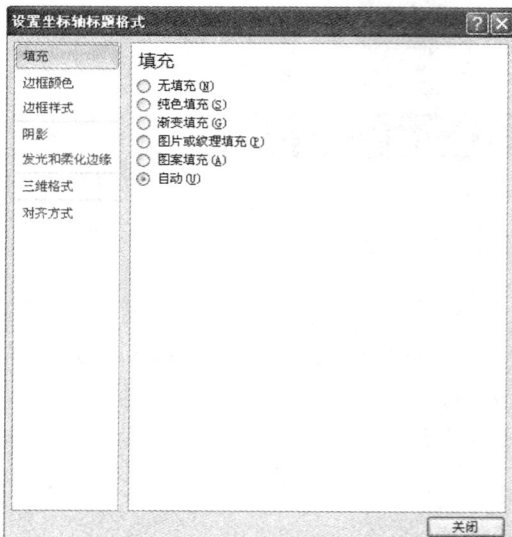

图 2-4-41 "设置坐标轴标题格式"对话框

图 2-4-42 "图例"下拉列表

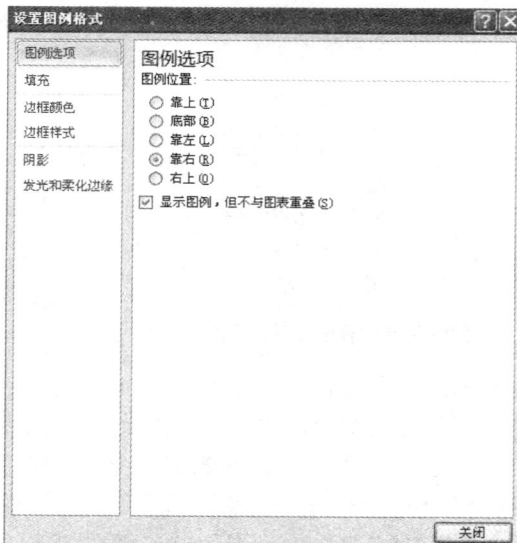

图 2-4-43 "设置图例格式"对话框

③ 在"设置图例格式"对话框中，可以对图表图例的"图例选项""填充""边框颜色""边框样式""阴影"和"发光和柔化边缘"进行更加详细和具体的设置。

4）设置数据标签。操作方法如下：

① 单击图表中的任意位置处，使图表处于编辑状态。这时 Word 2010 功能区自动出现"图表工具"的选项卡，选择其下边的"布局"上下文选项卡，单击"标签"命令组中的"数据标签"命令按钮，则弹出"数据标签"下拉列表，如图 2-4-44 所示，用来添加、删除或者放置数据标签。可以用图表元素的实际值设置其标签。

② 在"数据标签"下拉列表中，可以选择"无""居中""数据标签内""轴内侧"和"数据标签外"命令。如果不能满足用户的需要，可以单击"其他数据标签选项"命令，打开"设置数据标签格式"对话框进行设置，如图 2-4-45 所示。

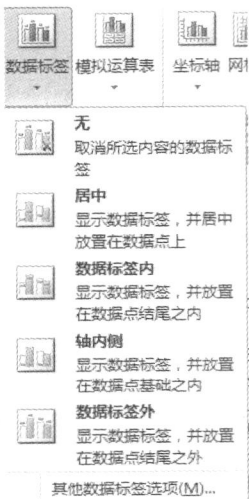

图 2-4-44　"数据标签"下拉列表　　　　　图 2-4-45　"设置数据标签格式"对话框

（4）设置图表的形状或线条的外观样式

鼠标单击图表中的任意位置处，使图表处于编辑状态。这时 Word 2010 功能区自动出现"图表工具"选项卡，选择"格式"上下文选项卡，单击"形状样式"命令组中的"其他"命令按钮，弹出如图 2-4-46 所示下拉列表，用来设置图表的形状或者线条的外观样式。

（5）设置图表布局

鼠标单击图表中的任意位置处，使图表处于编辑状态。这时 Word 2010 功能区自动出现"图表工具"的选项卡，选择"设计"上下文选项卡，单击"图表布局"命令组中的"其他"命令按钮，弹出"图表布局"下拉按钮，如图 2-4-47 所示，用来更改图表的整体布局。

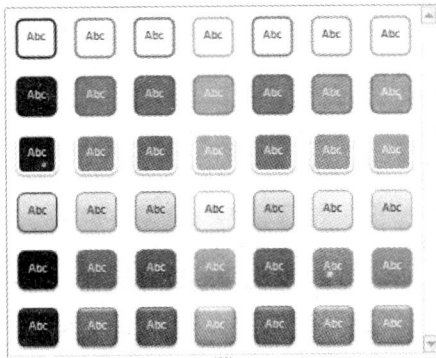

图 2-4-46　"形状样式"下拉列表　　　　　图 2-4-47　"图表布局"下拉列表

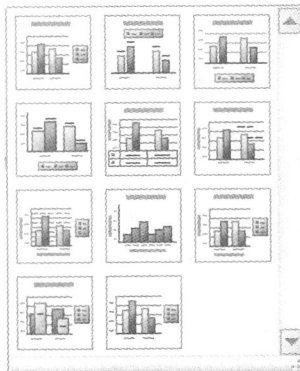

## 2.4.6 训练任务

1. 操作要求如下

① 新建一个 Word 2010 文档，输入如图 2–4–48 所示的文本。

2016 年某市高考分数线一览表

| 科类 | 批次 | 分数线 | 与去年相比 |
|---|---|---|---|
| 文科 | 第一批 | 486 分 | 提高 12 分 |
| | 第二批 | 443 分 | 提高 8 分 |
| | 专科提前批次 | 337 分 | 提高 8 分 |
| 理科 | 第一批 | 470 分 | 降低 21 分 |
| | 第二批 | 414 分 | 降低 19 分 |
| | 专科提前批次 | 324 分 | 降低 9 分 |
| 艺术类 | 本科文科 | 213 分（不含数学） | 提高 5 分 |
| | 专科文科 | 179 分（不含数学） | 提高 4 分 |
| | 本科理科 | 248 分（含数学） | 降低 12 分 |
| | 专科理科 | 194 分（含数学） | 降低 12 分 |

**图 2–4–48 “高考分数线”样文**

② 将输入的 11 行文字转换成一个 11 行 4 列的表格（按制表符转换），并以“根据内容调整表格”选项来自动调整表格，设置表格居中。

③ 表格第 1 列列宽为 2 厘米，其余各列列宽为 3 厘米，表格行高为 0.6 厘米。

④ 表格中的所有文字都居中。

出国旅游个人登记表

| | | | | | | |
|---|---|---|---|---|---|---|
| 线　路 | | 出发日期 | | 团　号 | | 二寸照片 |
| 身份证号 | | 姓　名 | | 拼　音 | | |
| 性　别 | 口男口女 | 出生日期 | 年　月　日 | 出生地 | | |
| 民　族 | | 婚姻状况 | 口未婚　口已婚<br>口丧偶　口离异 | 户口所在派出所 | | |
| 护照号码 | | 签发地址 | | 有效日期 | 年　月　日—　年　月　日 | |
| 曾前往国 | | 曾　　次申请　　国签证未获批准 | | | | |
| 家庭住址 | | 邮　编 | | 电话 | | |
| 单位名称 | | 职　业 | | 电话 | | |
| 单位地址 | | 邮　编 | | 传真 | | |
| 电子邮件 | | 手　机 | | | | |
| 个人简历 | （从最后的毕业学校开始填写） | | | | | |

| 信息<br>关系 | 姓　名 | 工 作 单 位 | 职　务 | 家庭地址 | 联系电话 | 出生详情 日期 | 出生详情 地点 |
|---|---|---|---|---|---|---|---|
| 配　偶 | | | | | | | |
| 子　女 | | | | | | | |
| 父　亲 | | | | | | | |
| 母　亲 | | | | | | | |
| 兄弟姐妹 | | | | | | | |

★本人声明，1. 本人身体健康，能适应旅行团的行程安排。2. 以上内容均真实完整，否则本人将承担一切责任和后果。
您是通过哪种途径获知我方旅游信息的　口 老客户　口 熟人介绍　口报纸　口 网站　口 其他

申请人签名 ________ 接待人签名
申 请 日期 ________ 接 待 日期

**图 2–4–49 “出国旅游个人登记表”样文**

⑤ 设置表格的外框线和第 1 行与第 2 行间的内框线为 1.5 磅红色单实线，其余的内框线都为 0.5 磅红色单实线。

⑥ 分别将表格第 1 列的第 2～4 行、第 5～7 行、第 8～11 行单元格进行合并，并将其中的单元格内容（“文科”“理科”“艺术类”）的文字方向都更改为“纵向”。

⑦ 操作完成后以“高考分数线.docx”为名进行保存文档。

2. 表格制作

要求：制作一个“出国旅游个人登记表”，如图 2–4–49 所示。其具体的制作要求如下：

① 表格外框线为 1.5 磅实线，内框线为 0.75 磅实线。

② 贴照片的单元格底纹颜色为“白色，背景 1，深色 15%”，图案样式为 5%。

③ 调整单元格的高度和宽度。

3. 制作“员工培训登记表”

新建一个文档在桌面上，命名为“员工培训登记表.docx”，如图 2–4–50 所示，具体的排版要求如下：

① 表格的标题为三号，加粗，居中对齐。

② 其他文本均为宋体，五号，加粗。

③ 表格的内部框线为蓝色，0.5 磅，单线；外侧框线为蓝色，0.5 磅，双线。

④ 将部分单元格的底纹设置为蓝色，如图 2–4–50 所示。

⑤ 所有单元格的文本对齐方式都为水平居中。

宏美电子有限公司员工培训登记表

员工编号：__________ 登记日期： 年 月 日

| | | | | | | | |
|---|---|---|---|---|---|---|---|
| 姓 名 | | 性 别 | | 出生年月 | | 文化程度 | |
| 单 位 | | | | 部 门 | | 岗 位 | |
| 培训部门 | | | | 培训地点 | | | |
| 培训时间 | 年 月 日— 年 月 日 | | | 培训天数 | | 培训费用 | |
| 培训内容 | | | | | | | |
| 培训目的 | | | | | | | |
| 培训情况 | （要求培训部门填写） | | | 培训评价 | （要求送配单位填写） | | |
| 主管部门意 见 | 年 月 日 | | | 人力资源部意见 | 年 月 日 | | |
| 备 注 | | | | | | | |

图 2–4–50 “员工培训登记表”样文

4. 按照要求完成下列操作并以“宣传海报.docx”为文件名进行保存文档

某高校为了使学生更好地进行职场的定位和职业准备，提高学生的就业能力，该校学工处将于 2013 年 4 月 29 日（星期五）19:30—21:30 在校国际会议中心举办题为“领慧讲堂——大学生人生规划”的就业讲座，特别邀请资深的媒体人、著名的艺术评论家赵蕈先生担任演讲的嘉宾。

请根据上述活动的描述，利用 Microsoft Word 2010 制作一份宣传海报，宣传海报的参考样式如图 2–4–51 所示，其具体编排要求如下：

① 调整文档版面，要求页面高度 35 厘米，页面宽度 27 厘米，上、下页边距为 5 厘米，左、右页边距为 3 厘米，并将素材中的图片“Word–海报背景图片.jpg”设置为海报的背景。

② 根据“Word–海报参考样式.docx”文件调整海报内容文字的字号、颜色和字体。

③ 根据页面布局的需要，调整海报内容中的“报告人”“报告时间”“报告日期”“报告题目”和“报告地点”信息的段落间距。

④ 在“报告人：”位置后面输入报告人的姓名：赵蕈。

⑤ 在“主办：校学工处”的位置后另起一页，并设置第 2 页的页面纸张大小为 A4 纸，纸张方向为“横向”，页边距为“普通”页边距定义。

⑥ 在新页面的“日程安排”段落的下面，复制本次活动的日程安排表，参考素材文件夹里的“Word–活动日程安排.xlsx”文件，要求表格内容引用 Excel 文件中的内容，如若 Excel 文件中的内容发生变化，Word 文档中的日程安排信息随之发生变化。

⑦ 在新页面的“报名流程”段落的下面，利用 SmartArt 图形制作本次活动的报名流程，其中包括：学工处报名、确认坐席、领取资料和领取门票。

⑧ 设置“报告人介绍”段落下面的文字的排版布局为参考示例文件中所示的样式。

⑨ 更换报告人的照片为素材文件夹下的 Pic 2.jpg，将这张照片调整到适当的位置，并且不能遮挡文档中的文字内容。

⑩ 保存本次活动的宣传海报为“宣传海报.docx”。

5. 按照要求完成下列操作并以“岳阳楼.docx”为文件名进行保存文档

① 打开素材文件，另存为“岳阳楼”，如图 2–4–52 所示。

图 2-4-51　宣传海报样文

② 设置页面的上、下、左、右页边距均为 3 cm；

③ 设置面眉和页脚，在页眉的左侧录入文本"中华名楼"，在右侧插入页码为"第 1 页"。

④ 将标题设置为艺术字，样式设为"蓝色、强调文字颜色 1、草皮棱台、全映像，接触"，转换为"桥形"，环绕方式为浮于文字上方。

⑤ 第 1～5 段文字设置为首行缩进 2 个字符。第 1 段文字的字体设置为楷体、小四号、深蓝色，并添加橙色、淡色 80%底纹；第 5 段文字的字体设置为华文新魏、小四号，固定行距为 20 磅，并添加阴影边框；第 6 段文字的字体设置为华文行楷、三号、居中。

⑥ 将第 2 段、第 3 段和第 4 段均设置为三栏格式。

⑦ 在样文所示的位置处插入图片"岳阳楼.jpg"，采用金属椭圆的样式，环绕方式设为紧密型。

⑧ 参照样文，将第 7 段及以后的文字转换成为表格，表格中文字的字体设置为华文行楷、五号，中部居中；参照样文，为表格添加边框；适当改变表格的大小，并且水平居中。

图 2-4-52　"岳阳楼"样文

## 任务 2.5　制作公司采购寻价单

在日常生活中，经常会用到各种各样的表格，如工资报表、个人简历表、课程表等，Word 2010 提供了强大的表格处理功能，可以方便地插入、编辑和修改表格，同时，可以在表格中输入文字和插入图片等，还可以对表格中的具体内容进行排序和简单的统计运算等操作。

### 2.5.1　任务描述

腾飞公司想要购买一批笔记本电脑，要求公司的采购部门能够提供一些市场上的笔记本电脑的品牌和单价，制作一个商品的采购寻价单，样式如图 2-5-1 所示。根据采购寻价单上的相应数据，制作一个如图 2-5-2 所示的寻价图表。

图 2-5-1　腾飞公司采购寻价单

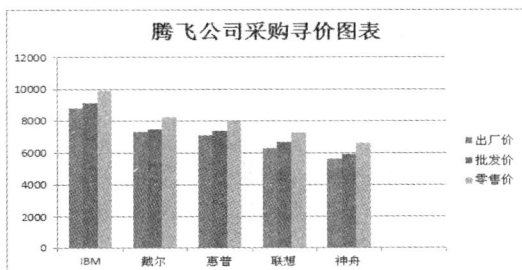

图 2-5-2　腾飞公司采购寻价图表

### 2.5.2　任务分析

完成本项工作任务的操作如下：

① 新建一个 Word 2010 文档，且命名为"腾飞公司采购寻价单.docx"。

② 在文档的第一行中输入标题"腾飞公司采购寻价单"，并设置为三号，加粗，居中对齐。

③ 在文档的第二行中插入一个 9 行 6 列的表格。

④ 按图 2-5-1 所示将部分单元格进行合并、拆分。

⑤ 在"IBM"所在行的下面插入一个新行，并且依次输入"惠普、010-86541455、7100、7400、8000、现货"。

⑥ 使用公式求出出厂价的平均价、批发价的平均价和零售价的平均价。适当地调整单元格的边框，对出厂价、批发价和零售价这 3 列进行平均分布。

⑦ 将"零售价"按照降序进行排列。

⑧ 设置表格的样式为"浅色底纹-强调文字颜色 5"。

⑨ 将所有单元格的文字对齐方式设置为水平居中。

⑩ 根据采购寻价单上的相应数据，制作出一个如图 2-5-2 所示的"簇状柱形图"图表，设置图表的标题为"腾飞公司采购寻价图表"。

### 2.5.3　任务实现

1. 创建文档"腾飞公司采购寻价单"并且保存

启动 Word 2010 应用程序，新建一个空白文档。在快速访问工具栏上单击"保存"按钮，则打开"另存为"对话框，在"另存为"对话框中选择"保存位置"为"桌面"，"文件名"输入为"腾飞公司采购寻价单.docx"，之后单击"保存"命令按钮，完成文档的命名和保存设置。

2．输入标题

① 将鼠标光标的插入点放在文档中的第一行第一列。

② 输入文本"腾飞公司采购寻价单"。

③ 选中文本"腾飞公司采购寻价单"，然后在 Word 2010 的功能区单击"开始"选项卡，在"字体"命令组中设置"字体"为"宋体"，"字号"为"三号""加粗"；在"段落"命令组中单击"居中"命令按钮，设置标题文本居中对齐，则标题文本设置完成。

3．插入表格

① 将鼠标光标的插入点放在文档中的第二行第一列。

② 在 Word 2010 的功能区单击"插入"选项卡，在"表格"命令组中单击"表格"下拉按钮，则弹出"表格"下拉列表，如图 2-5-3 所示。在"表格"下拉列表中单击"插入表格"命令，打开"插入表格"对话框，如图 2-5-4 所示。

③ 在"插入表格"对话框的"表格尺寸"选项组中设置列数为 6，行数为 9，然后单击"确定"命令按钮，完成文档中一个 9 行 6 列的表格的插入。

4．合并和拆分单元格

（1）合并单元格

① 同时选中表格第一行中的第四个单元格和第五个单元格，然后在"表格工具"选项卡下单击"布局"选项卡，在"合并"命令组中单击"合并单元格"命令按钮，则被选中的两个单元格合并成一个单元格。

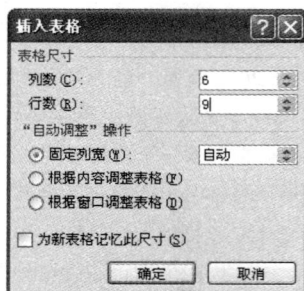

图 2-5-3 "表格"列表    图 2-5-4 "插入表格"对话框

② 同时选中表格第二行中的第三个单元格和第六个单元格，按照步骤①，单击"合并单元格"命令按钮完成单元格的合并。

③ 同时选中表格第九行中的第五个单元格和第六个单元格，按照步骤①，单击"合并单元格"命令按钮完成单元格的合并。

④ 同时选中表格第一列中的第二个单元格和第三个单元格，按照步骤①，单击"合并单元格"命令按钮完成单元格的合并。

⑤ 同时选中表格第二列中的第二个单元格和第三个单元格，按照步骤①，单击"合并单元格"命令按钮完成单元格的合并。

（2）拆分单元格

① 在表格中，将鼠标光标放在第一行的第一个单元格中，则这个单元格被选中。单击"表格工具"选

项卡下的“布局”上下文选项卡，在“合并”命令组中单击“拆分单元格”命令按钮，则打开“拆分单元格”对话框，设置“列数”为 2，则把一个单元格拆分成两列一行，实际是把一个单元格拆分成两个单元格。

② 选中表格第九行中的第一个单元格，按照步骤①，将一个单元格拆分成两个单元格。

5. 输入文本并调整单元格的大小

① 如图 2–5–5 所示，向表格内输入以下的文本。

| | | | | | | |
|---|---|---|---|---|---|---|
| 采购申请单号 | DS-52 | 询价单号 | DS-52-12 | 申请采购商品名称 | | 笔记本电脑 |
| 供应厂商 | | 电话 | 厂家报价（单价）（元） | | | |
| | | | 出厂价 | 批发价 | 零售价 | 备注 |
| 联想 | | 010-86584156 | 6300 | 6650 | 7250 | 缺货 |
| 神舟 | | 010-66583451 | 5600 | 5900 | 6600 | 现货 |
| IBM | | 010-85634774 | 8800 | 9150 | 9900 | 缺货 |
| 戴尔 | | 010-66557333 | 7300 | 7500 | 8250 | 现货 |
| | | 平均价 | | | | |
| 采购员 | 王金荣 | 采购员员工号 | CGB023 | 询价日期 | 2011 年 2 月 10 日 | |

图 2–5–5 输入文本后的表格

② 将鼠标指针放在表格第一行中的第一个单元格的右边框上，这时鼠标的指针会变为 形状，按住鼠标左键向右拖动，使第一个单元格中的文本能够一行显示出来。

③ 按照步骤①，将第一行中的单元格按照从左向右的顺序依次调整大小，使第一行中所有单元格内的文本都能够一行显示出来，并且第二行第二个单元格“电话”所在列中的所有单元格内的文本都能一行显示出来，如图 2–5–6 所示。

| | | | | | |
|---|---|---|---|---|---|
| 采购申请单号 | DS-52 | 询价单号 | DS-52-12 | 申请采购商品名称 | 笔记本电脑 |

图 2–5–6 第一行效果

④ 选择“备注”一列，如图 2–5–7 所示，然后将鼠标指针放在这一列的左边框上，这时鼠标指针将会变为 形状，按住鼠标左键向右拖动，使这一列单元格内的所有文本都能够正好一行显示出来，如图 2–5–8 所示。

⑤ 选中“出厂价”“批发价”和“零售价”这三列，如图 2–5–9 所示，在“表格工具”选项卡下选择“布局”上下文选项卡，在“单元格大小”命令组中单击“分布列”命令按钮 分布列，则在所选列之间平均分布列的宽度，如图 2–5–10 所示。

| | |
|---|---|
| 采购商品名称 | 笔记本电脑 |
| （元） | |
| 零售价 | 备注 |
| 7250 | 缺货 |
| 6600 | 现货 |
| 9900 | 缺货 |
| 8250 | 现货 |
| | |
| 2011 年 2 月 10 日 | |

图 2–5–7 选择“备注”列

| | |
|---|---|
| 采购商品名称 | 笔记本电脑 |
| （元） | |
| 零售价 | 备注 |
| 7250 | 缺货 |
| 6600 | 现货 |
| 9900 | 缺货 |
| 8250 | 现货 |
| | |
| 2011 年 2 月 10 日 | |

图 2–5–8 调整宽度后

| | | | |
|---|---|---|---|
| DS-52-12 | 申请采购商品名称 | | 笔记本电脑 |
| 厂家报价（单价）（元） | | | |
| 出厂价 | 批发价 | 零售价 | 备注 |
| 6300 | 6650 | 7250 | 缺货 |
| 5600 | 5900 | 6600 | 现货 |
| 8800 | 9150 | 9900 | 缺货 |
| 7300 | 7500 | 8250 | 现货 |
| | | | |
| CGB023 | 询价日期 | 2011 年 2 月 10 日 | |

图 2–5–9 选中三列

⑥ 选中最后一行的第六个单元格，将鼠标指针放在这个单元格的左边框上，这时鼠标指针将会变为 ✛∥ 形状，按住鼠标的左键向右拖动，使这个单元格和第五个单元格中的文本都能够一行显示出来。

整个表格在调整单元格的边框以后，效果如图 2–5–11 所示。

6. 插入行

① 将鼠标光标的插入点放在"IBM"所在行中的任意位置处。

② 在"表格工具"选项卡下选择"布局"上下文选项卡，在"行和列"命令组中单击"在下方插入"命令按钮，这时光标所在列的下方就会插入一个新行。

③ 在新插入的这一行中，从第一个单元格开始，从左向右依次输入文本"惠普、010–86541455、7100、7400、8000、现货"。

| DS-52-12 | 申请采购商品名称 | | 笔记本电脑 |
| 厂家报价（单价）（元） | | | |
| 出厂价 | 批发价 | 零售价 | 备注 |
| 6300 | 6650 | 7250 | 缺货 |
| 5600 | 5900 | 6600 | 现货 |
| 8800 | 9150 | 9900 | 缺货 |
| 7300 | 7500 | 8250 | 现货 |
| CGB023 | 寻价日期 | 2011 年 2 月 10 日 | |

**图 2–5–10　平均分布列**

| 采购申请单号 | DS-52 | 寻价单号 | DS-52-12 | 申请采购商品名称 | | 笔记本电脑 |
| 供应厂商 | | 电话 | | 厂家报价（单价）（元） | | |
| | | | | 出厂价 | 批发价 | 零售价 | 备注 |
| 联想 | | 010-86584156 | | 6300 | 6650 | 7250 | 缺货 |
| 神舟 | | 010-66583451 | | 5600 | 5900 | 6600 | 现货 |
| IBM | | 010-85634774 | | 8800 | 9150 | 9900 | 缺货 |
| 戴尔 | | 010-66557333 | | 7300 | 7500 | 8250 | 现货 |
| 平均价 | | | | | | | |
| 采购员 | 王金荣 | 采购员工号 | CGB023 | 寻价日期 | | 2011 年 2 月 10 日 |

**图 2–5–11　调整边框后的效果**

7. 求平均价

① 将鼠标光标的插入点放在"平均价"一行和"出厂价"一列所对应的单元格中。

② 在"表格工具"选项卡下选择"布局"上下文选项卡，在"数据"命令组中单击"公式"命令按钮，弹出"公式"对话框，如图 2–5–12 所示。

③ 在"公式"对话框中的"公式"文本框中，将光标定位在"＝"后面，这时单击"粘贴函数"右边的下拉列表，则会弹出"函数"下拉列表。本任务中求的是平均价，所以在"函数"下拉列表中单击平均值函数"AVERAGE"，则"AVERAGE( )"就会出现在"公式"文本框中的"＝"后面，这时用户在"( )"内输入"above"，如图 2–5–12 所示。

④ 单击"确定"命令按钮，Word 2010 会自动计算出鼠标光标所在的单元格的上面那些带数字的单元格内数值的平均数，并且把计算的结果直接放在光标所在单元格内。

⑤ 按照步骤①～④的相同操作，分别计算出"批发价"的平均价结果和"零售价"的平均价结果，并且把计算的结果放入表格的相应单元格中，如图 2–5–13 所示。

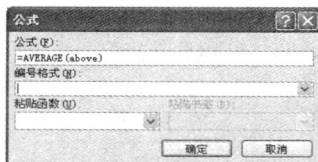

**图 2–5–12　"公式"对话框**

| 平均价 | 7020 | 7320 | 8000 |

**图 2–5–13　"平均价"计算结果**

8. 排序

① 选中表格中五个供应厂商的"零售价"单元格，如图 2–5–14 所示。

② 在"表格工具"选项卡下选择"布局"上下文选项卡，在"数据"命令组中单击"排序"命令按钮，则打开"排序"对话框，如图 2–5–15 所示。

③ 在打开的"排序"对话框中，在"主要关键字"下拉列表中选择"列 5"，单击"降序"，然后单击"确定"命令按钮，完成"零售价"的"降序"排序设置，如图 2–5–16 所示。

| 采购申请单号 | DS-52 | 寻价单号 | DS-52-12 | 申请采购商品名称 | | 笔记本电脑 |
|---|---|---|---|---|---|---|
| 供应厂商 | | 电话 | 厂家报价（单价）（元） | | | |
| | | | 出厂价 | 批发价 | 零售价 | 备注 |
| 联想 | | 010-86584156 | 6300 | 6650 | 7250 | 缺货 |
| 神舟 | | 010-86583451 | 5600 | 5900 | 6600 | 现货 |
| IBM | | 010-85634774 | 8800 | 9150 | 9900 | 缺货 |
| 惠普 | | 010-86541455 | 7100 | 7400 | 8000 | 现货 |
| 戴尔 | | 010-66557333 | 7300 | 7500 | 8250 | 现货 |
| | 平均价 | | 7020 | 7320 | 8000 | |
| 采购员 | 王金荣 | 采购员工号 | CGB023 | 寻价日期 | 2011 年 2 月 10 日 | |

图 2-5-14　选择"零售价"五个单元格

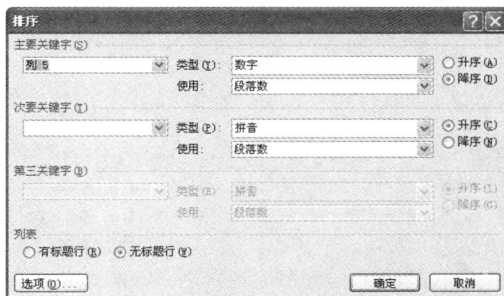

图 2-5-15　"排序"对话框

## 9. 设置表格的样式

① 将鼠标指针移动到表格的任意位置处，然后单击。

② 在"表格工具"选项卡下选择"设计"上下文选项卡，在"表格样式"命令组中就会出现"表格样式库"，鼠标指针在"表格样式库"上移动，则鼠标指针旁边会出现相应的文本提示，提示现在指针所指的表格样式类型，并且能够实时预览这个样式在表格中的应用效果。在"表格样式库"中单击"浅色底纹–强调文字颜色 5"样式，这时表格会自动套用所选的样式，如图 2-5-17 所示。

| 采购申请单号 | DS-52 | 寻价单号 | DS-52-12 | 申请采购商品名称 | 笔记本电脑 |
|---|---|---|---|---|---|
| 供应厂商 | | 电话 | 厂家报价（单价）（元） | | |
| | | | 出厂价 | 批发价 | 零售价 | 备注 |
| IBM | | 010-85634774 | 8800 | 9150 | 9900 | 缺货 |
| 戴尔 | | 010-66557333 | 7300 | 7500 | 8250 | 现货 |
| 惠普 | | 010-86541455 | 7100 | 7400 | 8000 | 现货 |
| 联想 | | 010-86584156 | 6300 | 6650 | 7250 | 缺货 |
| 神舟 | | 010-86583451 | 5600 | 5900 | 6600 | 现货 |
| | 平均价 | | 7020 | 7320 | 8000 | |
| 采购员 | 王金荣 | 采购员工号 | CGB023 | 寻价日期 | 2011 年 2 月 10 日 |

图 2-5-16　"零售价"降序排序

图 2-5-17　设置表格的样式

## 10. 设置文字的对齐方式

将鼠标光标移动到表格左上角，则会出现"全选"符号，单击"全选"符号，则整个表格都呈蓝色，表示已经将整个表格选中。选中整个表格后，在"表格工具"选项卡下选择"布局"上下文选项卡，在"对齐方式"命令组中单击"水平居中"按钮 ≣，则完成了单元格内文本的对齐方式的设置。

## 11. 建立图表

① 将鼠标光标的插入点放在文档中要放置图表的位置处。

② 在 Word 2010 的功能区，单击"插入"选项卡，在"插图"命令组中单击"图表"命令按钮，则打开"插入图表"对话框，如图 2-5-18 所示。

图 2-5-18　"插入图表"对话框

③ 在"插入图表"对话框中选择"柱形图"中的"簇状柱形图",单击"确定"命令按钮,这时就会弹出一个名为"Microsoft Word 中的图表–Microsoft Excel"的文件,如图 2–5–19 所示,并且文档中在光标所在位置处插入了一个图表,如图 2–5–20 所示。

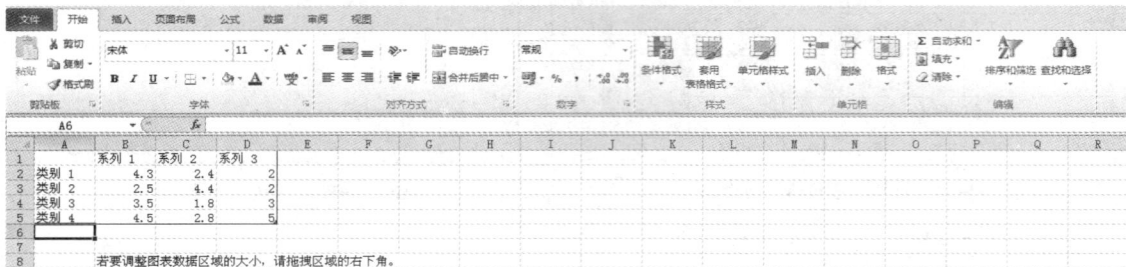

图 2–5–19 "Microsoft Word 中的图表–Microsoft Excel"文件初始效果

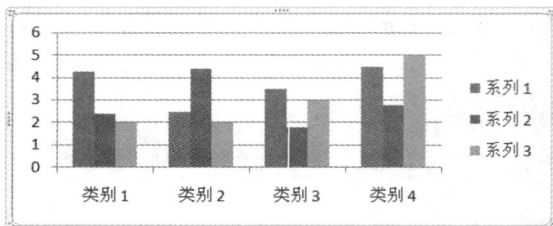

图 2–5–20 图表的初始效果

④ 将要建立图表的表格中的数据选中并且复制,在"Microsoft Word 中的图表–Microsoft Excel"文件的 A1 单元格中进行粘贴,如图 2–5–21 所示,这时 Word 2010 中相对应的"簇状柱形图"也发生了变化。

⑤ 插入图表完成之后,关闭文件"Microsoft Word 中的图表–Microsoft Excel"即可。

⑥ 鼠标单击图表中的任意位置处,使图表处于编辑状态。这时 Word 2010 功能区自动出现"图表工具"的选项卡,在其下边选择"布局"上下文选项卡,在"标签"命令组中单击"图表标题"命令按钮,则弹出"图表标题"下拉列表,在弹出的下拉列表中选择"图表上方"命令,则表示在图表区顶部显示标题,并且调整图表的大小。将在图表区的上方出现的文本"图表标题"修改为"腾飞公司采购寻价图表"即可,如图 2–5–22 所示,则图表设置完成。

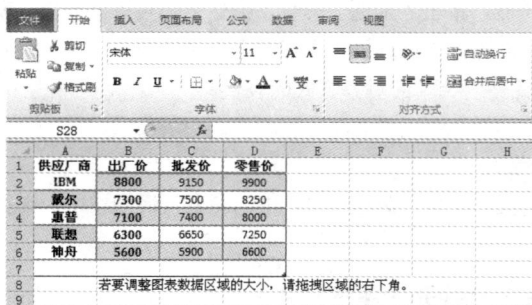

图 2–5–21 "Microsoft Office Word 中的 图表–Microsoft Excel"文件

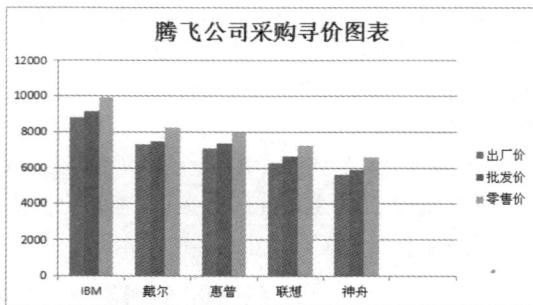

图 2–5–22 腾飞公司采购寻价图表

## 2.5.4 知识精讲

1. 表格样式

(1)套用表格样式

Word 2010 中提供了丰富多样的表格样式,套用现成的表格样式是一种快捷便利的制作表格的方法。其具体的操作步骤如下:

① 鼠标单击图表中的任意位置处，使图表处于编辑状态。这时 Word 2010 功能区自动出现"图表工具"选项卡，在其下边选择"设计"上下文选项卡，在"表格样式"命令组中单击"其他"命令按钮，则弹出"表格样式库"下拉列表，如图 2-5-23 所示。

② 在"表格样式库"下拉列表中，鼠标指针在内置的"表格样式库"中移动，则文本提示会显示当前表格样式的名称，与此同时，在文档中的表格中可实时预览套用此表格的效果，单击即套用了现成的表格样式。

（2）修改表格样式

如果 Word 2010 提供的表格样式不能满足需要，那么可以在"表格样式库"的下拉列表中选择"修改表格样式"命令，打开"修改样式"对话框，如图 2-5-24 所示，可以对表格的样式做更加详细和具体的修改。

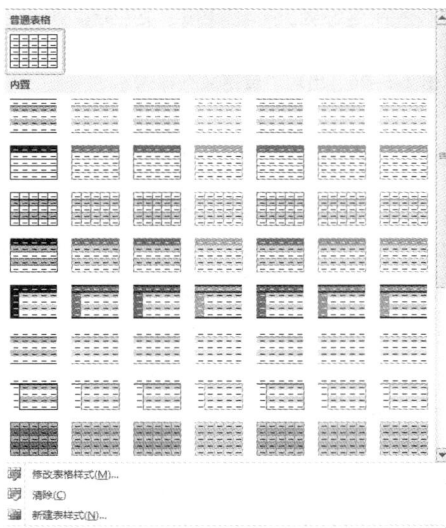

图 2-5-23　"表格样式库"下拉列表　　　图 2-5-24　"修改样式"对话框

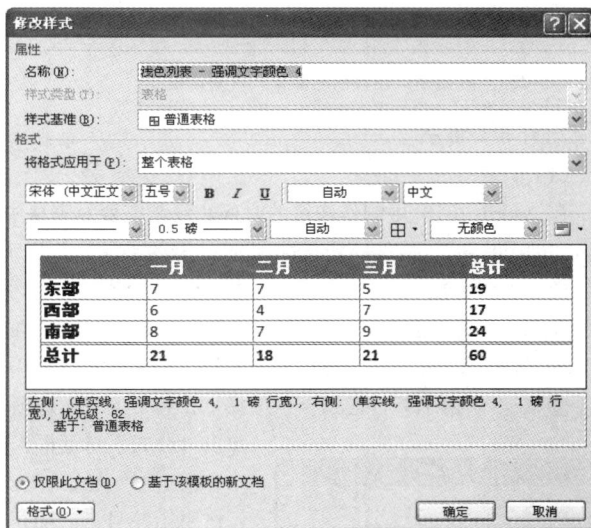

（3）清除表格样式

如果想要清除添加的表格样式，可以有以下几种方式：

① 鼠标单击表格中的任意位置处，使图表处于编辑状态。这时 Word 2010 功能区自动出现"图表工具"选项卡，选择"设计"上下文选项卡，在"表格样式"命令组中单击"其他"命令按钮，则弹出"表格样式库"下拉列表，在"普通表格"选项区域中选择"网格型"或者"普通表格"，即可清除添加的表格样式，恢复"网格型表格"或者"普通表格"。

② 鼠标单击表格中的任意位置处，使图表处于编辑状态。这时 Word 2010 功能区自动出现"图表工具"选项卡，选择"设计"上下文选项卡，在"表格样式"命令组中单击"其他"命令按钮，则弹出"表格样式库"下拉列表，单击"清除"命令，则表格回到"普通表格"，清除了添加的表格样式。

（4）新建表样式

鼠标单击表格中的任意位置处，使图表处于编辑状态。这时 Word 2010 功能区自动出现"图表工具"选项卡，选择"设计"上下文选项卡，在"表格样式"命令组中单击"其他"命令按钮，则弹出"表格样式库"下拉列表，在其中单击"新建表样式"命令，则打开"根据格式设置创建新样式"对话框，如图 2-5-25 所示。在其中可以设置新的格式样式并命名，然后单击"确定"按钮，则在"表格样式库"下拉列表中就会出现"自定义"的样式，如图 2-5-26 所示。这样就完成了新建表样式的操作。

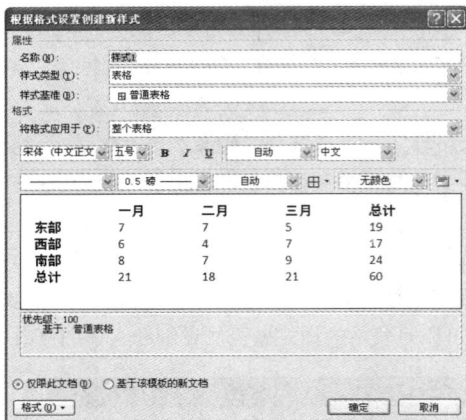

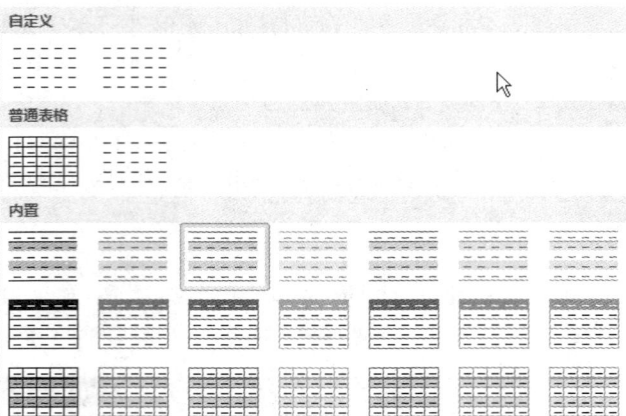

图 2-5-25 "根据格式设置创建新样式"对话框 　　　　　　图 2-5-26 出现"自定义"样式

2．计算和排序

（1）计算

在 Word 2010 中制作表格的时候，经常需要对表格中的数据进行计算，以得到一些统计之后的结果。Word 2010 提供了对表格中的数据进行计算的功能，并且还提供了大量的函数来帮助运算。其中最常用的函数包括：求和函数 SUM( )、求最大值函数 MAX( )、求最小值函数 MIN( )和求平均值函数 AVERAGE( )。

在 Word 2010 的表格中进行计算的具体操作步骤如下：

① 将鼠标光标放在表格中要放置计算结果的单元格中。

② 在"表格工具"选项卡下选择"布局"上下文选项卡，在"数据"命令组中单击"公式"命令按钮，弹出"公式"对话框，如图 2-5-27 所示。

图 2-5-27 "公式"对话框

③ 在"公式"对话框中，在"公式"文本框中输入"=函数名（单元格引用符号）"。而这其中，函数可以从"粘贴函数"右边的下拉列表中选择，单元格引用符号通常使用"ABOVE""LEFT"和"RIGHT"来引用插入点单元格的上面、左边和右边的所有可以计算的单元格中的数据。

④ 单击"确定"命令按钮，则按照所选公式进行计算的结果便会出现在光标所在单元格中。

（2）排序

在 Word 2010 中制作表格的时候，不仅能够对单元格中的数据进行计算，还可以按照表格中的一行或者一列的值进行排序。其具体的操作方法如下：

① 在 Word 2010 的表格中，选中要进行排序的行或列。

② 在"表格工具"选项卡下选择"布局"上下文选项卡，在"数据"命令组中单击"排序"命令按钮，弹出"排序"对话框。

③ 在"排序"对话框中，设置"主要关键字"和排序样式是"升序"还是"降序"，同时还可以对"次要关键字"和"第三关键字"进行设置。要先按主要关键字进行排序，排序过程中，当出现相同值时，将主关键字相同的数据再根据次要关键字进行排序，如果又一次出现相同值，则再让次要关键字相同的数据按照第三关键字进行排序。

④ 单击"确定"按钮，完成对表格中数据的排序设置。

3．使用主题来快速调节文档外观

在 Office 以前的版本中，要设置严谨一致、专业美观的 Word 文档格式，需要花费很多的时间，因为用户要分别为图表、图示、形状和表格进行颜色的选择或者样式的设置等，而在 Word 2010 中，为用户提供的主题功能直接简化了这一系列设置的复杂过程，极大地方便了用户，节省了更多的时间消耗。

在 Word 2010 中，文档主题是一套具有统一风格的格式选项，其中包括了一组主题颜色（即配色方案的集合）、一组主题字体（其中包括标题字体和正文字体），还有一组主题效果（其中包括线条和填充效果）。用户通过使用文档主题功能，可以轻松而快速地对整个文档的格式进行设置，赋予整篇文档更加专业和更加美化的外观。

文档主题在 Word、Excel 和 PowerPoint 应用程序之间可以共享，这样就能保证应用了相同主题的 Office 文档，在外观上都能保持高度的统一。

如果想要利用主题功能使现有的 Word 2010 文档焕然一新，那么可以按照如下的操作步骤来进行：

① 在 Word 2010 功能区中，单击"页面布局"选项卡。

② 在"页面布局"选项卡的"主题"命令组中，单击"主题"命令按钮，则弹出"主题"下拉列表，如图 2-5-28 所示。

③ 在弹出的"主题"下拉列表中，Word 2010 系统内置的主题库以图示的方式为用户列出了 Office、暗香扑面、奥斯汀、跋涉、波形、沉稳、穿越、顶峰、都市等 20 多种文档的主题。用户可以通过移动鼠标来查看这些主题，在移动鼠标的同时，可以实时预览每个主题在文档中的使用效果。

④ 选定一个用户需求的主题后单击，即可更改文档的整体设计，包括颜色、字体和效果，完成对文档主题的设置。

不但可以在文档中应用 Word 2010 预定义的文档主题，还可以按照实际要求来创建自定义的文档主题。

如果要自定义文档的主题，则需要对文档的主题字体、主体颜色及主题效果进行设置。对主题所做的更改将会实时地应用到当前文档的显示外观。如果要将这些更改应用到新的文档中去，将设置的结果另存为自定义的文档主题即可。

图 2-5-28　"主题"下拉列表

## 2.5.5　技巧与提高

### 1. 审阅与修订文档

在使用 Word 2010 的过程中，如果几个人一同处理文档，那么审阅和跟踪文档的修订状况将会成为最重要的环节之一，需要及时了解其他人更改了文档的什么内容，以及进行这些更改的原因。Word 2010 提供了多种方式来协助完成文档审阅的相关操作步骤，并且可以通过全新的审阅窗格进行快速的对比和查看，还能够合并同一文档的多个修订的版本。

（1）修订文档

图 2-5-29　"修订"状态开启

在修订状态下修改文档时，Word 2010 应用程序将会跟踪文档中的所有内容的变化状况，并且会把用户在当前文档中所做的修改、插入或者删除的每一项内容都标记下来。

打开所需修订的文档，在 Word 2010 的功能区单击"审阅"选项卡，单击"修订"命令组的"修订"下拉按钮，即可开启文档的修订状态，如图 2-5-29 所示。

当文档的修订状态开启的时候，插入的文本内容会通过颜色和下划线进行标记，而删除的内容则在右侧页边的空白位置显示出来。

当多个用户同时对同一篇文档进行修订的时候，文档会通过不同的颜色来区分开不同的用户的修订内容，这样可以更好地避免多用户参与文档修订而造成的混乱的局面。此外，Word 2010 应用程序允许对修订内容的样式进行自定义的设置。其详细的操作步骤如下：

① 打开所需要修订的文档，在 Word 2010 的功能区单击"审阅"选项卡，单击"修订"命令组的"修订"下拉按钮，在弹出的下拉列表中单击"修订选项"命令，则打开"修订选项"对话框，如图 2-5-30 所示。

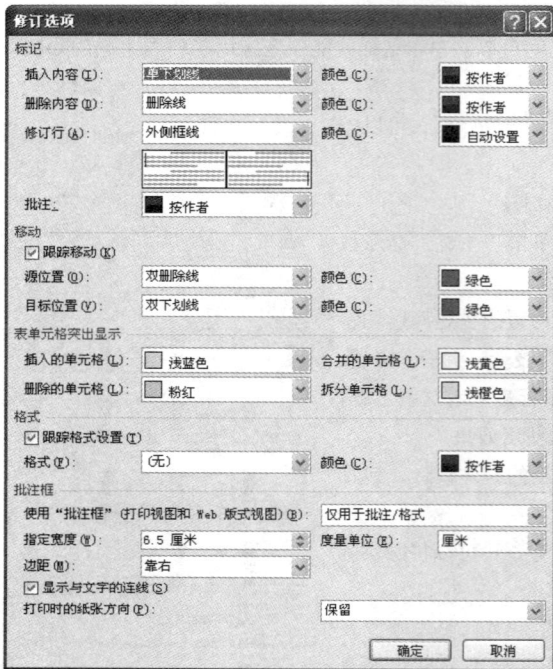

图 2-5-30 "修订选项"对话框

② 在"修订选项"对话框中，有"标记""移动""表单元格突出显示""格式"和"批注框"五个选项区域，可以根据实际需要设置修订内容的显示情况。

（2）给文档添加批注

在使用 Word 2010 的过程中，如果几个人一同处理文档，需要对文档内容的变更情况做出释义，或者当向文档的作者询问一些问题的时候，可以在这个文档中插入"批注"信息。"批注"与"修订"是有区别的，"批注"并不是在文档原文的基础上进行的修改，而是在文档页面的空白位置处添加与其相关的注释信息，并且用有颜色的方框把释义括起来。

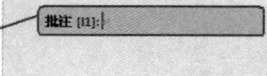

如果需要给文档中的一些内容添加"批注"信息，那么首先在文档中选中需要添加批注信息的文本，然后在 Word 2010 的功能区中单击"审阅"选项卡，单击"批注"命令组中的"新建批注"命令按钮，则在文档的右侧出现"标记区"，显示"批注"字样，如图 2-5-31 所示。可以直接输入批注信息，Word 2010 默认的是红色的方框围起来的区域。

图 2-5-31 添加批注

除了在文档中插入文本的批注信息外，还可以插入音频或者视频的批注信息，从而使文档更加丰富。

如果想要删除文档中的其中一条批注信息，首先右击想要删除的批注信息，然后在打开的快捷菜单中选择"删除批注"命令并单击执行，则选中的这条批注就被删除。如果想要删除文档中的所有批注信息，首先单击文档中的任意一个批注信息，然后在 Word 2010 的功能区单击"审阅"→"批注"→"删除"→"删除文档中的所有批注"命令，即完成了文档中所有批注信息的删除，如图 2-5-32 所示。

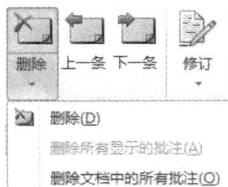

图 2-5-32 删除所有批注

另外，在文档被多人修订或审批后，可以在 Word 2010 的功能区单击"审阅"选项卡，在其中单击"修订"命令组中的"显示标记"命令按钮，在其下拉列表中单击"审阅者"命令，在弹出的列表中将显示出所有对这篇文档进行过修订操作或批注操作的人员的名单。可以选择审阅者的姓名前面的复选框，来查看不同人员对这篇文档的修订意见或者批注意见。

（3）审阅修订和批注

在 Word 2010 中，文档的内容修订完成以后，还需要对文档的修订状况和批注状况进行最终的审阅，确定出最终的文档版本。当文档进行审阅修订和批注时，可以依照如下的具体步骤，或是接受或是拒绝文档内容中的每一项的更改。

① 在 Word 2010 的功能区单击"审阅"选项卡，在其中的"更改"命令组中单击"上一条"或者"下一条"命令按钮，就可以定位到文档中的"上一条"或者"下一条"修订或者批注。

② 对于修订信息，可以在 Word 2010 的功能区单击"审阅"选项卡，然后单击"更改"命令组中的"接受"或者"拒绝"命令按钮，来选择接受或者拒绝当前的修订对文档内容的更改。而对于批注信息，可以在"批注"命令组中单击"删除"命令按钮将批注删除。

③ 反复执行步骤①～②的操作，直到整篇文档中不再有修订和批注信息。

④ 如果想要拒绝对当前文档所做的全部修订，可以在 Word 2010 的功能区单击"审阅"选项卡，然后单击"更改"命令组中的"拒绝"命令按钮，在其下拉列表中选择执行命令"拒绝对文档的所有修订"即可。

如果想要接受对当前文档所做的全部修订，可以在 Word 2010 的功能区单击"审阅"选项卡，然后单击"更改"命令组中的"接受"命令按钮，在其下拉列表中选择执行命令"接受对文档的所有修订"即可。

2. 快速比较文档

在 Word 2010 应用程序中，文档经过最终的审核以后，有时想要通过对比的方法查看修订前后两个文档内容的改变情况。Word 2010 提供了能够实现这种情况的"精确比较"功能，可以显示修改前后两个文档的差异。

使用"精确比较"的功能来对比文档的内容，其具体的操作步骤如下：

① 在 Word 2010 的功能区单击"审阅"选项卡，在其中的"比较"命令组中单击"比较"下拉按钮，在其下拉列表中单击"比较"命令，打开"比较文档"对话框，如图 2-5-33 所示。

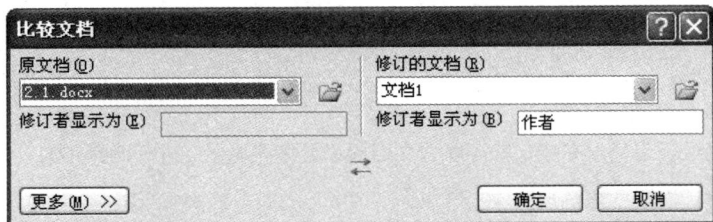

图 2-5-33 比较文档

② 在"原文档"的区域中，通过浏览找到想要作为原始文档的那篇文档；在"修订的文档"区域中，通过浏览找到已经修订完成的文档。

③ 单击"确定"命令按钮，这时两个文档之间的不同之处将会突出显示在"比较结果"文档的中间，以供用户查看。在文档比较视图左边的审阅窗格里，Word 2010 自动统计了原文档和修订之后的文档之间存在的差异情况。

### 3. 删除文档中的个人信息

在 Word 2010 应用程序中，文档的最终版本确定以后，如果希望将 Microsoft Office 文档的电子副本共享给其他用户，最好要先检查一下这篇文档是否包含隐藏的数据或者个人信息，这些信息有可能存储在文档本身或文档的属性中，并且很有可能会透露出一些个人的隐私信息，所以很有必要在共享文档之前，对这些隐藏信息进行彻底的删除。

Office 2010 提供的工具"文档检查器"，可以帮助用户进行查找和删除在 Word 2010、Excel 2010 和 PowerPoint 2010 这些文档中隐藏的数据和存在的个人信息。

其具体的操作步骤如下所示：

① 打开准备要进行检查的文档的副本。

② 在 Word 2010 的功能区单击"文件"选项卡，打开 Office 的后台视图区。然后单击"信息"命令，在列的四个选项上单击"检查问题"命令按钮，在弹出的下拉列表中选择"检查文档"命令，打开"文档检查器"对话框，如图 2-5-34 所示。

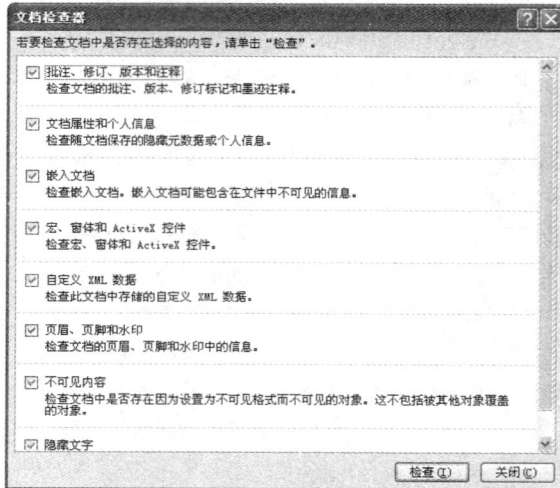

图 2-5-34 "文档检查器"对话框

③ 在"文档检查器"对话框中，单击想要检查的隐藏内容类型前面的复选框，然后单击"检查"命令按钮。

④ 检查完成后，在"文档检查器"对话框中审阅检查的结果，并且在想要删除的内容类型旁边单击"全部删除"命令按钮即可。

### 4. 标记文档的最终状态

如果整篇文档已经确定修改完成，就可以为文档标记最终状态了。进行此操作前，先将文档设置为只读的，并且禁用相关的一切编辑命令。

如果想要标记文档的最终状态，可以在 Word 2010 的功能区单击"文件"选项卡，打开 Office 的后台视图区，然后单击"信息"命令，在列的四个选项上单击"保护文档"命令按钮，在弹出的下拉列表中选择"标记为最终状态"命令，单击"确定"按钮即完成了设置。

### 5. 构建并使用文档部件

文档部件实际上是指对于文档中的某一段指定内容的一种封装的手段，其中包括文本、表格、照片、段落等文档对象，也可以简单地理解为对这段文档内容的保存和重复使用，这种方式能够提供给用户一种高效的方法，能够使用户在文档中共享已经存在的设计或者文档的内容。

在 Word 2010 中，如果想把文档中的某些内容保存为文档部件并且能够重复使用，那么就按照如下操作步骤来执行：

① 在 Word 2010 文档中，选择想要被创建为文档部件的内容。

② 在 Word 2010 的功能区单击"插入"选项卡，在其中的"文本"命令组中单击"文档部件"下拉按钮，插入可重复使用的内容片段，包括域、文档属性（如标题和作者）或者任何创建的预设格式片段。在其下拉列表中单击"将所选内容保存到文档部件库"命令，打开"新建构建基块"对话框，如图 2-5-35 所示。

③ 在"新建构建基块"对话框中，为新建的文档部件设置"名称"属性，并在"库"的类别下拉列表中选择其类别为"表格"。

④ 单击"确定"命令按钮，完成对文档部件的创建任务。

**图 2-5-35　"新建构建基块"对话框**

打开或者新建另外一个 Word 2010 文档，将光标定位在要插入文档部件的位置，在 Word 2010 的功能区单击"插入"选项卡，在其中的"表格"命令组中单击"表格"下拉按钮，在下拉列表中选择"快速表格"命令，从其下拉列表中可以直接找到刚才建立的文档部件，并且可以将其直接在文档中使用。

6. 与他人共享文档

Word 2010 文档编辑完成以后，可以直接打印出来，方便阅读。有时候用户不想要打印文档，而是想要通过多种电子化的方式和他人共享文档。

（1）通过电子邮件来共享文档

Word 2010 文档编辑完成以后，如果想要将这篇文档通过电子邮件的方式发送给对方，那么可以在 Word 2010 的功能区单击"文件"选项卡，打开 Office 的后台视图区，然后选择"保存并发送"→"使用电子邮件发送"命令作为附件的发送命令。

（2）转换成 PDF 文档格式

可以将 Word 2010 的文档保存为 PDF 的格式，这样可以保证文档的只读性，还能够保证没有安装 Microsoft Office 产品的用户也可以正常地阅读这篇文档的内容。

想要将 Word 2010 文档另存为 PDF 文档，具体的操作步骤如下：

① 在 Word 2010 的功能区单击"文件"选项卡，打开 Office 的后台视图区。

② 在 Office 的后台视图中选择"保存并发送"→"创建 PDF/XPS 文档"→"创建 PDF/XPS"命令，如图 2-5-36 所示，打开"发布为 PDF 或 XPS"对话框。

**图 2-5-36　将文档发布为 PDF 格式**

③ 在打开的"发布为 PDF 或 XPS"对话框中，单击"发布"命令按钮，就能够完成将 Word 2010 文档转换为 PDF 文档了。

### 2.5.6 训练任务

1）创建如表 2-5-1 所示的表格，操作步骤操作如下：

① 新建一个 Word 文档，插入一个 5 行 5 列的表格，页面设置为"横向"。

② 设置列宽：第 1 列 3.8 厘米，其余列均为 2.5 厘米；

设置行高：第 1 行为 2 厘米，其余行高为 0.8 厘米。

③ 表格的外框线设置为 1.5 磅，红色双实线；表格的内框线设置为 0.75 磅，蓝色单实线。

④ 绘制如表 2-5-1 所示样式的斜线标头，颜色为粉色，线条粗细为 2 磅。

表 2-5-1 成绩表

| 成绩 姓名 \ 科目 | 网页制作 | Flash 动画 | Java | 数据库 |
|---|---|---|---|---|
| 刘 洋 | 85 | 62 | 88 | 84 |
| 郭梦姿 | 76 | 85 | 74 | 72 |
| 王 宁 | 82 | 85 | 70 | 77 |
| 唐文超 | 95 | 76 | 93 | 63 |

⑤ 在表格中输入表 2-5-1 中所示的文字。

⑥ 设置文本的对齐方式为居中。

⑦ 设置数字单元格区域的边界：右边界为 0.5 厘米。

⑧ 在表格的右侧添加两列，列标题分别为总分和平均分，并且利用公式计算出每名同学的总分和平均分。

⑨ 将表格的内容按照"总分"列进行降序排序。

⑩ 操作完成后以"成绩表.docx"为名保存文档。

2）完成以下操作要求：

① 新建一个 Word 文档，输入如图 2-5-37 所示的文本。

② 将输入的 6 行文字转换成一个 6 行 6 列的表格（按制表符转换），表格样式为"浅色底纹-强调文字颜色 2"。

学生基本情况记录表

| 序号 | 学 号 | 姓 名 | 性别 | 籍 贯 | 成绩 |
|---|---|---|---|---|---|
| 1 | 98131 | 刘激扬 | 男 | 北京 | 560 |
| 2 | 98164 | 衣春生 | 男 | 青岛 | 480 |
| 3 | 98165 | 卢声凯 | 男 | 天津 | 437 |
| 4 | 98182 | 袁秋慧 | 女 | 广州 | 560 |
| 5 | 98203 | 林德康 | 男 | 上海 | 490 |

图 2-5-37 "学生基本情况记录表"样表

③ 设置表格居中。

④ 给第 1 行所有单元格添加红色底纹，底纹样式为 25%、黄色。

⑤ 表格每列列宽为 2 厘米，设置表格的所有框线为 1 磅，蓝色单实线。

⑥ 排序依据"成绩"列（第一关键字）、"数字"类型递减，然后依据"性别"列（第二关键字）、"拼音"类型递减对记录表进行排序。

⑦ 操作完成后以"学生基本情况记录表"为名保存文档。

3）完成以下操作要求：

① 新建一个 Word 文档，并创建表格，见表 2-5-2。

表 2-5-2 某校购买乐器情况表

| 乐器名称 | 数量 | 单价（元） | 金额（元） |
|:---:|:---:|:---:|:---:|
| 电子琴 | 6 | 2 000 | |
| 手风琴 | 4 | 900 | |
| 萨克斯 | 5 | 1 100 | |
| 钢 琴 | 3 | 9 000 | |

② 将表格标题"某校购买乐器情况表"设置为四号、黑体、加粗、居中。

③ 设置表格列宽为 2.5 厘米，表格居中。

④ 表格中第 1 行和第 1 列文字水平居中，其他各行各列文字右对齐。

⑤ 在"金额（元）"列中的相应单元格中，按公式（金额=单价×数量）计算并填入左侧乐器的合计金额。

⑥ 操作完成后以"某校购买乐器情况表"为名保存文档。

# 任务 2.6  批量制作录取通知书

使用 Word 2010 中的邮件合并功能，用户能够快速有效地制作批量的文档，如批量制作信函或者信封等与邮件相关联的文档，或者批量制作邀请函、缴费通知单、准考证、商品出货单和成绩单等文档。

## 2.6.1  任务描述

小张是育才高中招生部门的一名老师，主要负责育才高中的招生录取工作。现在，张老师已经完成了学校的录取工作，准备给录取的新生制作并邮寄录取通知书。

录取通知书形式上就是一张通知，每张录取通知书上都要填写被录取学生的学生姓名、录取编号、毕业学校和中考总成绩，不过所有录取通知书的版面和格式都是相同的。为了提高自己的工作效率，避免手工填写这些录取通知书的烦琐，张老师决定使用 Word 2010 提供的邮件合并功能自动生成录取通知书，如图 2-6-1 所示。

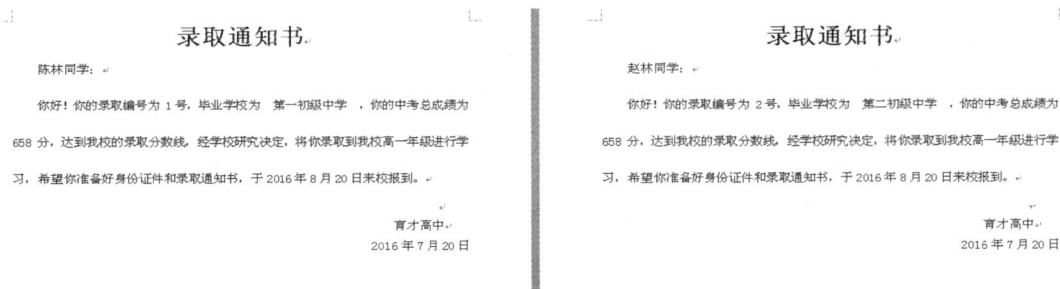

图 2-6-1  录取通知书

## 2.6.2  任务分析

这个工作的任务是批量生成录取通知书，而且每张录取通知书上的内容都分为固定不变的内容和变化的内容两部分。

文档中固定不变的内容有：录取通知书的格式、录取通知书的题目"录取通知书"、录取通知书的称呼中的"同学"、正文的多数内容"你好！你的录取编号为，毕业学校为，你的中考总成绩为分，达到我校的录取分数线，经学校研究决定，将你录取到我校高一年级进行学习，希望你准备好身份证件和录取通知书，于 2016 年 8 月 20 日来校报到。"和最后落款的内容。

文档中变化的内容有：录取通知书的称呼中的学生的姓名，以及正文中的录取编号、毕业学校和中考总成绩。

每张录取通知书中固定不变的信息构成了邮件合并的主文档，主文档的创建过程与新建一个 Word 2010 文档的方法是相同的。每张录取通知书中变化的信息就需要由数据源来提供了，数据源可以是 Word 表格、Excel 表格或者是 Access 数据表等。最后选用 Word 2010 提供的邮件合并工具将数据源中的数据合并到其主文档中，这样就会生成一个包含多张录取通知书的结果文档，可以打印输出这个结果文档，即可完成本项工作的任务了。

完成本项工作任务需要进行的具体操作步骤如下：
① 创建数据源。
② 建立主文档。
③ 通过邮件合并功能来合并文档。

## 2.6.3　任务实现

### 1. 创建数据源

新建一个 Word 2010 文档，在其中创建如图 2-6-2 所示的表格，把这个文档保存在桌面上，文件命名为"录取通知书数据源.docx"。

| 录取编号 | 姓名 | 总成绩 | 毕业学校 |
| --- | --- | --- | --- |
| 1 | 陈林 | 658 | 第一初级中学 |
| 2 | 赵林 | 658 | 第二初级中学 |
| 3 | 张伟琛 | 657 | 第四初级中学 |
| 4 | 张航 | 656 | 育才初级中学 |
| 5 | 王金俊 | 653 | 第五初级中学 |
| 6 | 崔永健 | 652 | 第一初级中学 |
| 7 | 李天义 | 650 | 第一初级中学 |
| 8 | 尚云迪 | 650 | 第二初级中学 |
| 9 | 王飞 | 650 | 第四初级中学 |
| 10 | 周冬雷 | 648 | 第二初级中学 |
| 11 | 关长宁 | 646 | 第一初级中学 |
| 12 | 王欢 | 646 | 第四初级中学 |
| 13 | 朱明峰 | 646 | 育才初级中学 |
| 14 | 杜志秋 | 644 | 第五初级中学 |
| 15 | 李成欣 | 643 | 第四初级中学 |
| 16 | 张臣 | 643 | 第四初级中学 |
| 17 | 栗欣辅 | 640 | 第一初级中学 |
| 18 | 郎明吹 | 639 | 育才初级中学 |
| 19 | 张晓敏 | 639 | 育才初级中学 |
| 20 | 郭灵旭 | 638 | 第一初级中学 |
| 21 | 娄宏丹 | 638 | 第四初级中学 |
| 22 | 范丽杰 | 637 | 育才初级中学 |
| 23 | 赵阳 | 636 | 第五初级中学 |
| 24 | 孟杨龙 | 635 | 第四初级中学 |

图 2-6-2　录取通知书数据源

### 2. 创建主文档

新建 Word 2010 文档，制作如图 2-6-3 所示的录取通知书主文档。按照图 2-6-3 所示进行文本的输入，标题设置为宋体、小初、居中。其余文字设置为宋体、小二。文本的对齐方式如图 2-6-3 所示。把这个文档保存在桌面上，命名为"录取通知书主文档.docx"。

### 3. 合并文档

① 打开主文档文件"录取通知书主文档.docx"，然后在 Word 2010 的功能区中单击"邮件"选项卡，选择其下的"开始邮件合并"命令组，单击"开始邮件合并"命令的下拉按钮，弹出下拉列表。在弹出的下拉列表中选择"信函"命令或者"普通 Word 文档"命令。

② 在 Word 2010 的功能区中单击"邮件"选项卡，选择其下的"开始邮件合并"命令组，单击"选择收件人"命令的下拉按钮，弹出下拉列表。在弹出的下拉列表中选择"使用现有列表"命令，打开"选取数据源"对话框。选择"录取通知书数据源.docx"文件，单击"打开"命令按钮，就可以将数据源中的数据链接到当前的合并邮件的主文档中了。

# 录取通知书

同学：

你好！你的录取编号为　　　　号，毕业学校为　　　　　　，你的中考总成绩

为　　　　分，达到我校的录取分数线，经学校研究决定，将你录取到我校高一年级进

行学习，希望你准备好身份证件和录取通知书，于 2016 年 8 月 20 日来校报到。

育才高中
2016 年 7 月 20 日

图 2-6-3　录取通知书主文档

③ 将鼠标光标定位于录取通知书主文档中的称呼"同学"之前，然后在 Word 2010 的功能区中单击"邮件"选项卡，选择其下的"编写和插入域"命令组，单击"插入合并域"命令的下拉按钮，在其下拉列表中将显示录取通知书数据源中的所有域名，如图 2-6-4 所示。从中单击"姓名"域，就可以在光标定位的位置处插入所选的"姓名"域了，如图 2-6-5 所示。

录取通知书

《姓名》同学：

你好！你的录取编号为　　　号，毕业学校为　　　　　　，你的中考总成绩为

图 2-6-4　插入合并域　　　　　　　　图 2-6-5　在光标位置处插入"姓名"域

④ 重复执行步骤③ 中的操作，分别在录取通知书主文档中插入如图 2-6-6 所示的"录取编号"域、"毕业学校"域和"总成绩"域这三个合并域。

⑤ 在 Word 2010 的功能区中单击"邮件"选项卡，选择其下的"预览结果"命令组，单击"预览结果"命令按钮，就可以预览邮件合并后的效果了，如图 2-6-7 所示。其中使用导航条 ，可以按照记录号查看合并后的录取通知书，还可以单击"查找收件人"命令按钮，打开"在域中查找"对话框，如图 2-6-8 所示。在"在域中查找"对话框中，通过指定查找内容和制定查找域，可以查看和制定内容相对应的合并后的录取通知书。图 2-6-8 所示查找的是"录取编号"是"3"号的录取通知书。

录取通知书

《姓名》同学：

你好！你的录取编号为《录取编号》号，毕业学校为《毕业学校》，你的中考总成绩为《总成绩》分，达到我校的录取分数线，经学校研究决定，将你录取到我校高一年级进行学习，希望你准备好身份证件和录取通知书，于 2016 年 8 月 20 日来校报到。

育才高中
2016 年 7 月 20 日

图 2-6-6　插入所有合并域

录取通知书

陈林同学：

你好！你的录取编号为 1 号，毕业学校为第一初级中学，你的中考总成绩为 658 分，达到我校的录取分数线，经学校研究决定，将你录取到我校高一年级进行学习，希望你准备好身份证件和录取通知书，于 2016 年 8 月 20 日来校报到。

育才高中
2016 年 7 月 20 日

图 2-6-7　预览合并效果

⑥ 如果经过预览之后确认经过邮件合并后的文档没有任何错误，那么在 Word 2010 的功能区中单击"邮件"选项卡，选择其下的"完成"命令组，单击"完成并合并"下拉按钮，在其下拉列表中选择"编辑单个文档"命令，打开"合并到新文档"对话框，如图 2-6-9 所示。在"合并到新文档"对话框中，选择要进行邮件合并的记录，如果选中"全部"单选按钮，就表示合并了所有的记录。

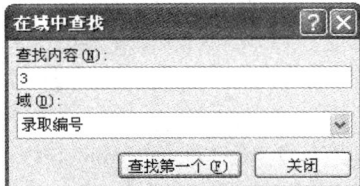

图 2-6-8　"在域中查找"对话框　　　　　　图 2-6-9　"合并到新文档"对话框

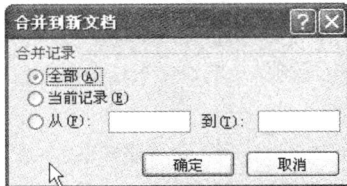

⑦ 单击"确定"命令按钮，则邮件合并完成。之后 Word 2010 将自动生成一个包含所有记录的新文档，在新文档中每个记录占一页，分别是一张录取通知书。可以保存该结果文档到桌面上，文件命名为"录取通知书.docx"，还可以直接打印输出这些录取通知书。

这样，批量制作录取通知书的任务就完成了。

## 2.6.4　知识精讲

1. "邮件合并"概述

Word 中的"邮件合并"功能最开始是用于批量处理信件文档的，在信件文档也就是邮件合并的主文档的固定内容中，需要合并入一些与接收邮件的人有关联的通信资料，即邮件合并的数据源，这样最后才能够批量生成信件文档，从而可以很大程度地提高用户的工作效率。

现在，Word 2010 的"邮件合并"功能不仅可以应用于信函、信封等与邮件相关的文档，还可以批量制作录取通知书、商品的出货单、缴费通知书、成绩单、邀请函、工资条及各种各样的标签。

在 Word 2010 中使用"邮件合并"的情况主要有以下两种：

① 文档的制作数量比较多。

② 文档中的内容可以分为固定不变的内容和变化的内容两种，而其中变化的内容可以由包含数据标题的数据表中的相应记录来提供。

图 2-6-2 所示的表格就是一个包含数据标题的数据记录表，这个表由标题行和记录行两部分组成。其中标题行由"录取编号""姓名""总成绩"和"毕业学校"字段名（也叫域名）组成，标题行下的每个记录行保存了每个对象相对应的信息。

在 Word 2010 中使用"邮件合并"功能的具体操作步骤如下所示：

① 准备好数据源。数据源一般可以是 Word、Excel、Access 等形式的数据表格。在实际的日常工作中，数据源一般是现成的。如果不是现成的，就要求根据主文档的要求自己创建数据源。

② 创建主文档。主文档中包含的文本或者图形等能够作为固定不变内容的，都将出现在邮件合并之后的结果文档中。主文档的类型可以是普通的 Word 2010 文档，也可以是信函、标签、目录、信封等非常规的文档。

③ 将数据源合并到主文档中。合并操作可以使用 Word 2010 功能区中的"邮件"选项卡中的命令分步完成，也可使用"邮件合并"的向导来完成。

2. Word 域

Word 域是 Word 2010 应用程序中的一种特殊的代码，用于在文档中插入一些特定的内容，或者用来完成某个自动的功能。使用域的优点是可以根据文档的变动进行自动更新。批量制作录取通知书这个任务中的合并域是可以自动插入相应的数据的。

Word 2010 可以保存已经插入了合并域的文档，在下一次打开这个文档的时候，一定要保证文档中有数据源信息，否则进行合并操作的时候就不能够改变合并域的内容了。

邮件合并完成后，生成的结果文档是合并操作的产物，这里面已经不包含域的内容了。

3. 使用"邮件合并"向导完成邮件合并的操作

下面以批量制作录取通知书这个工作任务为例，介绍"邮件合并"向导的使用方法，其具体的操作步骤如下所示：

① 打开主文档文件"录取通知书主文档.docx"，即还没有插入合并域的文档，在 Word 2010 的功能区中单击"邮件"选项卡，选择其下的"开始邮件合并"命令组，单击"开始邮件合并"命令的下拉按钮，弹出下拉列表。在弹出的下拉列表中选择"邮件合并分步向导"命令，会在窗口的右侧出现"邮件合并"任务窗格，进入向导的第一步，如图 2-6-10 所示。

② 在问题"正在使用的文档是什么类型？"中，选择"信函"单选按钮，设置要制作的文档类型是"信函"，单击"下一步：正在启动文档"链接，进入向导的第二步，如图 2-6-11 所示。

③ 在问题"想要如何设置信函"中，选择"使用当前文档"单选按钮，表示在已经打开的文档中添加收件人的信息，单击"下一步：选取收件人"链接，进入向导的第三步，如图 2-6-12 所示。

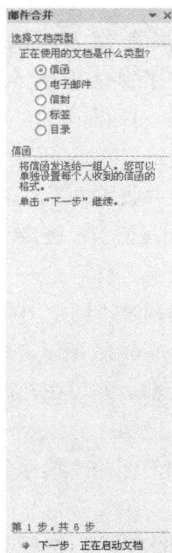

图 2-6-10　选择文档类型　　　　图 2-6-11　选择开始文档　　　　图 2-6-12　选择收件人

④ 在问题"选择收件人"中，选择"使用现有列表"单选按钮，然后单击"浏览"链接，打开"选取数据源"对话框。在"选取数据源"对话框中，选择桌面上的"录取通知书数据源.docx"文件，可以将数据源中的数据链接到当前的主文档中。然后打开"邮件合并收件人"对话框，如图 2-6-13 所示。

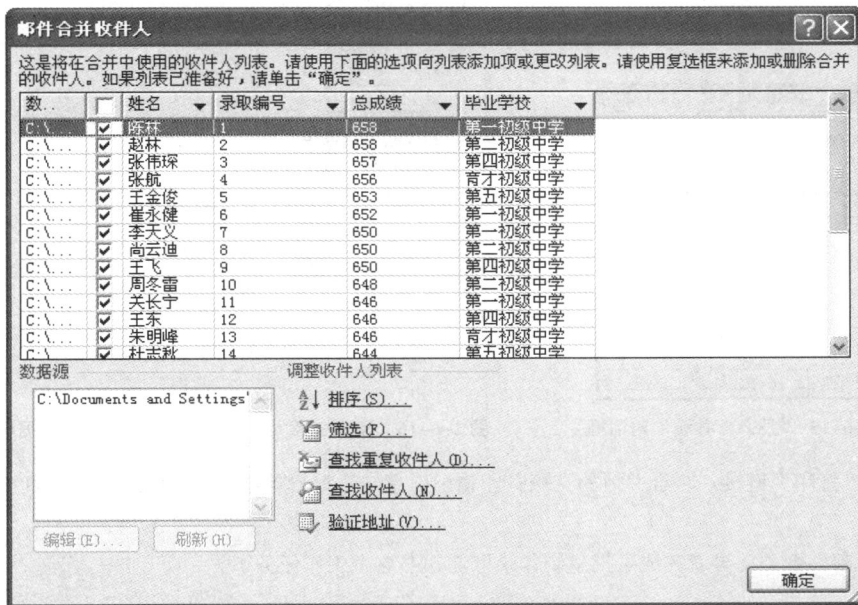

图 2-6-13　"邮件合并收件人"对话框

⑤ 在"邮件合并收件人"对话框中，可以调整收件人列表或者项目列表。单击收件人列表框中的复选框按钮，用户可以选择收件人。如果需要对收件人进行排序设置，则可以单击准备排序的项目的列标题右边

的下拉按钮，选择升序排列或者降序排列。如果想要进行更加复杂一点的排序，可以单击"调整收件人列表"命令组中的第一个"排序"命令按钮，打开"查询选项"对话框。在"查询选项"对话框中的"排序记录"选项卡中，可以对收件人列表进行多重排序。例如，收件人列表按照"录取编号"和"总成绩"进行多重排序，则可以进行设置。如果数据合并的时候不想包括某些数据，可以单击"筛选"命令按钮打开"查询选项"对话框。在"查询选项"对话框中的"筛选记录"选项卡中，可以进行数据的筛选。

⑥ 单击"确定"命令按钮，则退出"邮件合并收件人"对话框。在窗口右侧的"邮件合并"的任务窗格中单击"下一步：撰写信函"链接，进入向导的第四步，如图2-6-14所示。

⑦ 将鼠标光标定位在录取通知书主文档中的称呼"同学"前，单击"其他项目"链接，则打开"插入合并域"对话框，如图2-6-15所示，选择域名为"姓名"，之后单击"插入"命令按钮，再关闭这个对话框，则可在光标定位处插入所选的域。

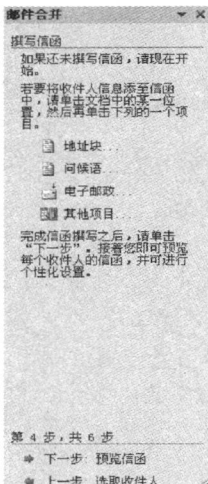

图 2-6-14　撰写信函

⑧ 重复执行步骤⑥的操作，完成在文档中的所有的域名的插入。在窗口右侧的"邮件合并"任务窗格中单击"下一步：预览信函"链接，进入向导的第五步，如图2-6-16所示。

⑨ 在这个任务窗格中能够对合并结果进行预览，可以查看或者编辑收件人列表。然后单击"下一步：完成合并"链接，进入向导的第六步，如图2-6-17所示。

图 2-6-15　"插入合并域"对话框　　　图 2-6-16　预览信函　　　图 2-6-17　数据合并

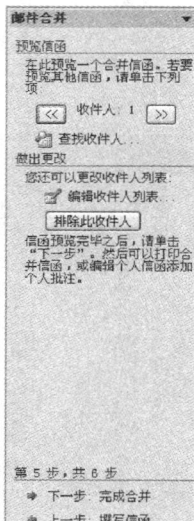

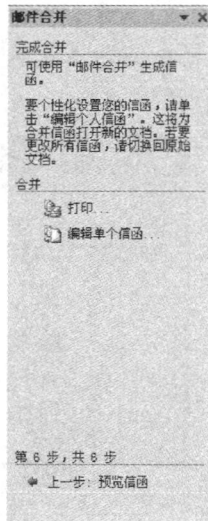

⑩ 单击"打印"链接，将合并后的文档打印输出；单击"编辑单个信函"链接，可以直接生成合并后的文档。

这样利用邮件合并向导就完成了批量制作录取通知书这个工作任务了。

## 2.6.5　技巧与提高

1. 在一页纸上打印多个邮件

邮件合并完成以后，Word 2010会自动生成一个结果文档，这个结果文档中包含了所有的记录，而且每个记录占一页纸。很多时候单个邮件都很短，但是当邮件合并的时候，每条记录的后面都会自动增加一个"下一页分节符"，所以很多情况下一整页纸只打印一个邮件，严重造成浪费。那么如何能够实现在一页纸上打印多个邮件呢？例如，在一张 A4 大小的纸上打印两个出货单记录，使用"下一记录"命令就可以实现，如图 2-6-18 所示。

要在一页纸上打印多个邮件，其具体的操作步骤如下：

① 在主文档中插入所有的合并域。

② 将鼠标光标定位在表格下方，在 Word 2010 的功能区中单击"邮件"选项卡，选择其下的"编写和插入域"命令组，单击"规则"命令的下拉按钮，弹出下拉列表。在弹出的下拉列表中选择"下一记录"命令。

③ 复制出货单表格到 A4 纸张的下方，其中包含了所有的插入域。

④ 在 Word 2010 的功能区中单击"邮件"选项卡，选择其下的"完成"命令组，单击"完成并合并"命令的下拉按钮，弹出下拉列表。在弹出的下拉列表中选择"编辑单个文档"命令，在弹出的"合并到新文档"对话框中选择"全部"单选按钮，则完成了邮件合并的任务，如图 2-6-19 所示。

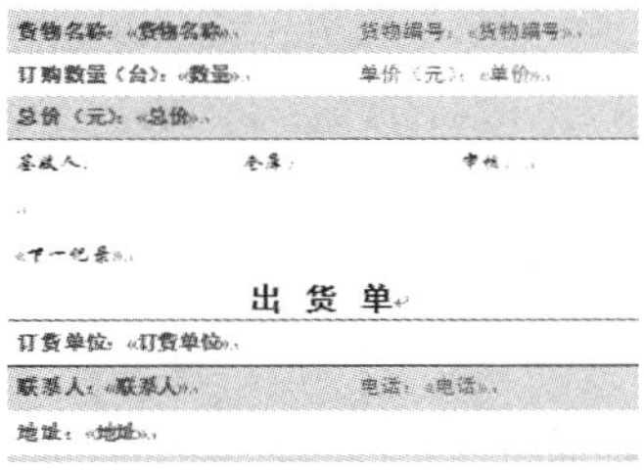

图 2-6-18　使用"下一记录"命令

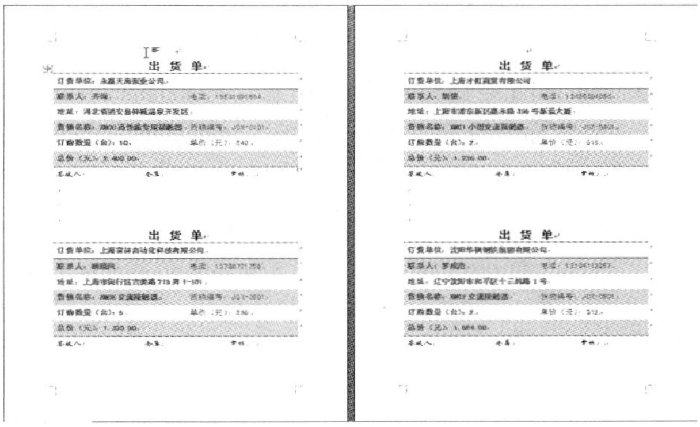

图 2-6-19　在一页纸上打印多个出货单

2. 设置合并域的格式

在本任务中，如果用户对结果文档中合并域代表的文本有一些格式要求，在邮件合并后的结果文档中一个一个地设置太麻烦，并且也不太现实，尤其在录取通知书的数量过大的时候。最省力且最有效的办法是：当在主文档中插入合并域后，直接对插入的合并域进行要求的格式设置，把其当成一般的文本那样设置就可以。例如，在主文档文件"录取通知书主文档.docx"中插入了合并域以后，依次选中要进行格式设置的合并域，在弹出的"字体"快捷菜单中对其格式进行相应的设置，如图 2-6-20 所示。最后进行邮件合并生成结果文档。

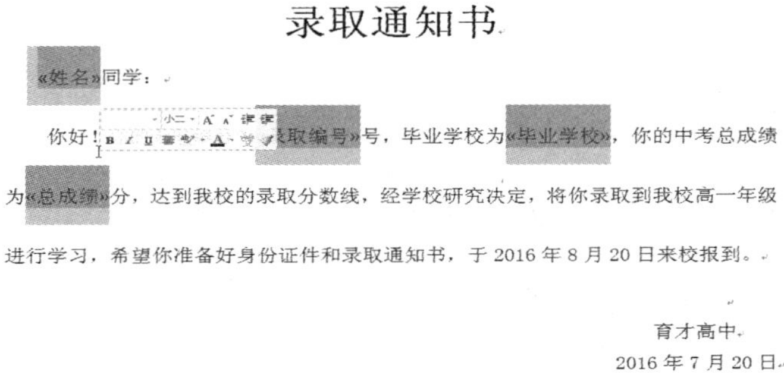

图 2-6-20　设置合并域文本格式

### 2.6.6　训练任务

**1. 按照题目要求完成下面的操作**

小郑是海明公司的前台文秘，她的主要工作是管理公司的各种档案，以及为总经理起草一些文件。新年快要到了，公司决定于 2016 年 12 月 25 日下午 2:00 在中关村海龙大厦办公大楼六层多功能厅举办一个答谢会，重要客人的通信信息等保存在名为"重要客户名录.docx"的 Word 2010 文档中，公司的联系电话为010–66888888。

根据上述内容制作邀请函，其具体的要求如下：

① 制作一份邀请函，以"董事长：王瑞海"的名义发出邀请，邀请函中需要包括标题、收件人的名字、答谢会的时间、答谢会的地点和邀请人。

② 对邀请函按照要求进行适当的排版，具体要求为：标题部分（"邀请函"）与正文部分（以"尊敬的××"开头）分别使用不相同的字体和字号；加大行间距和段间距；对必要的段落改变对齐方式，适当地设置左右缩进和首行缩进，以美观整洁且符合中国人的阅读习惯为基准。

③ 在邀请函的左下角位置处插入一幅图片，图片自选，自行调整图片的大小和所在的位置，不影响文字的排列和不遮挡文字的内容即可。

④ 进行页面的设置，加大文档的上边距。给文档添加页眉，页眉内容自行设置，要求包含公司的联系电话即可。

⑤ 运用邮件合并的功能制作出内容相同、收件人不同的多份邀请函，其中收件人为"重要客户名录.docx"中的每一个人，采用导入的方式。题目要求先把邮件合并的主文档以"请柬1.docx"为文件名进行保存，然后进行效果预览，之后生成可以单独编辑的单个文档，并命名为"请柬2.docx"。

**2. 利用"邮件合并"功能制作录取通知书的信封**

按照下面的要求，利用"邮件合并"功能制作录取通知书的信封。其中学生通讯录如图 2–6–21 所示，信封样文如图 2–6–22 所示。信封尺寸：普通 102 毫米×165 毫米。

| 学号 | 姓名 | 家庭住址 | 邮编 |
|---|---|---|---|
| 1 | 陈林 | 辽宁省庄河市太平岭乡大赵村 | 116402 |
| 2 | 赵林 | 辽宁省锦州市北京路二段4号 | 121000 |
| 3 | 张伟琛 | 辽宁省鞍山市立山区建平社区101栋1单元1号 | 114032 |
| 4 | 张航 | 辽宁省抚顺市望花区丹东路 | 113001 |
| 5 | 王金俊 | 辽宁省抚顺市顺城区将军街 | 113006 |
| 6 | 崔永健 | 辽宁省大连市沙河口区 | 113000 |
| 7 | 李天义 | 辽宁省锦州市南京路四段8号 | 121000 |
| 8 | 尚云迪 | 辽宁省抚顺市顺城区延吉南路7号楼1单元1号 | 113006 |
| 9 | 王飞 | 辽宁省锦州市延安路二段4号 | 121000 |
| 10 | 周冬蕾 | 辽宁省丹东市元宝区聚宝街1号楼1单元1室 | 118000 |
| 11 | 关宏宇 | 辽宁省凤城市镇兴大街1号 | 118000 |
| 12 | 王东 | 辽宁省抚顺市东洲区民工1街 | 113004 |
| 13 | 朱明峰 | 辽宁省抚顺市新抚区南阳路1栋3号 | 113008 |
| 14 | 杜志秋 | 辽宁省北票市北塔乡马家店村 | 122131 |
| 15 | 李成欣 | 辽宁省铁岭市银州区广欲街银岗小区1栋1单元601室 | 112000 |
| 16 | 张臣 | 辽宁省营口市土城子五道镇 | 115000 |
| 17 | 樊欣培 | 辽宁省盘锦市盘山县东郭镇荻喜岭 | 124114 |
| 18 | 郎明欢 | 辽宁省兴城市黄庄子乡刘屯村 | 125100 |
| 19 | 张晓敏 | 辽宁省锦州市英街二段4号 | 121000 |
| 20 | 郭灵旭 | 辽宁省锦州义县梨龙台镇五台村 | 121121 |
| 21 | 姜宏丹 | 辽宁省锦州市松坡路二段1号 | 121000 |
| 22 | 范丽杰 | 辽宁省大连市金州区沙河镇 | 116105 |
| 23 | 赵彤 | 辽宁省抚顺市望花区新街5委5组 | 113001 |
| 24 | 孟杨龙 | 辽宁省阜新市海州区新华街1-1 | 123000 |

**图 2–6–21　学生通讯录**　　　　　　　　　　　　　　**图 2–6–22　信封样文**

## 任务 2.7　制作公司的宣传册

长文档排版是 Word 2010 的高级应用之一。想要制作专业的文档，除了使用常规的页面内容和美化操作外，还要注重文档的结构和文档的排版方式。学会正确使用长文档的操作和设置功能，例如，页面设置、样式设置、自动生成目录、页眉页脚设置、封面的使用、分节和分页等，能够使长文档在编辑和排版、阅读和管理上更加准确、快速、轻松和方便。

## 2.7.1 任务描述

沈阳宏美电子有限公司生产了新的产品，公司宣传部的职员为了推广公司的这些新产品，正在筹备制作一份宣传公司的宣传册，其中包括了公司简介、客户服务、产品资讯、人员招聘信息、联系方式等内容。制作之后的宣传册的效果如图 2-7-1 所示。

这个宣传册属于纲目结构很复杂的一篇长文档，其排版具体要求如下所示：

① 封面如图 2-7-1 所示。

② 自动生成目录。

③ 文本的格式。标题样式的具体要求如下所示：

● 一级标题：样式基于标题 1；二号字、黑体字；1.5 倍行距、段前为自动、段后为 1 行。

● 二级标题：样式基于标题 2；三号字、黑体字；1.5 倍行距、段前为自动、段后为自动。

● 三级标题：样式基于标题 3；小三号字、黑体字；1.5 倍行距、段前为自动、段后为自动。

正文的格式要求如下：

■ 普通正文：小四号字、宋体字；首行缩进为 2 字符、1.25 倍行距。

■ 特殊正文：四号字、华文行楷字、加粗；字符的颜色为标准深红色；添加字符的边框为三维、蓝色、1.5 磅；添加字符的底纹为蓝色；样式基于默认的段落格式。

④ 封面、目录、每章节均设为 1 节。

⑤ 多节的文档中设置如图 2-7-1 所示的不同的页眉页脚。

⑥ 页码设置：封面、目录无页码；正文的页码连续。

⑦ 用表格进行局部版面的布局。

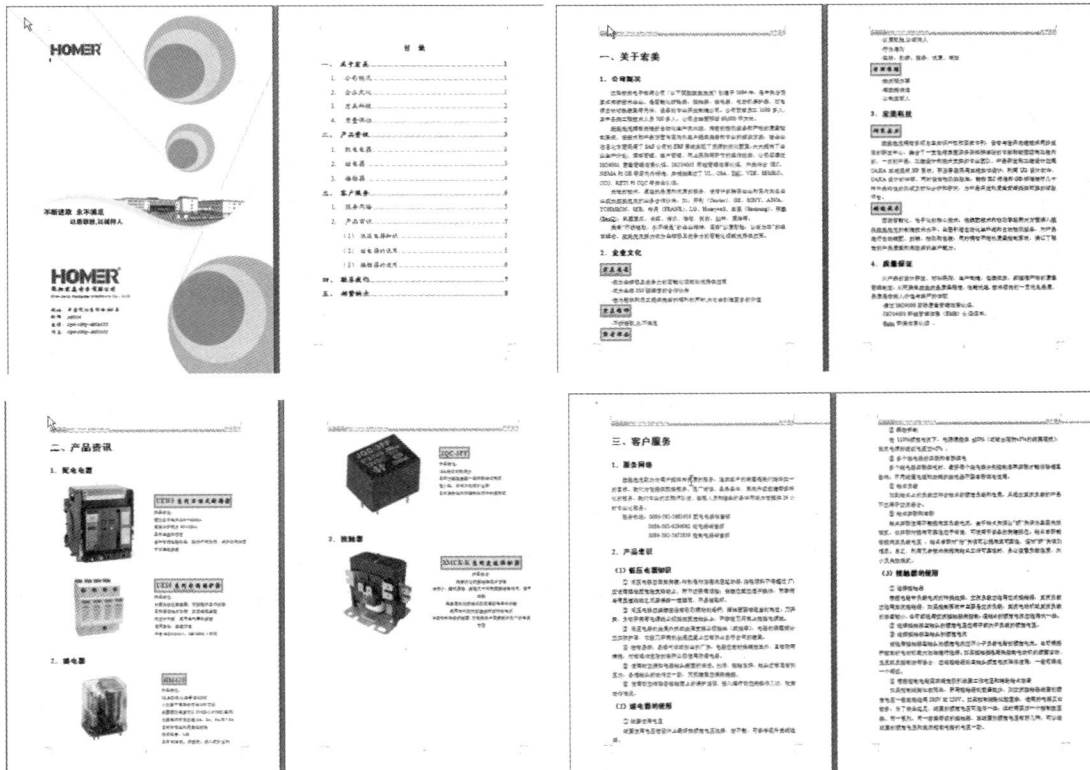

图 2-7-1 公司宣传册

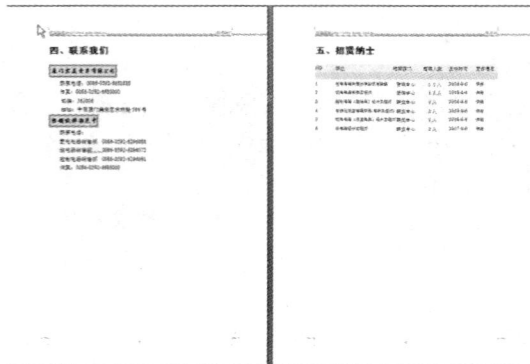

图 2-7-1　公司宣传册（续）

## 2.7.2　任务分析

长文档的制作是用户经常需要面对的问题，例如制作调查报告、标书、技术手册、项目合同及工作总结等。因为这样的文档总是包含很多的章节或者包含大量的数据，如果仅仅依靠用户手工逐字逐段地进行设置，不仅浪费时间，而且不利于以后的编辑和修改，因此，靠手工来设置长文档不太现实。本任务通过制作公司的宣传册，详细介绍制作长文档的基本操作步骤和重要的操作性技巧。

长文档的排版设置首先要从文档的页面设置开始，也就是设置页面纸张的大小、页边距、页面中的行数和列数、页眉页脚等。然后对长文档进行分节的设置，按照不同的节分别设置不同的页面格式，比如不同节的页面上设置不同的页眉和页脚、不同节的页面上设置不同的纸张方向等。这个任务文档应该分成 3 个节：封面、目录和正文。

制作长文档时，最重要的是样式的应用。在制作之前就要设计好长文档中各级标题的样式和正文的样式。如果长文档的章节非常多，可以先设计好其中一个代表性章节的样式，其他章节直接套用该样式即可，这样做既简便，又省时。

设计样式有两种方法：一是用户根据实际的需要直接创建样式，二是在原有样式的基础上进行修改。最后使用 Word 2010 的目录功能自动地生成目录。

## 2.7.3　任务实现

### 1. 页面设置

打开文档"企业宣传册原稿.docx"，先进行页面的设置。在 Word 2010 的功能区中单击"页面布局"选项卡，在"页面设置"命令组中单击"页边距"下拉按钮，在弹出的下拉列表中单击"自定义边距"命令，则打开"页面设置"的对话框。

在"页面设置"对话框中选择"页边距"选项卡，在其中设置上边距 2.3 厘米、下边距 2.3 厘米、左边距 2.9 厘米、右边距 2.9 厘米；左侧装订线 0.5 厘米；纸张方向为纵向。

选择"纸张"选项卡，在"纸张大小"右侧的下拉列表框中选择"A4"纸型。

选择"版式"选项卡，在"页眉和页脚"选项组的"距边界"中，设置页眉距纸张的上边距为 2 厘米，页脚距纸张的下边距为 1.75 厘米。

选择"文档网格"选项卡，用来改变文档中的字符之间或者行与行之间的疏密程度。在"网络"选项组中单击"指定行和字符网格"单选按钮。在"字符数"选项组中设置每行字符数为 39，在"行数"选项组中设置每页为 43 行。

2. 创建样式

（1）创建"我的正文"样式

① 将光标的插入点移动到长文档的末尾处，然后在 Word 2010 的功能区中单击"开始"选项卡，在"样式"命令组中单击其右下角的"组"按钮，打开"样式"任务窗格，如图 2-7-2 所示。

② 单击"样式"任务窗格左下角的"新建样式"按钮，打开"根据格式设置创建新样式"对话框，如图 2-7-3 所示。在"根据格式设置创建新样式"对话框中，在"属性"选项组中设置"名称"为"我的正文"；"样式类型"设置为"链接段落和字符"；"样式基准"设置为"正文"；"后续段落样式"设置为"我的正文"。在对话框的"格式"选项组中将"字体"设置为"宋体"，"字号"设置为"小四"，其余的都是默认的设置。

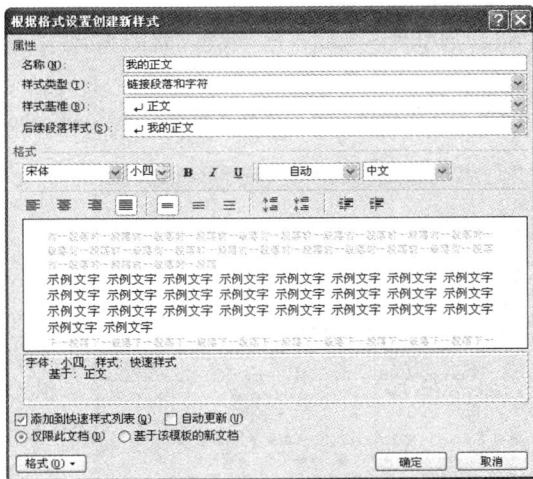

③ 在"根据格式设置创建新样式"对话框中，单击左下角的"格式"下拉按钮，则弹出"格式"下拉列表。在"格式"下拉列表中单击"段落"命令，则打开"段落"对话框。在"段落"对话框中，在"缩进"选项组中设置"特殊格式"为"首行缩进"，"磅值"为"2 字符"。在"间距"选项组中设置"行距"为"多倍行距"，"设置值"为"1.25"。其余均为默认的设置。然后单击"确定"命令按钮，则返回"根据格式设置创建新样式"对话框。在"根据格式设置创建新样式"对话框中，单击"确定"命令按钮，则返回文档的编辑区。这样，"我的正文"样式即创建完成。

图 2-7-2 "样式"任务窗格　　　　图 2-7-3 "根据格式设置创建新样式"对话框

（2）创建三级标题样式

1）创建"我的一级标题"样式。

① 将光标的插入点移动到长文档的末尾处，然后在 Word 2010 的功能区中单击"开始"选项卡，在"样式"命令组中单击其右下角的"组"按钮，则打开"样式"任务窗格。

② 单击"样式"任务窗格左下角的"新建样式"按钮，打开"根据格式设置创建新样式"对话框。在"根据格式设置创建新样式"对话框中，在"属性"选项组中设置"名称"为"我的一级标题"；"样式类型"设置为"段落"；"样式基准"设置为"标题1"；"后续段落样式"设置为"我的正文"。在"格式"选项组中设置"字体"为"黑体"，"字号"设置为"二号"，其余均为默认的设置。

③ 在"根据格式设置创建新样式"对话框中，单击左下角的"格式"下拉按钮，则弹出"格式"下拉列表。在"格式"下拉列表中单击"段落"命令，则打开"段落"对话框。在"段落"对话框中，在"间距"选项组中设置"行距"为"1.5 倍行距"，段前为自动、段后为 1 行，其余均为默认的设置。然后单击"确定"

命令按钮，则返回"根据格式设置创建新样式"对话框。在"根据格式设置创建新样式"对话框中，单击"确定"命令按钮，返回文档的编辑区。这样，"我的一级标题"样式即创建完成。

2）创建"我的二级标题"样式。

① 将光标的插入点移动到长文档的末尾处，然后在 Word 2010 的功能区中单击"开始"选项卡，在"样式"命令组中单击其右下角的组按钮，则打开"样式"任务窗格。

② 单击"样式"任务窗格左下角的"新建样式"按钮，则打开"根据格式设置创建新样式"对话框。在"根据格式设置创建新样式"对话框中，在"属性"选项组中设置"名称"为"我的二级标题"；"样式类型"设置为"段落"；"样式基准"设置为"标题 2"；"后续段落样式"设置为"我的正文"。在"格式"选项组中设置"字体"为"黑体"，"字号"设置为"三号"，其余均为默认的设置。

③ 在"根据格式设置创建新样式"对话框中，单击对话框左下角的"格式"下拉按钮，则弹出"格式"下拉列表。在"格式"下拉列表中单击"段落"命令，则打开"段落"对话框。在"段落"对话框中，在"间距"选项组中设置"行距"为"1.5 倍行距"，段前为自动、段后为自动，其余均为默认的设置。然后单击"确定"命令按钮，则返回"根据格式设置创建新样式"对话框。在"根据格式设置创建新样式"对话框中，单击"确定"命令按钮，则返回文档的编辑区。这样，"我的二级标题"样式即创建完成。

3）创建"我的三级标题"样式。

"我的三级标题"样式的创建同步骤 1），样式基于标题 3，小三号字，黑体字，1.5 倍行距，段前为自动，段后为自动。依照上述步骤，即可创建"我的三级标题"样式。

（3）创建"我的特殊正文"样式

① 将光标的插入点移动到长文档的末尾处，然后在 Word 2010 的功能区中单击"开始"选项卡，在"样式"命令组中单击其右下角的"组"按钮，则打开了"样式"任务窗格。

② 单击"样式"任务窗格左下角的"新建样式"按钮，则打开"根据格式设置创建新样式"对话框。在"根据格式设置创建新样式"对话框中，在"属性"选项组中设置"名称"为"我的特殊正文"；"样式类型"设置为"字符"；"样式基准"设置为"默认段落字体"。在"格式"选项组中设置"字体"为"华文行楷"，"字号"设置为"四号"，加粗，字符颜色为标准深红色。其余均为默认的设置，如图 2-7-4 所示。

③ 在"根据格式设置创建新样式"对话框中，单击对话框左下角的"格式"下拉按钮，则弹出"格式"下拉列表。在"格式"下拉列表中单击"边框"命令，则打开"边框和底纹"对话框。

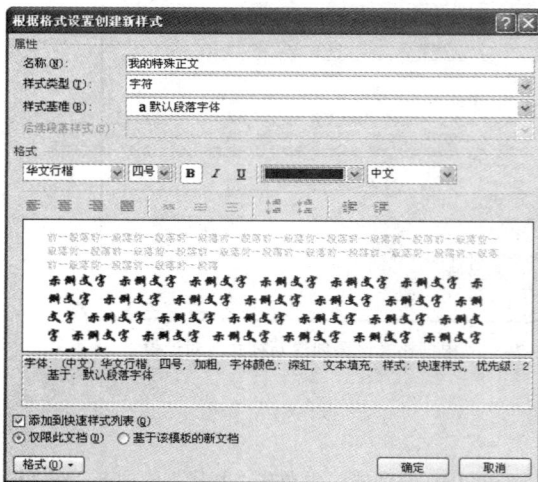

图 2-7-4 "我的特殊正文"样式设置

④ 在"边框和底纹"对话框中，选择"边框"选项卡，如图 2-7-5 所示，在其中设置边框的类型为三维，在"样式"列表框中选择任意一种边框线的样式，边框的颜色设置为蓝色，强调文字颜色 1，淡色 60%，如图 2-7-6 所示，边框的宽度设置为 1.5 磅。

在"边框和底纹"对话框中，选择"底纹"选项卡，如图 2-7-7 所示，在其中设置底纹的填充色为蓝色，强调文字颜色 1，淡色 80%，如图 2-7-8 所示，底纹的图案样式设置为"清除"。

然后单击"确定"命令按钮，则返回"根据格式设置创建新样式"对话框。在"根据格式设置创建新样式"对话框中，单击"确定"命令按钮，则返回文档的编辑区。这样，"我的特殊正文"样式即创建完成。

172

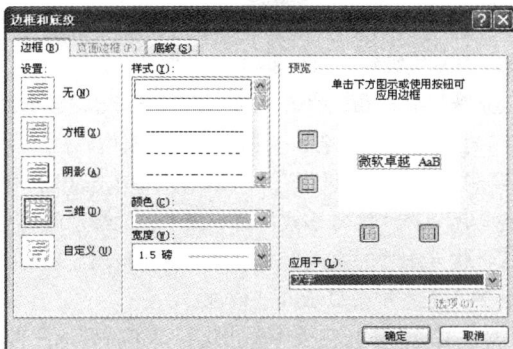

图 2-7-5　边框的设置

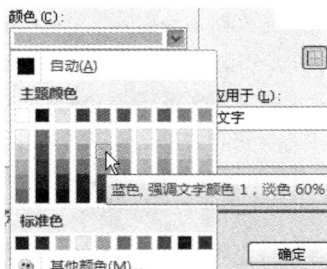

图 2-7-6　边框的颜色

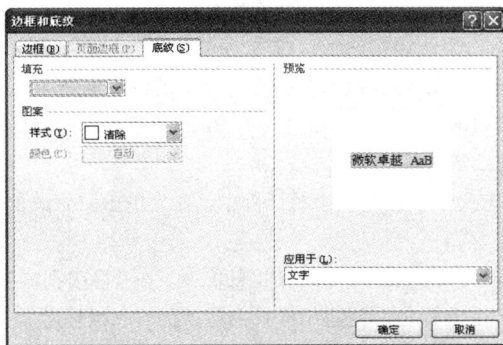

图 2-7-7　底纹的设置

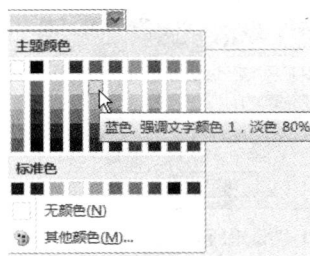

图 2-7-8　底纹的颜色

3. 为文档添加多级列表

1）将鼠标光标的插入点移到长文档的开始处。在 Word 2010 的功能区中，单击"开始"选项卡，在"段落"命令组中单击"多级列表"下拉按钮，则弹出"多级列表"下拉列表。在"多级列表"下拉列表中单击"定义新的多级列表"命令，则打开"定义新多级列表"的对话框，如图 2-7-9 所示。如果"定义新多级列表"对话框的右侧边栏没有显示内容，那么可以单击这个对话框左下方的"更多"命令按钮，则显示"定义新多级列表"对话框的右侧部分。

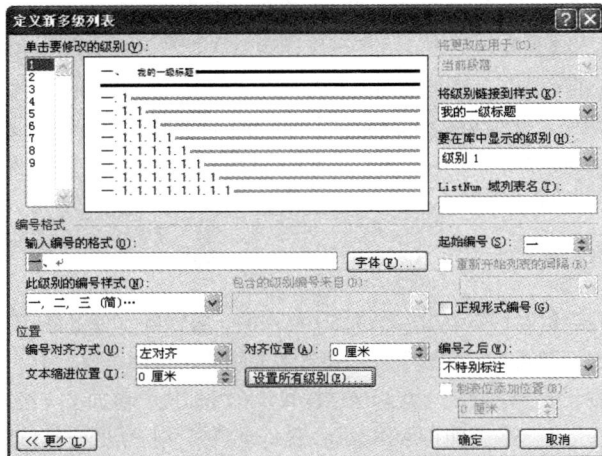

图 2-7-9　"定义新多级列表"对话框

2）添加一级列表：

① 在"定义新多级列表"对话框中，在"单击要修改的级别"的列表中单击"1"。

② 在"定义新多级列表"对话框的右侧，"将级别链接到样式"的下拉列表框中选择之前创建的样式名称"我的一级标题"，那么所有应用"我的一级标题"样式的内容都会自动加入一级列表中。

③ 在"定义新多级列表"对话框的右侧，在"要在库中显示的级别"下拉列表框中单击选择"级别1"。

④ 因为一级列表的显示形式为"一、""二、"…，所以在"编号格式"命令组中"此级别的编号"的下拉列表框中单击选择"一，二，三（简），…"，那么"输入编号的格式"文本框中就会自动显示出"一"格式，在"一"之后手动填写顿号，使"输入编号的格式"文本框中显示"一、"格式。

⑤ 在"定义新多级列表"对话框的右侧，在"编号之后"下拉列表中单击选择"不特别标注"，这样使一级列表的编号后面能够直接连接文字。

⑥ 在"定义新多级列表"对话框的"位置"命令组中单击"设置所有级别"命令按钮，打开"设置所有级别"对话框。在"设置所有级别"对话框中，将"第一级别的项目符号/编号位置"设为0厘米；将"第一级的文字位置"设为0厘米；将"每一级的附加缩进量"设为0厘米，如图2-7-10所示。

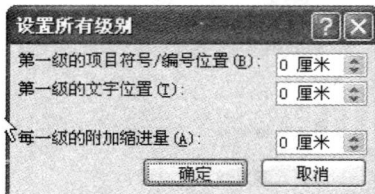

图2-7-10 "设置所有级别"对话框

3）添加二级列表：

① 在"定义新多级列表"对话框中，在"单击要修改的级别"的列表中单击"2"。

② 在"定义新多级列表"对话框的右侧，在"将级别链接到样式"的下拉列表框中选择之前创建的样式名称"我的二级标题"，那么所有应用"我的二级标题"样式的内容都会自动加入二级列表中。

③ 首先把"输入编号的格式"文本框中的内容清空。因为二级列表的显示形式为"1.""2."…，所以在"编号格式"命令组中"此级别的编号样式"下拉列表框中单击选择"1，2，3，…"，那么"输入编号的格式"文本框中就会自动显示出"1"格式，在"1"之后手动填写小圆点，使"输入编号的格式"文本框中显示"1."格式。

④ 其余均为默认设置。

4）添加三级列表：

① 在"定义新多级列表"对话框中，在"单击要修改的级别"的列表中单击"3"。

② 在"定义新多级列表"对话框的右侧，在"将级别链接到样式"的下拉列表框中选择之前创建的样式名称"我的三级标题"，那么所有应用在"我的三级标题"样式的内容都会自动加入三级列表中。

③ 首先把"输入编号的格式"文本框中的内容先清空。因为二级列表的显示形式为"（1）""（2）"…，所以在"编号格式"命令组中"此级别的编号样式"下拉列表框中单击选择"1，2，3，…"，那么"输入编号的格式"文本框中就会自动显示出"1"格式，在"1"之后手动填写小括号，使"输入编号的格式"文本框中显示"（1）"格式。

④ 其余均为默认设置。

4. 利用样式快速设置文档

① 按住Ctrl键，同时拖动鼠标左键依次选中长文档中的一级标题："关于宏美""产品资讯""客户服务""联系我们"和"招贤纳士"。然后在"样式"任务窗格中显示的快速样式列表中，单击"我的一级标题"按钮，将刚才所选中的内容都设置为"我的一级标题"样式，同时都自动增加了一级列表的编号，如图2-7-11所示。鼠标在长文档的任意位置处单击即可取消选择。这样就将长文档中的一级标题设置为"我的一级标题"样式了。

② 按住Ctrl键，同时拖动鼠标左键依次选中长文档中的二级标题："公司概况""企业文化""宏美科技"

"质量保证""配电电器""继电器""接触器""服务网络"和"产品常识"。然后在"样式"任务窗格中显示的快速样式列表中，单击"我的二级标题"按钮，将刚才所选中的内容都设置为"我的二级标题"样式，同时都自动增加了二级列表的编号，如图 2-7-12 所示。鼠标在长文档的任意位置处单击即可取消选择。这样就将长文档中的二级标题设置为"我的二级标题"样式了。

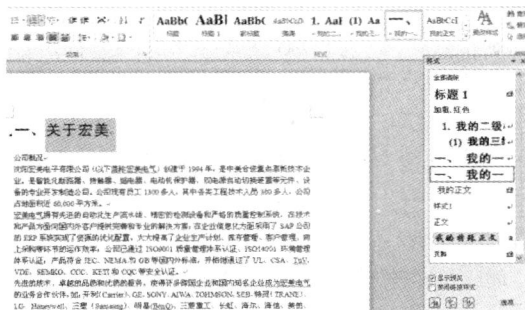

图 2-7-11　将文档的一级标题设置为
"我的一级标题"样式

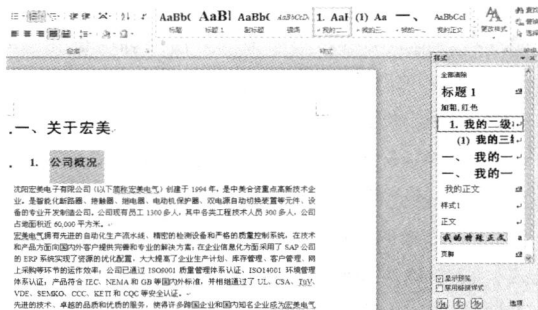

图 2-7-12　将二级标题设置为
"我的二级标题"样式

③ 按住 Ctrl 键，同时拖动鼠标左键依次选中长文档中的三级标题："低压电器知识""继电器的使用"和"接触器的使用"。然后在"样式"任务窗格中显示的快速样式列表中，单击"我的三级标题"按钮，将刚才所选中的内容都设置为"我的三级标题"样式，同时都自动增加了三级列表的编号，如图 2-7-13 所示。鼠标在长文档的任意位置处单击即可取消选择。这样就将长文档中的三级标题设置为"我的三级标题"样式了。

④ 按住 Ctrl 键，同时拖动鼠标左键依次选中长文档中的红色文字："宏美愿景""宏美精神""经营理念""管理准则""研发实力""制造技术""UEW5 系列万能式断路器""UES5 系列电涌保护器""HM420""JQC-3FF""XMCK-K 系列交流接触器""沈阳宏美电子有限公司""经销伙伴招募中"。然后在"样式"任务窗格中显示的快速样式列表中，单击"我的特殊正文"按钮，将刚才所选中的内容都设置为"我的特殊正文"样式，如图 2-7-14 所示。然后鼠标在长文档的任意位置处单击即可取消选择。这样就将长文档中的特殊文字设置为"我的特殊正文"样式了。

⑤ 选中长文档中的正文部分，其中不包括"二、产品资讯"和"五、招贤纳士"的正文，然后在"样式"任务窗格中显示的快速样式列表中，单击"我的正文"按钮，将刚才所选中的内容都设置为"我的正文"样式。然后鼠标在长文档的任意位置处单击即可取消选择。

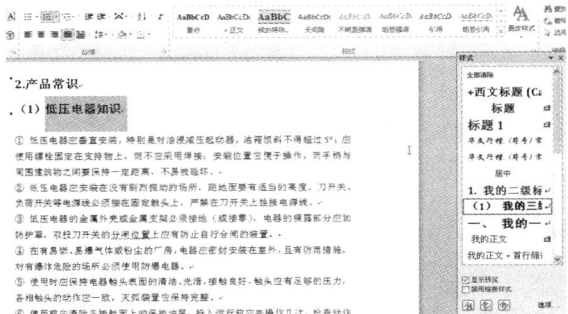

图 2-7-13　将文档的三级标题设置为
"我的三级标题"样式

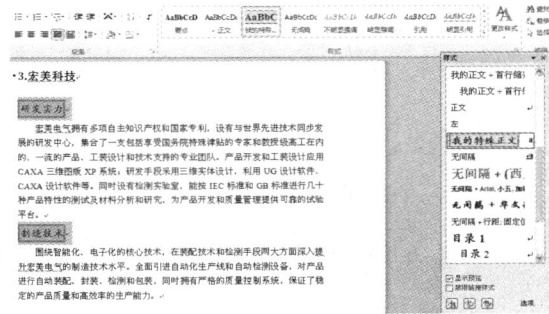

图 2-7-14　将特殊文字设置为
"我的特殊正文"样式

这样，就在示例的长文档中实现了新建样式的应用和多级列表的应用。

**5. 利用文档的导航窗格查看文档的层次结构**

由于示例的长文档很长，用户在查看文档的内容或者在文档中定位的时候都不方便。可以在操作的过程中为长文档定义样式，并且定义的样式都是大纲级别的。比如："我的一级标题"的基准样式设置为 Word 2010 的内建样式"标题 1"，其大纲级别是 1 级。"我的二级标题"的基准样式设置为 Word 2010 的内建样式"标题 2"，其大纲级别是 2 级。"我的三级标题"的基准样式设置为 Word 2010 的内建样式"标题 3"，其大纲级别是 3 级。依此类推，用户可以方便地利用长文档的导航窗格查看长文档的层次结构，还可以进行长文档的定位等操作。

具体的操作步骤如下：

① 在 Word 2010 的功能区选择"视图"选项卡，在"显示"命令组中选中"导航窗格"复选框，则在窗口的左侧就会自动出现"导航"窗格，如图 2-7-15 所示。

② 在"导航"窗格的"搜索"文本框中，可以输入用户要搜索的文档的内容或者对象，如图形、表格、公式、脚注/尾注或者批注等。然后单击"搜索"文本框右侧的放大镜按钮，即"查找"命令按钮，则会弹出下拉列表，如图 2-7-16 所示，即可搜索文档中的文本了。

③ 在"导航"窗格的"搜索"文本框的下方，并排列出三个选项卡，分别为"浏览您的文档中的标题""浏览您的文档中的页面"和"浏览您当前搜索的结果"。

单击"浏览您的文档中的标题"选项卡，则在"导航"窗格中会出现当前所用文档的所有标题，如图 2-7-15 所示，以供用户查看和帮助用户快速实现文档的定位。

单击"浏览您的文档中的页面"选项卡，则在"导航"窗格中会出现当前所用文档的所有页面，如图 2-7-17 所示，以供用户查看和帮助用户快速实现文档的定位。

**图 2-7-15** "浏览您的
文档中的标题"选项卡

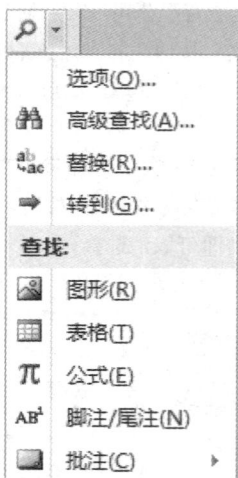

**图 2-7-16** "搜索"下拉列表

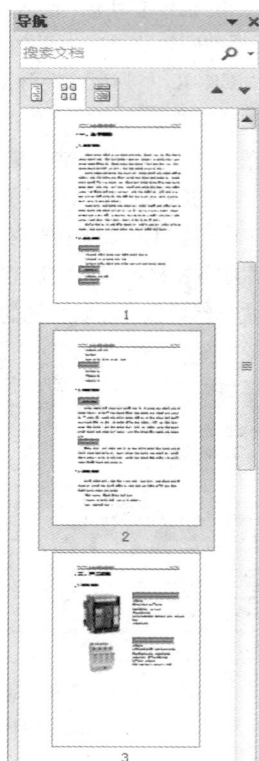

**图 2-7-17** "浏览您的文档中
的页面"选项卡

单击"浏览您当前搜索的结果"选项卡，则在"导航"窗格中会出现用户想要搜索内容的查找结果，如图 2-7-18 所示，以供用户查看和帮助用户快速实现文档的定位。例如，在"导航"窗格的"搜索"文本框中输入文本"公司概况"，则在"浏览您当前搜索的结果"选项卡下方就会出现搜索的结果，同时在文档的编辑页面上会显示出"公司概况"所在的位置，并且已经进行了加重显示。

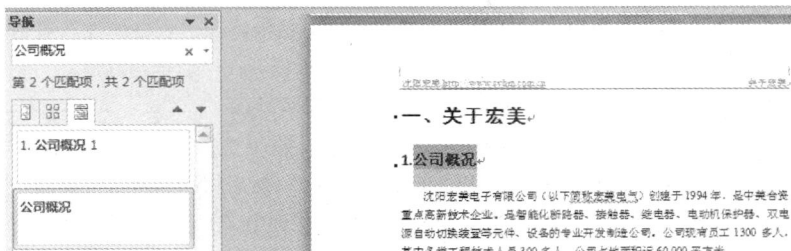

图 2-7-18 "浏览您当前搜索的结果"选项卡

在这三个选项卡的页面右侧有 ▲ 和 ▼ 按钮，这两个按钮分别表示"上一处标题"和"下一处标题"，单击就可以快速实现文档的定位了。

④ 取消选中"导航窗格"复选框，即可在 Word 2010 的文档窗口中关闭"导航"窗格。或者直接单击"导航"窗格右上角的关闭按钮，也可以在 Word 2010 的文档窗口中关闭"导航"窗格。

6. 美化文档的结构

公司宣传册长文档的基本结构已经建立了，之后需要在"二、产品资讯"段落中插入几张产品的图片，使产品的宣传更具生动性和直观性，同时也能够使整篇文档阅读起来更加错落有致、生动活泼。

在"二、产品资讯"段落中使用 Word 2010 的表格功能实现对文档中局部版面的布局设置。具体的操作步骤如下：

① 将鼠标光标的插入点定位在如图 2-7-19 所示处。

② 在 Word 2010 的功能区单击"插入"选项卡，在"表格"命令组中单击"表格"下拉按钮，在其下拉列表中的"插入表格"下方移动鼠标来选择"2×2 表格"，单击则插入一个两行两列的表格。

③ 选择整个两行两列的表格，在 Word 2010 的功能区单击"表格工具"选项卡的"布局"上下文选项卡，在"单元格大小"命令组中设置表格的行高度为 6 厘米，列宽度为 8 厘米，如图 2-7-20 所示。

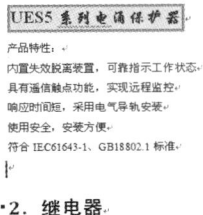

图 2-7-19 表格插入点

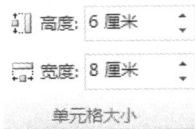

图 2-7-20 设置表格的行高和列宽

④ 将鼠标光标的插入点定位在表格的第 1 行第 1 列处，在 Word 2010 的功能区单击"插入"选项卡，在"插图"命令组中单击"图片"下拉按钮，则打开"插入图片"对话框，选择素材"UEW5 断路器.jpg"进行插入。

将鼠标光标的插入点定位在表格的第 2 行第 1 列处，在 Word 2010 的功能区单击"插入"选项卡，在"插图"命令组中单击"图片"下拉按钮，则打开"插入图片"对话框，选择素材"UES5 保护器.jpg"进行插入。

⑤ 将和这两个素材图片相对应的产品信息的文本内容分别移动到这个表格的第 1 行第 2 列和第 2 行第 2 列中。

⑥ 将表格中第 1 列单元格的对齐方式设为"水平居中"，将第 2 列单元格的对齐方式设为"靠上两端对

齐"。

⑦ 选中整个表格，在 Word 2010 的功能区出现"表格工具"选项卡，在其下的"布局"选项卡中选择"表"命令组，单击"属性"命令按钮，则打开"表格属性"对话框。在"表格属性"对话框的"表格"选项卡中单击"边框与底纹"命令按钮，打开"边框与底纹"对话框。在"边框与底纹"对话框的"边框"选项卡中，"设置"选择"无"选项，然后单击"确定"命令按钮即可。

⑧ 将鼠标光标的插入点定位在如图 2-7-21 所示的位置处，重复执行步骤②～⑥的操作，在创建的 2 行 2 列的表格中分别插入素材图片"HM420.jpg"和"JQC-3FF.jpg"，然后将和这两个素材图片相对应的产品信息的文本内容分别移动到这个表格的第 1 行第 2 列和第 2 行第 2 列中，实现对公司继电器产品信息的版面布局设置。

⑨ 将鼠标光标的插入点定位在如图 2-7-22 所示的位置处，重复执行步骤②～⑥ 的操作，在创建的 2 行 1 列的表格中插入素材图片"XMCK-K 接触器.jpg"，然后将和这个素材图片相对应的产品信息的文本内容移动到这个表格的第 1 行第 1 列中，实现对公司接触器产品信息的版面布局设置。

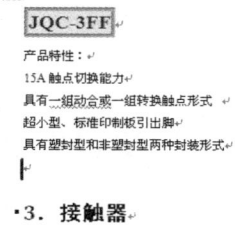

图 2-7-21    表格插入点位置 2

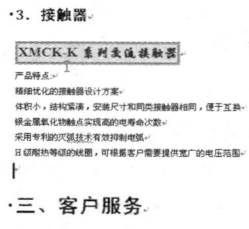

图 2-7-22    表格插入点位置 3

这样操作以后，"二、产品资讯"这个段落的最终版面的布局效果如图 2-7-23 所示。

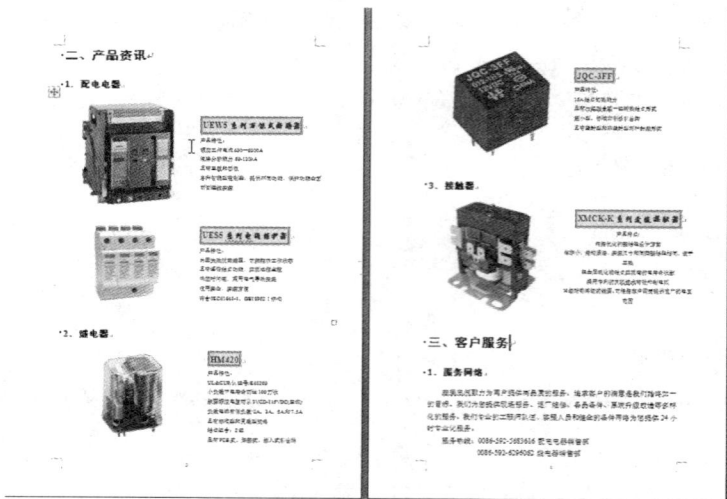

图 2-7-23    利用表格进行局部版面布局

7. 利用分节符来实现文档的分页

这篇文档由五个部分组成，分别是"关于宏美""产品资讯""客户服务""联系我们"和"招贤纳士"。为了使宣传册美观和方便阅读，要求文档中的每一部分都另起一页，也就是要对文档进行分页操作。一般会这样操作：在文档中插入分页符分页或者在文档中插入分节符分页。但是，如果要求文档的每个部分都有不同的页边距、纸张方向、纸张大小、页眉页脚等，就要在文档中使用分节符进行分页的设置。

其具体的操作步骤如下：将鼠标的光标分别定位到各个一级标题"一、关于宏美""二、产品资讯""三、客户服务""四、联系我们"和"五、招贤纳士"的前面，然后在 Word 2010 的功能区单击"页面布局"选项卡，在"页面设置"命令组中选择"分隔符"下拉按钮，在"分隔符"下拉列表中单击"分节符"选项组中的"下一页"命令，如图 2-7-24 所示，实现对文档的分页操作，如图 2-7-25 所示。

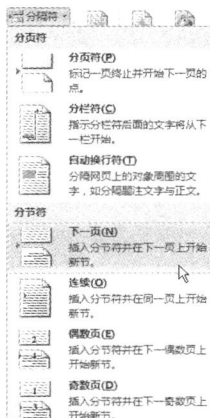

图 2-7-24　插入分节符　　　　　　　　　　　图 2-7-25　分页后的效果

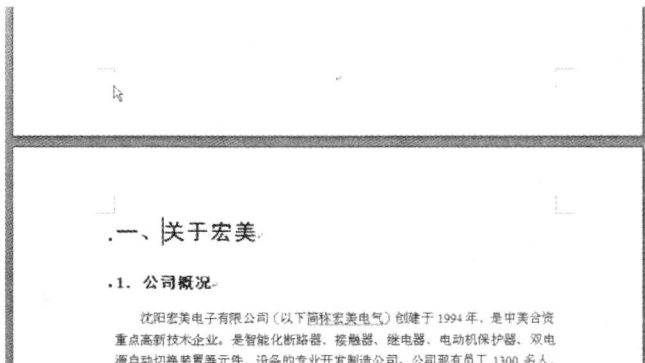

**8. 设置不同的页眉页脚**

在 Word 2010 的文档中，页面设置的操作通常是以节为单位的。所以，在默认的情况下，Word 2010 会把整篇文档看成一个节。这种情况下，用户的页面设置结果对整篇文档都是相同的。如把整篇文档分成很多节，则可以对文档中各个节进行完全不同的页面设置。

① 将鼠标光标的插入点移到文档中的一级标题"一、关于宏美"所在页的任意位置处，然后在 Word 2010 的功能区中单击"插入"选项卡，在"页眉和页脚"命令组中单击"页眉"下拉按钮，在"页眉"下拉列表中单击"编辑页眉"命令，则文档就进入了"页眉页脚"的编辑状态，同时，在 Word 2010 的功能区中会出现"页眉和页脚工具"选项卡的"设计"上下文选项卡，如图 2-7-26 所示。

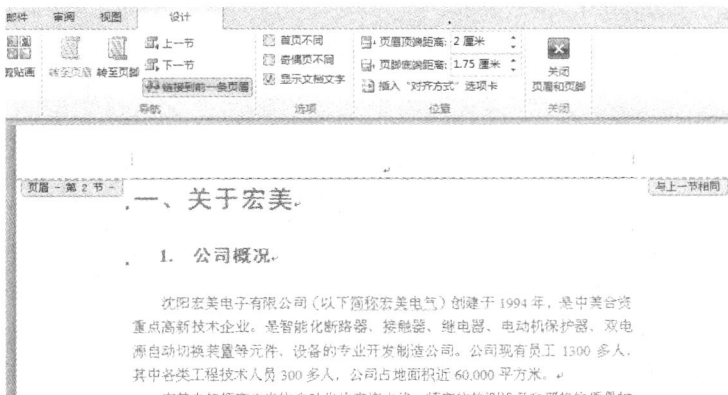

图 2-7-26　设置页眉

② 图 2-7-26 中显示的是"页眉-第 2 节"，说明当前的鼠标光标的插入点位于文档的第 2 节处。要想设置这一节的独立的页眉，需要切断这一节的页眉内容与上一节的页眉内容的关联。在 Word 2010 的功能区中选择"页眉和页脚工具"选项卡的"设计"上下文选项卡，在"导航"命令组中选择"链接到前一节页眉"命令按钮，则图 2-7-26 中右侧的文本"与上一节相同"就没有了。也就是说，这一节的页眉与前一节的页

眉已经没有任何关联了。然后在页眉的编辑处输入"沈阳宏美 http://www.syhm.com.cn"放在页眉的左侧,"关于宏美"放在页眉的右侧,自行定义其字体、字号和字型,效果如图 2-7-27 所示。

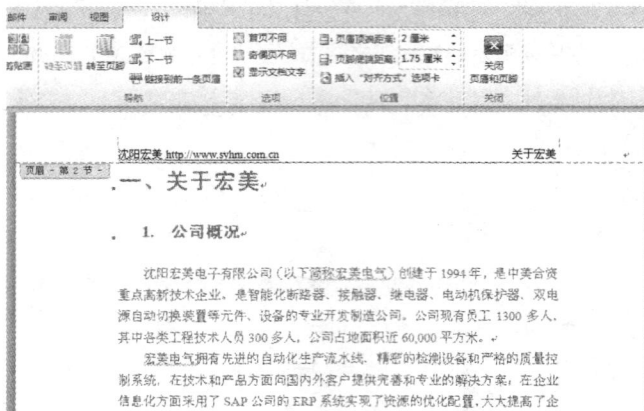

图 2-7-27　页眉的设置

③ 在 Word 2010 的功能区中选择"页眉和页脚工具"选项卡的"设计"上下文选项卡,在"导航"命令组中单击"下一节"命令按钮,就进入了一级标题"二、产品资讯"所在页面的页眉设置状态。重复执行操作步骤②,然后在页眉的左侧输入文本"沈阳宏美 http://www.syhm.com.cn",在页眉的右侧输入文本"产品资讯"即可。

④ 重复执行操作步骤③,设置文档的第 4 节,即"三、客户服务"所在节的页眉,左侧为"沈阳宏美 http://www.syhm.com.cn",右侧为"客户服务"。

设置文档的第 5 节,即"四、联系我们"所在节的页眉,左侧为"沈阳宏美 http://www.syhm.com.cn",右侧为"联系我们"。

设置文档的第 6 节,即"五、招贤纳士"所在节的页眉,左侧为"沈阳宏美 http://www.syhm.com.cn",右侧为"招贤纳士"。

这样文档中各个节都设置了不同的页眉。

⑤ 完成文档中页眉的设置以后,选择"页眉和页脚工具"选项卡的"设计"上下文选项卡,单击"关闭"命令组中的"关闭页眉和页脚"命令按钮,则退出页眉的设计编辑状态,返回当前文档的编辑状态。

9. 添加页码

"企业宣传册"作为一篇长文档,除了正文的内容外,还要包括封面页和目录页。通常情况下,封面页和目录页都不需要设置页码,而在目录页之后再进行页码的添加。正文的页码编号从 1 开始,并且放在页脚的中间位置处。

① 将鼠标光标定位到文档的开始处,即"一、关于宏美"标题所在的页面,在 Word 2010 的功能区单击"插入"选项卡,在"页眉和页脚"命令组中单击"页脚"下拉按钮,在"页脚"下拉列表中选择"编辑页脚"命令,进入"页眉页脚"的编辑状态。

② 这时页脚的左上角会出现提示"页脚-第 2 节",页脚的右上角会出现提示"与上一节相同"。因为本篇文档的页码是从这一节开始连续编号的,所以选择"导航"命令组中的"链接到前一节页眉"命令按钮,断开与上一节的关联,右上角的提示"与上一节相同"则没有了。在默认的情况下,命令按钮"链接到前一节页眉"是被选中的状态,也就是链接到前一节页眉页脚默认状态下是有效的。

③ 选择"页眉和页脚工具"选项卡的"设计"上下文选项卡,在"页眉和页脚"命令组中单击"页码"下拉按钮,在"页码"下拉列表中选择"页面底端"命令,在"页面底端"下拉列表中单击"普通数字 2"

命令，确定了页码的位置和页码的样式之后，页码将会出现在这一节的页脚中。

④ 选择"页眉和页脚工具"选项卡的"设计"上下文选项卡，在"页眉和页脚"命令组中单击"页码"下拉按钮，在"页码"下拉列表中单击"设置页码格式"命令，打开"页码格式"的对话框，如图 2-7-28 所示。

在"页码格式"对话框中，在"页码编号"选项组中如果选择"续前节"单选按钮，那么说明本节的页码将会续接前面一节的编号，这样这一节就不是从 1 开始编号了。所以这里选择"起始页码"单选按钮，设置"起始页码"是 1，也就是这一节是从 1 开始编号的。这样设置就表示与前面的节没有关联了，本节的页码是从 1 开始编号的了。

⑤ 在"导航"命令组中单击"下一节"命令按钮，就会进入一级标题"二、产品资讯"所在页面的页脚的编辑状态了。选择"页眉和页脚工具"选项卡的"设计"上下文选项卡，在"页眉和页脚"命令组中单击"页码"

图 2-7-28　"页码格式"对话框

下拉按钮，在"页码"下拉列表中单击"设置页码格式"命令，打开"页码格式"的对话框，在"页码编号"选项组中选择"续前节"单选按钮，那么本节的页码就与前一节的页码连续了。

⑥ 重复执行步骤⑤的操作，将文档后面各个节的页码编号都设置成"续前节"，则完成了对文档中页码的设置。

10. 自动生成目录

① 将鼠标光标的插入点放置在文档首页的第一行第一列位置处，首页当前是空白页，也就是文档内容的前一页。在 Word 2010 的功能区单击"开始"选项卡，在"样式"命令组中的"样式库"中单击"标题"样式，输入文本"目录"，然后把光标移到行的尾部。

② 在 Word 2010 的功能区单击"引用"选项卡，在"目录"命令组中单击"目录"下拉按钮，在"目录"下拉列表中选择"插入目录"命令，则打开"目录"对话框，如图 2-7-29 所示。

③ 选择目录的内容。"企业宣传册"文档的目录内容包括三级章节标题，其中的样式分别是"我的一级标题""我的二级标题"和"我的三级标题"。在"目录"对话框中，单击"选项"命令按钮，打开"目录选项"对话框，如图 2-7-30 所示。在"目录选项"对话框中，对三级标题的样式分别设置目录级别，同时还要去掉其他标题样式的目录级别。然后单击"确定"命令按钮，返回到"目录"对话框。

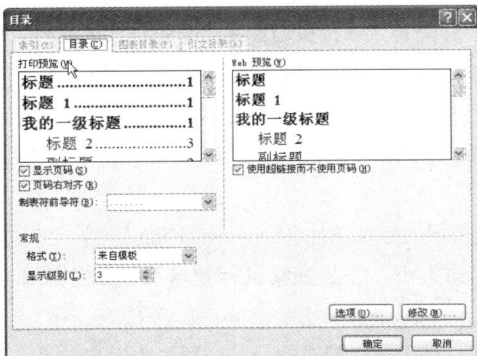

图 2-7-29　"目录"对话框　　　　　　　图 2-7-30　"目录选项"对话框

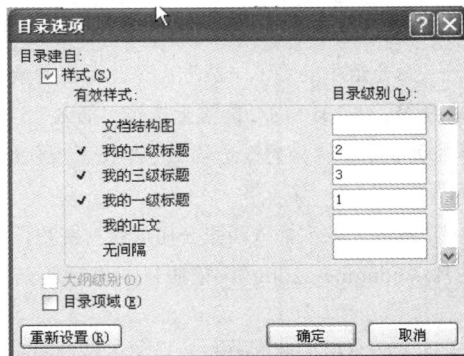

④ 对各级目录的样式进行修改。在"目录"对话框中，单击"修改"命令按钮，则打开"样式"对话框，如图 2-7-31 所示。在"样式"列表框中选择"目录 1"，然后单击"修改"命令按钮，打开"修改样式"对话框，如图 2-7-32 所示。这时就可以对一级目录项的样式进行修改了。在"修改样式"对话框中，设置一级目录项的字体格式是楷体_GB2312，三号字，加粗。然后单击"确定"命令按钮，回到"样式"对话框。

⑤ 在"样式"的列表框中选择"目录 2"，然后单击"修改"命令按钮，则打开"修改样式"对话框。这时就可以对二级目录项的样式进行修改了。在"修改样式"对话框中，设置二级目录项的字体格式是楷体_GB2312，小三号字。然后单击"确定"命令按钮，回到"样式"对话框。

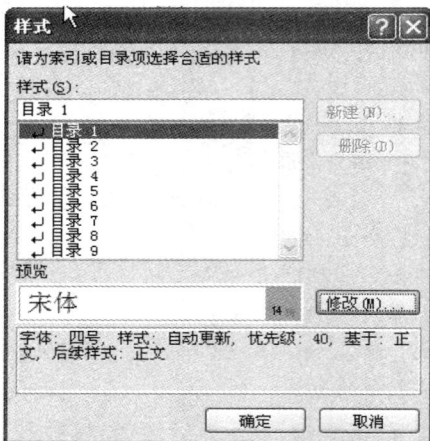

图 2-7-31 "样式"对话框

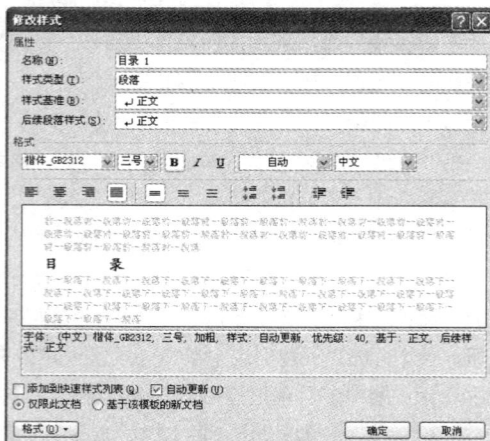

图 2-7-32 设置目录项样式

在"样式"的列表框中选择"目录 3"，然后单击"修改"命令按钮，则打开"修改样式"对话框。这时就可以对三级目录项的样式进行修改了。在"修改样式"对话框中，设置三级目录项的字体格式是楷体_GB2312，四号字。然后单击"确定"命令按钮，回到"样式"对话框。

⑥ 设置完毕以后，单击"确定"命令按钮，则关闭"样式"对话框，回到了"目录"对话框。在"目录"对话框中，单击"确定"命令按钮，则完成了目录制作。此时 Word 2010 将会在当前页面上自动生成目录了。

11. 插入封面

封面的制作对于一个长文档来说是十分重要的。Word 2010 专门内置了各式各样的封面供用户选择和使用。为"企业宣传手册"文档制作封面的具体操作步骤如下：

① 为了使封面占 1 节，将鼠标光标放在"目录"这两个字的前面位置处，在 Word 2010 的功能区上选择"页面布局"选项卡，在"页面设置"命令组中单击"分隔符"下拉按钮。在"分隔符"下拉列表中单击"分节符"命令组中的"下一页"命令，即在目录页前插入了一空白页，这个空白页作为文档的第 1 节。

② 在 Word 2010 的功能区上选择"插入"选项卡，在"页"命令组中单击"封面"下拉按钮。在"封面"下拉列表中的"内置"选项组中单击"现代型"封面，则 Word 2010 即为当前的文档插入了"现代型"的封面。

③ 在封面上依次插入两张公司的素材图片，一张是公司的标识图片"hongmei_1.jpg"，另一张是公司的宣传图片"hongmei_2.jpg"。依照样图来调整两张图片的大小，并且拖动鼠标把这两张图片放在合适的位置。

④ 插入的"现代型"封面的左下角是封面的标题框，是用表格制成的，已经预先为用户定义好了相应的样式，如图 2-7-33 所示。按照题目的要求，在封面的标题框中输入宏美公司的相关信息，如图 2-7-34 所示。

这样，"公司宣传册"就全部制作完成了。

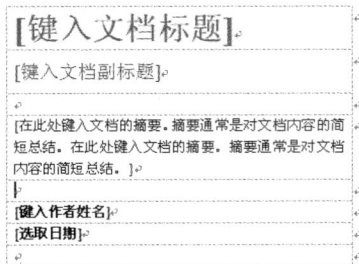

图 2-7-33　封面的标题框模板

图 2-7-34　制作完成后的封面标题

### 2.7.4　知识精讲

1. 定义并使用样式

（1）样式的概念

样式是指一组已经命名好的字符格式和段落格式的集合。样式规定了文档中的标题、要点和正文等各个文本元素的属性和格式。已经定义好的样式可以被多次应用。用户可以将一种定义好的样式应用于文档中那些选定的字符或者段落，使得所选定的字符或者段落具有这个样式所规定的格式。如果文档中使用的样式被修改了，那么应用了这个样式的字符或者段落就会自动地被修改。

字符样式仅适用于用户选定的字符，字符样式可以提供字符的字号、字符间距、字体和特殊效果等格式的设置效果。段落样式可以应用于一个段落，其可以提供包括字体、段落格式、边框、制表位等的设置效果。

在文档中使用样式，可以生成文档的目录，能够更加容易地统一文档的格式，轻松地构建文档的大纲，使整篇文档条理清晰，用户编辑和修改文档就会变得更加简单。

（2）在文档中应用样式

用户在编辑文档的时候，使用样式就可以省去重复性操作。

1）Word 2010 为用户提供了"快速样式库"，用户可以从中进行选择，然后为文本快速地应用某种样式。如果要为一篇文档的标题应用 Word 2010 应用程序的"快速应用样式"中的任意一种样式，具体的操作步骤如下：

① 在 Word 2010 文档中，选中想要应用样式的标题文本。

② 在 Word 2010 的功能区的"开始"选项卡的"样式"命令组中，单击"其他"命令按钮，则弹出"快速样式库"下拉列表，如图 2-7-35 所示。

③ 在打开的"快速样式库"中，用户只需要移动鼠标到列出的各种样式中，所选中的标题文本就会自动地显示应用当前样式后的文本效果。

④ 如果用户觉得"快速样式库"中的样式不能满足自己的需求，只需要将鼠标移出"快速样式库"，那

图 2-7-35　"快速样式库"下拉列表

么选中的标题文本就会恢复原来的格式。如果用户在"快速样式库"中选中了满意的样式，单击即可，那么当前所选的标题文本就会应用这个被选中的样式。Word 2010 提供的这种全新的实时预览的功能，能够帮助用户节省大量的时间，极大地提高了工作的效率。

2）还可以利用"样式"任务窗格功能将想要的样式应用于选中的文本中，其具体的操作步骤如下：

① 在 Word 2010 文档中，选择想要应用样式的标题文本。

② 在 Word 2010 的功能区的"开始"的选项卡上的"样式"命令组中，单击"对话框启动器"按钮，则在窗口的右侧弹出"样式"任务窗格。

③ 在"样式"任务窗格中,"显示预览"复选框如果被选中,就表示可以看到所选样式的预览效果;如果"显示预览"复选框没有被选中,那么所有的样式就会以文字描述的形式一一列举出来。在"样式"任务窗格的列表框中,单击想要应用到选中的标题文本样式的名称,这样就把这个样式应用到了之前选中的文档标题中。

Word 2010 除了能够为选定的字符和段落设置单独的样式外,还内置了多种多样的经过专业设置的样式集,Word 2010 自带的这些样式称为内置样式。而每个内置的样式集都包含了一整套样式设置,当用户选择了其中一个样式集,那么整篇文档都会应用这个样式的设置,这样就能够一次性地完成文档中的所有样式的设置了,非常方便、快捷。

(3)创建样式

如果 Word 2010 的内置样式不能满足用户的全部要求,也可以创建新的样式,称为自定义样式。内置样式和自定义样式在文档中的使用和修改的时候是没有任何区别的,它们的区别在于:用户可以自行删除自定义样式,而不能删除 Word 2010 自带的内置样式。

如果用户需要自己设置一个新的自定义样式,首先需要将文档中的文本或者段落进行格式定义,也就是经过排版设置后的文本或者段落才可以。

具体的操作步骤如下:

① 选中文档中已经完成排版设置的段落或者文本,在所选的内容上单击鼠标右键,则弹出快捷菜单。在弹出的快捷菜单中选择"样式",弹出"样式"下拉列表。在"样式"下拉列表中单击"将所选内容保存为新快速样式"命令,打开"根据格式设置创建新样式"对话框,如图 2-7-36 所示。

② 在"根据格式设置创建新样式"对话框中,在"名称"文本框中,用户可以自行输入自定义样式的名称。

③ 如果在自定义样式时,想要对所选的段落或者文本的格式进行进一步修改,那么在"根据格式设置创建新样式"对话框中单击"修改"命令按钮,打开如图 2-7-37 所示的"根据格式设置创建新样式"对话框。在这个对话框中,用户可以

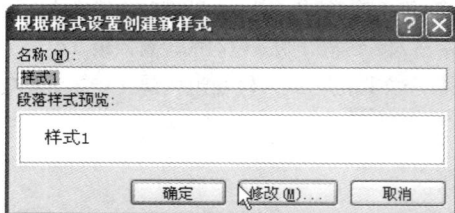

图 2-7-36 "根据格式设置创建新样式"对话框

自定义该样式,例如选择样式类型是针对文本还是针对段落,选择样式基准和后续段落样式。如果用户想做更多的修改,则可以单击"格式"命令按钮,在弹出的下拉列表中列出了"字体""段落""制表位""边框""语言""图文框""编号""快捷键"和"文字效果"这些命令选项供用户选择,如图 2-7-38 所示。用户可以根据自己的需要,分别设置该样式的字体、边框、段落、文字效果、快捷键和编号等格式。

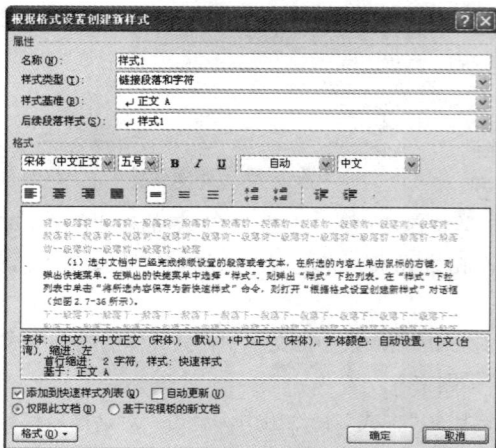

图 2-7-37 "根据格式设置创建新样式"对话框

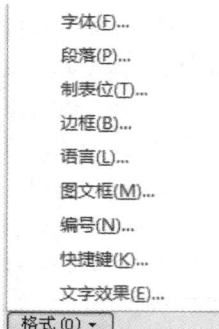

图 2-7-38 "格式"列表

④ 单击"确定"命令按钮，在 Word 2010 的功能区的"开始"选项卡的"样式"命令组中单击"其他"命令按钮，弹出"快速样式库"下拉列表，在列出的"快速样式库"中，会出现新的自定义的样式，并且用户可以根据这个自定义的样式快速地调整段落或者文本的格式。

（4）复制并且管理样式

在编辑 Word 2010 文档的过程中，如果用户需要使用其他文档或者模板的样式，那么可以将想要的样式复制到正在编辑的活动文档或者模板中，而不需要用户反复创建相同的样式。复制与管理样式的具体操作步骤如下：

① 打开需要复制其样式的文档，在 Word 2010 的功能区的"开始"选项卡的"样式"命令组中，单击"对话框启动器"按钮，则打开"样式"任务窗格。单击"样式"任务窗格最下面的"管理样式"按钮，打开"管理样式"对话框，如图 2–7–39 所示。

② 在"管理样式"对话框中，单击"导入/导出"命令按钮，则打开"管理器"对话框，如图 2–7–40 所示。在"管理器"对话框中，单击"样式"选项卡，则对话框的左侧部分显示的是当前文档中的所有的样式列表，右侧部分显示的是在 Word 2010 默认的文档模板中所有的样式。

③ 在"管理样式"对话框中，右侧文档中的"样式的有效范围"下拉列表框中显示的是"Normal.dotm（公用模板）"，而不是用户想要复制样式的那个目标文档。想要改变这个目标文档，则需要单击"关闭文件"命令按钮。将文档关闭以后，原先的"关闭文件"命令按钮就会变成名称为"打开文件"的命令按钮。

图 2–7–39 "管理样式"对话框

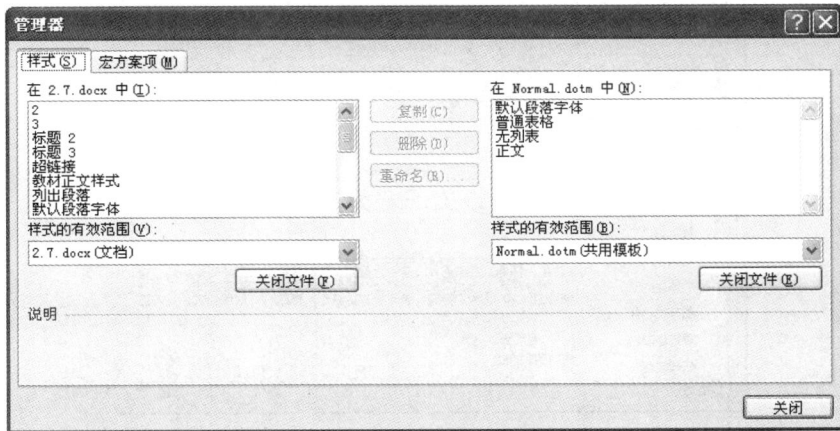

图 2–7–40 "管理器"对话框

④ 单击"打开文件"命令按钮，弹出"打开"对话框。在"文件类型"下拉列表中选择"所有 Word 文档"命令，利用"查找范围"来找到用户需要的文件所在的路径，然后选择已经带有样式的那个特殊的文档。

⑤ 单击"打开"命令按钮将此文件打开，在样式"管理器"对话框的右边将显示包括所有在打开文档中的可以供用户选择的样式列表，这些样式可以复制到任何一个需要的文档中。

⑥ 选中"管理器"对话框右边的样式列表中所需要的样式类型，之后单击"复制"命令按钮，就可以

把选中的样式复制到新的文档中了。

⑦ 单击"关闭"命令按钮，结束这个操作。这样就可以在当前文档的"样式"任务窗格中看到刚才添加的新样式了。

在"管理器"对话框中，还可以把右边的文件都设置为源文件，左边的文件都设置为目标文件。在源文件中选中样式的时候，可以看到中间的那个"复制"按钮上的箭头的方向发生了变化，从左指向右变成从右指向左。实际上，这个箭头应该是从源文件指向目标文件的方向。也就是在执行复制操作的时候，既可以把选好的样式从左侧打开的模板或者文档中复制到右侧的模板或者文档中，也可以从右侧打开的模板或者文档中复制到左侧的模板或者文档中。

（5）修改样式

如果在文档中现有的样式不符合用户的要求，那么可以修改样式使之能够符合用户的个性化的要求。比如，在本任务"企业宣传册"文档中，一级标题使用的样式是一个自定义的样式，名为"我的一级标题"，要想使这个样式的字符颜色改为标准深红色，字体改为华文行楷，字号改为小一号字体，而且段落居中，那么修改的方法有两种，具体的操作步骤如下：

方法一：

① 在 Word 2010 的功能区，选择"开始"选项卡，在"样式"命令组的"快速样式库"中找到"我的一级标题"样式。

② 鼠标右键单击"我的一级标题"样式按钮，在弹出的下拉列表中单击"修改"命令，则打开"修改样式"对话框，如图 2-7-41 所示。

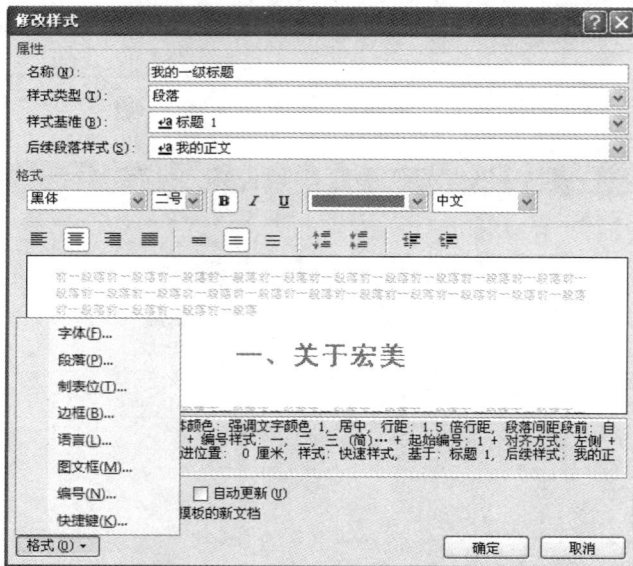

图 2-7-41 "修改样式"对话框

③ 在"修改样式"对话框中，将字符颜色改成深红蓝色，字体改成华文行楷，字号改成小一号，段落对齐方式改成居中。

④ 如果还需要对字体格式或者段落格式等有更多的修改，那么单击"格式"命令按钮，在弹出的下拉列表中单击相应的命令，则可以进入相对应的对话框中，进而进行格式的修改。

⑤ 格式修改完成以后，单击"确定"命令按钮，回到"修改样式"对话框。单击"确定"命令按钮，回到文档的编辑状态。

这样，在 Word 2010 的文档中，那些使用了"我的一级标题"样式的段落格式都进行了相应的改变。

方法二：

① 在文档中选中任意一个使用了"我的一级标题"样式的段落文本，在 Word 2010 的功能区的"字体"命令组中设置字符的颜色是标准深红色，字体是华文行楷，字号是小一号。然后在"段落"命令组中设置段落对齐方式为居中。

② 在 Word 2010 的功能区的"开始"选项卡的"样式"命令组中单击"对话框启动器"按钮，打开"样式"任务窗格。

③ 在"样式"任务窗格的"样式"下拉列表中，样式"我的一级标题"下出现了更新后的样式名"我的一级标题+华文行楷"。但是在文档窗口拖动垂直滚动条进行查看，发现其他应用了"我的一级标题"样式的段落的外观仍然没有改变，还是维持着原状。

④ 为了使文档中所有应用了"我的一级标题"的段落样式都随之发生变化，那么首先要选中已经修改好格式的这个文档的段落，然后鼠标右键单击"样式"下拉列表中的"我的一级标题"样式名。

⑤ 在弹出的快捷菜单中选择"更新'我的一级标题'以匹配所选内容"的命令，这样设置以后就会使所有原来应用"我的一级标题"样式的段落都进行了更新，也就是全部都应用了新的样式设置。这样刚才新增的样式名也会随即消失，新变化的格式设置参数也被添加到了"我的一级标题"样式中了，如图 2-7-42 所示。

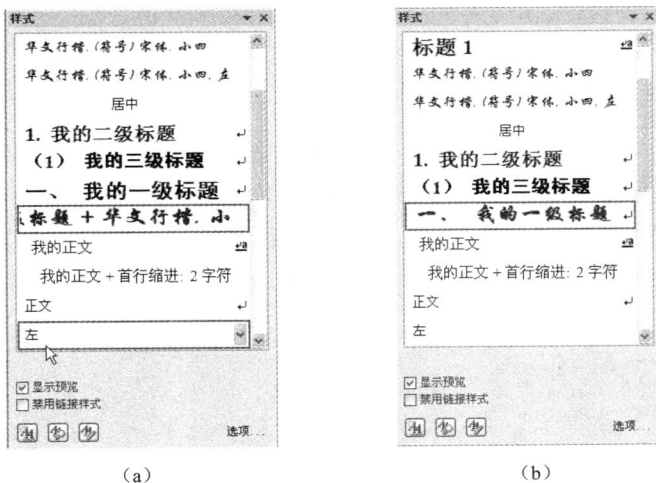

**图 2-7-42　样式更新**
（a）样式更新前；（b）样式更新后

（6）清除样式

如果用户想要清除已经应用到文档中的样式，可以在文档中选中想要清除样式的文本，然后在 Word 2010 的功能区中选择"开始"选项卡，单击"样式"命令组的组按钮，打开"样式"任务窗格。在"样式"任务窗格中选择"全部清除"命令即可完成文档中所选文本的样式清除。

（7）删除样式

想要删除已经定义的样式，可以在 Word 2010 的功能区中选择"开始"选项卡，单击"样式"命令组的组按钮，打开"样式"任务窗格。在"样式"任务窗格中，用鼠标右键单击样式的名称，在弹出的快捷菜单中单击"删除"命令。需要特别强调的是，Word 2010 的内置样式是不能被删除的。

2. Word 2010 的文档视图

Word 2010 文档共为用户提供了 5 种视图，分别是：页面视图、阅读版式视图、Web 版式视图、大纲视图和草稿。用户可以在"视图"选项卡上来回切换文档的视图，也可以在 Word 2010 窗口的右下方单击视图按钮 进行视图的切换。

① 页面视图。页面视图可以查看 Word 2010 文档的打印外观，其中包括页面边距、页眉、页脚、页面边框、分栏设置、图形图像等文本元素，是最接近于打印效果的页面视图，也是日常生活中最常用的文档视图方式。

② 阅读版式视图。阅读版式视图是以阅读版式视图方式来查看文档的，其中 Office 按钮和功能区等窗口元素都被隐藏起来，以便利用最大的空间来阅读或者批注文档。

③ Web 版式视图。Web 版式视图是查看网页形式的文档外观，适用于发送电子邮件和网页的创建。

④ 大纲视图。大纲视图是查看大纲形式的文档，并且显示大纲工具。主要用于 Word 2010 文档的设置，还能够显示标题的层级结构，而且可以方便地折叠或者展开各种层级的文档。大纲视图广泛应用于长文档的快速定位和浏览。

⑤ 草稿。草稿是查看草稿形式的文档，以便用户能够快速地编辑文本。在此视图中，不会显示某些文档元素，比如页眉和页脚等。

3. 文档的目录

在长篇幅文档中，目录往往是不可缺少的一项内容，它列出了文档中的各级标题的内容及各级标题所在的页码，便于文档的阅读者能够快速地查找到标题所在的文档页码，进而查看其文档的内容。

（1）使用"目录库"创建文档的目录

Word 2010 为用户提供了一个丰富的内置"目录库"，其中有多种多样的目录样式可以供用户选择。"目录库"可以替代用户完成大部分的工作，使用户插入目录的操作设置变得越来越快捷和简便。

在文档中使用"目录库"创建目录的具体操作步骤如下：

① 将鼠标指针定位在文档中想要建立目录的位置处，通常情况下是在整篇文档的前面，封面和前言的后面。

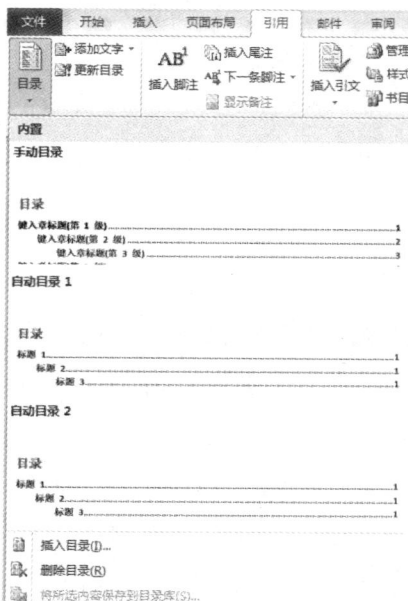

图 2-7-43  "目录"下拉列表

② 在 Word 2010 的功能区中，单击"引用"选项卡，在"引用"选项卡的"目录"命令组中，单击"目录"命令按钮，打开"目录"下拉列表，如图 2-7-43 所示。在"目录"下拉列表中，系统内置的"目录库"以可视化的方式向用户展示了多种目录的编排方式和显示的效果。

③ 在"目录"下拉列表中，用户选择其中一个符合要求的目录样式，然后鼠标单击，Word 2010 就会在当前文档中光标所在处自动根据文档中的标题来创建目录。

目录生成以后，就可以利用目录和正文的关联关系对整篇文档进行跟踪和跳转，按住 Ctrl 键的同时单击目录中的某一个标题，就能跳转到文档正文中相对应的位置。

（2）使用自定义样式来创建目录

如果用户已经把自定义样式应用于文档的各级标题，那么就能够使用自定义样式来创建目录了。步骤如下：

① 将鼠标光标定位在想要建立文档目录的位置，然后在 Word 2010 的功能区中单击"引用"选项卡。

② 在"引用"选项卡的"目录"命令组中，单击"目录"

命令按钮。在弹出的下拉列表中，选择"插入目录"命令，打开"目录"对话框，如图 2-7-44 所示。

③ 在"目录"对话框的"目录"选项卡上单击"选项"命令按钮，则打开"目录选项"对话框，如图 2-7-45 所示。

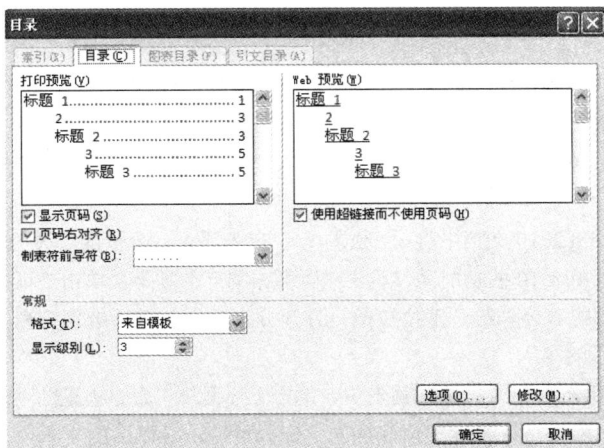

图 2-7-44　"目录"对话框　　　　　　　图 2-7-45　"目录选项"对话框

④ 在"目录选项"对话框的"有效样式"区域中，能够查找应用于当前文档中的标题的所有样式，在样式名称右边的"目录级别"文本框中可以输入 1~9 中的一个数字来表示其目录的级别，用来指定标题样式代表的级别层次。如果用户只希望使用自定义的样式，那么可以删掉 Word 2010 中内置样式的目录级别的表示数字。例如，可以删除"标题 1""标题 2""标题 3"这几个样式名称右边的能够代表目录级别的数字。

⑤ 有效样式的目录级别设置完成以后，单击"确定"命令按钮，关闭"目录选项"对话框。

⑥ 回到"目录"对话框，在"打印预览"区域和"Web 预览"区域中能够看到 Word 2010 在创建目录时所使用的新样式的设置。如果正在创建将在打印页上阅读的文档，那么在创建目录的时候应当包含标题和标题所在页面的页码，也就是要选中"显示页码"复选框，这样就会方便阅读者快速准确地找到需要的那一页。如果正在创建的是要在 Word 2010 中联机查看的文档，那么可以设置目录中各项的格式是超链接，也就是选中"使用超链接而不使用页码"复选框，这样阅读者可以利用单机目录中的某一项标题转到与其对应的内容上。之后单击"确定"命令按钮完成所有的设置。

（3）更新目录

如果用户在文档中创建好了目录，并且在文档中对文本进行了添加、删除或者一些格式的重新设置，那么目录中的标题内容和标题所在的页码可能都要发生变化。这时就需要及时地对文档中已经生成的目录做必要的更新。更新目录的具体操作步骤如下：

① 在 Word 2010 的功能区中，单击"引用"选项卡。

② 在"引用"选项卡上的"目录"命令组中，单击"更新目录"命令按钮，则打开"更新目录"对话框，如图 2-7-46 所示。

③ 在"更新目录"对话框中，选择单选按钮"只更新页码"或者"更新整个目录"，然后单击"确定"命令按钮，即可按照选择的要求来更新目录。

图 2-7-46　"更新目录"对话框

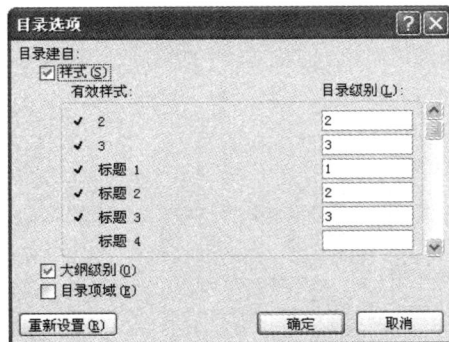

4. 分页和分节

在 Word 2010 文档中，文档的各个章节一般都会另起一页。多数用户都会用加入多个空行的方法使文档中新的另起一页。用这种方法在文档中另起一页时，一旦用户要对文

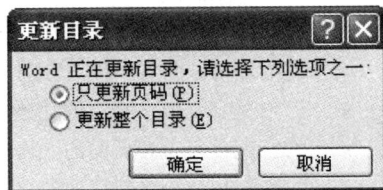

档进行修改或者重新排版时，就会导致之前另起一页的操作不再起作用，相反地，还要重新调整加入的多个空行，增加了大量的工作量，降低了编辑文档的效率。

Word 2010 向用户提供了分页或者分节的操作，不但有效地划分了文档内容的布局，而且使文档的排版工作更加简洁和高效。

（1）插入分页符

通常的情况下，Word 2010 会根据文档一页中能容纳的行数来对文档进行自动分页。但有的时候一页文档还没有填满，用户就想要从下一页重新输入文本，这时就需要插入分页符进行强制分页。如果只是因为排版布局的需要，而将文档中的内容分为前后两页，则在文档中的适当位置处插入分页符即可。具体的操作步骤如下：

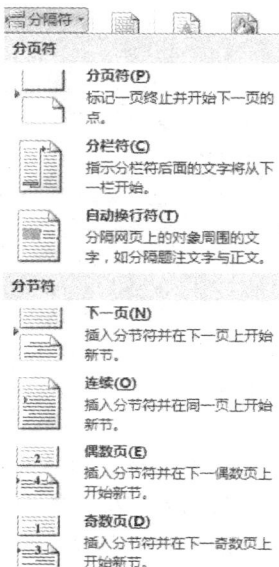

图 2-7-47　分页符和分节符选项列表

① 在 Word 2010 文档中将鼠标光标定位在需要进行分页的位置处。

② 在 Word 2010 的功能区，单击"页面布局"选项卡，单击"页面设置"命令组的"分隔符"下拉按钮，打开分页符和分节符选项列表，如图 2-7-47 所示。

③ 在分页符和分节符选项列表中，单击"分页符"命令集里的"分页符"命令，那么将在光标定位处插入一个分页符，将以后的文本全部布局到下一个新页面中。分页符前后页面的设置属性和各个参数都是一致的。

④ 如果要删除设置的分页符，可以在键盘上按 Delete 键。

（2）插入分节符

"节"是 Word 2010 用来划分文档页面的一种方式，插入分节符能够实现在同一个文档中分别设置不同的页面格式的功能。由于"节"是一种不可视的页面元素，所以比较容易被大众所忽视。如果在编排文档时不使用节，那么有许多的排版效果都可能无法实现。在 Word 2010 中，默认状态下 Word 是将整篇文档看作一节，在排版时所有对文档的设置都是应用于这一整篇文档的。当在文档中插入"分节符"之后，则将文档分成几个"节"，那么用户就可以根据自己的需要来设置每"节"的不同格式了。

例如，在一篇 Word 2010 文档中，通常情况下会将所有的文档页面都设置为"横向"或者"纵向"，也就是整篇文档的页面方向是一致的。但是，有时在同一篇文档中，要求页面设置有横向、有纵向，也就是横纵混排。这就需要使用文档中的"分节符"进行设置。

在 Word 2010 的文档中插入分节符的具体操作步骤如下：

① 在 Word 2010 文档中将鼠标光标定位在需要进行分节的位置处。

② 在 Word 2010 的功能区，单击"页面布局"选项卡，单击"页面设置"命令组中的"分隔符"下拉按钮，打开"插入分页符和分节符"选项列表。

分节符的类型一共有 4 种，分别是"下一页""连续""偶数页"和"奇数页"，功能如下。

● "下一页"：分节符后的文档从下一个新页开始显示，即分节的同时分页。
● "连续"：分节符后面的文档与其前面一节文档同在当前页面中显示，即分节不分页。
● "偶数性"：分节符后面的文档内容转入下一个偶数页开始显示。
● "奇数页"：分节符后面的文档内容转入下一个奇数页开始显示。

③ 根据用户的需要，单击选择其中一种分节符，则在文档中当前光标所在的位置处插入了一个看不见的分节符。

④ 这时就可以在文档中针对不同的节进行不同的设置了，如图 2-7-48 所示。

图 2-7-48　页面方向的横纵混排

5. 添加引用内容

在编辑 Word 2010 文档的过程中，索引、题注、脚注和尾注都是非常重要的应用方式，可以使文档中的引用内容和关键的内容得到更加有效的组织。

（1）插入题注

题注是能够添加到公式、表格、图表或者其他对象中的一种编号标签。如果在编辑文档的过程中对题注设置了移动、删除或者添加的操作，那么就可以一次更新所有的题注编号，而不用再进行单独的调整了。

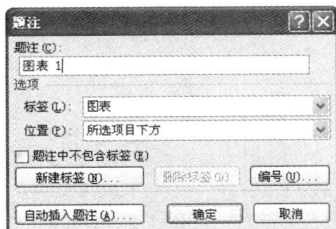

图 2-7-49　"题注"对话框

在文档中定义并且插入题注的具体操作步骤如下：

① 在 Word 2010 文档中，鼠标光标放在需要添加题注的位置处。

② 在 Word 2010 的功能区的"引用"选项卡上，单击"题注"命令组中的"插入题注"命令按钮，打开"题注"对话框，如图 2-7-49 所示。在"题注"对话框中，可以根据添加题注的不同对象类型，在"选项"选项区域的下拉列表中选择标签的不同类型。

③ 如果希望在文档中使用自定义的方式来设置标签，那么可以在"题注"对话框中单击"新建标签"命令按钮，打开"新建标签"对话框。在"新建标签"对话框的"标签"文本框中输入对象的新建标签，如图 2-7-50 所示，然后单击"确定"命令按钮，则关闭"新建标签"对话框，返回到"题注"对话框中。这时系统已经自动添加了序号，即自定义的新的标签样式将会出现在标签的下拉列表中，如图 2-7-51 所示。单击"编号"命令按钮，打开"题注编号"对话框，可以设置题注编号的格式类型，如图 2-7-52 所示。

图 2-7-50　"新建标签"对话框

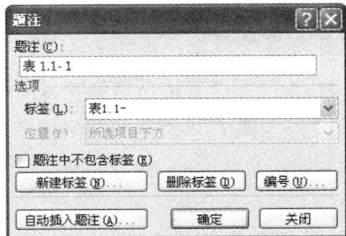

图 2-7-51　自动添加题注序号

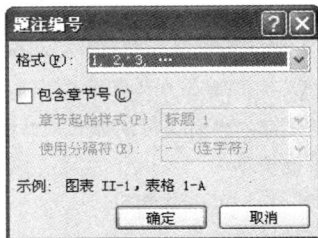

图 2-7-52　"题注编号"对话框

④ 设置完成以后，单击"确定"命令按钮，就可以将题注添加到了相对应的文档位置处。

（2）插入脚注和尾注

脚注和尾注一般用于在文档中显示相关的参考资料的来源和出处，或者用来输入释义性或者补充性的信息。脚注位于文档中当前页面的底部或者指定文字的下面，而尾注一般位于文档的结尾位置处或者是指定节的结尾位置处。在 Word 2010 中，脚注和尾注都是用一条短横线和正文分开的。脚注和尾注都是用于放置注释文本的，这些注释文本一般位于页面的结尾位置处或者文档的位置结尾处，二者的注释文本都比正文文本的字号要小一些。通常用脚注来对文档的内容进行注释和说明，显示在文档中每一页的末尾，而用尾注来说明引用的文献或者参考资料，一般显示在文档的末尾。

在文档中插入脚注的具体操作步骤如下：

① 将鼠标光标置于要向其添加脚注的文本的后面。

② 在 Word 2010 的功能区中选择"引用"选项卡，单击"脚注"命令组中的"插入脚注"命令按钮，即可进入脚注的编辑状态。这时可以输入脚注的内容，那么在选择的文本位置处就会出现脚注标记。

③ 单击"脚注"命令组的组按钮，则打开"脚注和尾注"对话框，如图 2-7-53 所示。在"脚注和尾注"对话框中可以修改脚注的编号格式。在"编号"下拉列表框中，可以选择"每节重新编号""连续"或者"每页重新编号"，表示在整个文档中可以使用一种编号方案，也可以在文档的每一节或者每一页中都使用不同的编号方案。

④ 如果文档中的多处文本都需要插入脚注，那么 Word 2010 会自动对脚注进行依次编号。如果用户对已经进行编号的脚注进行添加、移动或者删除等操作，Word 2010 将对这些脚注引用的标记依次进行重新编号。

⑤ 脚注输入完成以后，单击编辑区外的任意位置处，就可以退出脚注的编辑。

图 2-7-53 "脚注和尾注"对话框

在文档中插入尾注的具体操作步骤如下：

① 将鼠标光标置于要向其添加尾注的文本的后面。

② 在 Word 2010 的功能区中选择"引用"选项卡，单击"脚注"命令组中的"插入尾注"命令按钮，即可进入尾注的编辑状态。这时可以输入尾注的内容，那么在选择的文本位置处就会出现尾注标记。

③ 单击"脚注"命令组的组按钮，则打开"脚注和尾注"对话框。在"脚注和尾注"对话框中，可以修改尾注的编号格式。在"编号"下拉列表框中，可以选择"每节重新编号""连续"或者"每页重新编号"，表示在整个文档中可以使用一种编号方案，也可以在文档的每一节或者每一页中都使用不同的编号方案。

④ 如果文档中的多处文本都需要插入脚注，那么 Word 2010 会自动对尾注进行依次编号。如果用户对已经进行编号的尾注进行添加、移动或者删除等操作，Word 2010 将对这些尾注引用的标记依次进行重新编号。

⑤ 尾注输入完成以后，单击编辑区外的任意位置处，就可以退出尾注的编辑。

当文档中插入了脚注或者尾注以后，用户不用每次都拖动鼠标到页面的底部或者文档的结尾处来查看脚注或者尾注，只需要将鼠标的指针停留在文档中的脚注或者尾注的引用标记上即可，这样注释文本就会出现在屏幕的提示中。

（3）标记并创建索引

文档中的索引用来罗列出一篇文档中讨论的专业术语和主题，包括它们在文档中出现的页码。用户想要创建索引，可以通过提供文档中的主索引项的名称和交叉引用来标记索引项，然后就可以生成索引了。

在文档中加入索引之前，首先应该标记那些构成文档索引的短语、单词和符号之类的全部的索引项。索引项一般用于标记索引中一些特定文字的域代码。当用户选择某些文本并将这些文本标记为索引项时，Word

2010 将会添加一个特殊的 XE 域即索引项。这个域包含已经标记好的主索引和用户选择包含的所有的交叉引用信息，用户可以方便地为某个短语、单词或者符号来创建索引项，也可以为包含了续延多页的主题来创建索引项，还可以创建引用其他索引项的索引。

标记索引项的具体操作步骤如下：

① 在 Word 2010 的文档中选择想要当作索引项的文本。

② 在 Word 2010 的功能区中，单击"引用"选项卡，在"引用"选项卡上的"索引"命令组中单击"标记索引项"命令按钮，打开"标记索引项"对话框，如图 2-7-54 所示。在"标记索引项"对话框的"索引"选项区域的"主索引项"文本框中，显示已经选择的文本。

根据用户的需求，还能够通过创建次索引项或者第三级索引项或者另外一个索引项的交叉引用来自定义索引项：

● 想要建立次索引项，可以在"索引"选项区域里的"次索引项"文本框中输入文本。次索引项是对索引对象的更加深一层的限制。

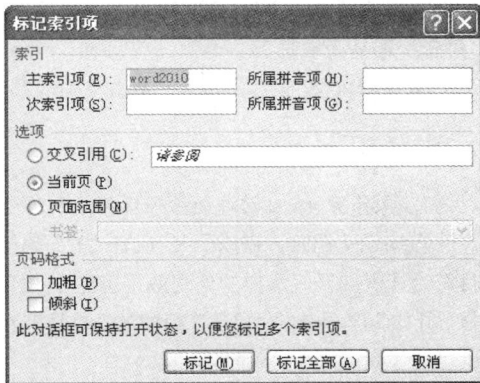

图 2-7-54　"标记索引项"对话框

● 想要包括第三级的索引项，可以在这个索引项的文本后面输入冒号，然后在文本框中输入第三级索引项的文本即可。

● 想要创建对另外一个索引项的交叉引用，可以在"选项"区中，选择"交叉引用"单选按钮，之后在它的文本框中输入另外一个索引项的文本即可。

③ 单击"标记"命令按钮就可以标记索引项；单击"标记全部"命令按钮就可以标记文档中与所选文本相同的所有的文本了。

④ 这时"标记索引项"对话框中的"取消"命令按钮变成"关闭"命令按钮。单击"关闭"命令按钮就可以完成标记索引项的全部工作。用户可以看到在文档中插入的所有索引项，实际上它们是域代码。

完成了标记索引项的操作以后，用户就可以选择其中一种索引进行设计并且生成最终的索引。Word 2010 可以收集索引项，还可以将这些索引项按字母的顺序进行排序，引用它们的页码，并且找到和删除同一页面上的重复的索引项，之后在文档中显示出这个索引。

为文档中的索引项创建索引的具体操作步骤如下：

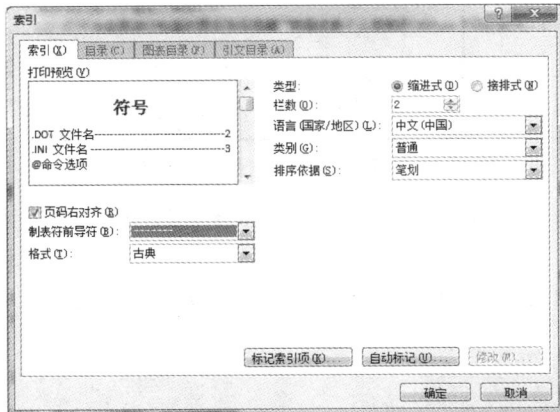

图 2-7-55　"索引"对话框

① 将鼠标的指针定位在文档中需要建立索引的位置处，一般是文档的末尾处。

② 在 Word 2010 的功能区中，单击"引用"选项卡，在"引用"选项卡的"索引"命令组中，单击"插入索引"命令按钮，打开"索引"对话框，如图 2-7-55 所示。

③ 在"索引"对话框中选择"索引"选项卡，在"格式"下拉列表框中单击选择索引的风格，结果可以在左侧的"打印预览"列表框中查看。用户可以选中"页码右对齐"复选框，将所有的页码都靠右侧排列，而不是紧紧地跟在索引项的后面，之后在"制表符前导符"下拉列表框中选择其中的一种样式。

在"类型"选项区域中有两种类型供用户选择，分别是"缩进式"和"接排式"。如果选择"缩进式"，那么次索引项将相对于主索引项进行缩进；如果选中"接排式"，那么主索引项和次索引项将会排在一行。在"栏数"文本框中确定一下栏数以便用来编排索引，如果索引是比较短的，就可以选择两栏。

在"语言"下拉列表框中，可以选择索引的使用语言，Word 2010 会根据所选的语言来选择排序的规则。如果选用的是"中文"，那么可以在"排序依据"下拉列表框中确定是按照什么样的方式来进行排序的，是"拼音"还是"笔画"。

④ 以上的设置完成以后，单击"确定"命令按钮，创建的索引就会出现在文档中。

## 2.7.5 技巧与提高

**1. 取消 Word 自动添加的项目符号和编号**

在编辑文档时，在以"•"或者"1."等符号为开始的段落，输入完毕后按 Enter 键，系统会自动添加项目符号或者编号，那样的外观效果可能令人不满意。如果要取消这些效果，可以在 Word 2010 的功能区中选择"开始"选项卡的"段落"组中的"编号"下拉按钮或者"项目符号"下拉按钮，在其下拉列表中选择"无"就可以了。

如果在编辑文档的过程中经常出现这样的情况，就会给操作带来很多的麻烦，这时可以使用以下的方法来解决：

① 单击"文件"命令按钮，在 Office 的后台视图中，单击"选项"命令，则打开"Word 选项"对话框，如图 2-7-56 所示。

② 单击左侧栏的"校对"命令选项，则进入"校对"页，在"校对"页上单击其中的"自动更正选项"命令按钮，打开"自动更正"对话框，如图 2-7-57 所示。

图 2-7-56 "Word 选项"对话框

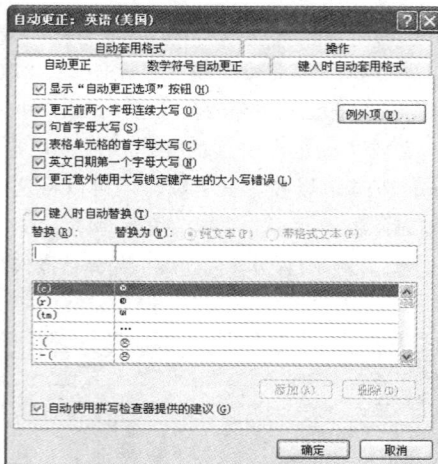

图 2-7-57 "自动更正"对话框

③ 选择"键入时自动套用格式"选项卡，在"键入时自动应用"复选框组中取消选中复选框"自动项目符号列表"和"自动编号列表"。

④ 单击"确定"命令按钮，逐个返回各级对话框。至此，在本文档中，项目符号和编号的自动更正功能就被取消了。

**2. 文档页面方向的横纵混排**

在一篇完整的 Word 文档中，通常情况下所有的页面都会统一设置为横向或者纵向，但有时根据需要也要将其中的一些页面设置为不同的方向，如何能够让一个 Word 文档同时存在有横向页面和纵向页面呢？

在 Word 2010 的功能区，选择"页面布局"选项卡，单击"页面设置"命令组的组按钮，则弹出"页面设置"对话框。在"页面设置"对话框的左下方有一个"应用于"下拉列表框，使用这个"应用于"下拉列表框就可以随意设置页面的方向了。

情况一：如果一篇 Word 文档的前几页都设置为纵向页面，而后边的内容都设置为横向页面，那么可以先将光标的插入点定位到纵向页面的结尾处，或者定位到想要设置为横向页面的页的开始位置处，在"页面设置"对话框中单击"横向"命令按钮，然后在"应用于"下拉列表框中选择"插入点之后"选项就可完成设置。

情况二：如果某些选定的页面想要设置不同的页面方向，那么可以先把这些页面中的所有内容选中，之后在"应用于"下拉列表框中单击选择"所选文字"选项就可以完成设置。

情况三：如果文档分成许多节，那么可以选中想要改变页面方向的那个节，然后在"应用于"下拉列表框中单击选择"所选节"选项。如果不选某一节，而把光标的插入点定位到这一节，那么可以单击选择"本节"选项。

在实际的应用中，不仅可以任意地设置页面的方向，而且通过"页面设置"对话框中的其他设置选项，如页边距、版式、纸张类型等，同样可以对不同的页面进行不同的设置。

## 2.7.6　训练任务

1）制作一份实训报告，要求结构完整、格式规范，其具体的排版格式要求如下（参考第三届"正保教育杯"的 Office 办公自动化高级应用比赛试题）：

① 封面：可以自主设计（题目名称、系及专业名称、学号、班级、姓名、制作日期等信息）。

② 目录：三级。

③ 正文要求如下：

● 页面设置：左、右边距为 2.3 厘米，上、下边距为 3.4 厘米。

● 设置多级列表（二级）。

● 各级标题样式要求如下：

➢ 大标题（新建）：以标题为基准、宋体、小一号字、居中对齐。

➢ 标题 1：宋体、四号字、段前段后各 6 磅。

➢ 标题 2：宋体、小四号字、段前段后各 6 磅、单倍行距。

➢ 标题 3：宋体、五号字、段前段后各 6 磅、首行缩进 2 个字符、行距为固定值 17 磅。

④ 按素材的要求为文档添加页眉和页脚。

● 封面和目录页没有页眉页脚，以后各页的页眉为：

辽宁石化职业技术学院（http://www.lnpc.edu.cn）

● 页脚上显示页号。

⑤ 按素材的要求完成以下 4 个案例：

● 公司的组织结构图。

● 名片的设计。

● 插入公式。

● 员工个人简历的表格。

⑥ 按素材的要求为文档添加题注和交叉引用。

⑦ 按素材的要求为文档添加脚注和尾注。

⑧ 按素材的要求为文档实现"双行合一"的功能。

2）按照题目的要求完成下面的操作。

某出版社的编辑小张有一篇有关财务软件应用的书稿，名为"会计电算化节节升高.docx"，打开这个文档，请按照下列要求帮助小张对书稿进行排版，并按照原文件名进行保存。

① 按照下列要求进行页面设置：纸张大小为16开，对称页边距，上边距为2.5厘米，下边距为2厘米，内侧边距为2.5厘米，外侧边距为2厘米，装订线为1厘米，页角距边界为1.0厘米。

② 书稿中包含了三个级别的标题，分别用"（一级标题）""（二级标题）""（三级标题）"的字样标出。按照表2-7-1的要求对书稿应用样式和多级列表，并对样式的格式进行相应的修改。

表 2-7-1　书稿标题样式

| 内容 | 样式 | 格　式 | 多级列表 |
| --- | --- | --- | --- |
| 所有用"（一级标题）"标识的段落 | 标题1 | 小二号字、黑体字、不加粗，段前1.5行、段后1行，行距最小值12磅，居中 | 第1章、第2章、…、第n章 |
| 所有用"（二级标题）"标识的段落 | 标题2 | 小三号字、黑体字、不加粗，段前1行、段后0.5行，行距最小值12磅 | 1-1、1-2、2-1、2-2、…、n-1、n-2 |
| 所有用"（三级标题）"标识的段落 | 标题3 | 小四号字、宋体字、加粗，段前12磅、段后6磅，行距最小值12磅 | 1-1-1、1-1-2、…、n-1-1、n-1-2 且与二级标题缩进位置相同 |
| 除了上述三个级别标题外的所有正文（不含图表及题注） | 正文 | 首行缩进2字符、1.2倍行距、段后6磅、两端对齐 | |

③ 样式应用结束以后，将书稿中的各级标题文字的后面括号中的提示文字及括号"（一级标题）""（二级标题）""（三级标题）"全部都删除。

④ 稿中有若干个表格及图片，分别在表格的上方和图片的下方的说明文字的左侧添加形如"表1-1""表2-1""图1-1""图2-1"的题注，其中连字符"-"前面的数字代表章号，"-"后面的数字代表图表的序号，各章节图和表分别连续编号，添加完毕后，将样式"题注"的格式改为仿宋体、小五号字、居中。

⑤ 在书稿中用红色标出文字的适当位置，为前两个表格和三个图片设置自动引用其题注号的操作，为第2张表格"表1-2　好朋友财务软件版本及功能简表"套用一个适合的表格样式，保证表格第1行在跨页的时候能够自动重复，并且表格上方的题注与表格总在一页上显示。

⑥ 在书稿的最前面插入目录，要求目录包含标题第1～3级及对应的页号。目录、书稿的第一章为独立的一节，每一节的页码均以奇数页为起始页码。

⑦ 目录与书稿的页码分别独立进行编排，目录页码使用大写的罗马数字（Ⅰ，Ⅱ，Ⅲ，…），书稿的页码使用阿拉伯数字（1，2，3，…）且各章节之间连续编码。除目录首页和每章首页不显示页码外，其余页面要求奇数页页码显示在页脚的右侧，偶数页页码显示在页脚的左侧。

⑧ 将素材文件夹下的图片"Tulips.jpg"设置为本文稿的水印，水印处于书稿页面的中间的位置，图片增加"冲蚀"的效果。

# 第3章

# 利用 Excel 2010 制作电子表格

通过电子表格软件进行数据的管理与分析已成为人们当前学习和工作的必备技能之一，Excel 就是一款目前相当流行、应用广泛的电子表格处理软件，它由微软公司开发，是 MS Office 套装办公软件中的主要组件之一。通过本章的学习，掌握电子表格的创建、美化，在工作表中使用公式及函数进行计算，对数据进行各种汇总、统计分析和处理，运用图表对数据进行分析，数据透视表及数据透视图的使用等内容。

## 任务 3.1　创建公司员工信息表

Excel 最基本的功能就是制作若干张表格，在表格中记录相关的数据和信息。关于工作表的基本操作、各种类型数据的输入、自动填充功能的使用等是 Excel 2010 的基本操作。

### 3.1.1　任务描述

美创公司有员工近 200 人，人事部使用员工信息表记录公司所有员工的个人资料，同时添加新员工的个人情况到信息表中，以便于查看或处理其他所需要的事务。制作完成的美创公司员工信息表如图 3-1-1 所示。

| | A | B | C | D | E | F | G | H | I | J |
|---|---|---|---|---|---|---|---|---|---|---|
| 1 | 美创公司员工信息表 | | | | | | | | | |
| 2 | 工号 | 姓名 | 性别 | 出生日期 | 学历 | 身份证号 | 部门 | 职务 | 基本工资 | 电话号码 |
| 3 | MC001 | 王薇 | 女 | 1986/5/5 | 大专 | 110108196805050000 | 市场部 | 职员 | 1500.56 | 18504175548 |
| 4 | MC002 | 冯丽 | 女 | 1985/8/5 | 本科 | 415705198508051000 | 市场部 | 职员 | 1500.56 | 18645076858 |
| 5 | MC003 | 李力伟 | 男 | 1975/6/19 | 大专 | 415705197506190000 | 市场部 | 经理 | 8000.00 | 18850707154 |
| 6 | MC004 | 钱麦 | 男 | 1986/8/15 | 硕士 | 110555198608150000 | 研发部 | 职员 | 1500.56 | 18808807455 |
| 7 | MC005 | 孙超越 | 男 | 1975/4/8 | 博士 | 415705197504080000 | 研发部 | 经理 | 8500.00 | 18910700451 |
| 8 | MC006 | 王羽 | 女 | 1976/8/6 | 本科 | 610108197608060000 | 研发部 | 副经理 | 8000.00 | 18051679158 |
| 9 | MC007 | 吴囡 | 女 | 1984/5/18 | 硕士 | 150105198405180000 | 销售部 | 职员 | 5000.00 | 18688990485 |
| 10 | MC008 | 张亮 | 男 | 1970/4/5 | 大专 | 410105197004050000 | 销售部 | 经理 | 8500.00 | 18805064155 |
| 11 | MC009 | 赵江涌 | 男 | 1988/4/58 | 本科 | 110105198804580000 | 销售部 | 职员 | 5000.00 | 15841508456 |
| 12 | MC010 | 郑涛 | 男 | 1988/5/16 | 硕士 | 440105198805160000 | 销售部 | 职员 | 5000.00 | 18911555666 |
| 13 | MC011 | 赵媛媛 | 女 | 1981/7/58 | 硕士 | 110108198107580000 | 销售部 | 职员 | 5000.00 | 18807904556 |

图 3-1-1　美创公司员工信息表

### 3.1.2　任务分析

本工作任务的重点是实现各种不同类型数据的输入，并能够实现对工作表的操作和查看。完成本项工作任务的步骤如下：

① 新建工作簿文件，命名为"美创公司员工信息表.xlsx"。

② 在 Sheet1 工作表中输入员工信息（包括文本信息、数值信息、日期信息等）。

③ 为指定单元格添加批注"股东"。

④ 将 Sheet1 工作表标签改为"美创公司员工信息表"。

### 3.1.3 任务实现

1. 创建新工作簿文件并保存

启动 Excel 2010 后，系统将新建一个空白的工作簿，默认名称为"Book1"，单击快速访问工具栏中的"保存"命令，将其以"员工信息表.xlsx"为名保存在桌面上。

2. 输入报表标题

单击 A1 单元格，直接输入数据报表的标题内容"美创公司员工信息表"，按 Enter 键完成。

3. 输入数据报表的标题行

数据报表中的标题行是指由报表数据的列标题构成的一行信息，也称为表头行。列标题是数据列的名称，经常参与数据的统计与分析工作。

参照图 3-1-1，从 A2 单元格到 J2 单元格依次输入"工号""姓名""性别""出生日期""学历""身份证号""部门""职务""基本工资""电话号码"9 列数据的列标题。

4. 输入报表中的各项数据

（1）"工号"列数据的输入

"工号"列数据的输入以数据的自动填充方式实现。

① 输入起始值。单击 A3 单元格，输入"MC001"，并按 Enter 键，如图 3-1-2 所示。

② 拖动填充柄。将鼠标指针移至该单元格的右下角，指向填充柄（右下角的黑点），当指针变成黑十字形状时，按住鼠标左键向下拖动填充柄，如图 3-1-3 所示。

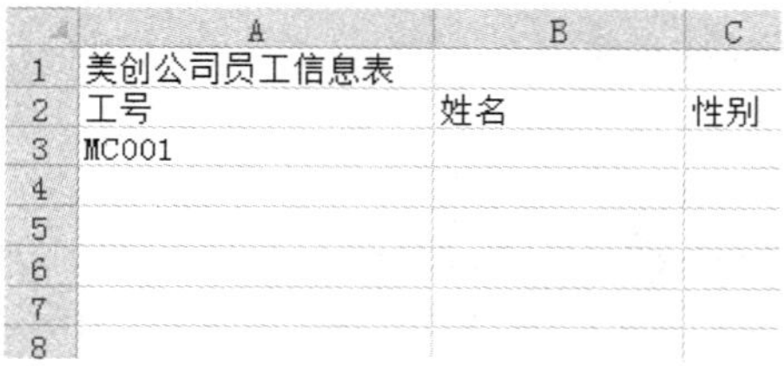

图 3-1-2 输入数据

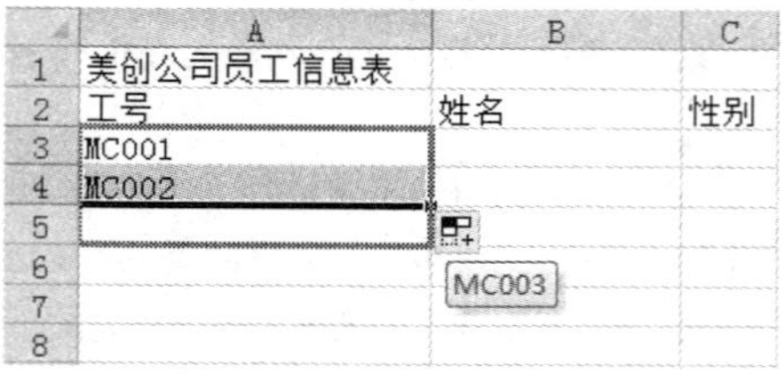

图 3-1-3 拖动填充柄

③ 显示自动填充的序列。当鼠标拖至 A13 单元格位置处时释放鼠标，则完成了"工号"列数据的填充，如图 3-1-4 所示。

（2）"姓名"列数据的输入

"姓名"列数据均为文本数据。单击 B3 单元格，输入"陈紫薇"，按 Enter 键确认并继续输入下一个员工的姓名，如图 3-1-5 所示。

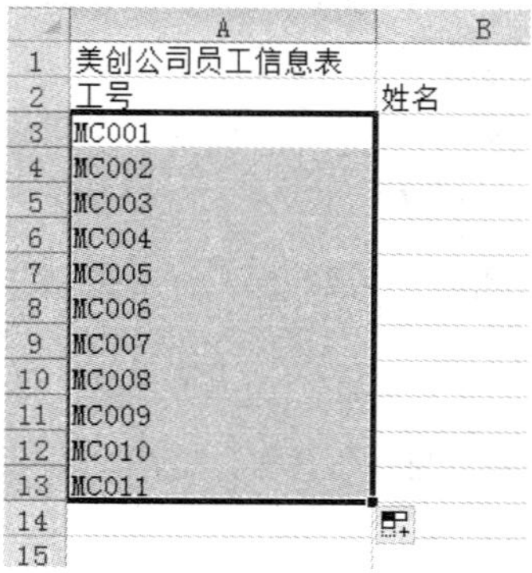

图 3-1-4 自动填充数据

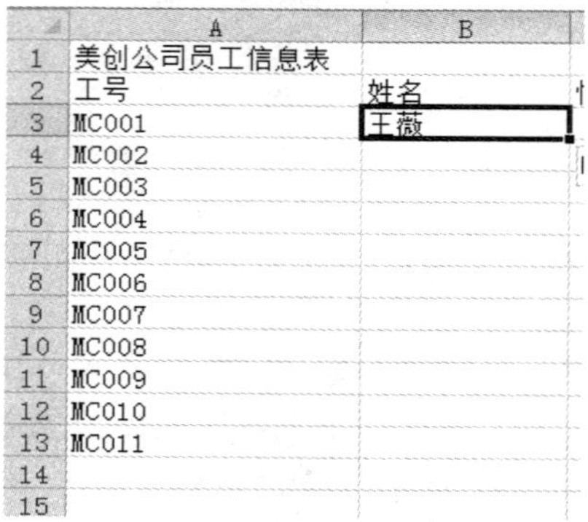

图 3-1-5 输入姓名

（3）“性别”列、“学历”列和“职务”列数据的输入

① 选中 C3 单元格，然后按住 Ctrl 键，再依次选中 C4、C8、C9、C13 单元格，如图 3–1–6 所示。

② 在最后的单元格中输入“女”，按 Ctrl+Enter 组合键确认，则所有选中单元格均输入“女”，如图 3–1–7 所示。

| | A | B | C |
|---|---|---|---|
| 1 | 美创公司员工信息表 | | |
| 2 | 工号 | 姓名 | 性别 |
| 3 | MC001 | 王薇 | |
| 4 | MC002 | 冯丽 | |
| 5 | MC003 | 李力伟 | |
| 6 | MC004 | 钱麦 | |
| 7 | MC005 | 孙超越 | |
| 8 | MC006 | 王羽 | |
| 9 | MC007 | 吴囡 | |
| 10 | MC008 | 张亮 | |
| 11 | MC009 | 赵江涌 | |
| 12 | MC010 | 郑涛 | |
| 13 | MC011 | 赵媛媛 | |

图 3–1–6　选择不连续的区域

| | A | B | C |
|---|---|---|---|
| 1 | 美创公司员工信息表 | | |
| 2 | 工号 | 姓名 | 性别 |
| 3 | MC001 | 王薇 | 女 |
| 4 | MC002 | 冯丽 | 女 |
| 5 | MC003 | 李力伟 | |
| 6 | MC004 | 钱麦 | |
| 7 | MC005 | 孙超越 | |
| 8 | MC006 | 王羽 | |
| 9 | MC007 | 吴囡 | 女 |
| 10 | MC008 | 张亮 | 女 |
| 11 | MC009 | 赵江涌 | |
| 12 | MC010 | 郑涛 | |
| 13 | MC011 | 赵媛媛 | 女 |

图 3–1–7　在不连续区域填充相同数据

③ 依照此方法可以完成“学历”列和“职务”列数据的输入。

（4）“部门”列数据的输入

单击选中 G3 单元格，输入“市场部”，如图 3–1–8 所示，向下拖动 G3 单元格的填充柄到 G5 单元格，释放鼠标，则鼠标拖过的区域已自动填充了数据。依照此方法在“部门”列其他单元格中填充数据。

| | A | B | C | D | E | F | G | H |
|---|---|---|---|---|---|---|---|---|
| 1 | 美创公司员工信息表 | | | | | | | |
| 2 | 工号 | 姓名 | 性别 | 出生日期 | 学历 | 身份证号 | 部门 | 职务 |
| 3 | MC001 | 王薇 | 女 | | 大专 | | 市场部 | |
| 4 | MC002 | 冯丽 | 女 | | 本科 | | | (Ctrl) |
| 5 | MC003 | 李力伟 | 男 | | 大专 | | | |
| 6 | MC004 | 钱麦 | 男 | | 硕士 | | | 市场部 |
| 7 | MC005 | 孙超越 | 男 | | 博士 | | | |
| 8 | MC006 | 王羽 | 女 | | 本科 | | | |
| 9 | MC007 | 吴囡 | 女 | | 硕士 | | | |
| 10 | MC008 | 张亮 | 男 | | 大专 | | | |
| 11 | MC009 | 赵江涌 | 男 | | 本科 | | | |
| 12 | MC010 | 郑涛 | 男 | | 硕士 | | | |
| 13 | MC011 | 赵媛媛 | 女 | | 硕士 | | | |

图 3–1–8　自动填充数据

（5）“出生日期”列数据的输入

对于日期型数据的输入，一般用减号或斜杠分隔年月日，即“年–月–日”或“年/月/日”。当单元格输入了系统可以识别的日期型数据时，单元格的格式会自动转换成相应的日期格式，并采取右对齐的方式。当系统不能识别单元格内输入的日期型数据时，则输入的内容将自动视为文本，并在单元格中左对齐。

输入“出生日期”数据列时，可参照图 3–1–9 所示采用上述输入格式直接输入。

| | A | B | C | D | E | F | G |
|---|---|---|---|---|---|---|---|
| 1 | 美创公司员工信息表 | | | | | | |
| 2 | 工号 | 姓名 | 性别 | 出生日期 | 学历 | 身份证号 | 部门 |
| 3 | MC001 | 王薇 | 女 | 1986/5/5 | 大专 | 110108196805050000 | 市场部 |
| 4 | MC002 | 冯丽 | 女 | 1985/8/5 | 本科 | 415705198508051000 | 市场部 |
| 5 | MC003 | 李力伟 | 男 | 1975/6/19 | 大专 | 415705197506190000 | 市场部 |
| 6 | MC004 | 钱麦 | 男 | 1986/8/15 | 硕士 | 110555198608150000 | 研发部 |
| 7 | MC005 | 孙超越 | 男 | 1975/4/8 | 博士 | 415705197504080000 | 研发部 |
| 8 | MC006 | 王羽 | 女 | 1976/8/6 | 本科 | 610108197608060000 | 研发部 |
| 9 | MC007 | 吴囡 | 女 | 1984/5/18 | 硕士 | 150105198405180000 | 销售部 |
| 10 | MC008 | 张亮 | 男 | 1970/4/5 | 大专 | 410105197004050000 | 销售部 |
| 11 | MC009 | 赵江涌 | 男 | 1988/4/58 | 本科 | 110105198804580000 | 销售部 |
| 12 | MC010 | 郑涛 | 男 | 1988/5/16 | 硕士 | 440105198805160000 | 销售部 |
| 13 | MC011 | 赵媛媛 | 女 | 1981/7/58 | 硕士 | 110108198107580000 | 销售部 |

图 3–1–9　填充“出生日期”数据

（6）"身份证号"列数据的输入

身份证号由 18 个数字字符构成，在 Excel 中，系统默认数字字符序列为数值型数据，而且超过 11 位将以科学计数法显示。为了使"身份证号"列数据以文本格式输入，采用以英文单引号"'"为前导符，再输入数字字符的方法完成数据的输入。

具体操作方法为：选中 F3 单元格，先输入英文单引号，再输入对应员工的身份证号码，按 Enter 键确认即可。依照此方法完成所有员工的身份证号码的输入。

（7）"电话号码"列数据的输入

"电话号码"列数据也是由数字字符构成的，为了使其以文本格式输入，可以参照"身份证号"数据的输入方法进行，也可以使用"设置单元格格式"对话框来实现。

选中 J3:J13 单元格区域（单击选中 J3 单元格后，不松开鼠标并拖动鼠标到 J13 单元格），在"开始"选项卡的"数字"组中，单击"对话框启动按钮"，如图 3-1-10 所示，打开"设

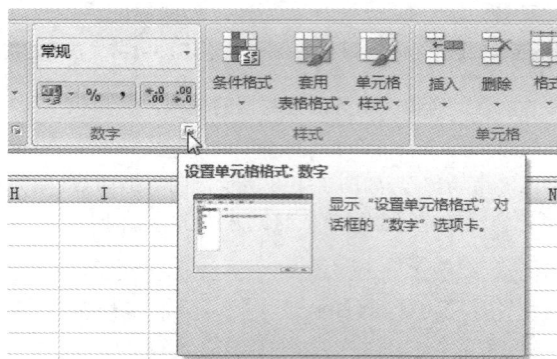

图 3-1-10 "数字"组对话框按钮图

置单元格格式"对话框，如图 3-1-11 所示。在"数字"选项卡下的"分类"列表框中单击"文本"选项，再单击"确定"按钮，则所选区域的单元格格式均为文本型，依次在 J3:J13 单元格区域中输入电话号码。

（8）"基本工资"列数据的输入

"基本工资"列数据以数值型格式输入。选择 I3:I13 单元格区域，单击"开始"选项的"数字"组中的"数字格式"右侧的下三角按钮，选择"数字"选项，如图 3-1-12 所示。

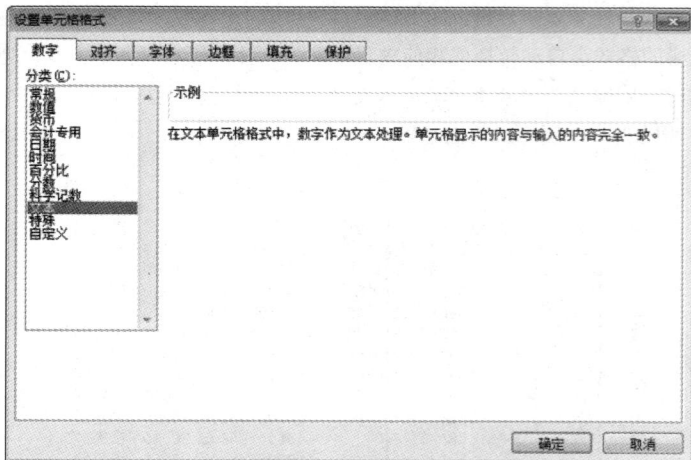

图 3-1-11 "设置单元格格式"对话框

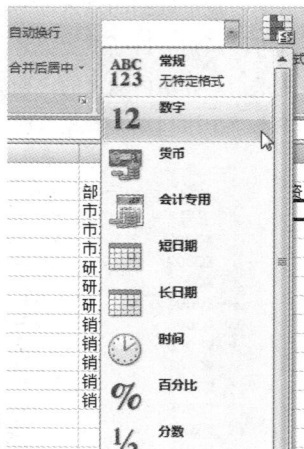

图 3-1-12 "数字格式"列表

从 I3 单元格开始依次输入员工的"基本工资"数据，系统默认在小数点后设置两位小数。可以通过"开始"选项卡的"数字"组中的"增加小数位数"命令 ⁺⁰⁰⁸ 或者"减少小数位数"命令 ⁰⁰⁸ 增加或者减少小数位数。

5. 插入批注

在单元格中插批注，可以对单元格中的数据进行简要的说明。

选中需要插入批注的单元格 H5，在"审阅"选项卡的"批注"组中单击"新建批注"命令。此时在所选中的单元格右侧出现了批注框，并以箭头形状与所选单元格连接。批注框中显示了审阅者用户名，在其中输入批注内容"股东"，单击其他单元格确认完成操作，如图 3-1-13 所示。

| | A | B | C | D | E | F | G | H | I | J |
|---|---|---|---|---|---|---|---|---|---|---|
| 1 | 美创公司员工信息表 | | | | | | | | | |
| 2 | 工号 | 姓名 | 性别 | 出生日期 | 学历 | 身份证号 | 部门 | 职务 | 基本工资 | 电话号码 |
| 3 | MC001 | 王薇 | 女 | 1986/5/5 | 大专 | 110108196805050000 | 市场部 | 职员 | 1500.56 | 18504175548 |
| 4 | MC002 | 冯丽 | 女 | 1985/8/5 | 本科 | 415705198508051000 | 市场部 | 职员 | | |
| 5 | MC003 | 李力伟 | 男 | 1975/6/19 | 大专 | 415705197506190000 | 市场部 | 经理 | 8 | jsj:股东 |
| 6 | MC004 | 钱麦 | 男 | 1986/8/15 | 硕士 | 110555198608150000 | 研发部 | 经理 | 8 | |
| 7 | MC005 | 孙超越 | 男 | 1975/4/8 | 博士 | 415705197504080000 | 研发部 | 经理 | 8 | |
| 8 | MC006 | 王羽 | 男 | 1976/8/6 | 本科 | 610108197606080000 | 研发部 | 副经理 | 8 | |
| 9 | MC007 | 吴囡 | 女 | 1984/5/18 | 硕士 | 150105198405180000 | 销售部 | 经理 | 5000.00 | 18688990485 |
| 10 | MC008 | 张亮 | 男 | 1970/4/5 | 大专 | 410105197004050000 | 销售部 | 经理 | 8500.00 | 18805064155 |
| 11 | MC009 | 赵江涌 | 男 | 1988/4/58 | 本科 | 110105198804580000 | 销售部 | 职员 | 5000.00 | 15841508456 |
| 12 | MC010 | 郑涛 | 男 | 1988/5/16 | 硕士 | 440105198805160000 | 销售部 | 职员 | 5000.00 | 18911555666 |
| 13 | MC011 | 赵媛媛 | 女 | 1981/7/58 | 硕士 | 110108198107580000 | 销售部 | 职员 | 5000.00 | 18807904556 |

图 3-1-13　插入批注

在单元格中插入批注后，单元格的左上角会有红色的三角标志。当鼠标指向该单元格时，会弹出批注；鼠标离开该单元格时，批注就隐藏起来了。

6. 修改工作表标签

右击工作表 Sheet1 的标签，在其快捷菜单中执行"重命名"命令，输入工作表的新名称"美创公司员工信息表"即可，如图 3-1-14 所示。

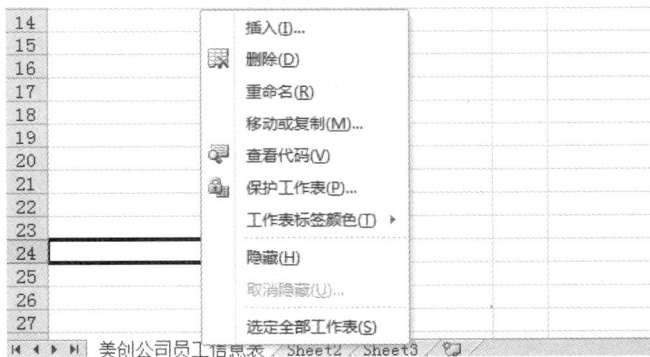

图 3-1-14　修改工作表标签

至此，美创公司员工信息表创建完成。

## 3.1.4　知识精讲

1. Excel 表格术语

（1）启动 Excel 2010 的方法

① 在"开始"菜单中执行"所有程序"→"Microsoft Office"→"Microsoft Office Excel 2010"命令。

② 双击某个 Excel 文档，在打开 Excel 2010 应用程序窗口的同时，打开该文档并进入编辑状态。

（2）熟悉 Excel 2010 窗口的组成

Excel 2010 启动后，打开 Excel 2010 窗口，如图 3-1-15 所示。

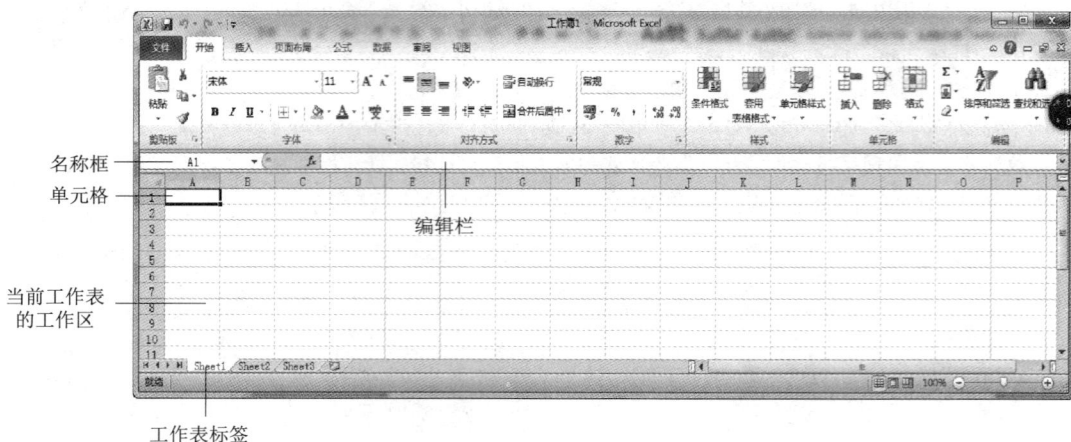

图 3-1-15　Excel 2010 窗口的组成

① 工作簿。一个 Excel 数据文件就是一个工作簿，Excel 是以工作簿为单位来处理和存储数据的。保存工作簿时，默认的扩展名是.xlsx 文件。

工作簿文件由多个工作表组成，每个工作簿最多可以包含 255 张工作表。在默认的情况下，新建的工作簿中包含 3 张工作表。用户可以在"Excel 选项"对话框的"常用"选项卡中的"包含的工作表数"中更改默认设置。

提示：单击 Excel 2010 窗口左上角的"文件"选项卡，在弹出的菜单中选择"选项"命令，即可打开"Excel 选项"对话框。

② 工作表。工作簿中的每一张表格称为工作表，通常称作电子表格。每张工作表最多能包含 1 048 576 行、16 384 列，行以阿拉伯数字（1，2，3，…）编号，列以英文字母（A，B，C，…）编号。

工作表是通过工作表标签来标识的，工作表标签显示在工作表的底部，单击不同的工作表标签，可以在不同的工作表中切换。只有一个工作表是当前活动的工作表，标签底色为白色的工作表是当前活动的工作表。

③ 单元格和活动单元格。每一行和每一列交叉处的长方形区域称为单元格，单元格是工作表的基本元素。在单元格中可以输入文字、数字、公式，也可以对单元格进行各种设置，如颜色、长度、宽度、对齐方式等。

单元格用所在的列号和行号来标识，例如，A1 单元格是指工作表中第 1 行 A 列的单元格，D5 单元格是指第 5 行 D 列的单元格。

活动单元格是指当前正在编辑的单元格。每个工作表中只有一个单元格是当前活动单元格，它的框线为粗黑线。

2. 工作表的基本操作

（1）工作表的选择和插入

选择工作表后才能对工作表进行操作。默认情况下一个工作簿由 3 个工作表组成，重新打开"美创员工信息表.xlsx"文件，可以看到"美创公司员工信息表"的内容，如果需要选择其他的工作表，只要单击相应的工作表标签即可。例如，单击 Sheet2 工作表标签，就可切换到 Sheet2 工作表。

如果需要插入工作表，首先选中要插入的位置处的工作表，例如，要在"美创公司员工信息表"工作表后插入一张新工作表，首先选中 Sheet2 工作表，然后在"开始"选项卡的"单元格"组中单击"插入"右侧的下三角按钮，选择"插入工作表"选项，则可以看到在"美创公司员工信息表"工作表之后插入了一张新工作表 Sheet4。

提示：插入工作表的另一种方法：例如，要在 Sheet2 工作表之后再插入一张工作表，右击 Sheet3 工作表标签，在弹出的快捷菜单中选择"插入"命令，打开"插入"对话框，在"常用"选项卡中选择"工作表"，单击"确定"按钮即可在 Sheet2 工作表之后插入一张新工作表 Sheet5。

（2）工作表的移动和删除

在工作簿中，不仅可以插入工作表，也可以调整工作表在工作簿中的位置，或将不需要的工作表删除等。例如，在"员工信息表.xlsx"工作簿文件中，选中"美创公司员工信息表"标签并向右拖动，拖到 Sheet3 的右侧，释放鼠标后该工作表被移至最后。

右击 Sheet2 工作表标签，在弹出的快捷菜单中选择"删除"命令，即可将 Sheet2 工作表删除。需要注意的是，工作表被删除后不可恢复。

提示：删除工作表的另一种方法：选中要删除的工作表，然后在"开始"选项卡的"单元格"组中单击"删除"右侧的下三角按钮，选择"删除工作表"选项，即可删除所选的工作表。

（3）工作表的重命名

工作表默认以 Sheet1，Sheet2，…来命名，很不方便记忆，可以根据需要对工作表进行重新命名以便于区分。实现工作表的重命名有以下几种方法：

① 通过选择标签的快捷菜单中的"重命名"命令来实现。

② 在"开始"选项卡的"单元格"组中单击"格式"右侧的下三角按钮，选择"重命名工作表"选项，实现工作表的重命名。

③ 双击工作表标签，在标签位置处输入新的工作表标签名称。

（4）设置工作表标签颜色

为工作表标签设置颜色可以突出显示某张工作表。

① 在要改变颜色的工作表标签上右击，在弹出的快捷菜单中选择"工作表标签颜色"命令，从随后显示的颜色列表中单击选择一种颜色。

② 在"开始"选项卡的"单元格"组中单击"格式"列表，从"组织工作表"下选择"工作表标签颜色"命令，从随后显示的颜色列表中单击选择一种颜色。

（5）工作表的复制

工作表的复制是通过"移动和复制工作表"对话框来实现的。例如，在"员工信息表.xlsx"工作簿文件中，要对工作表"美创公司员工信息表"进行复制，可以右击工作表标签"美创公司员工信息表"，在弹出的快捷菜单中选择"移动或复制工作表"命令，将打开"移动和复制工作表"对话框，如图 3-1-16 所示。在此对话框中，在"将选定工作表移至下列选定工作表之前"列表框中选择"Sheet3"，再勾选"建立副本"复选框，单击"确定"按钮返回工作表，此时已复制一份"美创公司员工信息表"在 Sheet3 之前，显示的工作表名称为"美创公司员工信息表②"。

提示：① 在"开始"选项卡的"单元格"组中单击"格式"右侧的下三角按钮，选择"移动或复制工作表"命令，也可以打开"移动和复制工作表"对话框。

② 在"移动和复制工作表"对话框中，如果没有选中"建立副本"复选框，那么就是移动工作表。

（6）显示或隐藏工作表

① 在要隐藏的工作表标签上右击，在弹出的快捷菜单中选择"隐藏"命令。

② 在"开始"选项卡的"单元格"组中单击"格式"列表，从"隐藏或取消隐藏"下选择"隐藏工作表"命令。

提示：如果要取消隐藏，只需从上述相应菜单中选择"取消隐藏"命令，在打开的"取消隐藏"对话框中选择相应的工作表名称即可。

（7）工作表的保护

为了使工作表不被其他用户随意修改，可以为其设置密码加以保护。例如，以"美创公司员工信息表"为例，介绍如何为工作表设置保护。

1）保护整个工作表。

① 右击"美创公司员工信息表"标签，在其快捷菜单中选择"保护工作表"命令（或者在"审阅"选项卡的"更改组"中单击"保护工作表"按钮），打开"保护工作表"对话框，如图3-1-17所示。

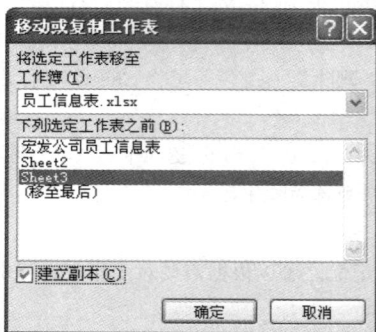

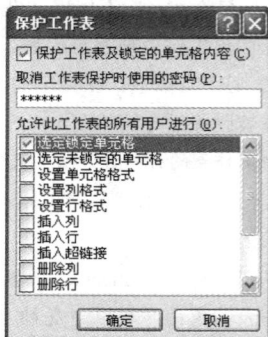

图 3-1-16　"移动或复制工作表"对话框　　　　图 3-1-17　"保护工作表"对话框

② 在"取消工作表保护时使用的密码"文本框中输入密码，该密码用于设置者取消保护。

③ 在"允许此工作表的所有用户进行"列表框中选择允许他人更改的项目。

④ 单击"确定"按钮，又弹出"确认密码"对话框，在"重新输入密码"文本框中再次输入相同的密码，按"确定"按钮即可。此时将无法对工作进行编辑修改，实现保护工作表的目的。

2）取消工作表保护。右击"美创公司员工信息表"标签，在其快捷菜单中选择"取消保护工作表"命令，打开"取消保护工作表"对话框，输入保护密码，就可以取消对工作表的保护了。

3）解除对部分工作表区域的保护。

保护工作表后，默认情况下所有单元格都将无法编辑，但在实际工作中，常常是只保护部分单元格，另外一些单元格还是允许输入编辑的。为了更改这些特定的单元格，可以在保护工作表之前取消对这些单元格的锁定。

① 选择要保护的工作表，仍以"美创公司员工信息表"为例。如果工作表已经被保护，则需要先撤销工作表的保护。撤销的方法在前面已经介绍过。

② 在工作表中选择要解除锁定的单元格区域（允许操作的单元格）。此时选择"美创公司员工信息表"中可编辑区域 G2:J11。

③ 在任意单元格上右击鼠标，从弹出的快捷菜单中选择"单元格格式"命令，打开"单元格格式"对话框。

④ 在"单元格格式"对话框的"保护"选项卡中，单击"锁定"取消对该复选框的选择。单击"确定"按钮，则选定的单元格区域将会被排除在保护范围之外。

⑤ 在"审阅"选项卡的"更改组"中单击"保护工作表"按钮，打开"保护工作表"对话框，输入保护密码，在"允许此工作表的所有用户进行"列表框中选择允许他人更改的项目，单击"确定"按钮，重新输入密码再按"确定"按钮，取消锁定的单元格就能够进行修改和输入了。

提示：设置隐藏公式的方法：如果不希望别人看到公式或函数的构成，可以设置隐藏公式。选择需要隐藏公式的单元格区域，在如图3-1-18所示的"单元格格式"对话框中选中"隐藏"复选框，再设置工作表的保护，公式就不能被看到了。

3. 单元格的基本操作

（1）选择单元格、选择行和列

① 选中单元格。用鼠标单击单元格就可将其选中，选中后的单元格四周会出现粗黑框。利用键盘上的方向键可以重新选择当前活动单元格。

② 选择单元格区域。单击区域左上角的单元格，按住鼠标左键将其拖动到区域的右下角单元格，则鼠标经过的区域全被选中。或者是，先选中第一个单元格，再按住 Ctrl 键，用鼠标依次选择所需的单元格或单元格区域，可以实现不连续区域的选择。若想取消选定，单击工作表中任一单元格即可。

③ 选中整行。单击工作表中的行号即可选中该行。在行号区域拖动鼠标可以选择多行。按住 Ctrl 键，单击行号，可以选择不相邻的多行。

④ 选中整列。单击工作表中的列号即可选中该列。在列号区域拖动鼠标可以选择多列。按住 Ctrl 键，单击列号，可以选择不相邻的多列。

⑤ 选中整张工作表。单击行号和列号交汇处的全选按钮▧，即可选中整张工作表。

（2）插入单元格、插入行和列

① 插入单元格。选中需要插入的位置处的单元格后右击，在弹出的快捷菜单中选择"插入"命令，弹出"插入"对话框，如图 3-1-18 所示，在此进行插入单元格的选项设置。

活动单元格右移：插入的空单元格出现在选定单元格的左边。

活动单元格下移：插入的空单元格出现在选定单元格的上方。

整行：在选定的单元格上面插入一空行。若选定的是单元格区域，则在选定单元格区域上方插入与选定单元格区域相同行数的空行。

整列：在选定的单元格左侧插入一空列。若选定的是单元格区域，则在选定单元格区域左侧插入与选定单元格区域相同列数的空列。

② 插入行。右击某行号，在其快捷菜单中选择"插入"命令，即可在该行的上方插入一空行。

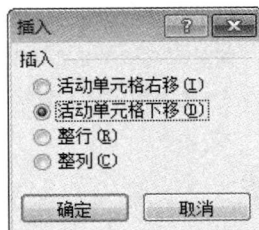

图 3-1-18　"插入"对话框

③ 插入列。右击某列号，在其快捷菜单中选择"插入"命令，即可在该列的左侧插入一空列。

（3）删除单元格、删除行和列

① 删除单元格。选中要删除的单元格或单元格区域，在"开始"选项卡的"单元格"组中单击"删除"下方的下三角按钮，选择"删除单元格"命令，打开"删除"对话框，如图 3-1-19 所示，在此进行删除单元格的选项设置。

右侧单元格左移：选定的单元格或单元格区域被删除，其右侧的单元格或单元格区域填充到该位置。

下方单元格上移：选定的单元格或单元格区域被删除，其下方的单元格或单元格区域填充到该位置。

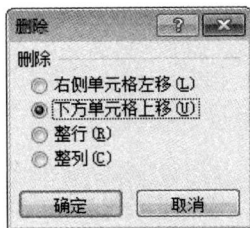

图 3-1-19　"删除"对话框

整行：删除选定的单元格或单元格区域所在的行。

整列：删除选定的单元格或单元格区域所在的列。

② 快速删除行。选中一行或多行，在"开始"选项卡的"单元格"组中单击"删除"下方的下三角按钮，选择"删除工作表行"命令即可。

③ 快速删除列。选中一列或多列，在"开始"选项卡的"单元格"组中单击"删除"下方的下三角按钮，选择"删除工作表列"命令即可。

（4）移动和复制单元格

移动单元格是指将单元格中的数据移到目的单元格中，原有位置留下空白单元格；复制单元格是指将单元格中的数据复制到目的单元格中，原有位置的数据仍然存在。

移动和复制单元格的方法基本相同，首先选定要移动或复制数据的单元格，然后在"开始"选项卡的"剪贴板"组中单击"剪切" ✂ 或"复制" 🗐 命令，再单击目标位置处的单元格，最后单击"剪贴板"组中的"粘贴"命令，即可将单元格的数据移动或复制到目标单元格中。

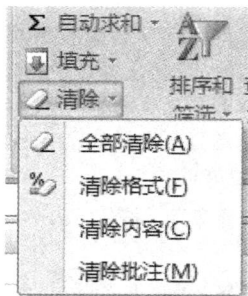

（5）清除单元格

选中单元格或单元格区域，在"开始"选项卡的"编辑"组中单击"清除"右侧的下三角按钮，选择相应的命令，可以实现单元格中内容、格式、批注等内容的清除，如图 3-1-20 所示。

全部清除：清除单元格中的所有内容。

清除格式：只清除格式，保留数值、文本或公式。

清除内容：只清除单元格的内容，保留格式。

清除批注：清除单元格附加的批注。

图 3-1-20 "清除"命令

提示：① 使用 Delete 键只能清除单元格中的内容，无法清除单元格的格式。

② 另一种清除单元格中批注的方法：使用"审阅"选项卡的"批注"组中的"删除"命令。

4. 数据输入与编辑

（1）向单元格输入数据的方法

向单元格输入数据有以下三种方法。

① 选中单元格，直接输入数据，按 Enter 键确认。

② 选中单元格，在"编辑栏"中单击，出现插入点光标后输入数据，单击"输入"命令确认，如图 3-1-21 所示。

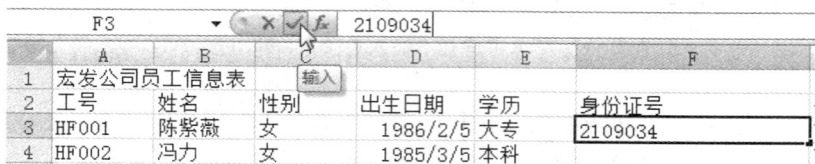

图 3-1-21 在"编辑栏"中输入数据

③ 双击单元格，单元格中将出现插入点光标，直接输入数据，按 Enter 键确认。

（2）不同类型数据的输入方法

输入数据时，不同类型的数据在输入过程中的操作方法是不同的。

① 文本型数据的输入。文本型数据通常是指字符或者数字、空格和字符的组合，如员工的姓名等。输入到单元格中的任何字符，只要不被系统解释成数字、公式、日期、时间或逻辑值，一律将其视为文本数据，所有的文本数据一律靠左对齐。

② 日期型数据的输入。在工作表中可以输入各种形式的日期型和时间型的数据，这需要进行特殊的格式设置。例如，在"美创公司员工信息表"中，选中"出生日期"列数据，即 D3:D13 范围内的数据，在"开始"选项卡的"数字"组中，单击"数字格式"下拉列表框中的"其他数字格式"选项，打开"设置单元格格式"对话框，在"数字"选项卡的"分类"列表中选择"日期"选项，在右侧的"类型"列表框中选择所需的日期格式，如"2010 年 3 月"，单击"确定"按钮，效果如图 3-1-22 所示。

时间型数据的输入与此类似。

| | A | B | C | D | E | F | G | H | I | J |
|---|---|---|---|---|---|---|---|---|---|---|
| 1 | 宏发公司员工信息表 | | | | | | | | | |
| 2 | 工号 | 姓名 | 性别 | 出生日期 | 学历 | 身份证号 | 部门 | 职务 | 基本工资 | 电话号码 |
| 3 | HF001 | 陈紫薇 | 女 | 1986年2月5日 | 大专 | 110103196802050000 | 市场部 | 职员 | 1200.56 | 13504172548 |
| 4 | HF002 | 冯力 | 女 | 1985年3月5日 | 本科 | 412702198503051000 | 市场部 | 职员 | 1200.56 | 13642076823 |
| 5 | HF003 | 李伟 | 男 | 1975年6月19日 | 大专 | 412702197506190000 | 市场部 | 经理 | 3000.00 | 13350707124 |
| 6 | HF004 | 钱伟 | 男 | 1986年8月15日 | 硕士 | 110222198608150000 | 研发部 | 职员 | 1200.56 | 13803807455 |
| 7 | HF005 | 孙小萌 | 男 | 1972年4月8日 | 博士 | 412702197204080000 | 研发部 | 经理 | 3500.00 | 13910700421 |
| 8 | HF006 | 王宇 | 女 | 1976年3月6日 | 本科 | 610103197603060000 | 研发部 | 副经理 | 3000.00 | 13021679123 |
| 9 | HF007 | 吴图 | 女 | 1984年5月18日 | 硕士 | 120105198405180000 | 销售部 | 职员 | 2000.00 | 13688990485 |
| 10 | HF008 | 张继亮 | 男 | 1970年4月5日 | 大专 | 410102197004050000 | 销售部 | 经理 | 3500.00 | 13805064152 |
| 11 | HF009 | 赵有江 | 男 | 1983年4月28日 | 本科 | 110105198304280000 | 销售部 | 职员 | 2000.00 | 15841208456 |
| 12 | HF010 | 郑海涛 | 男 | 1983年2月16日 | 硕士 | 440105198302160000 | 销售部 | 职员 | 2000.00 | 13911225666 |
| 13 | HF011 | 周海英 | 女 | 1981年7月28日 | 硕士 | 110103198107280000 | 销售部 | 职员 | 2000.00 | 13807904526 |

图 3-1-22 "日期"类型设置后的效果示例

③ 数值型数据的输入。常见的数值型数据有整数形式、小数形式、指数形式、百分比形式、分数形式等。可以通过"设置单元格格式"对话框设置数值型数据的显示格式，如小数位数、是否使用千位分隔符等。

其中，分数形式的数据不能直接输入，需要先选中单元格进行单元格格式设置，即选择某种类型的分数格式，再进行数据的输入。若要直接输入分数形式的数据，可以在分数数据前加前导符"0"，如输入"0 1/3"，则单元格中显示分数"1/3"，否则，系统自动将"1/3"识别为日期型数据。

5. 自动填充数据

Excel 2010 中的自动填充功能可以将一些有规律的数据快捷方便地填充到所需的单元格中，减少工作的重复性，提高工作效率。

（1）用鼠标拖动实现数据的自动填充

选中一个单元格或单元格区域，指向填充柄，当鼠标指针变成黑十字形状时按住鼠标左键不放，向上、下、左、右四个方向进行拖动，实现数据的填充。另外，按住 Ctrl 键的同时拖动鼠标，也可以实现数据的有序填充。

拖动完成后，在结果区域的右下角会有"自动填充选项"按钮，单击此按钮，将打开选项菜单，从中可以选择各种填充方式，如图 3-1-23 所示。

（2）用"填充序列"对话框实现数据填充

选中一个单元格或单元格区域，在"开始"选项卡的"编辑"组中选择"填充"命令右侧的下三角按钮，选择"系列"选项，打开"序列"对话框，如图 3-1-24 所示，设置序列选项，可以生成各种序列数据完成数据填充。

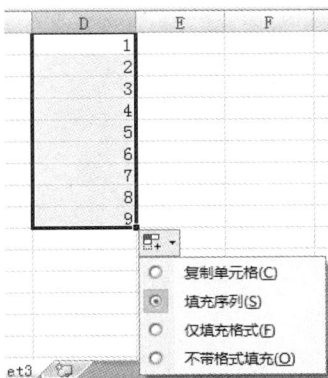

图 3-1-23 "自动填充选项"按钮中不同的填充方式

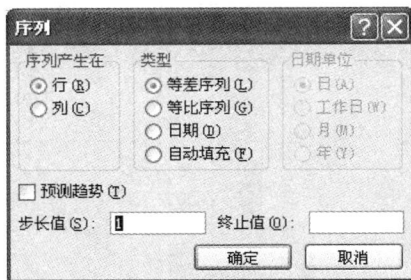

图 3-1-24 "序列"对话框

（3）数字序列的填充

① 快速填充相同的数值。在填充区域的起始单元格中输入序列的起始值，如"1"，再将填充柄拖过填

充区域，就可实现相同数值的自动填充。

② 快速填充步长值为“1”的等差数列。在填充区域的起始单元格中输入序列的起始值，如“1”，按住Ctrl键的同时将填充柄拖过填充区域，就可实现步长值为“1”的等差序列的自动填充。

③ 快速填充任意的等差数列。在填充区域的起始单元格中输入序列的起始值，如“1”，在第二个单元格中输入“3”，选中前两个单元格后，用鼠标拖动填充柄，经过的区域就可实现任意步长的等差数列的自动填充。要按升序填充（图3–1–25），则从上到下（或从左到右）拖动填充柄；要按降序填充（图3–1–26），则从下到上（或从右到左）拖动填充柄。

| | A | B |
|---|---|---|
| 1 | 1 | |
| 2 | 3 | |
| 3 | 5 | |
| 4 | 7 | |
| 5 | 9 | |
| 6 | 11 | |
| 7 | 13 | |
| 8 | 15 | |
| 9 | 17 | |
| 10 | 19 | |
| 11 | | |
| 12 | | |

**图3–1–25　升序填充**

| | A | B |
|---|---|---|
| 1 | -15 | |
| 2 | -13 | |
| 3 | -11 | |
| 4 | -9 | |
| 5 | -7 | |
| 6 | -5 | |
| 7 | -3 | |
| 8 | -1 | |
| 9 | 1 | |
| 10 | 3 | |
| 11 | | |
| 12 | | |

**图3–1–26　降序填充**

数字部分和数值型数据的填充方式相同，按等差序列变化，字符部分保持不变。其效果如图3–1–27所示。

| | A | B | C | D |
|---|---|---|---|---|
| 1 | 文本中没有数字 | 文本全部由数字构成 | 文本中有部分数字1 | 文本中有部分数字2 |
| 2 | 成绩表 | 1001 | 成绩表10-1 | 成绩表10-1 |
| 3 | 成绩表 | 1002 | 成绩表10-2 | 成绩表10-3 |
| 4 | 成绩表 | 1003 | 成绩表10-3 | 成绩表10-5 |
| 5 | 成绩表 | 1004 | 成绩表10-4 | 成绩表10-7 |
| 6 | 成绩表 | 1005 | 成绩表10-5 | 成绩表10-9 |
| 7 | 成绩表 | 1006 | 成绩表10-6 | 成绩表10-11 |

**图3–1–27　文本数据的填充效果**

④ 日期序列填充。日期序列有4种“日期单位”可供选择，即“日”“工作日”“月”“年”。图3–1–28所示是采用不同的“日期单位”、步长值为1时的日期序列填充效果。

| | A | B | C | D |
|---|---|---|---|---|
| 1 | 按“日” | 按“工作日” | 按“月” | 按“年” |
| 2 | 2011/3/21 | 2011/3/21 | 2011/3/21 | 2011/3/21 |
| 3 | 2011/3/22 | 2011/3/22 | 2011/4/21 | 2012/3/21 |
| 4 | 2011/3/23 | 2011/3/23 | 2011/5/21 | 2013/3/21 |
| 5 | 2011/3/24 | 2011/3/24 | 2011/6/21 | 2014/3/21 |
| 6 | 2011/3/25 | 2011/3/25 | 2011/7/21 | 2015/3/21 |
| 7 | 2011/3/26 | 2011/3/28 | 2011/8/21 | 2016/3/21 |
| 8 | 2011/3/27 | 2011/3/29 | 2011/9/21 | 2017/3/21 |
| 9 | 2011/3/28 | 2011/3/30 | 2011/10/21 | 2018/3/21 |
| 10 | 2011/3/29 | 2011/3/31 | 2011/11/21 | 2019/3/21 |

**图3–1–28　日期序列填充**

⑤ 时间数据填充。Excel默认以“小时”为时间单位、步长值为1的方式进行数据填充。若要改变默认的填充方式，可以参照数字序列中的快速填充任意的等差数列的方法来完成，如图3–1–29所示。

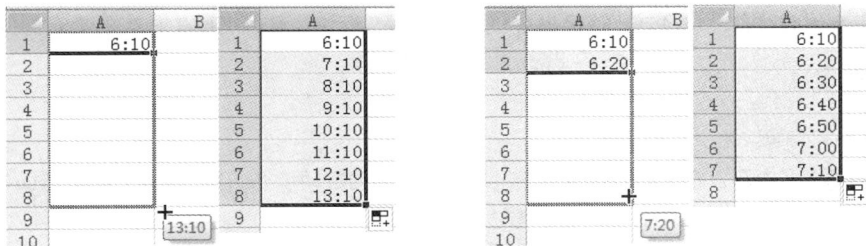

图 3-1-29　时间数据填充

6. 数据表的查看

（1）拆分窗口

为了便于对工作表中的数据进行比较和分析，可以将工作表窗口进行拆分，最多可以拆分成 4 个窗格，操作步骤如下：

① 指向垂直滚动条顶端的拆分框 ▭ 或水平滚动条右端的拆分框 ▯ 。

② 当指针变为拆分指针 ⇕ 或 ◆▸ 时，将拆分框向下或向左拖至所需的位置。

③ 要取消拆分，双击分隔窗格的拆分条的任何部分即可。

（2）冻结窗口

随着工作表中数据的不断增加，列标题被逐渐上移出窗口，这将对数据的输入造成不便，Excel 提供了冻结窗口功能，将所需的列标题固定在窗口中，方便数据准确输入。具体操作示例如下：

① 在"美创公司员工信息表"工作表中，选中 C3 单元格，在"视图"选项卡的"窗口"组中单击"冻结窗口"右侧的下三角按钮，选择"冻结拆分窗格"命令。

② 此时，工作表的 1 行、2 行、A 列、B 列被冻结，拖动垂直滚动条和水平滚动条浏览数据时，被冻结的行和列将不被移动，如图 3-1-30 所示。

| | A | B | C | D | E | F |
|---|---|---|---|---|---|---|
| 1 | 宏发公司员工信息表 | | | | | |
| 2 | 工号 | 姓名 | 性别 | 出生日期 | 学历 | 身份证号 |
| 3 | HF001 | 陈紫薇 | 女 | 1986年2月5日 | 大专 | 110103196802050000 |
| 4 | HF002 | 冯力 | 女 | 1985年3月5日 | 本科 | 412702198503051000 |
| 5 | HF003 | 李伟 | 男 | 1975年6月19日 | 大专 | 412702197506190000 |
| 6 | HF004 | 钱伟 | 男 | 1986年8月15日 | 硕士 | 110222198608150000 |
| 7 | HF005 | 孙小萌 | 男 | 1972年4月8日 | 博士 | 412702197204080000 |
| 8 | HF006 | 王宇 | 女 | 1976年3月6日 | 本科 | 610103197603060000 |
| 9 | HF007 | 吴园 | 女 | 1984年5月18日 | 硕士 | 120105198405180000 |
| 10 | HF008 | 张继亮 | 男 | 1970年4月5日 | 大专 | 410102197004050000 |
| 11 | HF009 | 赵有江 | 男 | 1983年4月28日 | 本科 | 110105198304280000 |
| 12 | HF010 | 郑海涛 | 男 | 1983年2月16日 | 硕士 | 440105198302160000 |
| 13 | HF011 | 周海英 | 女 | 1981年7月28日 | 硕士 | 110103198107280000 |

图 3-1-30　"冻结窗口"示例

③ 要取消冻结，在"视图"选项卡的"窗口"组中单击"冻结窗口"右侧的下三角按钮，选择"取消冻结拆分窗格"命令即可。

④ 若只冻结标题行，选中 A3 单元格，执行"冻结拆分窗格"命令即可。

⑤ 若要冻结工作表的首行或首列，可以在"冻结窗口"右侧的下三角按钮，选择"冻结首行"或"冻结首列"命令。

（3）调整工作表显示比例

① 在"视图"选项卡的"显示比例"组中，单击"显示比例"命令，打开"显示比例"对话框，可以选择工作表的缩放比例，如图 3-1-31 所示。

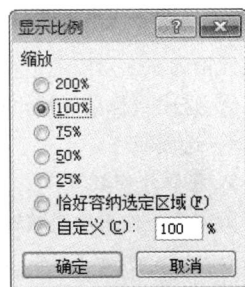

图 3-1-31　用"显示比例"对话框

② 拖动 Excel 窗口右下角显示比例区域中"显示比例"滑块,可以调整工作表的显示比例。

### 3.1.5 技巧与提高

**1. 自定义序列实现文本数据的自动填充**

Excel 定义了很多内置自定义序列,常用于星期数和月份的自动填充。如"Sun、Mon、Tue、Wed、Fri、Sat""Jan、Feb、Mar、Apr、…"等。用户是无法编辑或删除这些内置序列的。但是,用户可以创建自己的自定义序列,并用它来填充数据。例如,将公司员工的姓名按顺序定义成序列,以后再使用员工姓名时,只需输入第 1 个人的姓名,其余员工的姓名以自动填充的方式输入。

自定义序列的具体操作步骤如下:

① 定义文本序列,选中该文本序列的区域,如图 3-1-32 所示。

② 单击"文件"→"选项"命令,将打开"Excel 选项"窗口,选择"高级"类别,向下操纵右侧的滚动条直到"常规"区出现;单击"编辑自定义列表"命令按钮,打开"自定义序列"对话框,如图 3-1-33 所示。

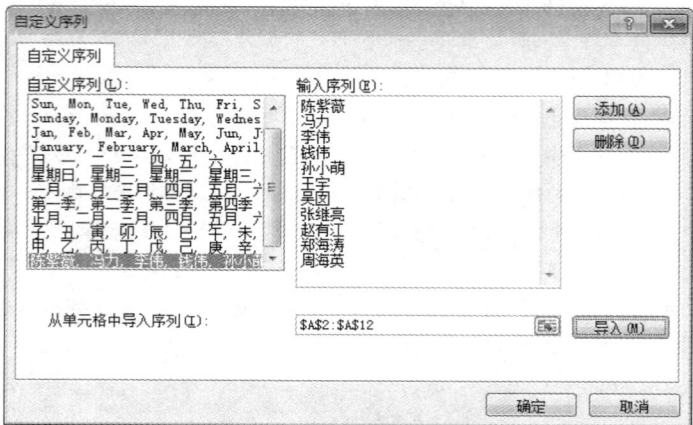

图 3-1-32 选中文本序列区域      图 3-1-33 "自定义序列"对话框

③ 在"自定义序列"对话框中,检查"从单元格中导入序列"框中对文本序列的单元格引用是否正确,确认后单击"导入"命令,所选的文本序列条目将添加到"自定义序列"框中。

至此,完成自定义序列的创建。

**2. 输入以 0 开头的数据的方法**

往单元格里输入数据时,Excel 默认以"常规"格式显示数据,数字之前的 0 作为无效数据不显示在单元格中,要想在单元格中输入"001""002"…这类数据,只有重新设置单元格的格式,使之以文本格式显示数据。解决的方法如下:

① 以英文单引号"'"为前导符,再输入数据"001""002"等。此时能确保数字之前的 0 显示,并且在单元格的左上角出现了绿色三角。

② 选中目标单元格,在"开始"选项卡的"数字"组中,单击"数字格式"右侧的下三角按钮,选择"文本"选项即可。

**3. 获取外部数据**

除了向工作表中直接输入各项数据外,可以直接从其他来源获取数据,比如文本文件、Access 数据库、网站内容等。如果在编辑工作表时利用 Excel 2010 的导入外部数据功能,可以大大提高数据的输入速度。

(1)导入文本文件

利用"文本导入向导"从文本文件中获取数据。已有的文本文件(学生名单.txt)内容如图 3-1-34 所示,各字段以 Tab 键分隔。

① 打开一个空白工作表，选中单元格 A1（存放数据的起始单元格），在"数据"选项卡的"获取外部数据"组中单击"自文本"按钮，打开"导入文本文件"对话框，找到要导入的文本文件（学生名单.txt），单击"打开"按钮。

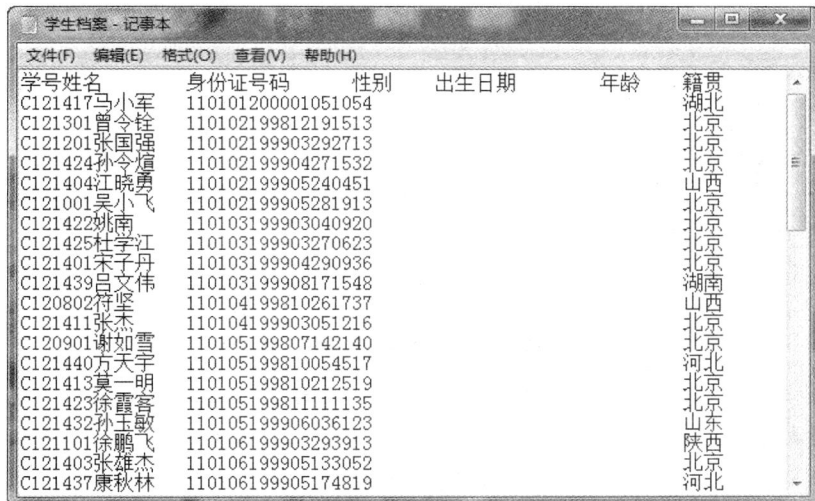

图 3-1-34　文本文件中的数据

② 这时将打开"文本导入向导-第1步，共3步"，如图 3-1-35 所示。"原始数据类型"选项组中点选"分隔符号"，表示文本文件中的数据用分隔符分隔每个字段。如果每个列中所有项的长度都相同，则可选择"固定宽度"单选项。此时预览文件列表中显示的文字是乱码，需要在"文件原始格式"下拉列表框中选择"简体中文（GB2312）"。

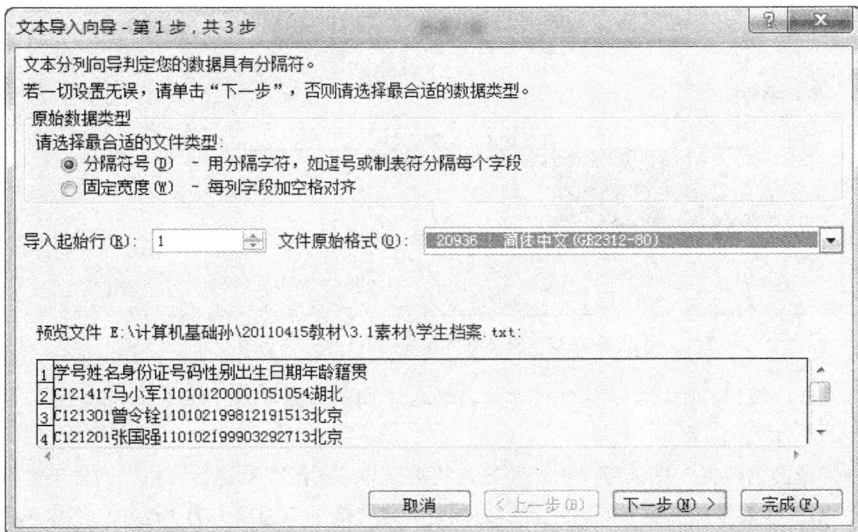

图 3-1-35　文本导入向导-第1步，共 3 步

③ 单击"下一步"按钮，进入"文本导入向导-第2步，共3步"，如图 3-1-36 所示，"分隔符"选择"Tab 键"。

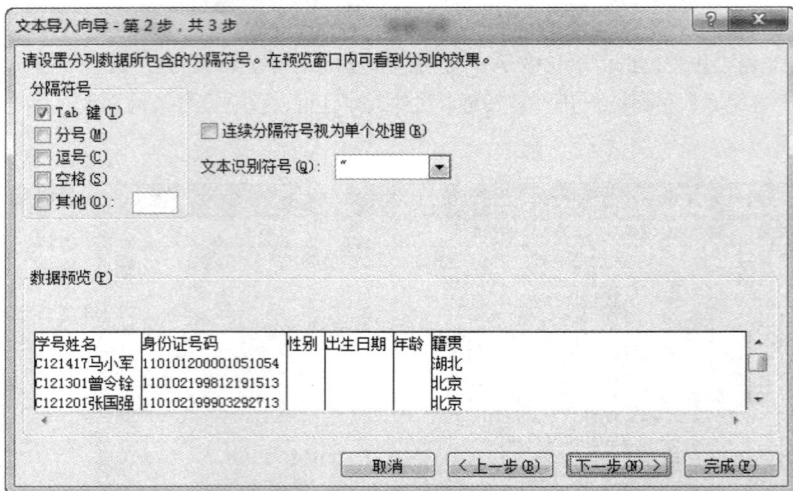

图 3–1–36　文本导入向导–第 2 步，共 3 步

④ 单击"下一步"按钮，进入"文本导入向导–第3步，共3步"，如图 3–1–37 所示，设置列数据格式。默认每列数据的格式均为"常规"，在数据预览框中单击某一列，如果不想导入该列，则选择"不导入此列"单选框。本例中身份证号为 18 位，如果用"常规"格式导入，则显示成科学计数法形式，因此单击身份证号列，选择"文本"单选框格式。

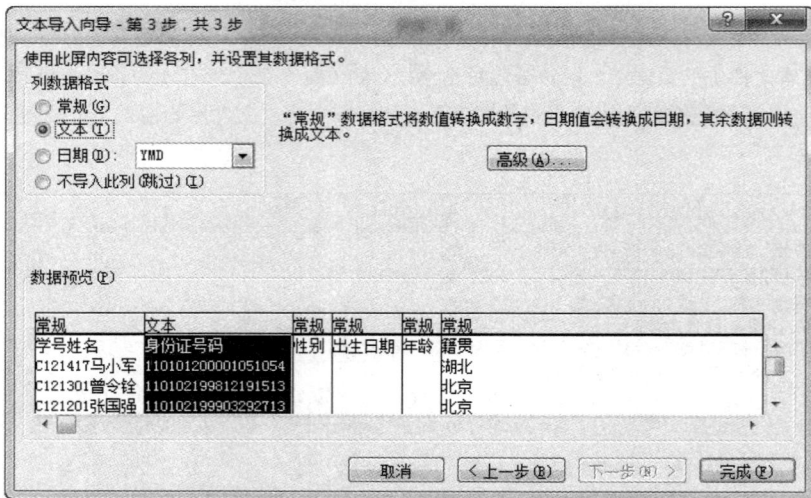

图 3–1–37　文本导入向导–第 3 步，共 3 步

⑤ 单击"完成"按钮，则将文本文件（学生名单.txt）中的数据导入 Excel 工作表中了，如图 3–1–38 所示。

⑥ 取消外部数据的连接。默认情况下，所导入的数据与外部源保持连接关系，当外部数据改变时，可以通过刷新来更新工作表中的数据。断开连接的方法是：在"数据"选项卡的"连接"组中单击"连接"按钮，在弹出的"工作簿连接"对话框中选择要取消的连接即文本文件名称，单击右侧的"删除"按钮。

（2）数据分列

一般情况下，从外部导入的数据需要进行理一步的整理与修饰。在上例中，导入的文件第 A 列包含学号和姓名两部分，因为中间没有分隔符，因而作为一列数据来导入，可以通过分列功能自动将其分成两列显示。

| | A | B | C | D | E | F |
|---|---|---|---|---|---|---|
| 1 | 学号姓名 | 身份证号码 | 性别 | 出生日期 | 年龄 | 籍贯 |
| 2 | C121417马小军 | 110101200001051054 | | | | 湖北 |
| 3 | C121301曾令铨 | 110102199812191513 | | | | 北京 |
| 4 | C121201张国强 | 110102199903292713 | | | | 北京 |
| 5 | C121424孙令煊 | 110102199904271532 | | | | 北京 |
| 6 | C121404江晓勇 | 110102199905240451 | | | | 山西 |
| 7 | C121001吴小飞 | 110102199905281913 | | | | 北京 |
| 8 | C121422姚南 | 110103199903040920 | | | | 北京 |
| 9 | C121425杜学江 | 110103199903270623 | | | | 北京 |
| 10 | C121401宋子丹 | 110103199904290936 | | | | 北京 |
| 11 | C121439吕文伟 | 110103199908171548 | | | | 湖南 |
| 12 | C120802符坚 | 110104199810261737 | | | | 山西 |
| 13 | C121411张杰 | 110104199903051216 | | | | 北京 |
| 14 | C120901谢如雪 | 110105199807142140 | | | | 北京 |
| 15 | C121440方天宇 | 110105199810054517 | | | | 河北 |
| 16 | C121413莫一明 | 110105199810212519 | | | | 北京 |
| 17 | C121423徐霞客 | 110105199811111135 | | | | 北京 |
| 18 | C121432孙玉敏 | 110105199906036123 | | | | 山东 |
| 19 | C121101徐鹏飞 | 110106199903293913 | | | | 陕西 |
| 20 | C121403张雄杰 | 110106199905133052 | | | | 北京 |
| 21 | C121437唐秋林 | 110106199905174819 | | | | 河北 |

图 3–1–38　导入结果

① 数据导入后，在 A 列后、B 列之前插入一个空列。

② 选择需要分列显示的单元格区域，此处选择 A 列。

③ 在"数据"选项卡的"数据工具"组中单击"分列"按钮，进入文本分列向导对话框。

④ 指定原始数据的分隔类型，有分隔符号的选择"分隔符号"，此处使用"固定列宽"单选框。单击"下一步"按钮，进入"分列文本向导–第 2 步"。

⑤ 在数据预览列表中学号和姓名之间单击加入分隔线，如位置不对，可以拖动鼠标进行调整。单击"下一步"按钮。再"完成"即可。

### 3.1.6　训练任务

为了便于对学生个人信息的管理，现需要在 Excel 2010 中建立班级学生信息表，如图 3–1–39 所示。

| | A | B | C | D | E | F | G | H | I |
|---|---|---|---|---|---|---|---|---|---|
| 1 | 石化班学生信息表 | | | | | | | | |
| 2 | 学号 | 姓名 | 性别 | 出生日期 | 学生来源 | 入学成绩 | 现住寝室 | 寝室电话 | 手机号码 |
| 3 | 0001 | 李强 | 男 | 1989年8月13日 | 沈阳 | 375.6 | 1–301 | 3212780 | 15604161802 |
| 4 | 0002 | 张瑞光 | 男 | 1989年3月13日 | 锦州 | 364.0 | 1–301 | 3212780 | 18904067123 |
| 5 | 0003 | 赵明鹏 | 男 | 1989年7月20日 | 沈阳 | 320.5 | 1–301 | 3212780 | 18804166538 |
| 6 | 0004 | 张明 | 男 | 1989年11月25日 | 鞍山 | 361.0 | 1–302 | 3213281 | 13904062346 |
| 7 | 0005 | 李松洁 | 男 | 1990年1月23日 | 大连 | 378.6 | 1–303 | 3212782 | 13704165738 |
| 8 | 0006 | 王雪 | 女 | 1989年9月20日 | 锦州 | 345.0 | 1–302 | 3213281 | 18904067042 |
| 9 | 0007 | 李艳杰 | 女 | 1989年10月7日 | 沈阳 | 331.5 | 1–301 | 3212780 | 13841613406 |
| 10 | 0008 | 孙艳红 | 女 | 1988年6月5日 | 沈阳 | 387.0 | 1–302 | 3213281 | 13604969487 |
| 11 | 0009 | 王娇娇 | 女 | 1989年1月8日 | 锦州 | 330.4 | 1–302 | 3213281 | 13541617823 |
| 12 | 0010 | 孙晓楠 | 女 | 1989年3月10日 | 沈阳 | 356.0 | 1–303 | 3212782 | 13941625379 |

图 3–1–39　学生信息表

① 在桌面上新建工作簿文件，命名为"石化班学生信息表.xlsx"。

② 在 Sheet1 工作表中输入如图 3–1–39 所示的数据。其中"学号""寝室电话""手机号码"列为文本数据；"入学成绩"列数据要求保留 1 位小数。

③ 为 B5 单元格添加批注"班长"，B10 单元格添加批注为"支书"。

④ 将 Sheet1 工作表的标签修改为"学生基本信息表"。

⑤ 将工作簿文件另保存为 97–2003 版本所识别的文件格式，即"石化班学生信息表.xls"。

# 任务 3.2　美化公司员工信息表

通过对 Excel 工作表进行个性化设置，能够使其更美观、更专业、更具有表现力。快速制作个性化的工作表，包括设置单元格格式、套用单元格样式、套用表格样式、使用条件格式、设置页眉页脚等操作。

## 3.2.1　任务描述

为了使上一个工作任务中创建的美创公司员工信息表能更清晰、有效、美观地表现数据，公司人事部小王对此表进行了一番修饰和美化，效果如图 3–2–1 所示。

第1页，共1页　　　　2017年2月统计

美创公司员工信息表

2017年2月统计

| 工号 | 姓名 | 性别 | 出生日期 | 学历 | 身份证号 | 部门 | 职务 | 基本工资 | 电话号码 |
|---|---|---|---|---|---|---|---|---|---|
| MC001 | 王薇 | 女 | 1986/5/5 | 大专 | 110108196805050000 | 市场部 | 职员 | 1500.56 | 18504175548 |
| MC002 | 冯丽 | 女 | 1985/8/5 | 本科 | 415705198508051000 | 市场部 | 职员 | 1500.56 | 18645076858 |
| MC003 | 李力伟 | 男 | 1975/6/19 | 大专 | 415705197506190000 | 市场部 | 经理 | 8000.00 | 18850707154 |
| MC004 | 钱麦 | 男 | 1986/8/15 | 硕士 | 110555198608150000 | 研发部 | 职员 | 1500.56 | 18808807455 |
| MC005 | 孙超越 | 男 | 1975/4/8 | 博士 | 415705197504080000 | 研发部 | 经理 | 2500.00 | 18910700451 |
| MC006 | 王羽 | 女 | 1976/8/6 | 本科 | 610108197608060000 | 研发部 | 副经理 | 6000.00 | 18051679158 |
| MC007 | 吴囡 | 女 | 1984/5/18 | 硕士 | 150105198405180000 | 销售部 | 职员 | 5000.00 | 18688990485 |
| MC008 | 张亮 | 男 | 1970/4/5 | 大专 | 410105197004050000 | 销售部 | 经理 | 8500.00 | 18805064155 |
| MC009 | 赵江涌 | 男 | 1988/4/58 | 本科 | 110105198804580000 | 销售部 | 职员 | 5000.00 | 15841508456 |
| MC010 | 郑涛 | 男 | 1988/5/16 | 硕士 | 440105198805160000 | 销售部 | 职员 | 5000.00 | 18911555666 |
| MC011 | 赵媛媛 | 女 | 1981/7/58 | 硕士 | 110108198107580000 | 销售部 | 职员 | 5000.00 | 18807904556 |

更新时间：2017/5/24 11:27

图 3–2–1　格式化后的美创公司员工信息表

## 3.2.2　任务分析

本工作任务要进行单元格格式设置（包括字体格式、单元格边框、单元格底纹、调整行高和列宽等）、使用条件格式、添加页眉和页脚、插入文本框等操作。

具体操作步骤如下：

① 打开工作簿文件。

② 设置报表标题格式。

③ 编辑报表中数据的格式，以便更直观地查看和分析数据。

④ 制作分隔线，将表标题和数据主体内容分开，增强报表的层次感。

⑤ 添加页眉和页脚。

## 3.2.3　任务实现

1. 打开工作簿文件

启动 Excel 2010，单击 Office 按钮，在其下拉菜单中选择“打开”命令，在“打开”对话框中指定“美创公司员工信息表.xlsx”文件，单击“确定”按钮，打开该工作簿文件。

2. 设置报表标题格式

（1）设置标题行的行高

选中标题行，在"开始"选项卡的"单元格"组中单击"格式"下拉按钮，在其下拉列表的"单元格大小"选项组中选择"行高"命令，打开"行高"对话框，设置行高为40，如图3-2-2所示。

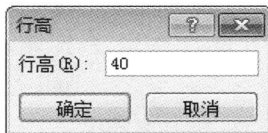

（2）设置标题文字的字符格式

选中 A1 单元格，在"开始"选项卡的"字体"组，设置字体格式为隶书，24 磅，加粗，蓝色。

**图3-2-2　"行高"对话框**

**图3-2-3　选择对齐方式**

（3）合并单元格

选中A1:J1 单元格区域，在"开始"选项卡的"对齐方式"组中单击"合并后居中"按钮，如图3-2-3所示，将合并单元格区域，并使标题文字在新单元格中居中对齐。

（4）设置标题对齐方式

选中合并后的新单元格 A1，在"对齐方式"组中单击"顶端对齐"按钮 ，使报表标题在单元格中水平居中，顶端对齐。

3. 编辑报表中数据的格式

（1）设置报表列标题（表头行）的格式

选中 A2:J2 单元格区域，在"开始"选项卡的"单元格"组中单击"格式"下拉按钮，在其下拉列表的"保护"选项组中选择"设置单元格格式"命令，打开"设置单元格格式"对话框，如图3-2-4所示。在此对话框中选择"字体"选项卡，设置字符格式为华文行楷，12 磅；切换到"对齐"选项卡，设置文本对齐方式为"水平对齐：居中，垂直对齐：居中"，单击"确定"按钮。

（2）为列标题套用单元格样式

为了突出列标题，可以设置与报表其他数据不同的显示格式。此处将为列标题套用系统内置的单元格样式，具体操作如下。

选中 A2:J2 单元格区域（列标题区域），在"开始"选项卡的"样式"组中单击"单元格样式"下拉按钮，打开 Excel 2010 内置的单元格样式库，此时套用"强调文字颜色1"样式，如图3-2-5所示。

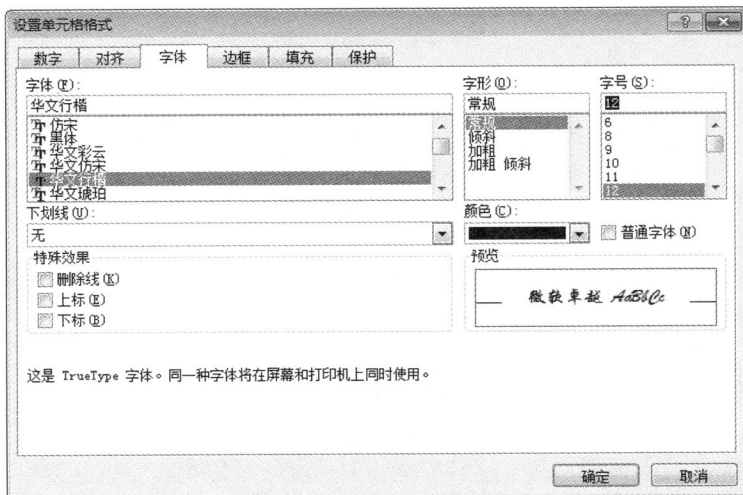

**图3-2-4　"设置单元格格式"对话框**

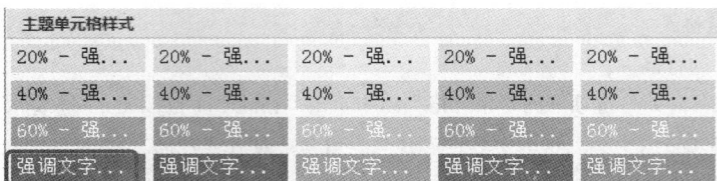

图 3-2-5　单元格样式库

（3）设置报表其他数据的格式

选中 A3:J13 单元格区域，在"开始"选项卡的"单元格"组中单击"格式"下拉按钮，在其下拉列表中选择"设置单元格格式"命令，打开"设置单元格格式"对话框，设置字符格式为楷体，12 磅，文本对齐方式为"水平对齐：居中，垂直对齐：居中"。

（4）为报表其他数据行套用表格样式

在"开始"选项卡的"样式"组中单击"套用表格样式"下拉按钮，打开了 Excel 2010 内置的表格样式库，此处套用"表样式浅色 16"，如图 3-2-6 所示。

图 3-2-6　表格样式库

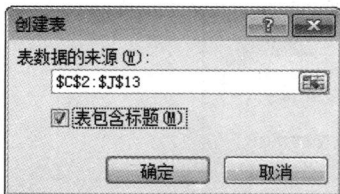

图 3-2-7　选择表数据的来源

选择要套用的表格样式后，弹出"创建表"对话框，如图 3-2-7 所示。单击"表数据的来源"文本框右侧的按钮，可以临时隐藏对话框，然后在工作表中选择需要应用表样式的区域（即 A2:J13），再单击按钮返回对话框，同时选中"表包含标题"复选框，表示将所选区域的第一行作为表标题，单击"确定"按钮。

在如图 3-2-8 所示的效果图中，表格每个列标题右侧增加筛选按钮，若要隐藏这些筛选按钮，可以进行如下操作：

| 工号 | 姓名 | 性别 | 出生日期 | 学历 | 身份证号 |
|---|---|---|---|---|---|
| MC001 | 王薇 | 女 | 1986/5/5 | 大专 | 110108196805050000 |
| MC002 | 冯丽 | 女 | 1985/8/5 | 本科 | 415705198508051000 |
| MC003 | 李力伟 | 男 | 1975/6/19 | 大专 | 415705197506190000 |

图 3-2-8　表格样式套用效果

选中套用了表格格式的单元格区域（或其中的某个单元格），在功能区中将出现"表工具"上下文选项卡，其中只含有一个"设计"选项卡，在"设计"选项卡的"工具"组中单击"转换为区域"按钮，在弹出的询问框中单击"是"按钮，则可以将表格区域转换为普通单元格区域，同时删除了列标题右侧的筛选按钮。

也可以用下面的办法隐藏这些筛选按钮：选中套用了表格格式的单元格区域（或其中的某个单元格），在"开始"选项卡的"编辑"组中单击"排序和筛选"按钮，在其下拉列表中选择"筛选"命令即可，如图3-2-9所示。

（5）调整报表的行高

选中2~13行，右击，在弹出的快捷菜单中选择"行高"命令，打开"行高"对话框，设置行高为18。

（6）调整报表的列宽

选中A:J列区域，在"开始"选项卡的"单元格"组中单击"格式"下拉按钮，在其下拉列表中选择"自动调整列宽"命令，由计算机根据单元格中字符的多少调整列宽。

也可以自行设置数据列的列宽，例如，设置"工号""姓名""性别""学历""部门""职务"列的列宽一致，操作步骤为：按住Ctrl键的同时，依次选中以上6列，右击，在弹出的快捷菜单中选择"列宽"命令，打开"列宽"对话框，设置列宽为8，如图3-2-10所示，单击"确定"按钮即可。

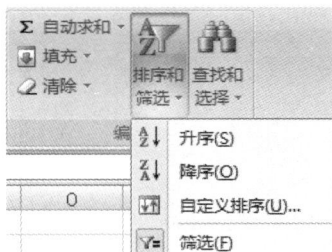

图 3-2-9　"排序和筛选"列表　　　　图 3-2-10　"列宽"对话框

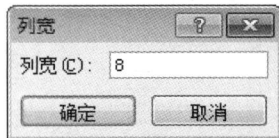

4. 使用条件格式表现数据

（1）利用"突出显示单元格规则"设置"学历"列

选择E3:E13单元格区域，在"开始"选项卡的"样式"组中单击"条件格式"下拉按钮，在其下拉列表中选择"突出显示单元格规则"→"等于"命令，弹出"等于"对话框，如图3-2-11所示。

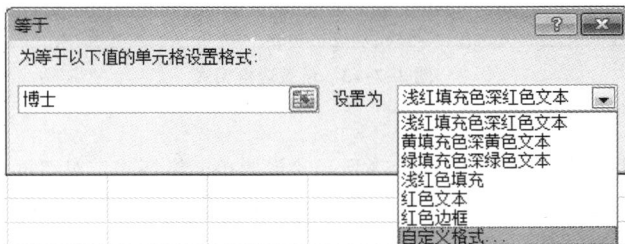

图 3-2-11　"等于"对话框

在该对话框的"为等于以下值的单元格设置格式"文本框中输入"博士"，在"设置为"下拉列表框中选择所需要的格式，如果没有满意的格式，则选择"自定义格式"命令，打开"设置单元格格式"对话框，设置字符格式为深红，加粗，倾斜。

至此，"学历"数据列中"博士"单元格被明显标识出来了。

图 3-2-12 "数据条"子列表

（2）利用"数据条"设置"基本工资"列

选择 I3:I13 单元格区域，在"开始"选项卡的"样式"组中单击"条件格式"下拉按钮，在其下拉列表中选择"数据条"命令，在其子列表中选择"紫色数据条"选项，如图 3-2-12 所示。此时，"基本工资"列中的数据值的大小可以用数据列的长短清晰地反映出来，"基本工资"越高，数据条越长。

5. 制作"分隔线"

（1）在报表标题与列标题之间插入两个空行

选择第 2、3 行，右击，在其快捷菜单选择"插入"命令，则在第 2 行上面插入了两个空行。

（2）添加边框

选中 A2:J2 单元格区域，右击，在其快捷菜单中选择"设置单元格格式"命令，打开"设置单元格格式"对话框，选择"边框"选项卡，在"线条"选项组的"样式"列表框中选择"粗直线"，在"边框"选项组中单击"上边框"按钮；再在"线条"选项组的"样式"列表框中选择"细虚线"，在"边框"选项组中单击"下边框"按钮，单击"确定"按钮返回工作表，则被选中区域的上边框是粗直线、下边框是细虚线，如图 3-2-13 所示。

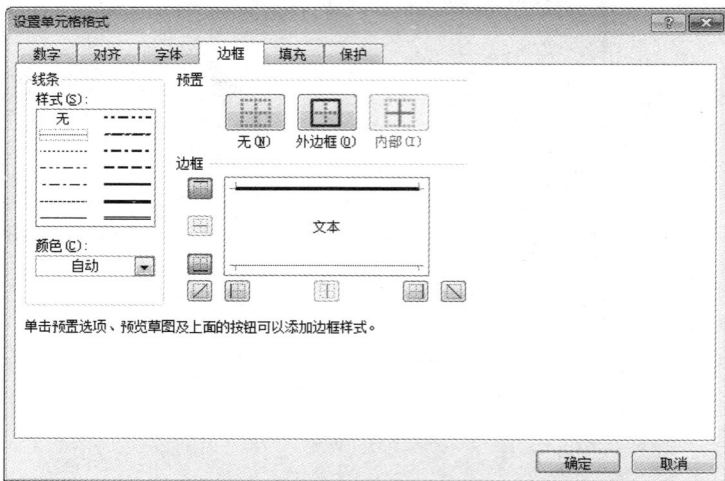

图 3-2-13 设置边框格式

（3）设置底纹

选中 A2:J2 单元格区域，打开如图 3-2-13 所示"设置单元格格式"对话框，选择"填充"选项卡，在"背景色"选项组中选择需要的底纹颜色，如图 3-2-14 所示，单击"确定"按钮。

（4）调整行高

设置第 2 行行高为 3，第 3 行行高为 12。

6. 插入文本框

（1）插入文本框

在"插入"选项卡的"文本"组中单击"文本框"下拉按钮，在其下拉列表中选择"横排文本框"命令，然后在工作区中拖动鼠标指针画出一个文本框，并输入文字"2011 年 2 月统计"。

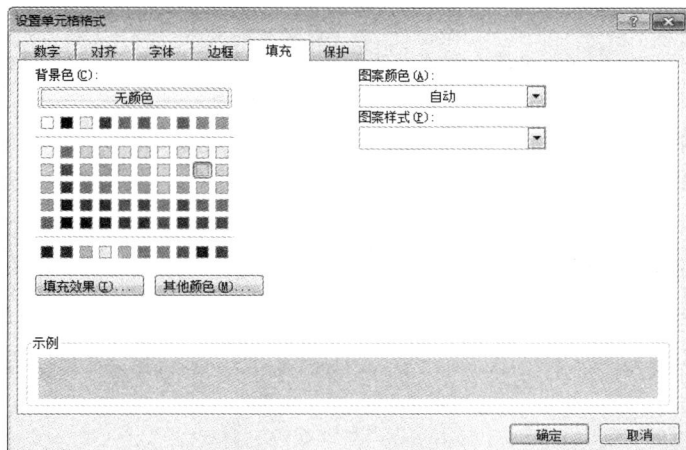

图 3-2-14　设置底纹

（2）设置文本框格式

① 设置文本框字符格式。选中文本框，在"开始"选项卡的"字体"组中设置文本框的字符格式为华文行楷，16磅，斜体。

② 取消文本框边框。选中文本框，在功能区上出现"绘图工具"上下文选项卡，其下只含一个"格式"选项卡。在"格式"选项卡的"形状样式"组中单击"形状轮廓"下拉按钮，在其下拉列表中选中"无轮廓"复选框，即可取消文本框的边框。

③ 选中文本框，调整大小及位置，效果如图 3-2-15 所示。

图 3-2-15　设置文本框格式结果示例

7. 添加页眉和页脚

（1）添加页眉

在"插入"选项卡的"文本"组中单击"页眉和页脚"按钮，功能区中将出现"页眉和页脚工具"上下文选项卡，并进入"页眉页脚"视图。

单击页眉左侧，在编辑区中输入"第&［页码］页，共&［总页数］页"，其中，"&［页码］"和"&［总页数］"是通过单击"页眉和页脚元素"组中的"页码"按钮和"页数"按钮插入的；单击页眉右侧，在编辑区中输入"2017 年 2 月统计"，如图 3-2-16 所示。

图 3-2-16　设置页眉

（2）添加页脚

与插入页眉的方法相同，在"设计"选项卡的"导航"组上单击"转至页脚"按钮，即可进行页脚的添加。

在页脚的中间编辑区中输入"更新时间：&［日期］&［时间］"，其中，"&［日期］"和"&［时间］"是通过单击"页眉和页脚元素"组中的"当前日期"按钮和"当前时间"按钮插入的，如图3-2-17所示。

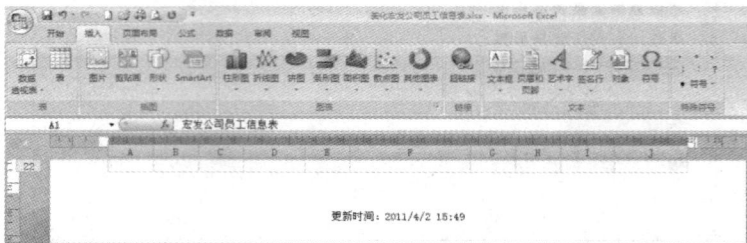

图 3-2-17 设置页脚

（3）退出页眉页脚视图

在"视图"选项卡的"工作簿视图"组中单击"普通"按钮，即可从页眉页脚视图切换到普通视图。

## 3.2.4 知识精讲

1. 单元格格式设置

单元格格式设置在图3-2-4所示的"设置单元格格式"对话框中完成。在"开始"选项卡中单击"字体"组的组按钮，即可打开"设置单元格格式"对话框。该对话框包含6个选项卡：

"数字"选项卡：设置单元格中数据的类型。

"对齐"选项卡：可以对选定单元格或单元格区域中的文本和数字进行定位、更改方向并指定文本控制功能。

"字体"选项卡：可以设置选定单元格或单元格区域中文字的字符格式，包括字体、字号、字形、下划线、颜色和特殊效果等选项。

"边框"选项卡：可以为选定单元格或单元格区域添加边框，还可以设置边框的线条样式、线条粗细和线条颜色。

"填充"选项卡：为选定的单元格或单元格区域设置背景色，其中使用"图案颜色"和"图案样式"选项可以对单元格背景应用双色图案或底纹，使用"填充效果"选项可以对单元格的背景应用渐变填充。

"保护"选项卡：用来保护工作表数据和公式的设置。

2. 页面设置

（1）设置纸张方向

在"页面布局"选项卡的"页面设置"组中单击"纸张方向"下拉按钮，可以设置纸张的方向。

（2）设置纸张大小

在"页面布局"选项卡的"页面设置"组中单击"纸张大小"下拉按钮，可以设置纸张的大小。

（3）调整页边距

在"页眉布局"选项卡的"页面设置"组中单击"页边距"下拉按钮，在下拉列表中有3个内置页边距选项可供选择。也可选择"自定义边距"命令，打开"页面设置"对话框来自定义页边距，如图3-2-18所示。

提示：在"页面布局"选项卡中单击"页面设置"组的组按钮，也可打开"页面设置"对话框。

3. 打印设置

（1）设置打印区域和取消打印区域

在工作表上选择需要打印的单元格区域的方法为：单击"页面布局"选项卡的"页面设置"组中的"打印区域"下拉按钮，在其下拉列表中选择"设置打印区域"命令即可设置打印区域。要取消打印区域，选择"取消打印区域"命令即可。

（2）设置打印标题

要打印的表格占多页时，通常只有第1页能打印出表格的标题，这样不利于表格数据的查看，通过设置打印标题，可以使打印的每一页表格都在顶端显示相同的标题。

单击"页面布局"选项卡的"页面设置"组上的"打印标题"按钮，打开"页面设置"对话框，选择"工作表"选项卡，在"打印标题"选项组的"顶端标题行"文本框中设置表格标题的单元格区域（本工作任务的表格标题区域为"$1:$4"），此时还可以在"打印区域"文本框中设置打印区域，如图3-2-19所示。

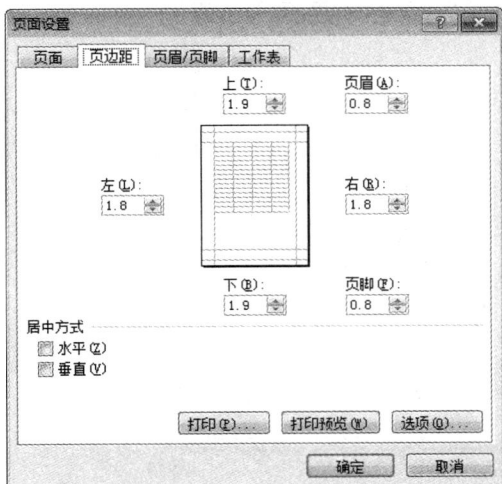

图 3-2-18 "页边距"选项卡　　图 3-2-19 "工作表"选项卡

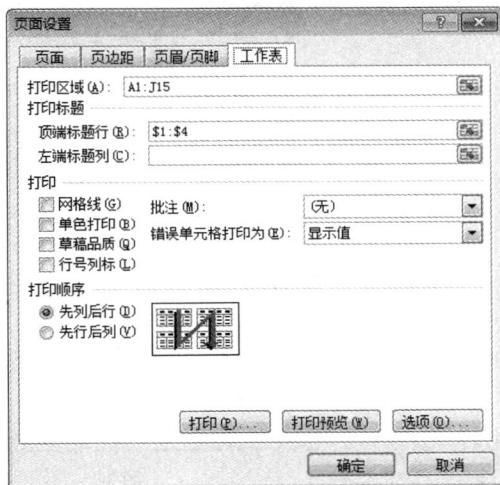

4. 使用条件格式

使用条件格式可以直观地查看和分析数据，如突出显示所关注的单元格或单元格区域、强调异常值等，使用数据条、色阶和图标集可以直观显示数据。

条件格式的原理是基于条件更改单元格区域的外观。如果条件为True，则对满足条件的单元格区域进行格式设置；如果条件为False，则对不满足条件的单元格区域进行格式设置。

（1）使用双色刻度设置所有单元格的格式

双色刻度使用两种颜色的深浅程度来比较某个区域的单元格，颜色的深浅表示值的高低。例如，在绿色和红色的双色刻度中，可以指定较高值单元格的颜色更绿，而较低值单元格的颜色更红。

① 快速格式化。选择单元格区域，在"开始"选项卡上的"样式"组中，单击"条件格式"下拉按钮，在其下拉列表中选择"色阶"命令，选择需要的双色刻度即可。

② 高级格式化。选择单元格区域，在"开始"选项卡上的"样式"组中，单击"条件格式"下拉按钮，在其下拉列表中选择"管理规则"命令，打开"条件格式规则管理器"对话框，如图3-2-20所示。

若要添加条件格式，可以单击"新建规则"按钮，打开"新建格式规则"对话框，如图3-2-21所示。若要更改条件格式，可以先选择规则，单击"确定"按钮返回上级对话框，然后单击"编辑规则"按钮，将显示"编辑格式规则"对话框（与"新建格式规则"对话框类似），在该对话框中进行相应的设置即可。

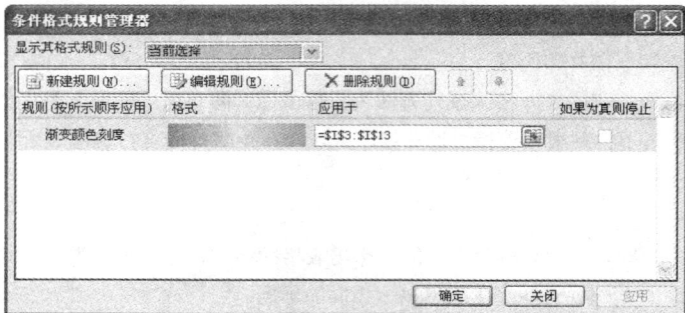

图 3-2-20 "条件格式规则管理器"对话框

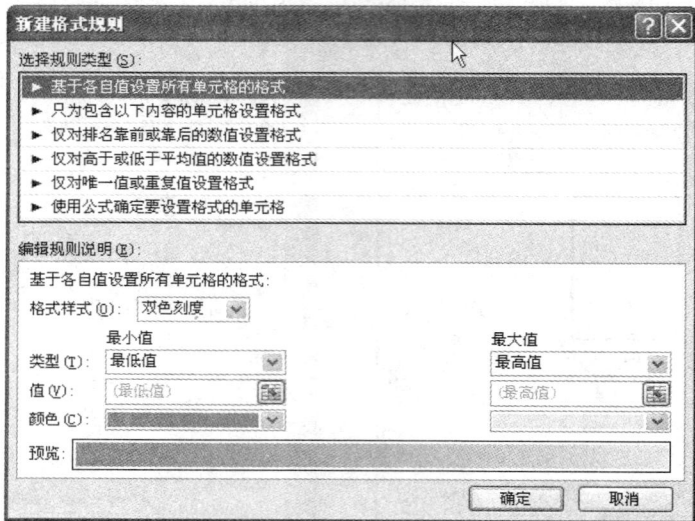

图 3-2-21 "新建格式规则"对话框

在"新建格式规则"对话框的"选择规则类型"列表框中选择"基于各自值设置所有单元格的格式"选项，在"编辑规则说明"选项组中设置"格式样式"为"双色刻度"。选择"最小值"栏和"最大值"栏的类型，可执行下列操作之一：

① 设置最低值和最高值的格式：选择"最低值"选项和"最高值"选项。此时不输入具体的"最小值"和"最大值"的数值。

② 设置数字、日期或时间值的格式：选择"数字"选项，然后输入具体的"最小值"和"最大值"。

③ 设置百分比的格式：选择"百分比"选项，然后输入具体的"最小值"和"最大值"。

④ 设置百分点值的格式：选择"百分点值"选项，然后输入具体的"最小值"和"最大值"。百分点值可用于以下情形：要用一种颜色深浅度比例直观显示一组上限值（如前 20 个百分点值），用另一种颜色深浅度比例直观显示一组下限值（如后 20 个百分点值），因为这两种比例所表示的极值有可能会使数据的显示失真。

⑤ 设置公式结果的格式：选择"公式"选项，然后输入具体的"最小值"和"最大值"。

（2）用三色刻度设置所有单元格的格式

三色刻度使用三种颜色的深浅程度来比较某个区域的单元格。颜色的深浅表示值的高、中、低。例如，在绿色、黄色和红色三色刻度中，可以指定较高值单元格的颜色为绿色，中间值单元格的颜色为黄色，而较低值单元格的颜色为红色。

（3）数据条可查看某个单元格相对于其他单元格的值

数据条的长度代表单元格中的值。数据条越长，表示值越高；数据条越短，表示值越低。在观察大量数据中的较高值和较低值时，数据条尤其有用。

## 3.2.5　技巧与提高

### 1. 自动备份工作簿

① 启动 Excel 2010，打开需要备份的工作簿文件。

② 单击 Office 按钮，在其下拉菜单中选择"另存为"命令，打开"另存为"对话框，单击左下角的"工具"下拉按钮，在其下拉列表中选择"常规选项"命令，打开"常规选项"对话框，如图 3-2-22 所示。

③ 在该对话框中，选中"生成备份文件"复选框，单击"确定"按钮返回。

以后修改该工作簿后再保存时，系统会自动生成一份备份工作簿，且能直接打开使用。

图 3-2-22　自动备份

### 2. 单元格内换行

在使用 Excel 制作表格时，经常会遇到需要在一个单元格内输入一行或几行文字的情况，如果输入一行后按 Enter 键，就会移到下一单元格，而不是换行。要实现单元格内换行，有以下两种方法：

① 在选定单元格输入第一行内容后，在换行处按 Alt+Enter 组合键，即可输入第二行内容，再按 Alt+Enter 组合键，可输入第三行内容，依此类推。

② 选定单元格，在"开始"选项卡的"对齐方式"组中单击"自动换行"按钮，则此单元格中的文本内容若超出单元格宽度，就会自动换行。

提示："自动换行"功能只对文本格式的内容有效，Alt+Enter 组合键则对文本和数字都有效，只是数字换行后转换成文本格式。

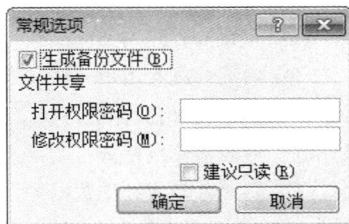

## 3.2.6　训练任务

在 Excel 2010 中完成对石化班学生信息表的美化操作，如图 3-2-23 所示。

辽宁石化大学--石油化工专业　　　　　　　　　　　　　　　　第1页-共1页

石化班学生信息表

| 学号 | 姓名 | 性别 | 出生日期 | 学生来源 | 入学成绩 | 现住寝室 | 寝室电话 | 手机号码 |
|---|---|---|---|---|---|---|---|---|
| 0001 | 李强 | 男 | 1989年8月13日 | 沈阳 | 375.6 | 1-301 | 3212780 | 15604161802 |
| 0002 | 张瑞光 | 男 | 1989年3月13日 | 锦州 | 364.0 | 1-301 | 3212780 | 18904067123 |
| 0003 | 赵明鹏 | 男 | 1989年7月20日 | 沈阳 | 320.5 | 1-301 | 3212780 | 18804166538 |
| 0004 | 张明 | 男 | 1989年11月25日 | 鞍山 | 361.0 | 1-302 | 3213281 | 13904062346 |
| 0005 | 李松洁 | 男 | 1990年1月23日 | 大连 | 378.6 | 1-303 | 3212782 | 13704165738 |
| 0006 | 王雪 | 女 | 1989年9月20日 | 锦州 | 345.0 | 1-302 | 3213281 | 18904067042 |
| 0007 | 李艳杰 | 女 | 1989年10月7日 | 沈阳 | 331.5 | 1-301 | 3212780 | 13841613406 |
| 0008 | 孙艳红 | 女 | 1988年6月5日 | 沈阳 | 387.0 | 1-302 | 3213281 | 13604969487 |
| 0009 | 王娇娇 | 女 | 1989年1月8日 | 锦州 | 330.4 | 1-302 | 3213281 | 13541617823 |
| 0010 | 孙晓楠 | 女 | 1989年3月10日 | 沈阳 | 356.0 | 1-303 | 3212782 | 13941625379 |

班主任：王晓燕
2011/4/20

图 3-2-23　石化班学生信息表

具体要求如下：

（1）设置表格标题行

① 设置表格标题字符格式：华文行楷，24 磅，青绿色。

② 标题行行高设置为 40。

③ 标题对齐方式：水平居中、垂直居中。

④ 标题所在单元格加上、下边框，线条样式为粗虚线，底纹为浅灰色。

（2）设置列标题行

① 设置表格列标题的字符格式：华文细黑，12 磅。

② 设置表格列标题的对齐方式：水平居中、垂直居中。

③ 设置的行高为 20。

④ 对列标题套用单元格样式：主题单元格样式中的强调文字颜色 3。

（3）设置表格数据的格式

① 对表格套用格式：表样式浅色 18。

② 对"入学成绩"数据列添加色阶"绿–黄–红"。

③ 对"现住寝室"数据列用不同的颜色进行区分。其中，"1–301"设置为浅红填充色深红色文本、"1–302"设置为黄填充色深黄色文本、"1–303"设置为绿填充色深绿色文本。

④ 添加页眉与页脚。

⑤ 设置纸张方向为横向；纸张大小为双面明信片；页边距上、下均为 2 厘米，左、右均为 1 厘米；页眉为 0.8 厘米，页脚为 3 厘米；报表水平方向居中。

⑥ 将"石化班学生信息表"设置为打印区域，并设置打印顶端标题为第 1 行和第 2 行（即标题行和列标题行）。

# 任务 3.3    制作公司员工工资管理报表

Excel 电子表格最具特色的功能是数据计算和统计。此功能是通过公式和函数来实现的，计算出的结果不但准确率有保证，而且在原始数据发生改变后，计算结果能够自动更新。用公式和函数实现数据的计算和统计，通过公式和函数的自动填充功能可以大大提高工作的效率和效果。

## 3.3.1    任务描述

公司财务处的小张每月负责审查各部门考勤表及考勤卡，根据公司制度审查员工的加班工时或出差费用，计算、编制员工工资表，并对工资表做相应的数据统计工作。

具体编制要求如下：

1）  2017 年 1 月工作日总计 22 天，满勤的员工才有全勤奖。

2）  奖金级别：

① 经理：200 元/天；

② 副经理：150 元/天；

③ 职员：100 元/天；

3）  应发工资=基本工资+奖金/天*出勤天数+全勤奖+差旅补助。

4）  个人所得税计算原则：

① 起征点：2 000 元；

② 2 000（含 2 000）～3 000 元征收 2%；

③ 3 000（含 3 000）～5 000 元征收 5%；

④ 5 000（含 5 000）元以上征收 8%。

5） 实发工资=应发工资–个人所得税。

6） 统计工资排序情况、超出平均工资的人数、最高工资和最低工资。

美创公司的原始员工工资管理报表如图 3–3–1 所示，小张最终完成的员工工资管理报表如图 3–3–2 所示。

**美创公司员工工资管理报表**

统计时间：2017年1月

| 工号 | 姓名 | 职务 | 基本工资 | 出勤天数 | 奖金/天 | 全勤奖 | 差旅补助 | 应发工资 | 个人所得税 | 实发工资 | 按工资排序 |
|---|---|---|---|---|---|---|---|---|---|---|---|
| MC001 | 王薇 | 职员 | 1200.56 | 22 | | | | | | | |
| MC002 | 冯丽 | 职员 | 1200.56 | 23 | | | | | | | |
| MC003 | 李力伟 | 经理 | 3000.00 | 25 | | | | | | | |
| MC004 | 钱麦 | 职员 | 1200.56 | 23 | | | | | | | |
| MC005 | 孙超越 | 经理 | 3500.00 | 25 | | | | | | | |
| MC006 | 王羽 | 副经理 | 3000.00 | 24 | | | 200 | | | | |
| MC007 | 吴囡 | 职员 | 2000.00 | 20 | | | | | | | |
| MC008 | 张亮 | 经理 | 3500.00 | 23 | | | | | | | |
| MC009 | 赵江涌 | 职员 | 2000.00 | 25 | | | | | | | |
| MC010 | 郑涛 | 职员 | 2000.00 | 23 | | | 100 | | | | |
| MC011 | 赵媛媛 | 职员 | 2000.00 | 25 | | | | | | | |

*超过平均工资的人数：*

*最高工资：*

*最低工资：*

图 3–3–1 美创公司员工工资管理报表（原始数据）

**美创公司员工工资管理报表**

统计时间：2017年1月

| 工号 | 姓名 | 职务 | 基本工资 | 出勤天数 | 奖金/天 | 全勤奖 | 差旅补助 | 应发工资 | 个人所得税 | 实发工资 | 按工资排序 |
|---|---|---|---|---|---|---|---|---|---|---|---|
| MC001 | 王薇 | 职员 | 1200.56 | 18 | 100 | | | 3000.56 | 0.06 | 3000.50 | 11 |
| MC002 | 冯丽 | 职员 | 1200.56 | 19 | 100 | | | 3100.56 | 10.06 | 3090.50 | 10 |
| MC003 | 李力伟 | 经理 | 3000.00 | 22 | 200 | | | 7400.00 | 730.00 | 6670.00 | 3 |
| MC004 | 钱麦 | 职员 | 1200.56 | 21 | 100 | | | 3300.56 | 30.06 | 3270.50 | 9 |
| MC005 | 孙超越 | 经理 | 3500.00 | 22 | 200 | | | 7900.00 | 830.00 | 7070.00 | 1 |
| MC006 | 王羽 | 副经理 | 3000.00 | 20 | 150 | | 200 | 6200.00 | 490.00 | 5710.00 | 4 |
| MC007 | 吴囡 | 职员 | 2000.00 | 17 | 100 | | | 3700.00 | 70.00 | 3630.00 | 8 |
| MC008 | 张亮 | 经理 | 3500.00 | 20 | 200 | | | 7500.00 | 750.00 | 6750.00 | 2 |
| MC009 | 赵江涌 | 职员 | 2000.00 | 20 | 100 | | | 4000.00 | 100.00 | 3900.00 | 7 |
| MC010 | 郑涛 | 职员 | 2000.00 | 20 | 100 | | 100 | 4100.00 | 115.00 | 3985.00 | 6 |
| MC011 | 赵媛媛 | 职员 | 2000.00 | 22 | 100 | | | 4200.00 | 130.00 | 4070.00 | 5 |

*超过平均工资的人数：4*

*最高工资：7070.00*

*最低工资：3000.50*

图 3–3–2 美创公司员工工资管理报表（结果样文）

## 3.3.2 任务分析

在 Excel 2010 中计算、编制员工工资报表的根本方法是正确、合理地使用公式和函数，因此，完成本工作任务需要进行如下工作：

① 根据员工职务级别，确定"奖金/天"。

② 计算员工的"应发工资"。

③ 按规定计算员工"个人所得税"。

④ 计算员工的"实发工资"，并对"实发工资"进行排位。

⑤ 对"超过平均工资的人数""最高工资""最低工资"进行工资数据统计。

操作过程中，公式的创建、函数的使用、单元格的引用方式是关键。

### 3.3.3 任务实现

打开"美创公司员工工资管理报表.xlsx"工作簿文件，选择"工资表"工作表。

**1. 填充"奖金/天"列数据**

利用 Excel 2010 中的 IF 函数可以实现根据员工的职务级别填充"奖金/天"数据。IF 函数的功能是根据对指定的条件计算结果 TRUE 或 FALSE，返回不同的结果。

IF 函数的语法如下：

```
IF(logical_test,value_if_true,value_if_false)
```

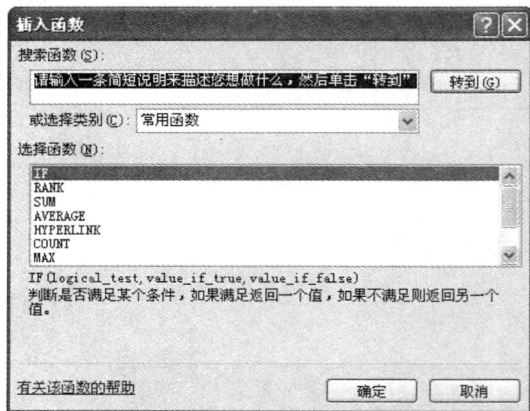

图 3-3-3 "插入函数"对话框

其中，logical_test 是任何可能被计算为 True 或 False 的值或表达式（条件式）。value_if_true 表示 logical_test 为 True 时的返回值。value_if_false 表示 logical_test 为 False 时的返回值。

操作步骤如下：

① 选中 F4 单元格，单击"编辑栏"左侧的"插入函数"按钮，或在"公式"选项卡的"函数库"组中单击"插入函数"按钮，打开"插入函数"对话框，如图 3-3-3 所示。

② 在"选择类别"下拉列表中选择"常用函数"，在"选择函数"列表框中选择"IF"函数，单击"确定"按钮，将打开"函数参数"对话框，如图 3-3-4 所示。

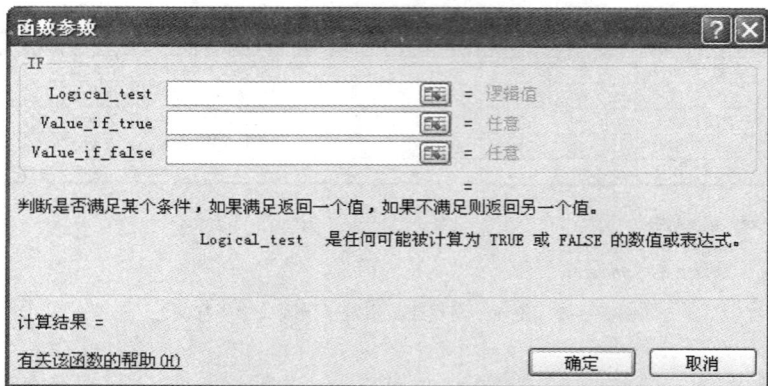

图 3-3-4 "IF 函数参数"对话框

③ 将光标定位于"logical_test"文本框，单击右侧的按钮，压缩了"函数参数"对话框，如图 3-3-5 所示。

图 3-3-5　压缩了的"函数参数"对话框

④ 此时在工作表中选中 C4 单元格，单击▣按钮，重新扩展了"函数参数"对话框，在"logical_test"文本框中将条件式 C4="经理"填写完整。在"value_if_true"文本框中输入"200"，表示当条件成立时（即当前员工的职务是经理时），函数返回值为 200，如图 3-3-6 所示。

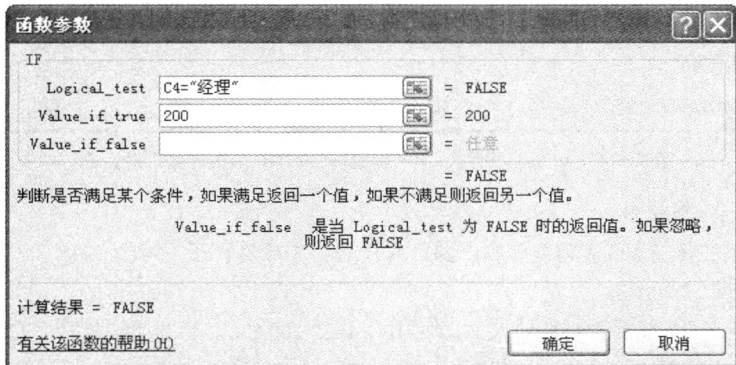

图 3-3-6　填写了条件式 C4="经理"的"IF 函数参数"对话框

否则要继续判断当前员工的职务，所以，在"value_if_false"中要再嵌套 IF 函数进行职务判断，单击"value_if_false"文本框，在"编辑栏"最左侧的函数下拉列表中选择"IF"，如图 3-3-7 所示，则又一次打开了"函数参数"对话框，如图 3-3-4 所示。

图 3-3-7　函数下拉列表

⑤ 此时将光标定位于"logical_test"文本框，通过单击右侧的▣按钮，选中 C4 单元格，并在"logical_test"文本框中将条件式 C4="副经理"填写完整，在"value_if_true"文本框中输入 150，在"value_if_false"文本框中输入 100，表示当条件成立时（即当前员工的职务是副经理时），函数返回 150，否则函数返回 100，如图 3-3-8 所示。

⑥ 单击"确定"按钮，返回工作表，此时 F4 单元格中的公式是"=IF(C4="经理",200, IF(C4="副经理",150,100))"，其返回值是 100。

⑦ 其他员工的"奖金/天"数据列的值可以通过复制函数的方式来填充。选中 F4 单元格，并将指针移至该单元格的右下角，当指针变成十字形状时，按住鼠标左键进行拖动，拖至目标位置 F14 单元格时释放鼠标即可。此时可以看到，IF 函数被复制到其他单元格。

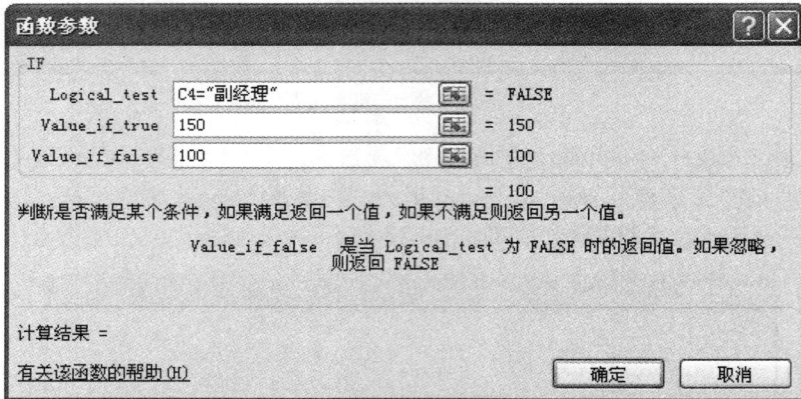

图 3-3-8　填写了条件式 C4="副经理"的"IF 函数参数"对话框

2. 填充"全勤奖"数据列

公司规定出满勤的员工才能获得全勤奖，2017 年 1 月份工作日总计 25 天，所以"出勤天数"为"22"的员工才能获得全勤奖"200 元"。

选中 G4 单元格，在编辑栏内直接输入公式"=IF(E4=22,200,"")"，单击"编辑栏"左侧的"输入"按钮或按 Enter 键，即可得到该员工的"全勤奖"数值，其他员工的"全勤奖"可通过复制函数的方式获得。

提示：在公式"=IF(E4=22,200,"")"中，logical_test 参数是"E4=22"，value_if_true 参数是 200，value_if_false 参数是" "（空字符串），表示判断员工的"出勤天数"是否是 22，如果是，函数返回值是 200，否则单元格中什么也不显示。

3. 计算并填充"应发工资"数据列

首先应清楚应发工资的计算方法。应发工资=基本工资+奖金/天*出勤天数+全勤奖+差旅补助。

"应发工资"列数据的填充可以通过在单元格中键入加法公式实现。选中 I4 单元格，在编辑栏内输入公式"=D4+E4*F4+G4"，单击"编辑栏"左侧的"输入"按钮或按 Enter 键，即可计算出第一个员工的"应发工资"，其他员工的"应发工资"可以通过复制公式的方式来填充，即用鼠标拖动 I44 单元格右下角的填充柄，至目标位置 I14 单元格时释放鼠标。此时可以看到，公式被复制到其他单元格。

"应发工资"列数据的填充也可以通过求和函数 SUM 实现。SUM 函数的功能是返回某一单元格区域中所有数字之和。

SUM 函数的语法如下：

```
SUM(number1,number2,...)
```

其中，Number1，number2，…是要对其求和的参数。

操作方法：选中 L4 单元格，在编辑栏内输入公式"=SUM(D4,E4*F4,G4)"，再单击"编辑栏"左侧的按钮或按 Enter 键，计算出第一位员工的"应发工资"，其他员工的"应发工资"可以通过复制函数的方式填充。

4. 计算并填充"个人所得税"数据列

可以通过 IF 函数计算每名员工的"个人所得税"。选中 J4 单元格后，在编辑栏内输入公式：

```
"=IF(I4>=5000,(I4-5000)*0.15+300+50,IF(I4>=3000,(I4-3000)*0.1+50,IF(I4>2000,(I4-2000)*0.05,0)))"
```

单击"编辑栏"左侧的按钮或按 Enter 键，即可得到第一位员工的"个人所得税"。其他员工的个人所得税可以通过复制函数的方式来填充。

5. 计算并填充"实发工资"

实发工资=应发工资−个人所得税

选中 K4 单元格,在编辑栏内输入公式"=I4−J4",单击"编辑栏"左侧的按钮✔或按 Enter 键,可计算出第一位员工的"应发工资"。其他员工的"应发工资"同样可以通过复制公式的方式来填充。

6. 根据"实发工资"进行排名

利用 Excel 2010 中的 RANK 函数可以实现对"实发工资"的排名。RANK 函数的功能是返回一个数字在数字列表中的排位。

RANK 函数的语法如下:

```
RANK(number,ref,order)
```

其中,number 为需要找到排位的数字;ref 是数字列表数组或对数字列表的引用,ref 中的非数值型参数将被忽略;order 是排位方式,0 或省略时,表示降序排位,非 0 时,表示升序排位。

操作步骤如下:

方法一:选中 L4 单元格,通过在编辑栏内输入公式"=RANK(K4,$K$4:$K$14)",再单击"编辑栏"左侧的按钮✔或按 Enter 键,计算出第一位员工的"工资排名",其他员工的"工资排名"可以通过复制函数的方式填充。

方法二:选中 L4 单元格,打开"插入函数"对话框,如图 3-3-3 所示。在"选择类别"下拉列表中选择"统计",在"选择函数"列表框中选择"RANK"函数,单击"确定"按钮,将打开"函数参数"对话框,如图 3-3-9 所示。

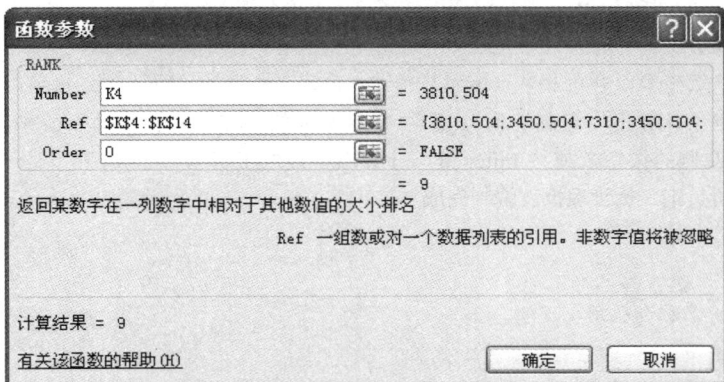

图 3-3-9 "RANK 函数参数"对话框

将光标定位于"Number"文本框,通过单击右侧的🔢按钮,选择要排位的单元格 K4,再将光标定位于"Ref"文本框,通过单击右侧的🔢按钮,在工作表中选中 K4:K14 单元格区域(要排位的数字列表),并且进行绝对引用(选中"Ref"文本框中的 K4:K14,按功能键 F4),在"Order"文本框中输入数字 0,表示按升序排位,如图 3-3-9 所示。单击"确定"按钮,函数返回值为 9,说明第一位员工的"工资排名"是 9。其他员工人的"按工资排序"数据列的值可以通过复制函数的方式来填充。

7. 计算统计数据

(1)计算超过平均工资的人数

此操作需要使用平均值函数 AVERAGE 和 COUNTIF 函数。AVERAGE 函数的功能返回参数的平均值(算术平均值)。COUNTIF 函数的功能是计算单元格区域中满足给定条件的单元格的个数。

AVERAGE 函数的语法如下:

```
AVERAGE(number1,number2,...)
```

其中，number1，number2，⋯是要计算其平均值的数字参数。参数可以是数字，也可以是包含数字的名称、数组或引用。

COUNTIF 函数的语法如下：

```
COUNTIF(range,criteria)
```

其中，range 是一个或多个要计数的单元格，其中包括数字或名称、数组或包含数字的引用，空值和文本值将被忽略；criteria 为确定哪些单元格将被计算在内的条件，其形式可以为数字、表达式、单元格引用或文本。

操作步骤如下：选中要放结果的单元格 D16，在编辑栏中输入公式"=COUNTIF(K4: K14,">="& AVERAGE(K4:K14))"，计算出"超过平均工资的人数"。

其中，K4:K14 表示要统计的单元格区域；">="&AVERAGE(K4:K14)表示大于或等于平均实发工资，是统计的条件。

（2）统计最高工资和最低工资

此操作需要使用最大值函数 MAX 和最小值函数 MIN。MAX 函数的功能是返回一组值中的最大值，MIN 函数的功能是返回一组值中的最小值。

MAX 函数的语法如下：

```
MAX(number1,number2,…)
```

MIN 函数的语法如下：

```
MIN(number1,number2,…)
```

其中，number1，number2，⋯是要从中找出最大值（或最小值）数字参数。参数可以是数字或者是包含数字的名称、数组或引用。

操作步骤如下：选中 D17 单元格，在编辑栏中输入公式"=MAX(K4:K14)"，再单击"编辑栏"左侧的按钮✓或按 Enter 键，计算出"最高工资"。选中 D18 单元格，在编辑栏中输入公式"=MIN(K4:K14)"，再单击"编辑栏"左侧的按钮✓或按 Enter 键，计算出"最低工资"。

至此，美创公司员工工资管理报表编制完成。

### 3.3.4 知识精讲

1. 单元格地址、名称和引用

（1）单元格地址

工作簿中的基本元素是单元格，单元格中包含文字、数字或公式。单元格在工作簿中的位置用地址标识，由列号和行号组成，例如 A3 表示 A 列第 3 行。

一个完整的单元格地址，除了列号和行号以外，还要指定工作簿名和工作表名。其中工作簿名用方括号"[]"括起来，工作表名与列号行号之间用叹号"!"隔开。例如，"[员工工资.xlsx]Sheet1!A1"表示员工工资工作簿中的 Sheet1 工作表的 A1 单元格。

（2）单元格名称

在 Excel 数据处理过程中，经常要对多个单元格做相同或类似的操作，此时可以利用单元格区域或单元格名称来简化操作。当一个单元格或单元格区域被命名后，该名称会出现在"名称框"的下拉列表中，如果选中所需的名称，则与该名称相关联的单元格或单元格区域就会被选中。

例如，在"工资表"工作表中为员工姓名所在单元格区域命名，操作步骤如下。

方法一：选中所有员工"姓名"单元格区域（B4:B14），在"编辑栏"左侧的"名称框"中输入名称"姓名"，按 Enter 键完成命名。

方法二：在"公式"选项卡的"定义的名称"组中，单击"定义名称"右侧的下三角按钮，在下拉菜单中选择"定义名称"命令，打开"新建名称"对话框，如图 3-3-10 所示，在"引用位置"文本框中输入要命名的单元格区域的正确引用，在"名称"文本框中输入命名的名称，单击"确定"按钮完成命名。

要删除已定义的单元格名称，在"公式"选项卡的"定义的名称"组中，单击"名称管理器"按钮，打开"名称管理器"对话框，如图 3-3-11 所示。选中名称"姓名"，单击"删除"按钮就可以删除已定义的单元格名称了。利用"名称管理器"对话框，还可以完成新建名称、编辑名称操作。

图 3-3-10　"新建名称"对话框　　　　　图 3-3-11　"名称管理器"对话框

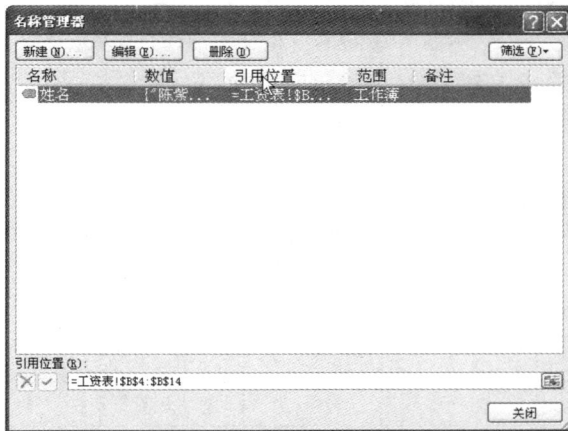

（3）单元格引用

单元格引用的作用是为了标识工作表中的一个单元格或一组单元格，以便说明要使用哪些单元格中的数据。Excel 2010 中提供了三种单元格引用。

① 相对引用。相对引用是以某个单元格的地址为基准来决定其他单元格地址的方式。在公式中如果有对单元格的相对引用，则当公式移动或复制时，将根据移动或复制的位置自动调整公式中引用的单元格的地址。Excel 2010 默认的单元格引用为相对引用，如 A1。

例如，在计算"应发工资"时，首先选中 I4 单元格，应用公式"=D4+E4*F4+G4"计算出第一位员工的应发工资，然后复制公式至其他单元格。选中任意一个结果单元格，如 I6，则在编辑栏中可以看到，该单元格中的公式为"=D6+E6*F6+G6"，说明公式的位置不同，公式中操作的单元格也发生了变化。

② 绝对引用。绝对引用指向使用工作表中位置固定的单元格，公式的移动或复制，不影响它所引用的单元格的位置。使用绝对引用时，要在行号和列号前加"$"符，如$A$1。

例如，在对"实发工资"排位时，首先选中 L4 单元格，应用公式"=RANK(K4,$K$4:$K$14)"计算出第一位员工"实发工资"的排位，然后复制公式至其他单元格，选中任意一个结果单元格，如 L6，则在编辑栏中可以看到，该单元格中的公式为"=RANK(K6,$K$4:$K$14)"，从中发现，对单元格区域 K4:K14 使用了绝对引用方式，不因为结果单元格的变化而变化，这种做法也符合实际情况，因为单元格区域 K4:K14 是要排位的数据列表，应该保证其引用位置不变。

③ 混合引用。混合引用是相对引用与绝对引用混合使用，如 A$1 或$A1。

2．公式

公式是对工作表中的数值执行计算的等式，以等号"="开头。公式一般包括函数、引用、运算符和常量。

（1）运算符及优先级

运算符有以下 4 种类型。

① 算术运算符：加"+"、减"-"、乘"*"、除"/"、乘幂"＾"、百分比"%"、括号"（）"等，算术运算的结果为数值型。

② 比较运算符：等于"="、大于"＞"、小于"＜"、大于等于"＞="、小于等于"＜="，不等于"＜＞"，比较运算结果为逻辑值：True 或 False。

③ 文本连接运算符："&"，连接一个或多个文本。例如"辽宁"&"沈阳"的结果为"辽宁沈阳"。

④ 引用运算符：冒号"："、逗号"，"、空格"  "。其中，"："用于表示一个连续的单元格区域，如 A1:C3；"，"用于将多个单元格区域合并成一个引用，例如 AVERAGE(A1:A3，C1)表示计算单元格区域 A1:A3 和单元格 C1 中包含的所有单元格（A1、A2、A3、C1）的平均值；"  "用于处理区域中互相重叠的部分，例如 AVERAGE(A1:B3  B1:C3)表示计算单元格区域 A1:B3 和单元格区域 B1:C3 相交部分单元格（B1、B2、B3）的平均值。

运算符的优先级见表 3-3-1。

表 3-3-1　运算符的优先级

| 优先级 | 运算符号 | 符号名称 | 运算符类别 | 优先级 | 运算符号 | 符号名称 | 运算符类别 |
|---|---|---|---|---|---|---|---|
| 1 | : | 冒号 | 引用运算符 | 6 | +和- | 加号和减号 | 算术运算符 |
| 1 |  | 单个空格 | 引用运算符 | 7 | & | 连接符号 | 连接运算符 |
| 1 | , | 逗号 | 引用运算符 | 8 | = | 等于符号 | 比较运算符 |
| 2 | - | 负数 | 算术运算符 | 8 | <、> | 大于和小于 | 比较运算符 |
| 3 | % | 百分比 | 算术运算符 | 8 | <> | 不等于 | 比较运算符 |
| 4 | ∧ | 乘方 | 算术运算符 | 8 | <= | 小于等于 | 比较运算符 |
| 5 | *、/ | 乘号和除号 | 算术运算符 | 8 | >= | 大于等于 | 比较运算符 |

（2）输入公式

Excel 公式是由数字、运算符、单元格引用、名称和内置函数构成的。具体操作方法：选中要输入公式的单元格，在编辑栏中输入"="后，再输入具体的公式，单击"编辑栏"左侧的输入按钮☑或按 Enter 键，完成公式输入。

（3）复制与填充公式

方法一：选中包含公式的单元格，利用"复制""粘贴"完成公式复制。

方法二：选中包含公式的单元格，拖动填充柄选中所有需要运用此公式的单元格，释放鼠标后，公式即被复制。

方法三：工作表使用了"套用表格格式"后，双击单元格右下角的填充柄，公式即被复制。

3. 函数

函数是预先定义好的内置公式，是一种特殊的公式，可以完成复杂的计算。

（1）函数的格式

函数名(参数1,参数2,…)

其中，参数可以是数字、文本、逻辑型数据、单元格引用或表达式等，还可以是常量、公式或其他函数。所有在函数中使用的标点符号，若不是作为文本输入的，都必须是英文符号。

（2）函数的输入

① 选择要输入函数的单元格，在编辑栏中输入"="，再输入具体的函数，单击"编辑栏"左侧的输入按钮或按 Enter 键，完成函数的输入。

② 选择要输入函数的单元格，单击"编辑栏"左侧的"插入函数"按钮 fx，或在"公式"选项卡的"函数库"组中单击"插入函数"按钮，打开"插入函数"对话框，如图 3-3-3 所示，选择需要的函数，单击"确

定"按钮，打开"函数参数"对话框，设置需要的函数参数，单击"确定"按钮即可完成函数的输入。

③ 选择要输入函数的单元格，在"公式"选项卡的"函数库"组中单击某一函数类别，从打开的函数列表中选择所需要的函数，打开"函数参数"对话框，设置需要的函数参数，单击"确定"按钮即可完成函数的输入。

（3）函数的嵌套

在某些情况下，可能需要将某函数作为另一函数的参数，这就是函数的嵌套。最多可以嵌套 64 个级别的函数。函数嵌套时，在函数参数文本框中单击鼠标定位，再到函数名称框中选择被嵌套的函数名称即可。

4. Excel 中常用函数分类及简介

（1）数学及三角函数

① 求和函数 SUM。

格式：SUM(Number1,Number2,…)

功能：计算所有参数数值的和。

参数说明：Number1, Number2, …代表需要计算的值，可以是具体的数值、引用的单元格（区域）、逻辑值等。

应用举例：如图 3-3-12 所示，在 E13 单元格中输入公式：=SUM(E2:E11)，确认后即可求出语文的总分。

| | A | B | C | D | E | F | G | H | I | J | K | L | M |
|---|---|---|---|---|---|---|---|---|---|---|---|---|---|
| 1 | 学号 | 姓名 | 英语 | 数学 | 语文 | 化工基础 | 化学技术基础 | 政治 | 体育 | 总分 | 平均分 | 名次 | 总评等级 |
| 2 | 0001 | 李强 | 80 | 78 | 86 | 80 | 85 | 86 | 82 | | | | |
| 3 | 0002 | 张瑞光 | 77 | 95 | 56 | 67 | 62 | 63 | 60 | | | | |
| 4 | 0003 | 赵明鹏 | 96 | 71 | 92 | 70 | 96 | 89 | 85 | | | | |
| 5 | 0004 | 张明 | 84 | 83 | 60 | 96 | 83 | 60 | 50 | | | | |
| 6 | 0005 | 李松洁 | 70 | 96 | 75 | 98 | 64 | 78 | 73 | | | | |
| 7 | 0006 | 王雪 | 88 | 87 | 95 | 92 | 97 | 91 | 92 | | | | |
| 8 | 0007 | 李艳杰 | 92 | 75 | 76 | 95 | 76 | 87 | 90 | | | | |
| 9 | 0008 | 孙艳红 | 90 | 90 | 70 | 62 | 77 | 81 | 70 | | | | |
| 10 | 0009 | 王娇娇 | 85 | 86 | 87 | 80 | 90 | 85 | 89 | | | | |
| 11 | 0010 | 孙晓楠 | 88 | 91 | 98 | 75 | 86 | 92 | 90 | | | | |
| 12 | 总分 | | 850 | 852 | 795 | 815 | 816 | 812 | 781 | | | | |

**图 3-3-12　学生成绩表**

特别提醒：如果参数为数组或引用，只有其中的数字将被计算。数组或引用中的空白单元格、逻辑值、文本或错误值将被忽略；如果将上述公式修改为：=SUM(LARGE(E2:E11, {1,2,3,4,5}))，则可以求出前 5 名成绩的和。

② 条件求和函数 SUMIF。

格式：SUMIF(range,criteria,sum_range)

功能：根据指定条件对若干单元格、区域或引用求和。

参数说明：range 为用于条件判断的单元格区域；criteria 是由数字、逻辑表达式等组成的判定条件；sum_range 为需要求和的单元格、区域或引用。

实例：某单位统计工资报表中职称为"中级"的员工工资总额。假设工资总额存放在工作表的 F 列，员工职称存放在工作表 B 列，则公式为"=SUMIF(B1:B1000,"中级",F1:F1000)"。其中，B1:B1000 为提供逻辑判断依据的单元格区域；中级为判断条件，就是仅仅统计 B1:B1000 区域中职称为"中级"的单元格；F1:F1000 为实际求和的单元格区域。

③ 多条件求和函数 SUMIFS。

格式：SUMIFS(sum_range,criteria_range1,criteria1,criteria_range2,criteria2,…)

功能：根据多个条件对若干单元格、区域或引用求和。

参数说明：sum_range 为需要求和的单元格、区域或引用；criteria_range1 为用于条件判断的单元格区域，criteria1 是由数字、逻辑表达式等组成的判定条件，这两个参数构成一个条件对，criteria_range2，criteria2，⋯为附加的区域及其关联条件对。

实例：某单位统计工资报表中职称为"中级"、部门为"人事"的员工工资总额。假设工资总额存放在工作表的 F 列，员工职称存放在工作表的 B 列，则公式为"=SUMIFS(F1:F1000, B1:B1000,"中级",C1:C1000,"人事")"。其中 B1:B1000 为提供逻辑判断依据的单元格区域；中级为判断条件，即统计 B1:B1000 区域中职称为"中级"的单元格；C1:C1000 区域中部门为"人事"的单元格；F1:F1000 为实际求和的单元格区域。

④ 求绝对值函数 ABS。

格式：`ABS(number)`

功能：求出相应数字的绝对值。

参数说明：number 代表需要求绝对值的数值或引用的单元格。

应用举例：如果在 B2 单元格中输入公式"=ABS(A2)"，则在 A2 单元格中无论输入正数（如 100）还是负数（如–100），B2 单元格中均显示出正数（如 100）。

特别提醒：如果 number 参数不是数值，而是一些字符（如 A 等），则 B2 单元格中返回错误值"#VALUE!"。

⑤ 向下取整函数 INT。

格式：`INT(number)`

功能：将数值向下取整为最接近的整数。

参数说明：number 表示需要取整的数值或包含数值的引用单元格。

应用举例：输入公式"=INT(18.89)"，确认后显示出 18。

特别提醒：在取整时，不进行四舍五入；如果输入的公式为"=INT(–18.89)"，则返回结果为–19（向下的意思是取出小于等于 number 的整数）。

⑥ 取整函数 TRUNC。

格式：`TRUNC(number,[num_digits])`

功能：将数值向下取整为最接近的整数。

参数说明：number 表示需要取整的数值或包含数值的引用单元格，[num_digits] 为取整精度（保留小数位数），默认为 0。

应用举例：输入公式"=TRUNC(18.89)"，确认后显示出 18。

特别提醒：输入公式"=INT(–18.89)"，则返回结果为–18。

⑦ 四舍五入函数 ROUND。

格式：`ROUND(number,[num_digits])`

功能：将指定的数值或单元格 number 按指定的位数 num_digits 进行四舍五入。

参数说明：number 是需要进行四舍五入的数字；num_digits 为指定的位数，按此位数进行四舍五入，如果 num_digits 大于 0，则四舍五入到指定的小数位，如果 num_digits 等于 0，则四舍五入到最接近的整数，如果 num_digits 小于 0，则在小数点左侧进行四舍五入。

应用举例：=ROUND(2.15,1)，将 2.15 四舍五入到一个小数位，结果为 2.2。

=ROUND(2.149,1)，将 2.149 四舍五入到一个小数位，结果为 2.1。

=ROUND(–1.475,2)，将–1.475 四舍五入到两小数位，结果为–1.48。

=ROUND(21.5,–1)，将 21.5 四舍五入到小数点左侧一位，结果为 20。

⑧ 取余数函数 MOD。

格式：MOD(number,divisor)

功能：求出两数相除的余数。

参数说明：number 代表被除数；divisor 代表除数。

应用举例：输入公式"=MOD(13,4)"，确认后显示出结果"1"。

特别提醒：如果 divisor 参数为零，则显示错误值"#DIV/0!"；MOD 函数可以借用函数 INT 来表示，上述公式可以修改为"=13−4*INT(13/4)"。

（2）统计函数

① 求平均值函数 AVERAGE。

使用格式：AVERAGE(number1,number2,…)

主要功能：求出所有参数的算术平均值。

参数说明：number1,number2,…为需要求平均值的数值或引用单元格（区域），参数不超过 30 个。

应用举例：在 B8 单元格中输入公式"=AVERAGE(B7:D7,F7:H7,7,8)"，确认后，即可求出 B7 至 D7 区域、F7 至 H7 区域中的数值和数字 7、8 的平均值。

特别提醒：如果引用区域中包含"0"值单元格，则计算在内；如果引用区域中包含空白或字符单元格，则不计算在内。

② 条件求平均值函数 AVERAGEIF。

格式：AVERAGEIF(range,criteria,average_range)

功能：根据指定条件对若干单元格、区域或引用求和。

参数说明：range 为用于条件判断的单元格区域；criteria 是由数字、逻辑表达式等组成的判定条件；average_range 为需要求和的单元格、区域或引用。

应用举例："=AVERAGEIF(A2:A5,">5000",B2:B5)"，表示对满足条件是 A2:A5 单元格区域中大于 5 000 的单元格所对应的 B2:B5 中的单元格求平均值。

③ 多条件求平均值函数 AVERAGEIFS。

格式：AVERAGEIFS(sum_range,criteria_range1,criteria1,criteria_range2, criteria2,…)

功能：根据多个条件对若干单元格、区域或引用求平均值。

参数说明：sum_range 为需要求平均的单元格、区域或引用；criteria_range1 为用于条件判断的单元格区域，criteria1 是由数字、逻辑表达式等组成的判定条件，这两个参数构成一个条件对，criteria_range2，criteria2，…为附加的区域及其关联条件对。

应用举例：某单位统计工资报表中职称为"中级"、部门为"人事"的员工工资平均值。假设工资平均值存放在工作表的 F 列，员工职称存放在工作表 B 列，则公式为"=AVERGEIFS (F1:F1000,B1:B1000,"中级",C1:C1000,"人事")"。

④ 计数函数 COUNT。

格式：COUNT(value1,value2,…)

功能：统计数组或单元格区域中含有数字的单元格个数。只能对包含数字的单元格进行计数。

参数说明：value1，value2，…是包含或引用各种类型数据的参数（1～30 个），其中只有数字类型的数据才能被统计。

应用举例：如果 A1=90、A2=人数、A3="　"、A4=54、A5=36，则公式"=COUNT(A1:A5)"返回 3。

⑤ 计数函数 COUNTA。

格式：COUNTA(value1,value2,…)

功能：返回参数组中非空值的数目。利用函数 COUNTA 可以计算数组或单元格区域中数据项的个数。

参数说明：value1,value2,…所要计数的值，参数个数为 1～30。这种情况下的参数可以是任何类型，它们包括空格，但不包括空白单元格。如果参数是数组或单元格引用，则数组或引用中的空白单元格将被忽略。如果不需要统计逻辑值、文字或错误值，则应该使用 COUNT 函数。

应用举例：如果 A1=6.28、A2=3.74，其余单元格为空，则公式"=COUNTA(A1:A7)"的计算结果为 2。

⑥ 条件计数函数 COUNTIF。

格式：COUNTIF(range,criteria)

功能：统计某个单元格区域中符合指定条件的单元格个数。

参数说明：range 代表要统计的单元格区域；criteria 表示指定的条件表达式。

应用举例：在 C17 单元格中输入公式"=COUNTIF(B1:B13,">=80")"，确认后即可统计出 B1 至 B13 单元格区域中，数值大于等于 80 的单元格数目。

特别提醒：允许引用的单元格区域中有空白单元格出现。

⑦ 多条件计数函数 COUNTIFS。

格式：COUNTIFS(criteria_range1,criteria1,[criteria_range2,criteria2]…)

功能：统计符合多个指定条件的单元格个数。

参数说明：criteria_range1 代表要统计的单元格区域；criteria 1 表示指定的条件表达式；criteria_range2，criteria2，…为可选的参数，是附加的区域及其关联条件。最多允许 127 个区域/条件对。

每一个附加的区域都必须与参数 criteria_range1 具有相同的行数和列数。这些区域可以不相邻。

应用举例：输入公式"=COUNTIFS(A1:A13,"<=100",B1:B13,">=80")"，确认后即可统计出同时满足 A1:A13 区域中数值小于等于 100，并且 B1 至 B13 单元格区域中数值大于等于 80 两个条件的单元格数目。

特别提醒：允许引用的单元格区域中有空白单元格出现。

⑧ 最大值函数 MAX。

格式：MAX(number1,number2,…)

功能：求出一组数中的最大值。

参数说明：number1，number2，…代表需要求最大值的数值或引用单元格（区域），参数不超过 30 个。

应用举例：输入公式"=MAX(E44:J44,7,8,9,10)"，确认后即可显示出 E44 至 J44 单元格区域和数值 7，8，9，10 中的最大值。

特别提醒：如果参数中有文本或逻辑值，则忽略。

特别提醒：公式中各参数间要用英文状态下的逗号","隔开。

⑨ 最小值函数 MIN。

格式：MIN(number1,number2,…)

功能：求出一组数中的最小值。

参数说明：number1，number2，…代表需要求最小值的数值或引用单元格（区域），参数不超过 30 个。

应用举例：输入公式"=MIN(E44:J44,7,8,9,10)"，确认后即可显示出 E44 至 J44 单元格区域和数值 7，8，9，10 中的最小值。

特别提醒：如果参数中有文本或逻辑值，则忽略。

⑩ 排名函数 RANK。

格式：RANK(number,ref,order)

功能：求出一个数值在一个区域中排序的位置

参数说明：number 是必需的参数，可以是一个数值或单元格的引用；ref 必须是一个数组或单元格区域包含的数值型数据；order 是可选的参数，如果省略 order，或者将它分配 0（零），则返回 number 在 ref 中降序排列的位置，如果 order 分配任何非零值，则 number 在 ref 中的排名按升序排序。

应用举例：如果 A1=68、A2=66、A3=85、A4=90，则公式 "=RANK(A1,A1:A4,0)" 的返回值即排名为 3。

特别提醒：ref 通常是个排序的区域，填充公式或函数时，如果使用的是绝对地址，那么区域将随着单元格位置的变化而变化，但通常情况下求的是不同 number 的数值在相同区域里的排名，所以，ref 一般采用绝对地址。例如："=RANK(A1,$A$1:$A$4,0)"，相对地址和绝对地址之间的转换可以按 F4 键。

（3）日期和时间函数

① 当前日期函数 TODAY。

格式：TODAY()

功能：给出系统日期。

参数说明：该函数不需要参数。

应用举例：输入公式 "=TODAY( )"，确认后即可显示出系统日期和时间。如果系统日期和时间发生了改变，只要按一下 F9 功能键，即可让其随之改变。

特别提醒：显示出来的日期格式，可以通过单元格格式进行重新设置。

② 当前日期和时间函数 NOW。

格式：NOW()

功能：给出当前系统日期和时间。

参数说明：该函数不需要参数。

应用举例：输入公式 "=NOW( )"，确认后即刻显示出当前系统日期和时间（如 2017/9/3 10:18）。如果系统日期和时间发生了改变，只要按一下 F9 功能键，即可让其随之改变。

特别提醒：显示出来的日期和时间格式，可以通过单元格格式进行重新设置。

③ 年份函数 YEAR。

格式：YEAR(serial_number)

功能：求出指定日期或引用单元格中的日期对应的年份。

参数说明：serial_number 代表指定的日期或引用的单元格。

应用举例：输入公式 "=YEAR("2003−12−18")"，确认后，显示出 2003。

特别提醒：如果是给定的日期，请包含在英文双引号中。

④ 月份函数 MONTH。

格式：MONTH(serial_number)

功能：求出指定日期或引用单元格中的日期对应的月份。

参数说明：serial_number 代表指定的日期或引用的单元格。

应用举例：输入公式 "=MONTH("2003−12−18")"，确认后，显示出 12。

特别提醒：如果是给定的日期，请包含在英文双引号中。

⑤ 日期天数函数 DAY。

格式：DAY(serial_number)

功能：求出指定日期或引用单元格中的日期的天数。

参数说明：serial_number 代表指定的日期或引用的单元格。

应用举例：输入公式 "=DAY("2003−12−18")"，确认后，显示出 18。

特别提醒：如果是给定的日期，请包含在英文双引号中。

（4）文本函数

① 连接函数 CONCATENATE。

格式：CONCATENATE(Text1,Text,…)

功能：将多个字符文本或单元格中的数据连接在一起，显示在一个单元格中。

参数说明：Text1,Text2,…为需要连接的字符文本或引用的单元格。

应用举例：输入公式"=CONCATENATE(A14,"@",B14,".com")"，确认后，即可将 A14 单元格中的字符、@、B14 单元格中的字符和.com 连接成一个整体。

特别提醒：如果参数不是引用的单元格，且为文本格式的，请给参数加上英文状态下的双引号。如果将上述公式改为"=A14&"@"&B14&".com""，也能达到相同的目的。

② 截取字符串函数 MID。

格式：MID(text,start_num,num_chars)

功能：MID 返回文本串中从指定位置开始的特定数目的字符，该数目由用户指定。

参数：text 是包含要提取字符的文本串；start_num 是文本中要提取的第一个字符的位置，文本中第一个字符的 start_num 为 1，依此类推；num_chars 指定希望 MID 从文本中返回字符的个数。

应用实例：如果 A1 内容为"电子计算机"，则公式"=MID(A1,3,2)"返回"计算"。

③ 截取左侧字符串函数 LEFT。

格式：LEFT(text,num_chars)

功能：从文本串最左侧开始返回指定个数的字符。

参数说明：text 是包含要提取字符的文本串；num_chars 指定函数要提取的字符数，它必须大于或等于 0。

应用实例：如果 A1 单元格的内容是"电脑爱好者"，则 LEFT(A1,2)返回"电脑"。

④ 截取右侧字符串函数 RIGHT。

格式：RIGHT(text,num_chars)

功能：RIGHT 根据所指定的字符数返回文本串中最右侧的多个字符。

参数说明：text 是包含要提取字符的文本串；num_chars 指定希望 RIGHT 提取的字符数，它必须大于或等于 0。如果 num_chars 大于文本长度，则 RIGHT 返回所有文本。如果忽略 num_chars，则默认其为 1。

应用实例：如果 A1 单元格的内容为"学**的革命"，则公式"=RIGHT(A1,2)"返回"革命"。

⑤ 字符个函数 LEN。

格式：LEN(text)

功能：LEN 返回文本串的字符个数。

参数说明：text 为待要查找其长度的文本。

注意：空格也将作为字符进行统计。

应用实例：如果 A1 单元格的内容为"电脑爱好者"，则公式"=LEN(A1)"返回 5。

⑥ 删除空格函数 TRIM

格式：TRIM(text)

功能：删除指定文本串或区域中的空格。单词之间会保留单个空格，前导、尾部、字间多出的单个个数的空格都将被删除。

参数说明：text 为待删除空格的文本串或区域。

应用举例：=trim("I am a student")，返回"I am a student"。

（5）逻辑判断函数 IF。

格式：=IF(logical,[value_if_true],[value_if_false])

功能：根据对指定条件的逻辑判断的真假结果，返回相对应的内容。

参数说明：logical 代表逻辑判断表达式；value_if_true 表示当判断条件为逻辑"真（TRUE）"时的显示内容，如果忽略，返回"TRUE"；value_if_false 表示当判断条件为逻辑"假（FALSE）"时的显示内容，如果忽略，返回"FALSE"。

应用举例：输入公式"=IF(C26>=60,"及格","不及格")"，确认以后，如果 C26 单元格中的数值大于或等于 60，则 C29 单元格显示"及格"字样，反之，显示"不及格"字样。

注意：在 Excel 2010 中，最多可以使用 64 个 IF 函数嵌套，以构建更复杂的测试条件。例如，=IF(B2>=90,"优秀",IF(B2>=80,"良好",IF(B2>=70,"中等",IF(B2>=60,"及格","不及格"))))。

（6）垂直查找函数 VLOOKUP

格式：VLOOKUP(lookup_value,table_array,col_index_num,[range_lookup])

功能：在指定区域（table_array）的第一列中搜索某个值（lookup_value），返回该区域第 n 列（列数由 col_index_num 指定）上对应的值。

参数说明：lookup_value 为函数 VLOOKUP 在查找区域的第 1 列中所要查找的值。lookup_value 可以为数字、文本、逻辑值或包含数值的名称或引用。

table_array 是待查找的区域，lookup_value 的值应在该区域的第一列。

col_index_num 返回数据在查找区域中的列号。如果 col_index_num 小于 1，则 VLOOKUP 函数返回错误值#VALUE!；如果 col_index_num 大于 table_array 的列数，则 VLOOKUP 函数返回错误值#REF!。

range_lookup 为可选的参数。其是一个逻辑值，取值为 TRUE 或者 FALSE。如果 range_lookup 参数为 FALSE，VLOOKUP 将只查找精确匹配值，如果找不到精确匹配值，则返回错误值#N/A；如果 range_lookup 参数为 TRUE 或者省略，则返回近似匹配值，如果没有精确的匹配值，返回小于 lookup_value 的最大值。

注意：Lookup_vector 的数值必须按升序排列，否则 LOOKUP 函数不能返回正确的结果，参数中的文本不区分大小写。

应用举例：如果 A1=68、A2=76、A3=85、A4=90，则公式"=VLOOKUP(76,A1:A4,(1)"返回 76；公式 "=VLOOKUP(88,A1:A4,(1)"返回 85；公式"=VLOOKUP(88,A1:A4,1,FALSE)"返回 #N/A；公式 "=VLOOKUP(85,A1:A4,1,FALSE)"返回 85。

### 3.3.5　技巧与提高

1. 使用单元格引用和名称创建公式

如果公式中包含了对其他单元格的引用或使用单元格名称，则可以用以下方法创建公式。下面以在 C1 单元格中创建公式"=A1+B1:B3"为例进行说明，如图 3-3-13 所示。

① 单击需输入公式的单元格 C1，在"编辑栏"中键入"="（等号）。

② 单击 B3 单元格，此单元格将有一个带有方角的蓝色边框。

③ 在"编辑栏"中继续键入"+"。

④ 在工作表中选择单元格区域 B1:B3，此单元格区域将有一个带有方角的绿色边框。

⑤ 按 Enter 键结束。

如果彩色边框上没有方角，则引用的是命名区域。例如，单元格区域 B1:B3 被命名为"B 区"，则使用以下方法可以创建公式"=A1+B 区"，如图 3-3-14 所示。

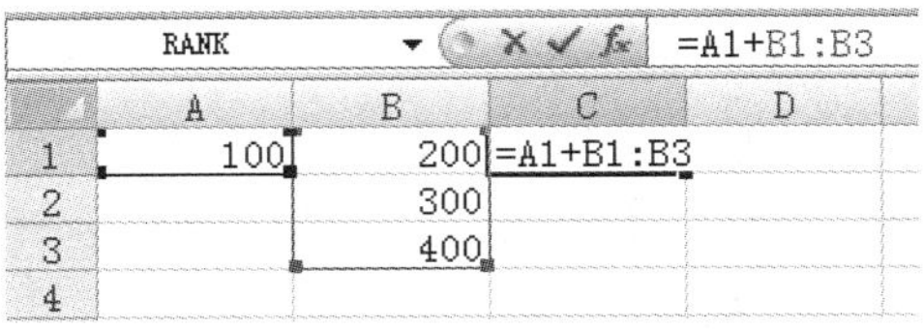

图 3-3-13　使用单元格引用创建公式 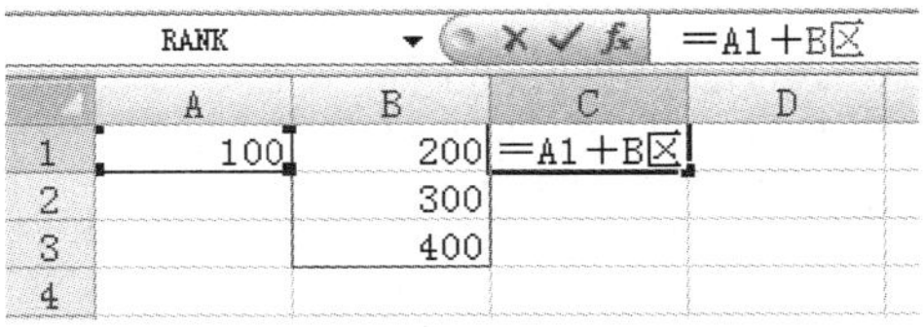　　　图 3-3-14　使用单元格名称创建公式

提示：要输入单元格名称，可以按 F3 功能键，在"粘贴名称"对话框中选择所需的名称即可。

**2. 防止编辑栏显示公式**

有时可能不希望让其他用户看到你的公式，即单击选中包含公式的单元格，在编辑栏不显示公式。可以按以下方法设置：

① 右击要隐藏公式的单元格区域，从快捷菜单中选择"设置单元格格式"命令，打开"设置单元格格式"对话框，选择"保护"选项卡，选中"锁定"和"隐藏"选项，单击"确定"按钮返回工件表。

② 在"审阅"选项卡的"更改"组中，单击"保护工作表"按钮，使用默认设置后按"确定"返回工作表，则用户就不能在"编辑栏"或单元格中看到已隐藏的公式了，也不能编辑公式了。

**3. 自动求和**

在 Excel 2010 中，自动求和按钮被赋予了更多的功能，借助这个功能，可以快速计算选中单元格的平均值、最小值或最大值等。

使用方法如下：

① 选中某列要计算的单元格，或者选中某行要计算的单元格，在"公式"选项卡的"函数库"组中单击"自动求和"按钮下方的下三角按钮，选择要使用的函数，然后按 Enter 键即可。

② 如果要进行求和的是 m 行×n 列的连续区域，并且此区域的右边一列和下面一行是空白，用于存放每行之和及每列之和，此时选中该区域及其右边一列或下面一行（也可以两者同时选中），单击"自动求和"按钮，则在选中区域的右边一列或下面一行自动生成求和公式，得到计算结果。

### 3.3.6 训练任务

**1. 完成"员工档案及工资表"的计算**

1）运用公式及函数完善员工档案表，效果如图 3-3-15 所示。

| 东方公司员工档案表 | | | | | | | | | | | |
|---|---|---|---|---|---|---|---|---|---|---|---|
| 员工编号 | 姓名 | 职务 | 身份证号 | 出生日期 | 年龄 | 学历 | 入职时间 | 工龄 | 基本工资 | 工龄工资 | 基础工资 |
| DF001 | 莫一丁 | 总经理 | 110108196301020119 | 1963年01月02日 | 54 | 博士 | 36923 | 16 | 40000 | 800 | 40800 |
| DF002 | 郭晶晶 | 文秘 | 110105198903040128 | 1989年03月04日 | 28 | 大专 | 40969 | 5 | 3500 | 250 | 3750 |
| DF003 | 侯大文 | 研发经理 | 310108197712121139 | 1977年12月12日 | 39 | 硕士 | 37803 | 13 | 12000 | 650 | 12650 |
| DF004 | 宋子文 | 员工 | 372208197510090512 | 1975年10月09日 | 41 | 本科 | 37804 | 13 | 5600 | 650 | 6250 |
| DF005 | 王清华 | 员工 | 110101197209021144 | 1972年09月02日 | 44 | 本科 | 37043 | 15 | 5600 | 750 | 6350 |
| DF006 | 张国庆 | 员工 | 110108197812120129 | 1978年12月12日 | 38 | 本科 | 38596 | 11 | 6000 | 550 | 6550 |
| DF007 | 曾晓军 | 部门经理 | 410205196412278211 | 1964年12月27日 | 52 | 硕士 | 36951 | 16 | 10000 | 800 | 10800 |
| DF008 | 乔小小 | 销售经理 | 110102197305120123 | 1973年05月12日 | 44 | 硕士 | 37165 | 15 | 15000 | 750 | 15750 |
| DF009 | 孙小红 | 员工 | 551018198607311126 | 1986年07月31日 | 30 | 本科 | 40299 | 7 | 4000 | 350 | 4350 |

图 3-3-15 员工档案表

① 提取员工生日：工作表中的第 F 列已事先输入了员工的身份证号，身份证号的第 7～14 位为出生年月日。首先通过函数 MID 依次提取年、月、日，再通过连接函数 CONCATENATE 或连接运算符&将它们连接在一起形成出生日期。

在"出生日期"列的 G4 单元格中单击，然后输入嵌套函数"=CONCATENATE(MID(F4，7,(4)),"年",MID(F4,11,(2)),"月",MID(F4,13,(2)),"日")"，或者输入公式"=MID(F4,7,(4))&"年"&MID(F4,11,(2))&"月"&MID(F4,13,(2))&"日""，按 Enter 键确认。然后向下填充公式到最后一个员工。

② 计算员工年龄：年龄列中需要填入员工的周岁，不足一年的应当不计入年龄。因此，首先通过函数 TODAY 获取当前日期，然后减去该员工的生日日期，余额除以 365 天得到年限，再通过 INT 向下取整，得到员工的周岁年龄。

在"年龄"列的 H4 单元格中单击，输入函数"=INT((TODAY()−G4)/365)"，按 Enter 键确认，然后向下填充公式到最后一个员工。

③ 计算员工的工龄：工作满一年才计入工龄，方法与计算年龄的相同。

在"工龄"列的 K4 单元格中单击，输入函数"=INT((TODAY()–J4)/365)"，按 Enter 键确认，表示当前日期减去入职时间的余额除以 365 天得到工龄，然后向下填充公式到最后一个员工。

④ 计算工龄工资：每满一年工龄增加 50 元，用工龄乘以 50 即可计算工龄工资，因此可以在 M4 单元格输入公式"=k4*50"，按 Enter 键确认，再向下填充公式到最后一个员工。

使用绝对引用：在"基础数据"工作表中的 B4 单元格中已事先输入了一年增加的工龄工资数额 50，可以引用此单元格名称来代替 50 的使用。在"工龄工资"列的 M4 单元格中输入公式"=k4*基础数据!$B$4"，按 Enter 键确认，再向下填充公式到最后一个员工。

使用定义名称：常量 50 已事先被命名为"工龄工资_每年"。在 M4 单元格中输入公式"=k4*工龄工资_每年"，按 Enter 键确认，再向下填充公式到最后一个员工。

⑤ 计算基础工资：基础工资为基本工资与工龄工资的合计数。可以通过求和函数生成基础工资，在"基础工资"列的 N4 单元格中输入函数"=SUM(L4:M4)"，或者输入公式"=L4+M4"，按 Enter 键确认，向下填充到最后一个员工。

2）运用公式及函数完善"基础数据"工作表，效果如图 3-3-16 所示。

单击"基础数据"工作表标签，切换到该工作表。

① 统计全部员工数量：通过函数 COUNTA 统计员工总人数。由于每个员工必须有一个编号，因此统计"员工档案"工作表的"员工编号"列所在的区域 A4:A38 的非空单元格数量即可得到员工总人数。

在"员工总人数"右侧的 B5 单元格中输入函数"=COUNTA (员工档案表!A4:A38)"，按 Enter 键确认。

② 统计女员工的数量：通过函数 COUNTIF 统计性别为"女"的员工数量。在"基础数据"工作表的"女性员工"右侧的 B7 单元格单击，输入函数"=COUNTIF(员工档案表!C4:C38,"女")"，按 Enter 键确认。

男性员工人数：总员工人数–女员工人数；或在 B8 单元格输入函数"=COUNTIF(员工档案表!C4:C38,"男")"，按 Enter 键确认。

③ 计算基本工资总额：在 B10 单元格中输入函数"=SUM(基本工资)"，基本工资列已被定义名称为基本工资，所以可以在求和函数中直接引用。也可以输入函数"=SUM(员工档案表! L4:L38)"。

④ 计算管理人员工资总额：带条件的求和函数 SUMIF 可以"部门"为"管理"的所有人员的工资总和。在 B11 单元格中输入函数"=SUMIF(员工档案表!D4:D38,"管理",基本工资)"，按 Enter 键确认。

⑤ 计算平均工资：在 B12 单元格中输入函数"=AVERAGE(员工档案表!N4:N38)"，或输入函数"=AVERAGE(基本工资)"，按 Enter 键确认。

⑥ 计算本科生平均工资：用带条件的求平均值函数 AVERAGEIF 计算"学历"为"本科"的所有人员的平均工资。在 B13 单元格中输入函数"=AVERAGEIF(员工档案表!I4:I38,"本科", 员工档案表!N4:N38)"，按 Enter 键确认。

⑦ 最高基本工资："=MAX(基本工资)"。

⑧ 最低基本工资："=MIN(基本工资)"。

3）运用公式及函数完善 1 月工资表，效果如图 3-3-17 所示。

**基础数据**

| 条件 | 金额（元） |
| --- | --- |
| 每满一年 | ￥ 50.00 |
| 员工总人数 | 35 |
| 女性员工 | 12 |
| 男性员工 | 23 |
| 基本工资总额 | 265,900.00 |
| 管理人员工资总额 | 86,500.00 |
| 平均基本工资 | 8,031.43 |
| 本科生平均基本工资 | 5,811.36 |
| 最高基本工资 | 40,000.00 |
| 最低基本工资 | 2,500.00 |

图 3-3-16  基础数据表

| 东方公司2013年员工工资表 | | | | | | | | | | | | |
|---|---|---|---|---|---|---|---|---|---|---|---|---|
| 序号 | 员工编号 | 姓名 | 部门 | 基础工资 | 奖金 | 补贴 | 扣除病事假 | 应付工资合计 | 扣除社保 | 应纳税所得额 | 应交个人所得税 | 实发工资 |
| 1 | DF001 | 莫一丁 | 管理 | 40,800.00 | 500.00 | 260.00 | 230.00 | 41,330.00 | 460.00 | 37,370.00 | 8,456.00 | 32,414.00 |
| 2 | DF002 | 郭晶晶 | 行政 | 3,750.00 | - | 260.00 | 352.00 | 3,658.00 | 309.00 | - | - | 3,349.00 |
| 3 | DF003 | 侯大文 | 管理 | 12,650.00 | 500.00 | 260.00 | - | 13,410.00 | 289.00 | 9,621.00 | 1,400.25 | 11,720.75 |
| 4 | DF004 | 宋子文 | 研发 | 6,250.00 | - | 260.00 | 130.00 | 6,380.00 | 360.00 | 2,520.00 | 147.00 | 5,873.00 |
| 5 | DF005 | 王清华 | 人事 | 6,350.00 | - | 260.00 | - | 6,610.00 | 289.00 | 2,821.00 | 177.10 | 6,143.90 |
| 6 | DF006 | 张国庆 | 研发 | 6,550.00 | 500.00 | 260.00 | - | 7,310.00 | 289.00 | 3,521.00 | 247.10 | 6,773.90 |
| 7 | DF007 | 曾晓军 | 管理 | 10,800.00 | - | 260.00 | - | 11,060.00 | 206.00 | 7,354.00 | 915.80 | 9,938.20 |
| 8 | DF008 | 齐小小 | 管理 | 15,750.00 | 500.00 | 260.00 | 155.00 | 16,355.00 | 308.00 | 12,547.00 | 2,131.75 | 13,915.25 |

**图 3–3–17　1 月工资表**

单击“1 月工资表”工作表标签，切换到该工作表中。

① 利用 VLOOKUP 函数获取员工姓名、部门和基础工资：由于员工的编号是固定且唯一的，因此，可以从员工档案表中直接获取相应的数据。员工档案表的数据区域 A3:A38 已被命名为“全体员工资料”，可以在公式或函数中直接引用，该区域的第 1 列（A 列）为员工编号、第 2 列（B 列）为员工姓名、第 4 列（D 列）为员工所属部门、第 14 列（N 列）为基础工资。

获取姓名：在“姓名”列的 C4 单元格中输入函数“=VLOOKUP(B4,全体员工资料,2, FALSE)”，按 Enter 键确认，再向下填充公式到最后一个员工。

获取部门：在“部门”列的 D4 单元格中输入函数“=VLOOKUP(B4,全体员工资料,4, FALSE)”，按 Enter 键确认，再向下填充公式到最后一个员工。

获取基础工资：在“基础工资”列的 E4 单元格中输入函数“=VLOOKUP(B4,全体员工资料,14,FALSE)”，按 Enter 键确认，再向下填充公式到最后一个员工。

② 计算应付工资：应付工资合计=基础工资+奖金+补贴–扣除病事假。在 I4 单元格中输入公式“=E4+F4+G4–H4”，再向下填充公式到最后一个员工。

③ 计算应纳税所得额：应纳税所得额=应付工资合计–社保费用–费用减除标准。目前个人所得税的费用减除标准为每人 3 500 元，该数据存放在“基础数据”工作表的 F12 单元格，即（应付工资合计–社保费用）超过 3 500 元时才是应纳税的部分。如果应纳税所得额小于 0，视为 0，所以需要用 IF 函数进行判断。

在 K4 单元格中输入函数“=IF(I4–J4–3500＞0,I4–J4–3500,0)”，也可以绝对引用基础数据工作表中的 F12 单元格代表 3500，输入公式“=IF(I4–J4–基础数据!$F$12＞0,I4–J4–基础数据! $F$12,0)”，再向下填充公式到最后一个员工。

④ 计算个人所得税：目前我国个人所得税实行 7 级超额累进税率。根据税率表中所列条件，通过多级 IF 函数的嵌套，可构建出个人所得税计算公式，并用 ROUND 函数对计算结果保留两位小数。在 L4 单元格中输入下列函数并向下填充：

```
=ROUND(IF(K4<=1500,K4*0.03,IF(K4<=4500,K4*0.1 105,IF(K4<=9000,K4*0.2 555,IF(K4<=35000,K4*0.25 1005,IF(K4<=55000,K4*0.3 2755,IF(K4<=80000,K4*0.35 5505,K4*0.45 13505)))))),(2)
```

⑤ 计算实付工资：实付工资=应付工资合计–扣除社保–应交个人所得税。在 M4 单元格中输入公式“=I4–J4–L4”，并向下填充至最后一名员工。

2. 按要求完成“石化班期末考试成绩单”的编制

效果如图 3–3–18 所示。

具体编制要求：

① 计算每位学生的总分、平均分、名次和总评等级。

| | A | B | C | D | E | F | G | H | I | J | K | L | M |
|---|---|---|---|---|---|---|---|---|---|---|---|---|---|
| 1 | 石化班期末考试成绩单 | | | | | | | | | | | | |
| 2 | 学期：2010-2001第一学期 | | | | | | | | | | | | |
| 3 | 学号 | 姓名 | 英语 | 数学 | 计算机基础 | 化工基础 | 化学技术基础 | 政治 | 体育 | 总分 | 平均分 | 名次 | 总评等级 |
| 4 | 0001 | 李强 | 80 | 78 | 86 | 80 | 85 | 86 | 82 | 577 | 82.43 | 6 | 良好 |
| 5 | 0002 | 张瑞光 | 77 | 95 | 56 | 67 | 62 | 63 | 60 | 480 | 68.57 | 10 | 及格 |
| 6 | 0003 | 赵明鹏 | 96 | 71 | 92 | 70 | 96 | 89 | 85 | 599 | 85.57 | 4 | 良好 |
| 7 | 0004 | 张明 | 84 | 83 | 60 | 96 | 83 | 60 | 50 | 516 | 73.71 | 9 | 中等 |
| 8 | 0005 | 李松洁 | 70 | 96 | 75 | 98 | 64 | 78 | 73 | 554 | 79.14 | 7 | 中等 |
| 9 | 0006 | 王雪 | 88 | 87 | 95 | 92 | 97 | 91 | 92 | 642 | 91.71 | 1 | 优秀 |
| 10 | 0007 | 李艳杰 | 92 | 75 | 76 | 95 | 76 | 87 | 90 | 591 | 84.43 | 5 | 良好 |
| 11 | 0008 | 孙艳红 | 90 | 90 | 70 | 62 | 77 | 81 | 70 | 540 | 77.14 | 8 | 中等 |
| 12 | 0009 | 王娇娇 | 85 | 86 | 87 | 80 | 90 | 85 | 89 | 602 | 86.00 | 3 | 良好 |
| 13 | 0010 | 孙晓楠 | 88 | 91 | 98 | 75 | 86 | 92 | 90 | 620 | 88.57 | 2 | 良好 |
| 14 | | | | | | | | | | | | | |
| 15 | 最高分 | | 96 | 96 | 98 | 98 | 97 | 92 | 92 | 642 | 91.71 | | |
| 16 | 最低分 | | 70 | 71 | 56 | 62 | 62 | 60 | 50 | 480 | 68.57 | | |
| 17 | 优秀率 | | 30% | 40% | 30% | 40% | 30% | 20% | 30% | 30% | 10% | | |

图 3–3–18　石化班期末考试成绩单

② 统计各门课程、总分列表、平均分列表的最高分、最低分、优秀率。其中，单门课程成绩大于等于 90 分为优秀，总分大于等于 600 分为优秀。

③ 总评等级是根据每位学生的平均分来划分的，具体规定如下：

- 优秀：平均分≥90；
- 良好：80≤平均分＜90；
- 中等：70≤平均分＜80；
- 及格：60≤平均分＜70；
- 不及格：平均分＜60。

# 任务 3.4　商品销售统计表的数据处理

数据分析是 Excel 2010 的另一个强大功能，使用该功能可以对数据进行排序、筛选、分类汇总、合并计算等操作，实现数据的快速统计、分析与处理。

## 3.4.1　任务描述

美创公司总部每个季度都要对各个销售部的商品销售数据进行汇总、计算、排序等工作。目前，准备对所属的第一销售部、第二销售部、第三销售部在 1—3 月的商品销售情况进行汇总，具体工作包括：

① 按月对商品的销售额进行降序排列、对每个销售部按商品销售额进行降序排列。

② 对指定月份、指定销售部、指定销售数量的商品销售情况进行列表显示。

③ 统计各销售部 1—3 月的平均销售额，同时汇总各销售部的月销售额。

④ 对第一销售部、第二销售部、第三销售部的商品销售数量和销售金额进行合并计算。

## 3.4.2　任务分析

必须使用 Excel 2010 中提供的数据排序功能、数据筛选功能、数据的分类汇总功能和合并计算功能，才能实现任务要求的各项数据分析和统计要求。

利用排序功能实现：

① 利用"排序"对话框实现按月份对商品的销售额进行降序排列。

② 通过在"排序"对话框中自定义排序序列，实现对每个销售部按商品销售额进行降序排列。

利用筛选功能实现：

① 使用自动筛选功能可以对 1 月份的商品销售情况进行列表显示，其余数据被隐藏。

② 通过自定义自动筛选方式可以完成对 1 月份销售数量在 50～85 部的商品销售情况进行列表显示。

③ 通过高级筛选功能可以将第一销售部 1 月份销售数量超过 70 部的销售数据及"小米 6 手机陶瓷黑【尊享版】"在 3 月份的销售情况进行列表显示（设置筛选条件区域）。

利用分类汇总功能实现：统计各销售部 1—3 月的平均销售额，同时汇总各销售部的月销售额（其中，汇总主关键字为"销售部门"，汇总次关键字为"月份"）。

利用合并计算功能实现对第一销售部、第二销售部、第三销售部的商品销售数量和销售金额进行合并计算。

### 3.4.3　任务实现

1. 数据排序

（1）按月对商品的销售额进行降序排列

打开"美创公司商品销售.xlsx"文件，选择"美创公司商品销售表"工作表，并建立其副本，将副本更名为"排序"，将"排序"工作表设置为当前工作表。

① 选中工作表中的任意单元格，在"数据"选项卡的"排序和筛选"组中单击"排序"按钮，打开"排序"对话框。

② 在"主要关键字"下拉列表框中选择"月份"，在"次序"下拉列表框中选择"升序"，表示首先按月份升序排列。

③ 在"排序"对话框中单击"添加条件"按钮，添加次要关键字。

④ 与设置主要关键字的方式一样，在"次要关键字"下拉列表框中选择"销售金额（元）"，在"次序"下拉列表框中选择"降序"，表示在"月份"相同的情况下按"销售金额"降序排列，如图 3-4-1 所示。

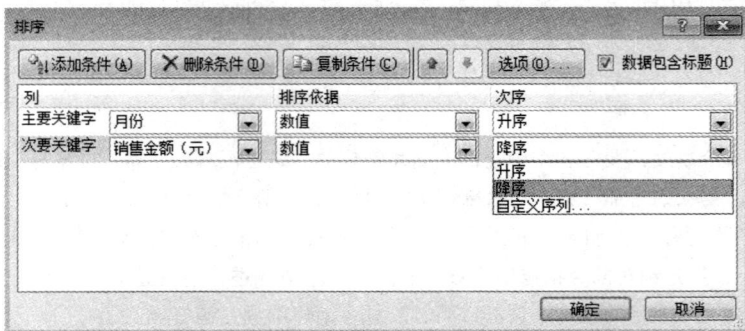

图 3-4-1　"排序"对话框

排序后的结果如图 3-4-2 所示。

（2）对每个销售部按商品销售额进行降序排列

打开"美创公司商品销售.xlsx"文件，选择"美创公司商品销售表"工作表，并建立其副本，将副本更名为"自定义排序"，将"自定义排序"工作表设置为当前工作表。

### 创美公司商品销售情况表

| 销售部门 | 商品名称 | 月份 | 单价（元） | 销售数量（部） | 销售金额（元） |
|---|---|---|---|---|---|
| 第三销售部 | Apple iPhone 7 Plus 128G 红色特别版 | 1月份 | ￥69,999.00 | 85 | ￥5,949,915.00 |
| 第一销售部 | Apple iPhone 7 Plus 128G 红色特别版 | 1月份 | ￥69,999.00 | 75 | ￥5,249,925.00 |
| 第一销售部 | 小米6 手机 陶瓷黑【尊享版】 | 1月份 | ￥3,999.00 | 100 | ￥399,900.00 |
| 第二销售部 | vivo X9Plus | 1月份 | ￥3,298.00 | 69 | ￥227,562.00 |
| 第三销售部 | vivo X9Plus | 1月份 | ￥3,298.00 | 50 | ￥164,900.00 |
| 第二销售部 | Apple iPhone 7 Plus 128G 红色特别版 | 2月份 | ￥69,999.00 | 120 | ￥8,399,880.00 |
| 第一销售部 | Apple iPhone 7 Plus 128G 红色特别版 | 2月份 | ￥69,999.00 | 102 | ￥7,139,898.00 |
| 第二销售部 | 华为 HUAWEI P10 Plus | 2月份 | ￥4,888.00 | 100 | ￥488,800.00 |
| 第二销售部 | 小米6 手机 陶瓷黑【尊享版】 | 2月份 | ￥3,999.00 | 100 | ￥399,900.00 |
| 第一销售部 | OPPO R9s Plus | 2月份 | ￥3,499.00 | 80 | ￥279,920.00 |
| 第三销售部 | vivo X9Plus | 2月份 | ￥3,298.00 | 69 | ￥227,562.00 |
| 第三销售部 | Apple iPhone 7 Plus 128G 红色特别版 | 3月份 | ￥69,999.00 | 102 | ￥7,139,898.00 |
| 第一销售部 | Apple iPhone 7 Plus 128G 红色特别版 | 3月份 | ￥69,999.00 | 82 | ￥5,739,918.00 |
| 第三销售部 | 小米6 手机 陶瓷黑【尊享版】 | 3月份 | ￥3,999.00 | 100 | ￥399,900.00 |
| 第一销售部 | OPPO R9s Plus | 3月份 | ￥3,499.00 | 100 | ￥349,900.00 |
| 第二销售部 | 华为 HUAWEI P10 Plus | 3月份 | ￥4,888.00 | 70 | ￥342,160.00 |

**图 3-4-2　排序结果示意图**

在对"销售部门"字段进行排序时，系统默认的汉字排序方式是以汉字拼音的字母顺序排列的，所以依次出现的"销售部门"是"第二销售部""第三销售部""第一销售部"，不符合要求。这里要采用自定义排序方式定义"销售部门"字段的正常排列顺序，按"第一经销片""第二销售部""第三销售部"的顺序统计各销售部商品销售金额由高到低的顺序。

① 选择工作表中的任意数据单元格，在"数据"选项卡的"排序和筛选"组中单击"排序"按钮，打开"排序"对话框。

② 将主要关键字设置为"销售部门"，在"次序"下拉列表框中选择"自定义序列"选项，打开"自定义序列"对话框，在"输入序列"列表框中依次输入"第一销售部""第二销售部""第三销售部"，如图 3-4-3 所示，单击"添加"按钮，再单击"确定"按钮返回"排序"对话框，则"次序"下拉列表框中已设置为定义好的序列。

**图 3-4-3　自定义序列**

③ 单击"添加条件"按钮，将次要关键字设置为"销售金额（元）"，并设置次序为"降序"，单击"确定"按钮则完成了对每个销售部按商品销售额进行降序排列。最终效果如图 3-4-4 所示。

2. 数据筛选

（1）对 1 月份的商品销售情况进行列表显示

打开"美创公司商品销售.xlsx"文件，选择"美创公司商品销售表"工作表，并建立其副本，将副本更名为"筛选"，将"筛选"工作表设置为当前工作表。

创美公司商品销售情况表

| 销售部门 | 商品名称 | 月份 | 单价（元） | 销售数量（部） | 销售金额（元） |
|---|---|---|---|---|---|
| 第一销售部 | Apple iPhone 7 Plus 128G 红色特别版 | 2月份 | ￥69,999.00 | 102 | ￥7,139,898.00 |
| 第一销售部 | Apple iPhone 7 Plus 128G 红色特别版 | 3月份 | ￥69,999.00 | 82 | ￥5,739,918.00 |
| 第一销售部 | Apple iPhone 7 Plus 128G 红色特别版 | 1月份 | ￥69,999.00 | 75 | ￥5,249,925.00 |
| 第一销售部 | 小米6 手机 陶瓷黑【尊享版】 | 1月份 | ￥3,999.00 | 100 | ￥399,900.00 |
| 第一销售部 | OPPO R9s Plus | 3月份 | ￥3,499.00 | 100 | ￥349,900.00 |
| 第一销售部 | OPPO R9s Plus | 2月份 | ￥3,499.00 | 80 | ￥279,920.00 |
| 第二销售部 | Apple iPhone 7 Plus 128G 红色特别版 | 2月份 | ￥69,999.00 | 120 | ￥8,399,880.00 |
| 第二销售部 | 华为 HUAWEI P10 Plus | 2月份 | ￥4,888.00 | 100 | ￥488,800.00 |
| 第二销售部 | 小米6 手机 陶瓷黑【尊享版】 | 2月份 | ￥3,999.00 | 100 | ￥399,900.00 |
| 第二销售部 | 华为 HUAWEI P10 Plus | 3月份 | ￥4,888.00 | 70 | ￥342,160.00 |
| 第二销售部 | vivo X9Plus | 1月份 | ￥3,298.00 | 69 | ￥227,562.00 |
| 第三销售部 | Apple iPhone 7 Plus 128G 红色特别版 | 3月份 | ￥69,999.00 | 102 | ￥7,139,898.00 |
| 第三销售部 | Apple iPhone 7 Plus 128G 红色特别版 | 1月份 | ￥69,999.00 | 85 | ￥5,949,915.00 |
| 第三销售部 | 小米6 手机 陶瓷黑【尊享版】 | 3月份 | ￥3,999.00 | 100 | ￥399,900.00 |
| 第三销售部 | vivo X9Plus | 2月份 | ￥3,298.00 | 69 | ￥227,562.00 |
| 第三销售部 | vivo X9Plus | 1月份 | ￥3,298.00 | 50 | ￥164,900.00 |

图 3-4-4　以"自定义序列"排序的效果图

在工作表中选中任意的单元格，在"数据"选项卡的"排序和筛选"组中单击"筛选"按钮。此时在各列标题名后出现了下拉按钮，单击"月份"后的下拉按钮，打开列筛选器，取消对"2月份""3月份"复选框的选择，如图 4-3-5 所示，单击"确定"按钮。此时工作表中将只显示"1月份"的相关数据条目，如图 3-4-6 所示。

图 3-4-5　选择 1 月份的数据

图 3-4-6　1 月份的商品销售情况

在"数据"选项卡的"排序和筛选"组中再次单击"筛选"按钮，将取消对单元格的筛选，此时，各列标题右侧的箭头消失，工作表恢复初始状态。

（2）对 1 月份销售数量在 50～85 部的商品销售情况进行列表显示

为完成此项操作，除了"1 月份"这个筛选条件以外，还需要补加"销售数量"≤85 且"销售数量"≥50 的条件对商品的销售数量进行筛选。具体操作如下：

① 对"1 月份"的商品销售情况进行筛选。

② 单击"销售数量"右侧的下拉按钮，在列筛选器中选择"数字筛选"命令，弹出子菜单，如图 3–4–7 所示。选择"自定义筛选"命令，打开"自定义自动筛选方式"对话框，如图 3–4–8 所示。在其中设置"销售数量"大于等于 50 部并且（"与"）"销售数量"小于等于 85 部，单击"确定"按钮即可。

图 3–4–7　选择自定义筛选命令

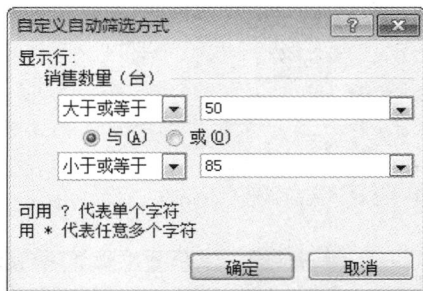

图 3–4–8　"自定义自动筛选方式"对话框

此时，就可以对 1 月份销售数量在 50～85 部的商品销售情况进行列表显示了，如图 3–4–9 所示。

| 创美公司商品销售情况表 | | | | | |
|---|---|---|---|---|---|
| 销售部门 | 商品名称 | 月份 | 单价（元） | 销售数量（部） | 销售金额（元） |
| 第一销售部 | Apple iPhone 7 Plus 128G 红色特别版 | 1月份 | ￥69,999.00 | 75 | ￥5,249,925.00 |
| 第二销售部 | vivo X9Plus | 1月份 | ￥3,298.00 | 69 | ￥227,562.00 |
| 第三销售部 | Apple iPhone 7 Plus 128G 红色特别版 | 1月份 | ￥69,999.00 | 85 | ￥5,949,915.00 |
| 第三销售部 | vivo X9Plus | 1月份 | ￥3,298.00 | 50 | ￥164,900.00 |

图 3–4–9　"自定义筛选"结果示意图

（3）将第一销售部 1 月份销售数量超过 70 部的销售数据及"小米 6 手机 陶瓷黑【尊享版】"在 3 月份的销售情况进行列表显示

打开"美创公司商品销售.xlsx"文件，选择"美创公司商品销售表"工作表，并建立其副本，将副本更名为"高级筛选"，并将"高级筛选"工作表设置为当前工作表。

要完成此操作，需要设置两个复杂条件。

条件 1：销售部门＝"第一销售部"与月份＝"1 月份"与销售数量＞70

条件 2：商品名称＝"小米 6 手机 陶瓷黑【尊享版】"与月份＝"3 月份"

其中，条件 1 和条件 2 之间是"或"关系。

具体操作步骤如下：

① 设置条件区域并输入筛选条件。在数据区域的下方设置条件区域，其中条件区域必须具有列标签，同时确保在条件区域与数据区域之间至少留一个空白行，如图 3–4–10 所示。

| 第三销售部 | vivo X9Plus | 2月份 | ￥3,298.00 | 69 | ￥227,562.00 |
| 第三销售部 | 小米6 手机 陶瓷黑【尊享版】 | 3月份 | ￥3,999.00 | 100 | ￥399,900.00 |
| 第三销售部 | Apple iPhone 7 Plus 128G 红色特别版 | 3月份 | ￥69,999.00 | 102 | ￥7,139,898.00 |

| 销售部门 | 商品名称 | 月份 | 销售数量（部） |
|---|---|---|---|
| 第一销售部 | | 1月份 | >70 |
| | 小米6 手机 陶瓷黑【尊享版】 | 3月份 | |

图 3-4-10　设置条件区域并输入高级筛选条件

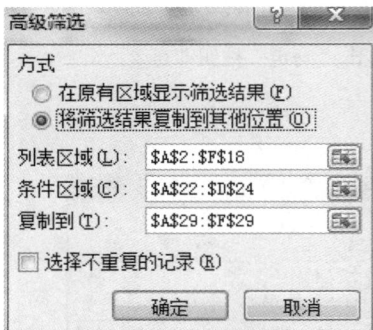

图 3-4-11　"高级筛选"对话框

② 选择数据列表区域、条件区域和目标区域。选中数据区域中任意单元格，在"数据"选项卡的"排序和筛选"组中单击"高级"按钮，打开"高级筛选"对话框，如图 3-4-11 所示，在列表区域已默认显示了数据源区域。

单击"条件区域"文本框右侧的"选择单元格"按钮，在工作表中选择已设置的条件区域，在"方式"选项组中选中"将筛选结果复制到其他位置"单选按钮，再单击"复制到"文本框右侧的"选择单元格"按钮，选择显示筛选结果的目标位置，单击"确定"按钮即可将所需的商品销售情况进行列表显示，如图 3-4-12 所示。

| 销售部门 | 商品名称 | 月份 | 销售数量（部） |
|---|---|---|---|
| 第一销售部 | | 1月份 | >70 |
| | 小米6 手机 陶瓷黑【尊享版】 | 3月份 | |

| 销售部门 | 商品名称 | 月份 | 单价（元） | 销售数量（部） | 销售金额（元） |
|---|---|---|---|---|---|
| 第一销售部 | 小米6 手机 陶瓷黑【尊享版】 | 1月份 | ￥3,999.00 | 100 | ￥399,900.00 |
| 第一销售部 | Apple iPhone 7 Plus 128G 红色特别版 | 1月份 | ￥69,999.00 | 75 | ￥5,249,925.00 |
| 第三销售部 | 小米6 手机 陶瓷黑【尊享版】 | 3月份 | ￥3,999.00 | 100 | ￥399,900.00 |

图 3-4-12　高级筛选结果效果图

3. 统计各销售部 1—3 月的平均销售额，同时汇总各销售部的月销售额

打开"美创公司商品销售.xlsx"文件，选择"美创公司商品销售表"工作表，并建立其副本，将副本更名为"分类汇总"，并将"分类汇总"工作表设置为当前工作表。

① 将"销售部门"作为主关键字、"月份"作为次关键字进行排序，其中"销售部门"通过自定义序列"第一销售部、第二销售部、第三销售部"进行排序。

② 选择数据区域中的任意单元格，在"数据"选项卡的"分级显示"组中单击"分类汇总"按钮，打开"分类汇总"对话框，如图 3-4-13 所示。

设置"分类字段"为"销售部门"，"汇总方式"为"平均值"，"选定汇总项"为"销售金额"，同时选中"替换当前分类汇总"和"汇总结果显示在数据下方"复选框，单击"确定"按钮，则按销售部对数据进行一级分类汇总，效果如图 3-4-14 所示。

③ 在步骤②的基础上，再次执行分类汇总。在"分类汇总"对话框中，设置"分类字段"为"月份"，"汇总方式"为"求和"，"选定

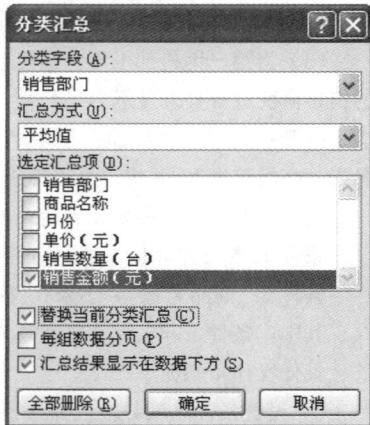

图 3-4-13　"分类汇总"对话框

汇总项"为"销售金额",同时取消选中"替换当前分类汇总"复选框,单击"确定"按钮则实现二级分类汇总。

图 3-4-14　一级"分类汇总"结果示意图

此二级分类汇总首先实现了对各销售部 1—3 月的销售额平均值的计算,然后对每个销售部进行按月的销售额统计。

提示:在"分类汇总"对话框中,如果单击"全部删除"按钮,可将工作表恢复到初始状态。

两次分类汇总的结果如图 3-4-15 所示。

图 3-4-15　二级"分类汇总"结果示意图

**4. 对第一销售部、第二销售部、第三销售部的商品销售数量和销售金额进行合并计算**

在"美创公司商品销售.xlsx"工作簿文件中新建工作表并命名为"合并计算",用于存放合并数据。

① 选中"合并计算"工作表中的 A2 单元格,在"数据"选项卡的"数据工具"组中单击"合并计算"按钮,打开"合并计算"对话框,如图 3-4-16 所示。

② 在"函数"下拉列表框中选择"求和"运算。

③ 在"引用位置"文本框中单击右侧的"选择单元格"按钮,选择工作表"第一销售部统计表"中的 A2:D8 单元格区域作为第一个要合并的源数据区域,单击"添加"按钮,将该引用位置添加进"所有引用位置"列表框中。

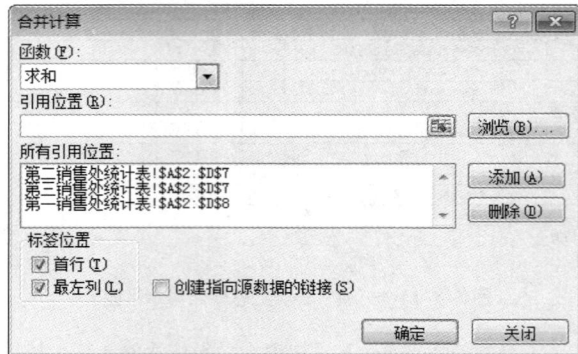

图 3-4-16 "合并计算"对话框

④ 按步骤③中的操作方法,依次添加"第二销售部统计表"中的 A2:D7 单元格区域和"第三销售部统计表"中的 A2:D7 单元格区域到"所引用位置"列表框中。

⑤ 在"标签位置"选项组中选中"首行""最左列"复选框。单击"确定"按钮即可完成对 3 个数据表的数据合并功能,结果如图 3-4-17 所示。

| | A | B | C | D |
|---|---|---|---|---|
| 1 | | | | |
| 2 | | 月份 | 销售数量(台) | 金额(元) |
| 3 | vivo X9Plus | | 188 | ¥620,024.00 |
| 4 | OPPO R9s Plus | | 180 | ¥629,820.00 |
| 5 | Apple iPhone 7 Plus 128G 红色特别版 | | 566 | ¥39,619,434.00 |
| 6 | 华为 HUAWEI P10 Plus | | 170 | ¥830,960.00 |
| 7 | 小米6 手机 陶瓷黑【尊享版】 | | 300 | ¥1,199,700.00 |

图 3-4-17 数据合并结果

在"合并计算"工作表中将显示如图 3-4-17 所示的合并计算结果。由于对文本数据无法实现合并计算,所以"月份"字段值为空。可以删除"月份"数据列,在 A2 单元格补写"商品名称",并适当美化"合并计算"工作表,操作结果如图 3-4-18 所示。

| 美创公司第一季度各种商品销售情况统计表 | | |
|---|---|---|
| **商品名称** | **销售数量(台)** | **金额(元)** |
| vivo X9Plus | 188 | ¥620,024.00 |
| OPPO R9s Plus | 180 | ¥629,820.00 |
| Apple iPhone 7 Plus 128G 红色特别版 | 566 | ¥39,619,434.00 |
| 华为 HUAWEI P10 Plus | 170 | ¥830,960.00 |
| 小米6 手机 陶瓷黑【尊享版】 | 300 | ¥1,199,700.00 |

图 3-4-18 "合并计算"结果示意图

#### 3.4.4　知识精讲

**1. 数据排序**

Excel 2010 可以对一列或多列中的数据按文本（升序或降序）、数字（升序或降序）及日期和时间（升序或降序）进行排序。还可以按自定义序列或格式（包括单元格颜色、字体颜色或图标集）进行排序。大多数排序操作都是针对列进行的。数据排序一般分为简单排序和复杂排序。

（1）简单排序

简单排序是指设置一个排序条件进行数据的升序或降序排序。方法是：单击条件列字段中的任意单元格，在"数据"选项卡的"排序和筛选"组中单击"升序"或"降序"按钮即可。

（2）复杂排序

复杂排序是指按多个字段进行数据排序的方式，方法是：在"数据"选项卡的"排序和筛选"组中单击"排序"按钮，打开"排序"对话框，在该对话框中可以设置一个主要关键字、多个次要关键字，每个关键字均可按"升序"或"降序"进行排列。

（3）自定义排序

可以使用自定义序列，按用户定义的顺序进行排序。方法是：在"排序"对话框中，选择要进行自定义排序的关键字，在其对应的"次序"下拉列表框中选择"自定义序列"选项，打开"自定义序列"对话框，选择或建立需要的排序序列即可。

**2. 数据筛选**

筛选是指找出符合条件的数据记录，即显示符合条件的记录，隐藏不符合条件的记录。

（1）自动筛选

自动筛选是指工作表中只显示满足给定条件的数据。进行自动筛选方法是：选中任意单元格，在"数据"选项卡的"排序和筛选"组中单击"筛选"按钮，各标题名右侧出现下拉按钮，说明对单元格数据启用了"筛选"功能，单击下拉按钮，可以显示列筛选器，在此可以进行筛选条件设置，完成后在工作表中将显示筛选结果。

（2）自定义筛选

当需要对某字段数据设置多个复杂筛选条件时，可以通过自定义自动筛选的方式进行设置。在该字段的列筛选器中选择"数字筛选"命令的下一级菜单中的"自定义筛选"命令，打开"自定义自动筛选方式"对话框，对该字段进行筛选条件设置，完成后工作表中将显示筛选结果。

（3）高级筛选

一般来说，自动筛选和自定义筛选都不是太复杂的筛选，如果要设置复杂的筛选条件，可以使用高级筛选。

使用高级筛选时，必须建立一个条件区域，一个条件区域至少要包含两行、两个单元格，其中第一行中要输入字段名称（与表中字段相同），第二行及以下各行则输入对该字段的筛选条件。具有"与"关系的多重条件放在同一行，具有"或"关系的多重条件放在不同行。

高级筛选结果可以显示在源数据表格中，不符合条件的记录则被隐藏起来，也可以在新的位置显示筛选结果而源数据表不变。

（4）清除筛选

如果需要清除工作表中的自动筛选和自定义筛选，可以在"数据"选项卡的"排序和筛选"组中单击"清除"按钮，清除数据的筛选状态，如果再单击"筛选"按钮，则取消了启用筛选功能，即删除列标题右侧的下拉按钮，使工作表恢复到初始状态。

**提示**：筛选条件中可以使用通配符"？"和"*"，其中"？"代表一个字符，"*"代表多个字符。如筛选条件是"王*"，表示要筛选出所有姓"王"的人的记录。

3. 分类汇总

分类汇总是指对某个字段的数据进行分类，并对各类数据进行快速的汇总统计。汇总的类型有求和、计数、平均值、最大值、最小值等，默认的汇总方式是求和。

创建分类汇总时，首先要对分类的字段进行排序。创建数据分类汇总后，Excel 会自动按汇总时的分类对数据清单进行分级显示，并自动生成数字分级显示按钮，用于查看各级别的分级数据。

如果需要在一个已经建立了分类汇总的工作表中再进行另一种分类汇总，两次分类汇总时使用不同的关键字，即实现嵌套分类汇总，则需要在进行分类汇总操作前，对主关键字和次关键字进行排序。进行分类汇总时，将主关键字作为第一级分类汇总关键字，将次关键字作为第二级分类汇总关键字。

若要删除分类汇总，只需在"分类汇总"对话框中单击"全部删除"按钮即可。

4. 合并计算

利用 Excel 2010 的合并计算功能，可以将多个工作表中的数据进行计算汇总，在合并计算过程中，存放计算结果的区域称为目标区域，提供合并数据的区域称为源数据区域，目标区域可与源数据区域在同一个工作表上，也可以在不同的工作表或工作簿内。此外，数据源可以来自单个工作表、多个工作表或多个工作簿中。

合并计算有两种形式：一种是按分类进行合并计算，另一种是按位置进行合并计算。

（1）按分类进行合并计算

通过分类来合并计算数据是指当多个数据源区域包含相似的数据却依不同分类标记排列时进行的数据合并计算方式。例如，某公司有两个分公司，分别销售不同的产品，总公司要获得到完整的销售报表时，就必须使用"分类"的方式来合并计算数据。

如果数据源区域顶行包含分类标记，则在"合并计算"对话框中选中"首行"复选框；如果数据源区域左列有分类标记，则选中"最左列"复选框。在一次合并计算中，可以同时选中这两个复选框。

（2）按位置进行合并计算

通过位置来合并计算数据是指在所有源区域中的数据被相同地排列，即每一个源区域中要合并计算的数据必须在被选定源区域的相同的相对位置上。这种方式非常适用于处理相同表格的合并工作。

### 3.4.5　技巧与提高

1. 按笔画对汉字进行排序

系统默认的汉字排序方式是以汉字拼音的字母顺序排列的，在操作过程中可以对汉字进行按笔画排序。方法是：在"排序"对话框中单击"选项"按钮，打开"排序选项"对话框，如图 3-4-19 所示，在"方法"选项组中选中"笔画排序"单选按钮，单击"确定"按钮，即可将指定列中的数据以笔画进行排序。

2. 快速对单元格数据进行计算

选择批量单元格后，在 Excel 2010 窗口的状态栏中可以查看这些单元格数据中的最大值、最小值、平均值、求和等统计信息。如果在状态栏中没有需要的统计信息，可以右击状态栏，在其快捷菜单中选择需要的统计命令即可。该方法还可计算包含数字的单元格的数量（选择数值计数），或者计算已填充单元格的数量（选择计数）。

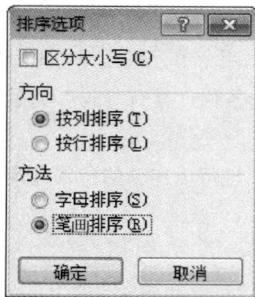

图 3-4-19　"排序选项"对话框

### 3.4.6 训练任务

根据"学生班级成绩管理"工作簿文件，对石化一班、石化二班、石化三班的期末考试成绩进行分析、排序、汇总。工作表结构如图 3–4–20 所示。

| 第1学期期末考试成绩单 | | | | | | | | | | |
|---|---|---|---|---|---|---|---|---|---|---|
| 班级 | 学号 | 姓名 | 性别 | 英语 | 数学 | 计算机基础 | 化工基础 | 化学技术基础 | 政治 | 体育 |
| 石化一班 | 10001 | 李强 | 男 | 80 | 78 | 86 | 80 | 85 | 86 | 82 |
| 石化一班 | 10002 | 张瑞光 | 男 | 77 | 95 | 56 | 67 | 62 | 63 | 60 |
| 石化一班 | 10003 | 赵明鹏 | 男 | 96 | 71 | 92 | 70 | 96 | 89 | 85 |
| 石化一班 | 10004 | 张明 | 男 | 84 | 83 | 60 | 96 | 83 | 60 | 50 |
| 石化一班 | 10005 | 李松洁 | 男 | 70 | 96 | 75 | 98 | 64 | 78 | 73 |
| 石化一班 | 10006 | 王雷 | 男 | 88 | 87 | 95 | 92 | 97 | 91 | 92 |
| 石化一班 | 10007 | 李艳杰 | 女 | 92 | 75 | 76 | 95 | 76 | 87 | 90 |
| 石化一班 | 10008 | 孙艳红 | 女 | 90 | 90 | 70 | 62 | 77 | 81 | 70 |
| 石化一班 | 10009 | 王娇娇 | 女 | 85 | 86 | 87 | 80 | 90 | 85 | 89 |
| 石化一班 | 10010 | 孙晓楠 | 女 | 88 | 91 | 98 | 75 | 86 | 92 | 90 |

图 3–4–20 "班级期末考试成绩"基本表结构图

具体操作要求如下：

① 将"石化一班成绩单"工作表、"石化二班成绩单"工作表、"石化三班成绩单"工作表中的数据依次复制到新工作表"石化专业成绩总表"中，在该工作表中增加"总分"列、"名次"列，并计算"总分"列和"名次"列。

② 选择"石化专业成绩总表"并为其建立一副本，命名为"成绩排序"。

③ 在"成绩排序"工作表中，按"总分（降序）+班级（自定义序列）"进行排序，总分相同时，按"石化一班""石化二班""石化三班"的次序排列。

④ 选择"石化专业成绩总表"并为其建立一副本，命名为"成绩优秀生"。

⑤ 在"成绩优秀生"工作表中，对"总分"超过 630 分，或者主要专业课程"数学""化工基础""化学技术基础"成绩均在 90 分以上的学生成绩列表显示。

⑥ 选择"石化专业成绩总表"并为其建立一副本，命名为"班级平均成绩"。

⑦ 在"班级平均成绩"工作表中，按"班级"进行一级分类汇总，并计算每班各门课程的平均分，再按性别进行二级分类汇总，并计算出各班"男""女"同学的最高总分。

⑧ 新建工作表"各科最高分"，在该工作表中利用合并计算功能统计出各班各门课程的最高分。

## 任务 3.5 商品销售统计表的图表分析

Excel 2010 中的图表可以生动地说明数据报表中数据的内涵，形象地展示数据间的关系，直观、清晰地表达数据的处理分析情况。

### 3.5.1 任务描述

为了了解目前公司商品的销售情况，领导要求小张完成今年上半年的商品销售情况分析报告。小张决定使用 Excel 2010 图表实现对商品销售数据的分析，为此，他用簇状柱形图比较各类商品每个月的销售情况，如图 3–5–1 所示；用堆积柱形图比较公司各月销售情况及某种商品（如 vivo X9Plus）月销售额占月合计销售额中的比例，如图 3–5–2 所示。

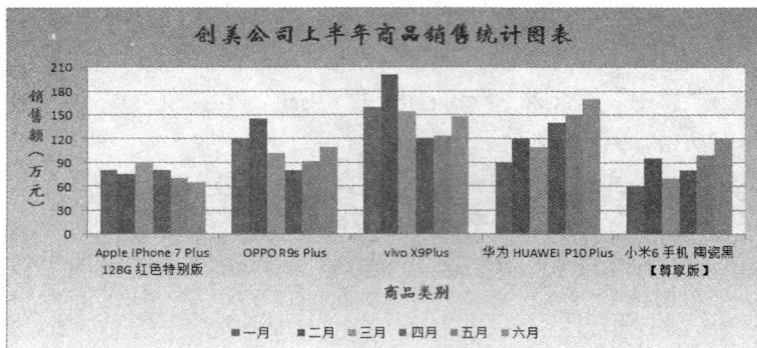

图 3-5-1 创美公司上半年商品销售图表（簇状柱形图）

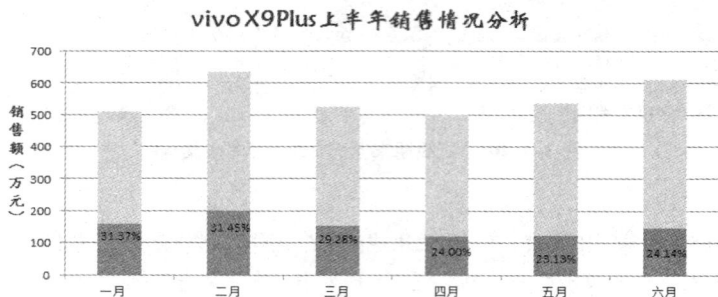

图 3-5-2 创美公司商品（vivo X9Plus）销售额占比图（堆积柱形图）

## 3.5.2 任务分析

本工作任务要求利用 Excel 2010 图表形象、直观地反映创美公司上半年商品销售情况。要完成本项工作任务，需要进行以下操作：

① 创建图表。由于 Excel 2010 内置了大量图表类型，所以要根据需查看的数据的特点来选用不同类型的图表。例如，要查看数据变化趋势，可以使用折线图；要进行数据大小对比，可以使用柱形图；要查看数据所占比重，可以使用饼图等。

② 设计和编辑图表。为了使图表更加直观、立体，一般都要对图表进行二次修改和美化。图表的编辑是指对图表各元素进行格式设置，需要在各个对象（图表元素）的格式对话框中进行。

## 3.5.3 任务实现

1. 创建"创美公司上半年销售额情况表"

在 Excel 2010 中新建工作簿文件"创美公司商品销售表.xlsx"，输入商品销售数据，如图 3-5-3 所示。

### 美创公司上半年销售额情况表

单位：万元

| 商品名称 | 一月 | 二月 | 三月 | 四月 | 五月 | 六月 |
|---|---|---|---|---|---|---|
| Apple iPhone 7 Plus 128G 红色特别版 | 80 | 75 | 90 | 80 | 70 | 65 |
| OPPO R9s Plus | 120 | 146 | 102 | 80 | 92 | 110 |
| vivo X9Plus | 160 | 200 | 154 | 120 | 124 | 148 |
| 华为 HUAWEI P10 Plus | 90 | 120 | 110 | 140 | 150 | 170 |
| 小米6 手机 陶瓷黑【尊享版】 | 60 | 95 | 70 | 80 | 100 | 120 |

图 3-5-3 创美公司上半年商品销售情况表

**2．建立簇状柱形图比较各类商品每个月的销售情况**

① 选择数据源 A2 至 G7 区域。

② 在"插入"选项卡的"图表"组中，单击"柱形图"下拉按钮，在其下拉列表中选择"二维柱形图"选项组中的"簇状柱形图"命令，将在当前工作表中生成如图 3-5-4 所示的簇状柱形图。

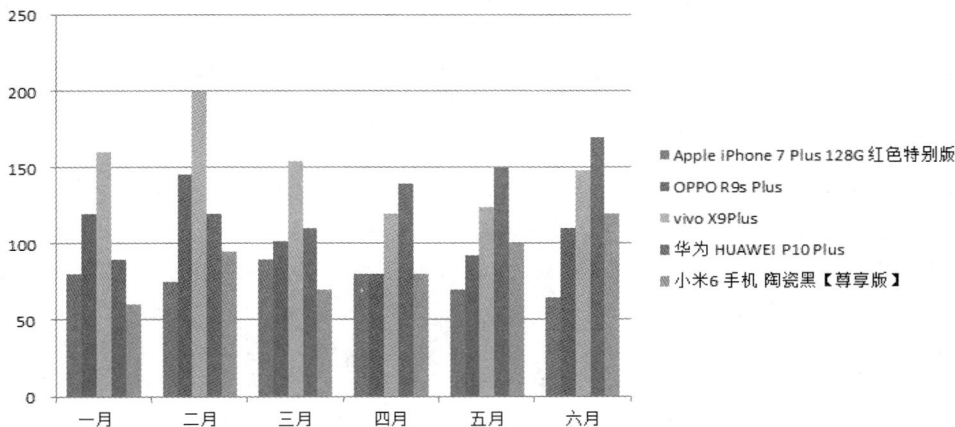

图 3-5-4　以月份分类的簇状柱形图

③ 在图表上移动鼠标指针，可以看到指针所指向的图表各个区域的名称，如图表区、绘图区、水平（类别）轴、垂直（值）轴、图例等。

图 3-5-4 所示簇状柱形图以月份为分类轴，按月比较各类商品的销售情况。若要以商品类别为分类轴，统计每类商品各个月的销售情况，只需在图表区中单击，就可选中图表，此时功能区中将出现"图表工具"上下文选项卡，包含"设计""布局""格式"选项卡。

在"设计"选项卡中的"数据"组中，单击"切换行/列"命令，就可以交换坐标轴上的数据了，生成如图 3-5-5 所示的图表。

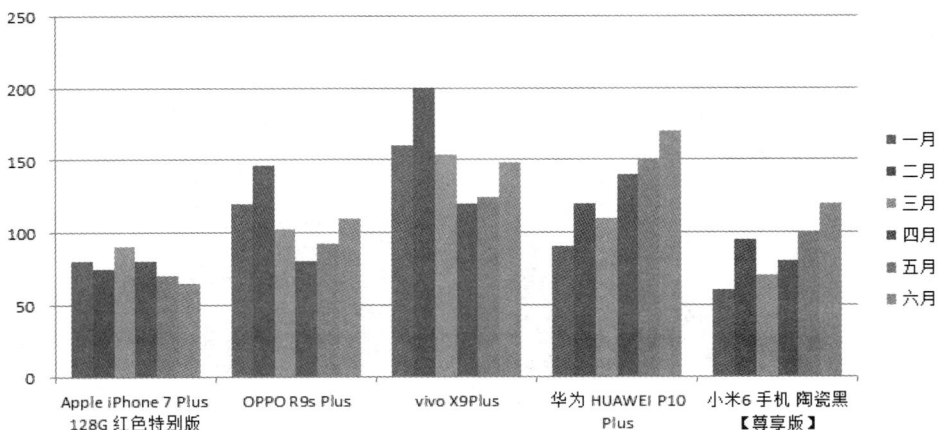

图 3-5-5　以商品类别分类的簇状柱形图

**3．设置图表标签**

（1）添加图表的标题

① 选中如图 3-5-5 所示的图表，在"布局"选项卡中的"标签"组中，单击"图表标题"下拉按钮，

在其下拉列表中选择"图表上方"命令，将在图表区顶部显示标题。

② 删除文本框中的指示文字"图表标题"，输入需要的文字"创美公司上半年商品销售统计图表"，再对其进行格式设置，将文字的字体格式设为华文新魏，18 磅，加粗，深红色。

（2）添加横坐标轴（分类轴）标题

① 选中图 3-5-5 所示的图表，在"布局"选项卡中的"标签"组中单击"坐标轴标题"下拉按钮，在其下拉列表中选择"主要横坐标轴标题"→"坐标轴下方标题"命令，将在横坐标轴下方显示标题。

② 删除文本框中的提示文字"坐标轴标题"，输入"商品类别"，再对其进行格式设置。将文字的字体格式设为楷体，12 磅，加粗，红色。

（3）添加纵坐标轴标题

① 选中图 3-5-5 所示的图表，在"布局"选项卡中的"标签"组中单击"坐标轴标题"下拉按钮，在其下拉列表中选择"主要纵坐标轴标题"→"竖排标题"命令，将竖排显示纵坐标轴标题。

② 删除文本框中的提示文字"坐标轴标题"，输入"销售额（万元）"，再对其进行格式设置，将文字的字体格式设为楷体，12 磅，加粗，红色。

（4）调整图例位置

右击"图例"区，在其快捷菜单中选择"设置图例格式"命令，打开"设置图例格式"对话框，如图 3-5-6 所示。选择"图例选项"选项卡，设置"图例位置"为"底部"，单击"关闭"按钮，就可以调整图例位置了。利用"设置图例格式"对话框还可以设置图例区域的填充、边框样式、边框颜色、阴影等多种显示效果。

（5）调整数值轴刻度

右击"垂直（值）轴"，在其快捷菜单中选择"设置坐标轴格式"命令，打开"设置坐标轴格式"对话框，如图 3-5-7 所示。选择"坐标轴选项"选项卡，设置坐标轴最大刻度值为 210.0，主要刻度单位为 30.0，单击"关闭"按钮，则对坐标轴的刻度进行了相应的调整。利用"设置坐标轴格式"对话框还可以设置坐标轴刻度值数字的格式、填充的方式、线条的颜色和线型等多种显示效果。

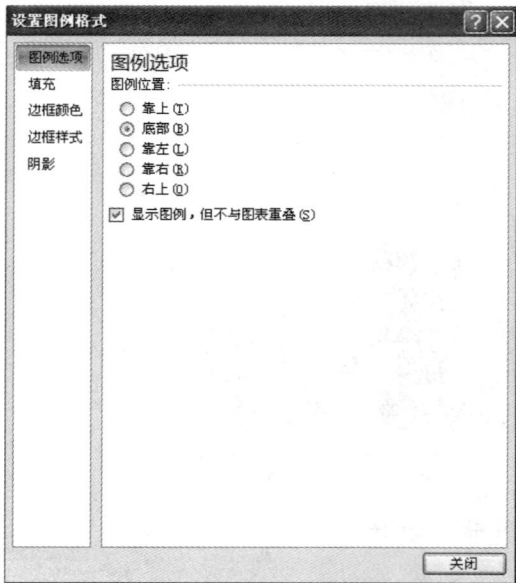

图 3-5-6 "设置图例格式"对话框      图 3-5-7 "设置坐标轴格式"对话框

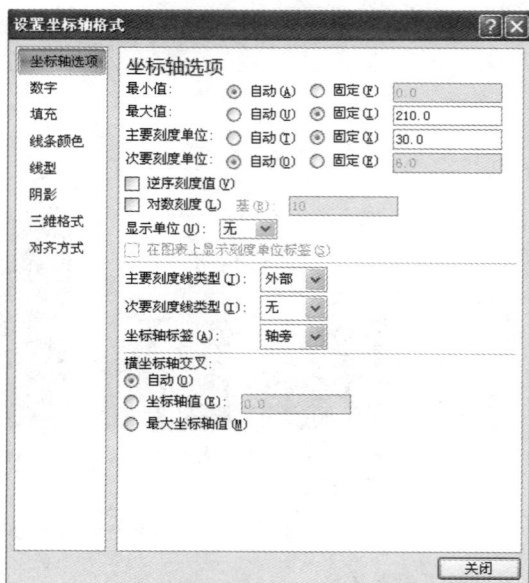

4．设置图表格式

（1）设置图表区背景

右击"图表区"，在其快捷菜单中选择"设置图表区域格式"命令，打开"设置图表区格式"对话框，如图 3–5–8 所示。选择"填充"选项卡，选中"渐变填充"单选按钮，使用预设颜色为"雨后初晴"，设置渐变填充类型为"线性"，"方向"为"线性向下"，即可完成图表区的背景设置。利用"设置图表区格式"对话框还可以设置图表区的边框样式、边框颜色、阴影及三维格式等多种显示效果。

（2）设置绘图区背景

右击"绘图区"，在其快捷菜单中选择"设置绘图区格式"命令，打开"设置绘图区格式"对话框，如图 3–5–9 所示。选择"填充"选项卡，选中"图片或纹理填充"单选按钮，纹理类型使用"羊皮纸"，即可完成绘图区背景设置。利用"设置绘图区格式"对话框还可以设置绘图区的边框样式、边框颜色、阴影及三维格式等多种显示效果。

至此，已成功地创建了如图 3–5–1 所示的创美公司上半年商品销售图表（簇状柱形图）。

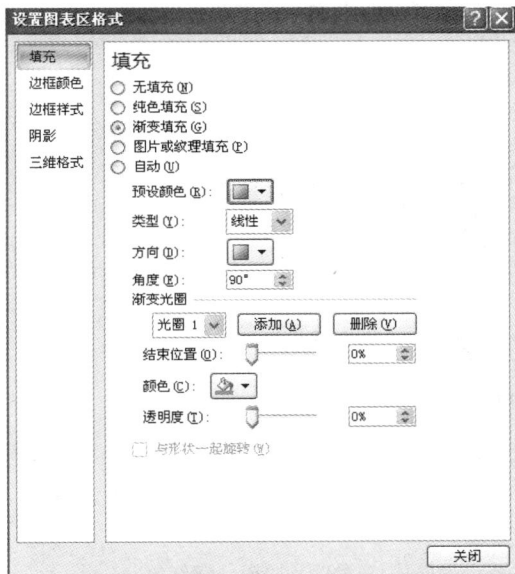

图 3–5–8　"设置图表区格式"对话框　　　　图 3–5–9　"设置绘图区格式"对话框

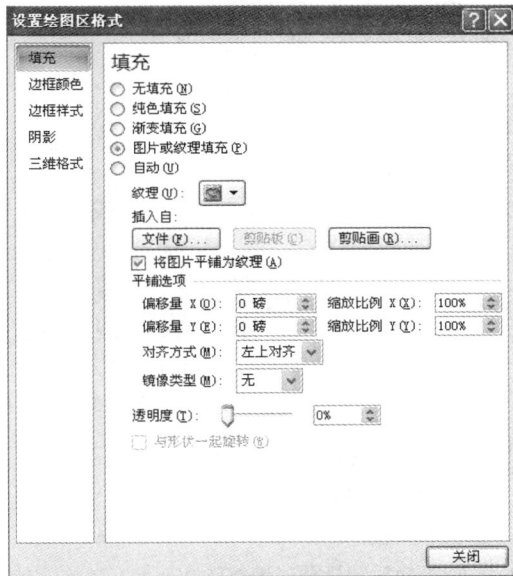

5．建立堆积柱形图

（1）计算各种商品的销售额占公司月销售额的百分比

选中"创美公司商品销售情况表"，在 A8:A12 单元格中输入"Apple iPhone 7 Plus 128G 红色特别版百分比""OPPO R9s Plus 百分比""vivo X9Plus 百分比""华为 HUAWEI P10 Plus 百分比""小米 6 手机 陶瓷黑【尊享版】百分比"。

选中 B8 单元格，输入公式"=B3/（B$3+B$4+B$5+B$6+B$（7）"，求得"Apple iPhone 7 Plus 128G 红色特别版"商品 1 月份销售额占公司当月销售额的百分比。

拖动 B8 单元格右下角的填充柄到 G12 单元格，计算出各种商品销售额占当月公司销售额的百分比（设置 B8:G12 单元格格式：数字以百分比格式显示，小数位数为（2），补全表格边框线，表格效果如图 3–5–10 所示。

美创公司上半年销售额情况表

单位：万元

| 商品名称 | 一月 | 二月 | 三月 | 四月 | 五月 | 六月 |
|---|---|---|---|---|---|---|
| Apple iPhone 7 Plus 128G 红色特别版 | 80 | 75 | 90 | 80 | 70 | 65 |
| OPPO R9s Plus | 120 | 146 | 102 | 80 | 92 | 110 |
| vivo X9Plus | 160 | 200 | 154 | 120 | 124 | 148 |
| 华为 HUAWEI P10 Plus | 90 | 120 | 110 | 140 | 150 | 170 |
| 小米6 手机 陶瓷黑【尊享版】 | 60 | 95 | 70 | 80 | 100 | 120 |
| Apple iPhone 7 Plus 128G 红色特别版百分比 | 15.69% | 11.79% | 17.11% | 16.00% | 13.06% | 10.60% |
| OPPO R9s Plus百分比 | 23.53% | 22.96% | 19.39% | 16.00% | 17.16% | 17.94% |
| vivo X9Plus百分比 | 31.37% | 31.45% | 29.28% | 24.00% | 23.13% | 24.14% |
| 华为 HUAWEI P10 Plus百分比 | 17.65% | 18.87% | 20.91% | 28.00% | 27.99% | 27.73% |
| 小米6 手机 陶瓷黑【尊享版】百分比 | 11.76% | 14.94% | 13.31% | 16.00% | 18.66% | 19.58% |

图 3-5-10  创美公司上半年商品月销售占比情况表

（2）按月份创建

按 Ctrl 键分别选中两个不连续的区域 A2:G7 和 A10:G10，在"插入"选项卡的"图表"组中，单击"柱形图"下拉按钮，在其下拉列表中选择"二维柱形图"选项组中的"堆积柱形图"命令，将在当前工作表中生成如图 3-5-11 所示的堆积柱形图图表。

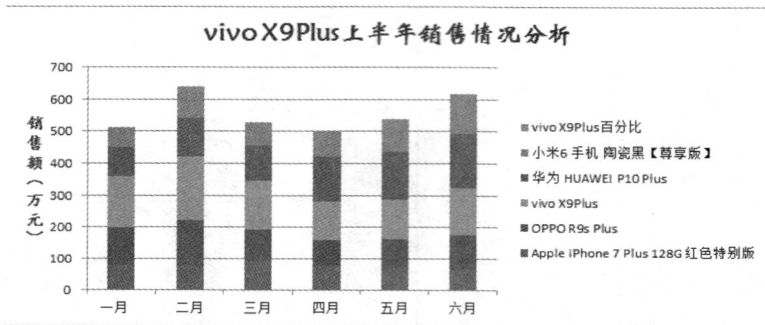

图 3-5-11  以月份分类的堆积柱形图

（3）设置图表标签

在图表区顶部添加图表的标题"vivo X9Plus 上半年销售情况分析"，文字的字体格式设为华文新魏，18磅，加粗，深红色。

添加纵坐标轴标题"销售额（万元）"，文字的字体格式设为楷体，12 磅，加粗，深红色。

（4）调整数据系列排列顺序

选中图 3-5-11 所示的图表，在"设计"选项卡的"数据"组中单击"选择数据"命令，打开"选择数据源"对话框，如图 3-5-12 所示。

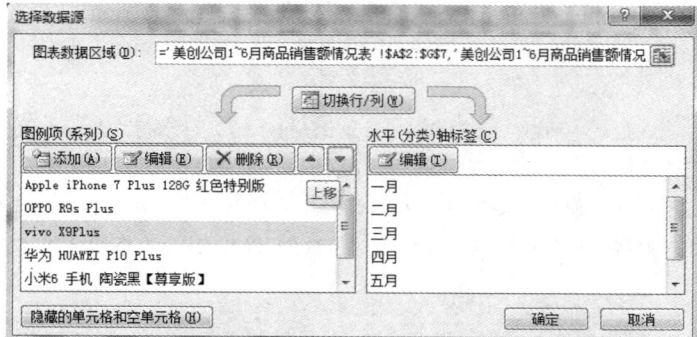

图 3-5-12  "选择数据源"对话框

在该对话框的"图例项（系列）"选项组中，选中"vivo X9Plus"系列，单击两次"上移"按钮，将"vivo X9Plus"系列移至列表的顶部，单击"确定"按钮返回。此时，在图 3-5-11 所示的图表中，"vivo X9Plus"系列直方块被移动到柱体的最底部。

（5）设置各数据系列的格式

右击图表中的"华为 HUAWEI P10 Plus"数据系列，在其快捷菜单中选择"设置数据系列格式"命令，打开"设置数据系列格式"对话框，如图 3-5-13 所示。

在"设置数据系列格式"对话框中，选择"填充"选项卡，设置数据系列的填充方式为"纯色填充"，在"颜色"下拉列表框中选择"白色，背景 1，深色 15%"选项。

用同样的方法设置"Apple iPhone 7 Plus 128G 红色特别版""OPPO R9s Plus""小米 6 手机 陶瓷黑【尊享版】"数据系列的填充方式均为"纯色填充""白色，背景 1，深色 15%"。设置"vivo X9Plus"数据系列的填充方式为"纯色填充""深蓝，文字 2，淡色 40%"。

（6）为"vivo X9Plus 百分比"数据系列添加数据标签

右击图表中的"vivo X9Plus 百分比"数据系列，在其快捷菜单中选择"添加数据标签"命令，则添加了如图 3-5-14 所示的数据标签。

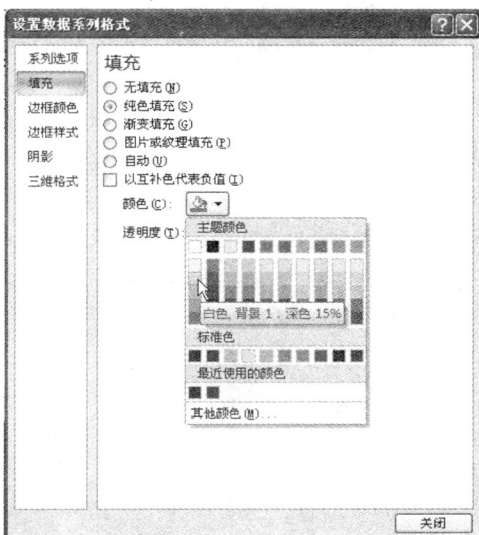

图 3-5-13　"设置数据系列格式"对话框

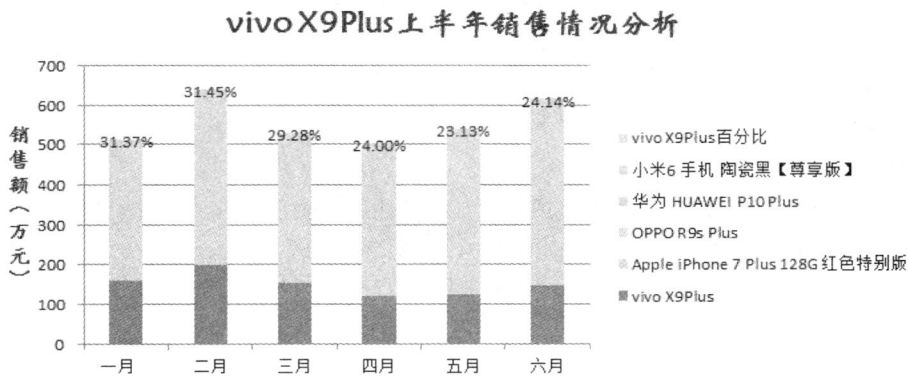

图 3-5-14　添加数据标签

拖动数据标签到"vivo X9Plus"系列的方块的上方，并设置"vivo X9Plus 百分比"数据系列的填充方式为"无填充"，使堆积柱形图上不显示"vivo X9Plus 百分比"数据系列。图例项可选择保留或删除，这里选择删除。

至此，用于比较各月销售额及某种商品（如 vivo X9Plus）销售额占月销售额百分比的堆积柱形图创建完成。

## 3.5.4　知识精讲

1. 认识图表

图表的基本组成如图 3-5-15 所示，其中包括下面几部分：

① 图表区：整个图表，包括所有的数据系列、轴、标题和图例。

② 绘图区：由坐标轴包围的区域。

③ 图表标题：对图表内容的文字说明。

④ 坐标轴：分为 X 轴和 Y 轴。X 轴是水平轴，表示分类；Y 轴通常是垂直轴，包含数据。

⑤ 横坐标轴标题：对分类情况的文字说明。

⑥ 纵坐标轴标题：对数值轴的文字说明。

⑦ 图例：显示每个数据系列的标识名称和符号。

⑧ 数据系列：图表中相关的数据点，它们源自数据表的行和列。每个数据系列有唯一的颜色或图案，在图例中有表示。可以在图表中绘制一个或多个数据系列。饼图只有一个数据系列。

⑨ 数据标签：标识数据系列中数据点的详细信息，它在图表上的显示是可选的。

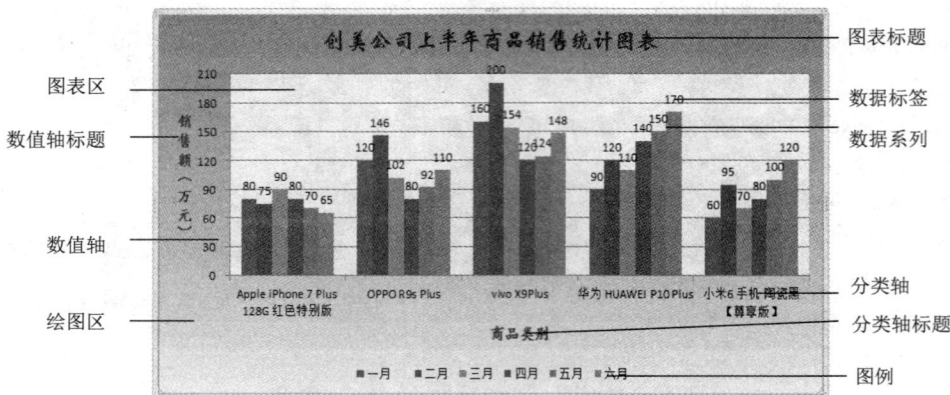

图 3-5-15　图表的基本组成

2. 创建并调整图表

（1）创建图表

在工作表中选择图表数据，在"插入"选项卡的"图表"组中，选择要使用的图表类型即可。默认情况下，图表放在工作表上。如果要将图表放在单独的工作表中，可以执行下列操作：

① 选中欲移动位置的图表，此时将显示"图表工具"上下文选项卡，其上增加了"设计""布局"和"格式"选项卡。

② 在"设计"选项卡的"位置"组中，单击"移动图表"按钮，打开"移动图表"对话框，如图 3-5-16 所示。

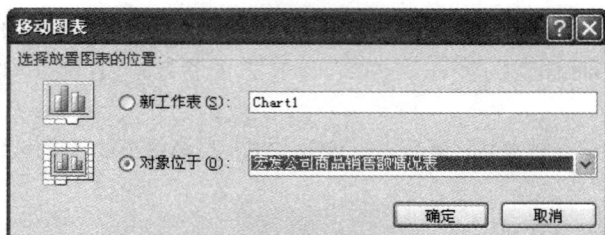

图 3-5-16　"移动图表"对话框

在"选择放置图表的位置"选项组中，选中"新工作表"单选按钮，则将创建的图表显示在图表工作表（只包含一个图表的工作表）中；选中"对象位于"单选按钮，则创建的是嵌入式图表，并位于指定的工作表中。

（2）调整图表大小

调整图表大小的方法有以下两种：

① 单击图表，然后拖动尺寸控点，将其调整为所需大小。

② 在"格式"选项卡的"大小"组中，设置"形状高度"和"形状宽度"的值即可，如图3-5-17所示。

3. 应用预定义图表布局和图表样式

创建图表后，可以快速地向图表应用预定义布局和图表样式。

快速地向图表应用预定义布局的操作步骤是：选中图表，在"设计"选项卡

**图 3-5-17　设置图表大小**

中的"图表布局"组中单击要使用的图表布局即可。快速应用图表样式的操作步骤是：选中图表，在"设计"选项卡中的"图表样式"组中，单击要使用的图表样式即可。

4. 手动更改图表元素的布局

（1）选中图表元素的方法

① 在图表上，单击要选择的图表元素，被选择的图表元素将被选择手柄标记，表示图表元素被选中。

② 单击图表，在"格式"选项卡的"当前所选内容"组中，单击"图表元素"的下拉按钮，然后选择所需的图表元素即可，如图3-5-18所示。

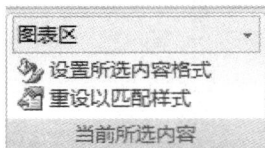

（2）更改图表布局

选中要更改布局的图表元素，在"布局"选项卡的"标签""坐标轴"或"背景"组中，选择相应的布局选项即可。

**图 3-5-18　选择图表元素**

5. 手动更改图表元素的格式

① 选中要更改格式的图表元素。

② 在"格式"选项卡的"当前所选内容"组中单击"设置所选内容格式"按钮，打开设置格式对话框，在其中设置相应格式即可。

6. 添加数据标签

若要向所有数据系列的所有数据点添加数据标签，单击图表区；若要向一个数据系列的所有数据点添加数据标签，单击该数据系列的任意位置；若要向一个数据系列中的单个数据点添加数据标签，单击包含该数据点的数据系列后再单击该数据点。

然后在"布局"选项卡的"标签"组中单击"数据标签"按钮，在其下拉列表中选择所需的显示选项即可。

7. 图表的类型

Excel 2010内置了大量的图表类型，可以根据需要查看的原始数据的特点选用不同类型的图表。下面介绍应用频率较高的几种图表。

① 柱形图：用于显示一段时间内的数据变化或显示各项之间的比较情况，用柱长表示数值的大小。通常沿水平轴组织类别，沿垂直轴组织数值。

② 折线图：用直线将各数据点连接起来而组成的图形，用来显示随时间而变化的连续数据，因此可用于显示在相等时间间隔下数据的变化趋势。

③ 饼图：显示一个数据系列中各项的大小与各项总和的比例。

④ 条形图：一般显示各个相互无关数据项目之间的比较情况。水平轴表示数据值的大小，垂直轴表示类别。

⑤ 面积图：强调数量随时间而变化的程度，与折线图相比，面积图强调变化量，用曲线下面的面积表示数据总和，可以显示部分与整体的关系。

⑥ 散点图：又称 XY 轴，主要用于比较成对的数据。散点图具有双重特性，既可以比较几个数据系列中的数据，也可以将两组数值显示在 XY 坐标系中的同一个系列中。

除上述几种图表外，还包括股价图、曲面图、圆环图、气泡图、雷达图等，分别适用于不同类型的数据。

### 3.5.5　技巧与提高

#### 1. 制作组合图表

有时需要在一个图表中使用两种或两种以上的图表类型。此时，不同的图表类型是针对不同数据系列的，所以，在操作时，要注意选择恰当的数据系列进行图表类型的修改。下面举例说明组合图表的制作方法。

打开"组合图表"工作表，有一个已经创建完成的图表，两个数据系列使用的都是柱形图表类型，如图 3-5-19 所示。下面将系列"奖金"的图表类型修改成折线图。

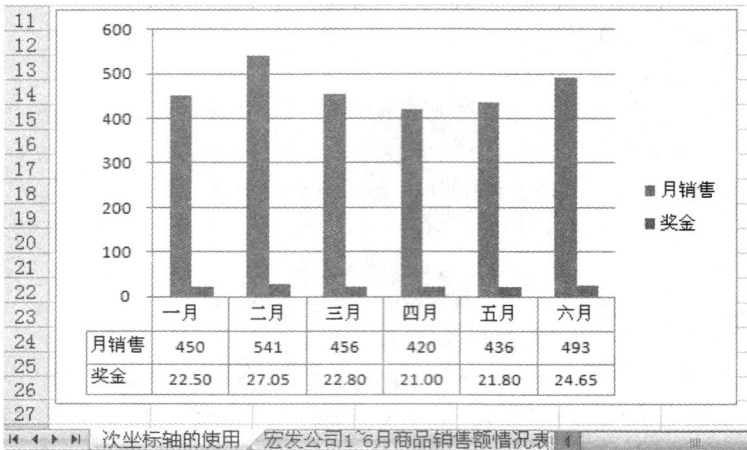

图 3-5-19　两个数据系列的柱形图表

单击"奖金"数据系列的任意位置，在"设计"选项卡的"类型"组中，单击"更改图表类型"按钮，打开"更改图表类型"对话框，如图 3-5-20 所示。

图 3-5-20　"更改图表类型"对话框

选择"带数据标记的折线图"选项，单击"确定"按钮，则"奖金"数据系列的图表类型变成了折线图，如图 3-5-21 所示。

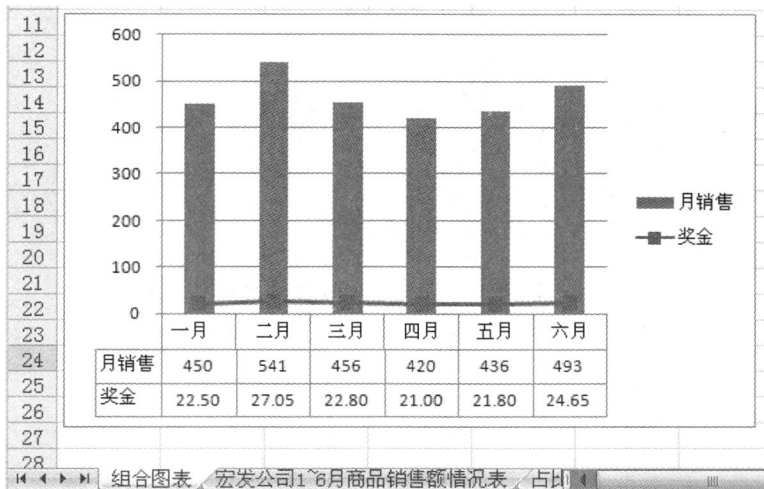

图 3-5-21　组合图表

2. 使用次坐标轴

当两个数据系列的数据值相差很大时，在图表中往往会看不清数值较小的数据系列，这时就需要使用次坐标轴。例如，在图 3-5-21 所示的图表中，"月销售"系列和"奖金"系列的值相差很大，因为使用同一个数值轴，所以数值小的"奖金"数据系列的数据变化不明显，此时可以通过使用次坐标轴来改善这个数据系列的显示情况。

① 单击"奖金"数据系列的任意位置，在"布局"选项卡的"当前所选内容"组中单击"设置所选内容格式"按钮，打开"设置数据系列格式"对话框，如图 3-5-22 所示。

② 选择"系列选项"选项卡，设置系列绘制在"次坐标轴"。此时图表中出现了两个坐标轴，代表"月销售"的主坐标轴位于左侧，代表"奖金"的次坐标轴位于右侧。

③ 为了能清晰地显示"奖金"数据系列的数据变化情况，对次坐标轴进行格式设置。单击次坐标轴，在"图表工具"上下文选项卡的"布局"选项卡的"当

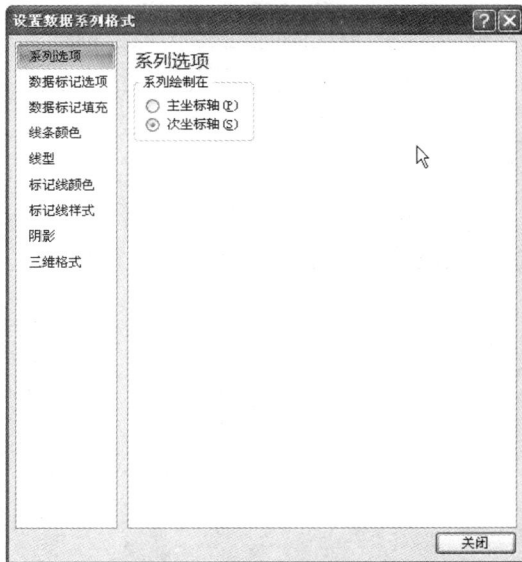

图 3-5-22　"设置数据系列格式"对话框

前所选内容"组中，单击"设置所选内容格式"按钮，打开"设置坐标轴格式"对话框。在该对话框中设置坐标轴选项：刻度最小值为 20，刻度最大值为 30，次要刻度单位为 2，单击"关闭"按钮返回。

至此，带有次坐标轴的组合图表制作完成，效果如图 3-5-23 所示。

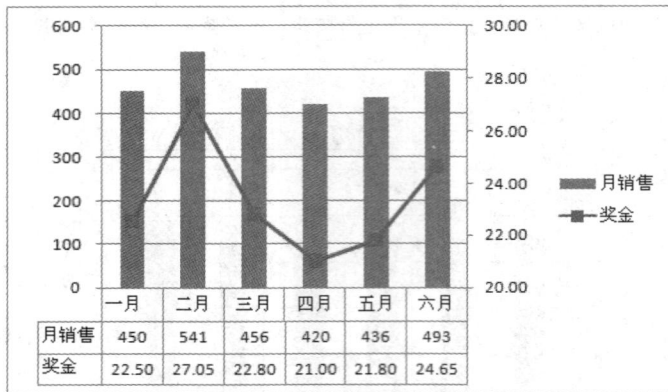

图 3-5-23 带次坐标轴的组合图表

### 3.5.6 训练任务

利达公司 2010 年在各城市的商品销售情况见表 3-5-1。

表 3-5-1 利达公司 2010 年各城市销售情况表 　　　　　　　　　　万元

| 城市 | 第一季度 | 第二季度 | 第三季度 | 第四季度 |
|------|---------|---------|---------|---------|
| 商丘 | 126 | 142 | 175 | 280 |
| 郑州 | 95 | 288 | 210 | 185 |
| 南阳 | 201 | 180 | 96 | 188 |
| 新乡 | 90 | 140 | 235 | 165 |
| 合计 | 512 | 750 | 716 | 818 |

要求：

1) 创建堆积柱形图，比较利达公司 2010 年各季度商品销售总额的情况，以及每季度各城市商品销售额占销售总额的大小，结果如图 3-5-24 所示。

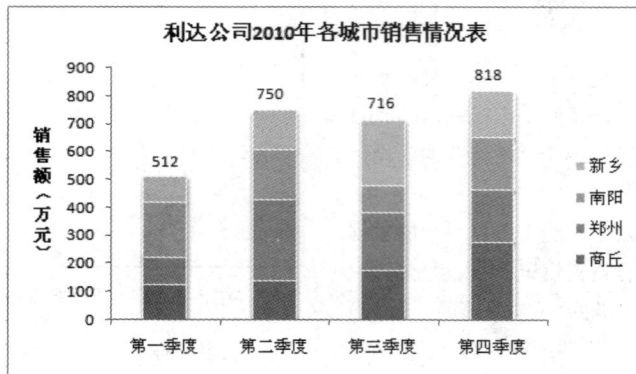

图 3-5-24 利达公司 2010 年各城市销售情况表（堆积柱形图）

具体要求如下：

① 图表标题：黑体，12 磅，加粗。

② 数值轴标题：宋体，10 磅，加粗。

③ 套用图表样式 13。

④ 图表中每条立柱顶端标出季度销售量的合计数值（提示：将合计数据系列的图表类型设置为折线图，并显示数据标签，隐藏折线）。

⑤ 自行设置图表区、绘图区及其他图表元素的格式。

2） 创建饼图，对比利达公司 2010 年各城市销售额占年总销售额的比例，图表中显示百分比，结果如图 3-5-25 所示。

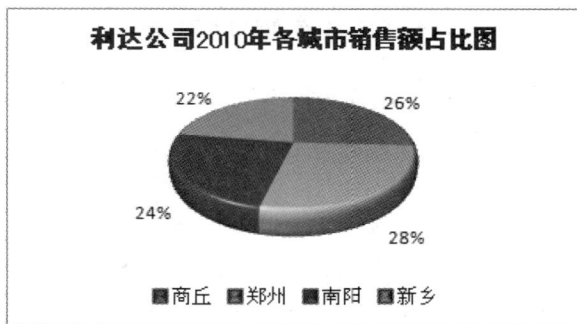

图 3-5-25　利达公司 2010 年各城市销售额占比图（饼图）

# 任务 3.6　商品销售统计的数据透视表分析

数据透视表是一种可以快速汇总大量数据的交互式报表，可以通过转换行和列查看源数据的不同汇总，显示不同的页面以筛选数据，为用户进一步分析数据和快速决策提供依据。

## 3.6.1　任务描述

美创公司决定对一季度的商品销售情况进行汇总、分析，查看不同销售部门的销售业绩、不同地区不同商品的销售情况和不同购买单位的商品购买能力等信息，为制定第二季度的商品销售计划做好准备。一季度公司的商品销售情况表如图 3-6-1 所示。

创美公司商品销售情况表

| 销售部门 | 购买单位 | 地区 | 商品名称 | 月份 | 单价（元） | 销售数量（台） | 金额（元） |
|---|---|---|---|---|---|---|---|
| 第一经销处 | 绿森数码 | 沈阳 | 小米6 手机 陶瓷黑【尊享版】 | 一月份 | ￥3,999.00 | 100 | ￥399,900.00 |
| 第一经销处 | 合众传媒 | 锦州 | Apple iPhone 7 Plus 128G 红色特别版 | 一月份 | ￥69,999.00 | 75 | ￥5,249,925.00 |
| 第一经销处 | 广宁集团 | 沈阳 | OPPO R9s Plus | 二月份 | ￥3,499.00 | 80 | ￥279,920.00 |
| 第一经销处 | 索乐数码 | 鞍山 | Apple iPhone 7 Plus 128G 红色特别版 | 二月份 | ￥69,999.00 | 102 | ￥7,139,898.00 |
| 第一经销处 | 大中电器 | 大连 | Apple iPhone 7 Plus 128G 红色特别版 | 三月份 | ￥69,999.00 | 82 | ￥5,739,918.00 |
| 第一经销处 | 广宁集团 | 沈阳 | OPPO R9s Plus | 三月份 | ￥3,499.00 | 100 | ￥349,900.00 |
| 第二经销处 | 酷炫科技 | 鞍山 | vivo X9Plus | 一月份 | ￥3,298.00 | 69 | ￥227,562.00 |
| 第二经销处 | 大中电器 | 大连 | Apple iPhone 7 Plus 128G 红色特别版 | 二月份 | ￥69,999.00 | 120 | ￥8,399,880.00 |
| 第二经销处 | 合众传媒 | 锦州 | 华为 HUAWEI P10 Plus | 二月份 | ￥4,888.00 | 100 | ￥488,800.00 |
| 第二经销处 | 绿森数码 | 沈阳 | 小米6 手机 陶瓷黑【尊享版】 | 二月份 | ￥3,999.00 | 100 | ￥399,900.00 |
| 第二经销处 | 光华科技 | 沈阳 | 华为 HUAWEI P10 Plus | 二月份 | ￥4,888.00 | 70 | ￥342,160.00 |
| 第二经销处 | 海洋集团 | 大连 | Apple iPhone 7 Plus 128G 红色特别版 | 二月份 | ￥69,999.00 | 85 | ￥5,949,915.00 |
| 第三经销处 | 大中电器 | 大连 | vivo X9Plus | 一月份 | ￥3,298.00 | 50 | ￥164,900.00 |
| 第三经销处 | 酷炫科技 | 鞍山 | vivo X9Plus | 二月份 | ￥3,298.00 | 69 | ￥227,562.00 |
| 第三经销处 | 索乐数码 | 鞍山 | Apple iPhone 7 Plus 128G 红色特别版 | 三月份 | ￥69,999.00 | 102 | ￥7,139,898.00 |
| 第三经销处 | 绿森数码 | 沈阳 | 小米6 手机 陶瓷黑【尊享版】 | 三月份 | ￥3,999.00 | 100 | ￥399,900.00 |

图 3-6-1　美创公司一季度商品销售情况表

现要根据此表统计:

① 每个月（一季度的）公司各经销处的商品销售额，如图 3-6-2 所示，并用图表的形式展示统计结果，如图 3-6-3 所示。

| 求和项:金额（元） | 列标签 | | | |
|---|---|---|---|---|
| 行标签 | 第一经销处 | 第二经销处 | 第三经销处 | 总计 |
| 二月份 | 7419818 | 9288580 | 227562 | 16935960 |
| 三月份 | 6089818 | 342160 | 7539798 | 13971776 |
| 一月份 | 5649825 | 227562 | 6114815 | 11992202 |
| 总计 | 19159461 | 9858302 | 13882175 | 42899938 |

图 3-6-2　1—3 月份各经销处的商品销售额统计表

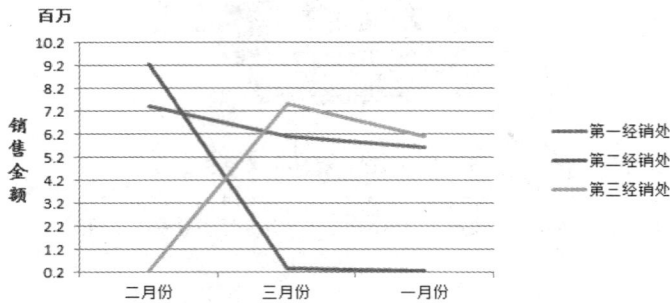

图 3-6-3　1—3 月各经销处的商品销售额统计图表

② 每个经销处在各个地区的商品销售情况如图 3-6-4 所示，用图表的形式展示的统计结果如图 3-6-5 所示。

| 求和项:金额（元） | 列标签 | | | | |
|---|---|---|---|---|---|
| 行标签 | 鞍山 | 大连 | 锦州 | 沈阳 | 总计 |
| 第一经销处 | 7139898 | 5739918 | 5249925 | 1029720 | 19159461 |
| 第二经销处 | 227562 | 8399880 | 488800 | 742060 | 9858302 |
| 第三经销处 | 7367460 | 6114815 | | 399900 | 13882175 |
| 总计 | 14734920 | 20254613 | 5738725 | 2171680 | 42899938 |

图 3-6-4　各经销处在各地区的商品销售额统计表

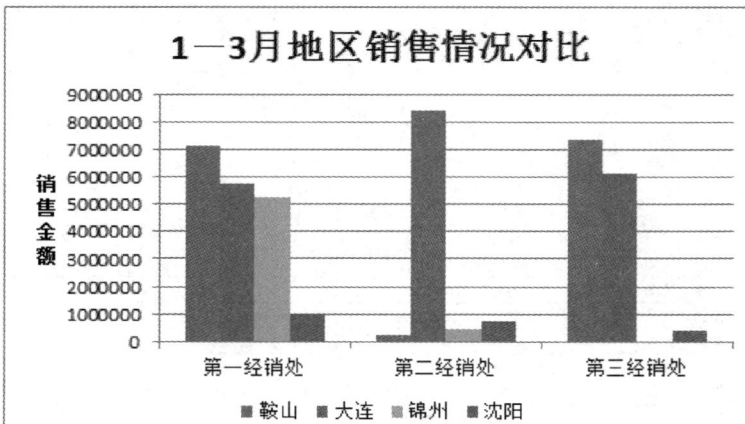

图 3-6-5　各经销处在各地区的商品销售额统计图表

③ 各个购买单位的商品购买能力如图 3-6-6 和图 3-6-7 所示,用图表的形式展示的统计结果如图 3-6-8 所示。

| 地区 | (全部) | ▼ |
| --- | --- | --- |
| **行标签** ▼ | **求和项:金额 (元)** | |
| 大中电器 | 14304698 | |
| 光华科技 | 342160 | |
| 广宁集团 | 629820 | |
| 海洋集团 | 5949915 | |
| 合众传媒 | 5738725 | |
| 酷炫科技 | 455124 | |
| 绿森数码 | 1199700 | |
| 索乐数码 | 14279796 | |
| **总计** | 42899938 | |

图 3-6-6　各购买单位的商品购买金额统计表

| | A | B |
| --- | --- | --- |
| 1 | 地区 | 沈阳 ▼ |
| 2 | | |
| 3 | **行标签** ▼ | **求和项:金额 (元)** |
| 4 | 光华科技 | 342160 |
| 5 | 广宁集团 | 629820 |
| 6 | 绿森数码 | 1199700 |
| 7 | **总计** | **2171680** |

图 3-6-7　沈阳地区购买单位的商品购买金额统计表

## 购买力占比图

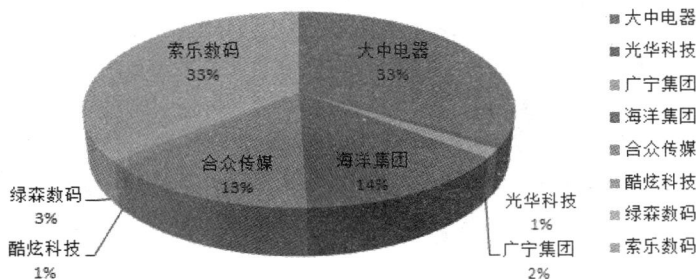

图 3-6-8　各购买单位的商品购买金额统计图表

### 3.6.2　任务分析

本工作任务要求对一个数据量较大、结构较为复杂的工作表(美创公司一季度商品销售情况表)进行一系列的数据统计工作,从不同角度对工作表中的数据进行查看、筛选、排序、分类和汇总等操作。使用 Excel 2010 中提供的数据透视表工具可以很方便地实现这些功能。在数据透视表中可以通过选择行和列来查看原始数据的不同汇总结果,通过显示不同的页面来筛选数据,还可以很方便地调整分类汇总的方式,灵活地以多种不同方式展示数据的特征。

虽然数据透视表可以很方便地对大量数据进行分析和汇总,但其结果仍然是通过表格中的数据来展示的。在 Excel 2010 中还提供了数据透视图的功能,可以更形象直观地表现数据的对比结果和变化趋势。

要完成本项工作任务,需要进行以下操作:

① 创建数据透视表,构建有意义的数据透视表布局。确定数据透视表的筛选字段、行字段、列字段和数据区中数据的运算类型(求和、求平均值、求最大值……)。

② 创建数据透视图,以更形象、更直观的方式显示数据和比较数据。

### 3.6.3　任务实现

1. 创建数据透视表

① 打开"美创公司商品销售.xlsx"文件,并选中该数据表中的任意数据单元格。

② 在"插入"选项卡的"表"组中单击"数据透视表"按钮 ,打开"创建数据透视表"对话框,如图 3-6-9 所示。

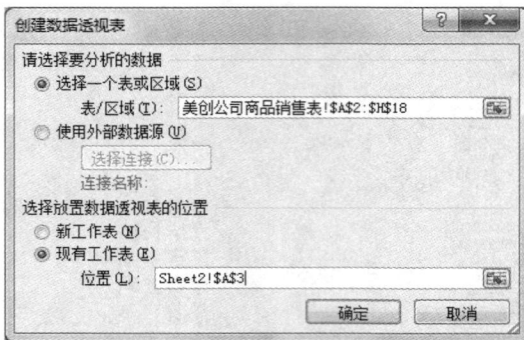

图 3-6-9 "创建数据透视表"对话框

③ 在该对话框的"请选择要分析的数据"选项组中设定数据源,当前在"表/区域"文本框中已经显示了数据源区域;而在"选择放置数据透视表的位置"选项组中要设置数据透视表放置的位置,现在选中"现有工作表"单选按钮,单击"位置"文本框后面的 按钮以暂时隐藏"创建数据透视表"对话框,选择 Sheet2 工作表并选中 A3 单元格后,再次单击 按钮,回到"创建数据透视表"对话框,就可以看到已设置的位置,最后单击"确定"按钮。

④ 经过上述操作,在 Sheet2 工作表中显示了刚刚创建的空的数据透视表和"数据透视表字段列表"任务窗格,同时在窗体的标题栏上出现了"数据透视表工具"上下文选项卡,如图 3-6-10 所示。

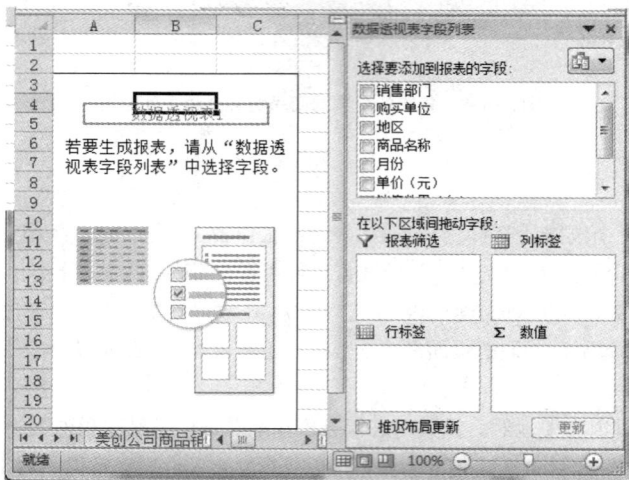

图 3-6-10 空数据透视表及"数据透视表字段列表"任务窗格

2. 设置数据透视表字段,完成多角度数据分析

① 要统计一月份、二月份、三月份各经销处的销售额,在位于"数据透视表字段列表"窗格上部的"选择要添加到报表的字段"列表框中拖动"月份"字段到下部的"行标签"区域,将"金额(元)"字段拖动到"数值"区域,将"销售部门"字段拖动到"列标签"区域即可,如图 3-6-11 所示。

此时可以拖动行标签中的各项,使各行按月份顺序排列。例如,选中"一月份"单元格 A7,当鼠标指针为 时,拖动该行到"二月份"单元格上部即可。同理,选中"第一经销处"单元格 D4,当鼠标指针为 时,拖动该列到"第二经销处"单元格左侧即可。最终结果如图 3-6-2 所示。

单击数据透视表中的任意单元格,在窗体的标题栏上出现了"数据透视表工具"上下文选项卡,选择"选项"选项卡,在"数据透视表"组中的"数据透视表名称"文本框中输入数据透视表名称为"数据透视表 1"

即可，如图3-6-12所示。

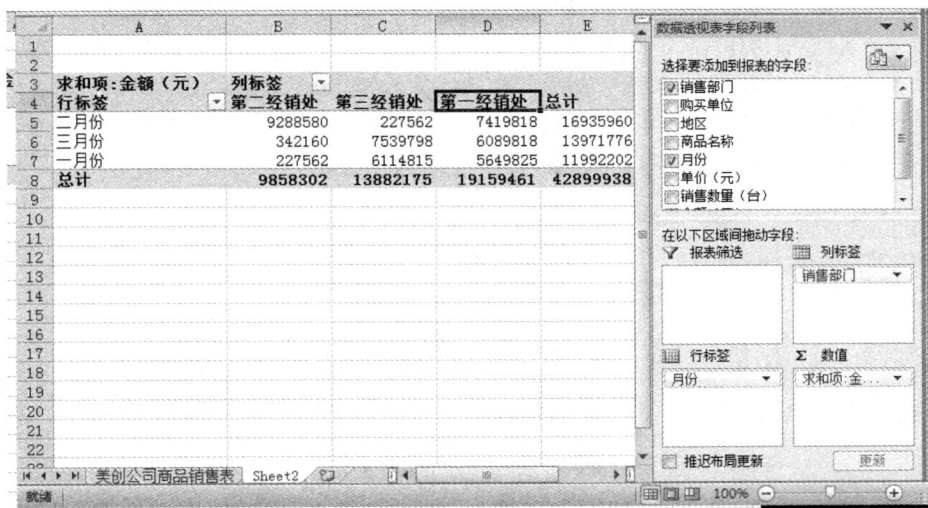

图 3-6-11　统计各经销处1—3月份的销售额

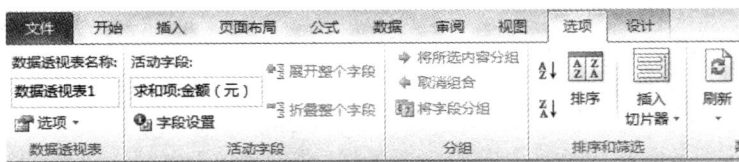

图 3-6-12　输入数据透视表名称

② 要统计公司第一经销处、第二经销处和第三经销处在各个地区的商品销售情况，只需重复上面的操作，创建一个空数据透视表，并将其放置到Sheet3工作表的A3单元格处。拖动"销售部门"字段到"行标签"区域，拖动"金额（元）"字段到"数值"区域，拖动"地区"字段到"列标签"区域即可，如图3-6-13所示。将其命名为"数据透视表2"。

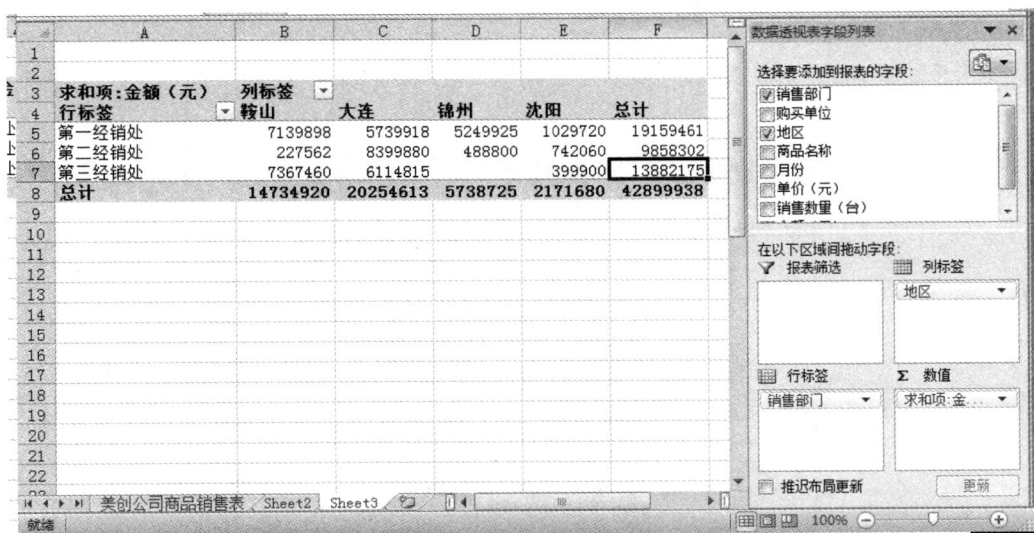

图 3-6-13　统计各经销处在各个地区商品的销售情况

③ 要统计所有购买单位 1—3 月的商品购买力，或按地区统计购买单位的商品购买力，可以使用数据透视表的筛选功能来实现。重复上面的操作，创建一个空数据透视表，命名为"数据透视表 3"，并将其放置到 Sheet4 工作表的 A3 单元格处，拖动"购买单位"字段到"行标签"区域，拖动"金额（元）"字段到"数值"区域，拖动"地区"字段到"报表筛选"区域即可，如图 3-6-14 所示。

此时列出的是所有购买单位的购买金额数，如果只需查看"沈阳"地区的购买单位的购买量，可以单击"地区"单元格右侧的下拉按钮，打开如图 3-6-15 所示的下拉列表。

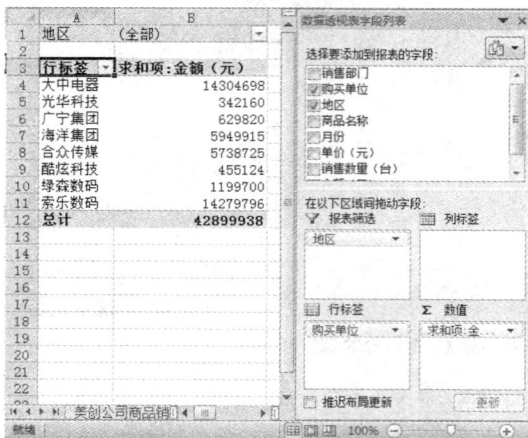

图 3-6-14 统计所有购买单位的商品购买力

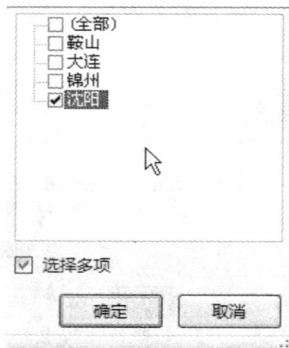

图 3-6-15 地区选择

选中"选择多项"复选框，以允许选择多个对象。然后取消选中"全部"复选框，接着选中"沈阳"复选框，单击"确定"按钮即可。设置后的效果如图 3-6-7 所示。

3. 创建数据透视图

（1）用折线图展示销售业绩

① 打开"美创公司商品销售.xlsx"文件，选择 Sheet2 工作表，单击数据透视表 1 中的任意单元格，在窗体的标题栏上出现了"数据透视表工具"上下文选项卡。

② 在"数据透视表工具"上下文选项卡的"选项"选项卡的"工具"组中单击"数据透视图"按钮，打开"插入图表"对话框。

③ 选择图 3-6-16 所示的折线图样式，单击"确定"按钮，将插入相应类型的数据透视图，如图 3-6-17（a）所示。

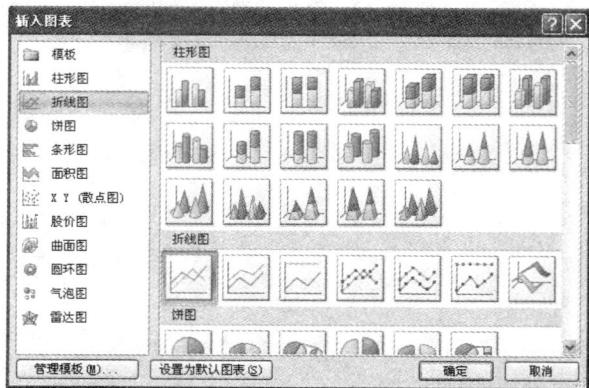

图 3-6-16 "插入图表"对话框

④ 将数据透视图拖动到合适位置，进行格式设置。设置数据透视图格式的方法与设置常规图表的方法一致，比如设置图表区域的格式、设置图表绘图区的格式等。此数据透视图中可以添加图表标题"1—3 月份商品销售业绩"，添加垂直轴标题"销售金额"，设置垂直坐标轴的格式（数值显示单位设为"百万"、在图表上显示刻度单位标签、最小刻度值为 200 000），图例显示在数据透视表的底部等。设置数据透视图格式后的最终效果如图 3-6-3 所示。

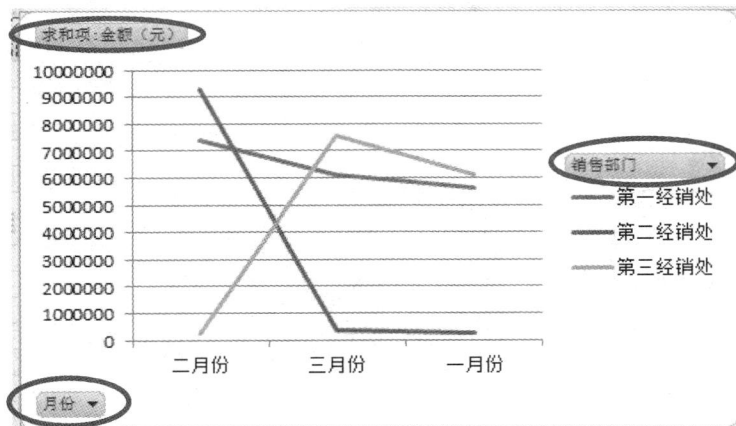

（a）

（b）

图 3-6-17　数据透视图

从数据透视表中的统计数据和数据透视图中的图形反映出美创公司第一经销处商品销售业绩比较平稳，第二、三经销处的商品销售业绩波动较大。

要在图标上显示数据筛选按钮，要做以下操作。选中数据透视图，在窗体的标题栏上出现了"数据透视图工具"上下文选项卡，选择"分析"选项卡，单击"显示/隐藏"组按钮，勾选想要显示的按钮，如图 3-6-17 所示。

（2）用柱形图实现商品销量的比较

① 打开"美创公司商品销售.xlsx"文件，选择 Sheet3 工作表，单击"数据透视表 2"中的任意单元格，在"数据透视表工具"上下文选项卡的"选项"选项卡的"工具"组中单击"数据透视图"按钮，打开"插入图表"对话框。

② 选择"柱形图"→"簇状柱形图"样式，单击"确定"按钮，将插入相应类型的数据透视图。

③ 将数据透视图拖动到合适位置，进行格式设置。此数据透视表中要求添加图表标题"1—3 月地区销售情况对比"，添加垂直轴标题"销售金额"，将图例显示在数据透视图的底部等，设置数据透视图格式后的最终显示效果如图 3-6-5 所示。此图表反映的是各经销商在 4 个地区（大连、沈阳、鞍山、锦州）的商品销售情况对比。

④ 若要使数据透视图反映不同的数据，可以利用透视图上的筛选按钮和设置"数据透视表字段列表"窗格中所需字段。选择"数据透视图工具"上下文选项卡的"分析"选项卡，在"显示/隐藏"组中单击"字段列表"按钮和"字段按钮"按钮，将显示"数据透视表字段列表"窗格和透视图上的筛选按钮，如图 3-6-18 所示。

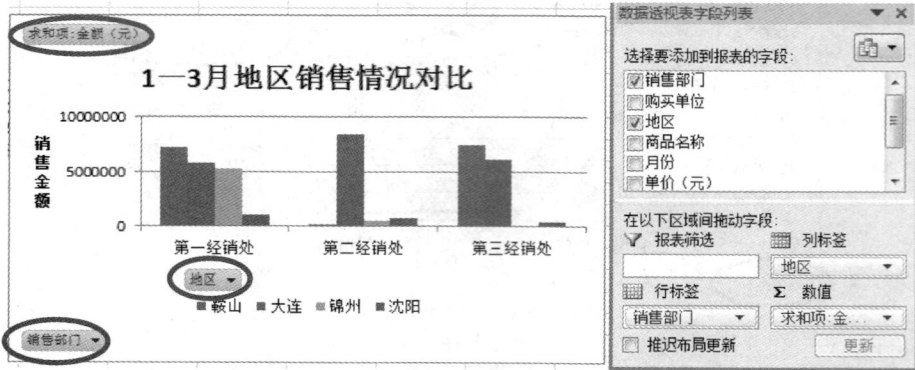

图 3-6-18 "数据透视图筛选"窗格和"数据透视表字段列表"窗格

如果在"数据透视图筛选"窗格中单击"图例字段（系列）"下拉列表框的下拉按钮，对地区进行筛选，只选择"大连"和"沈阳"，则数据透视图的显示结果如图 3-6-19 所示。

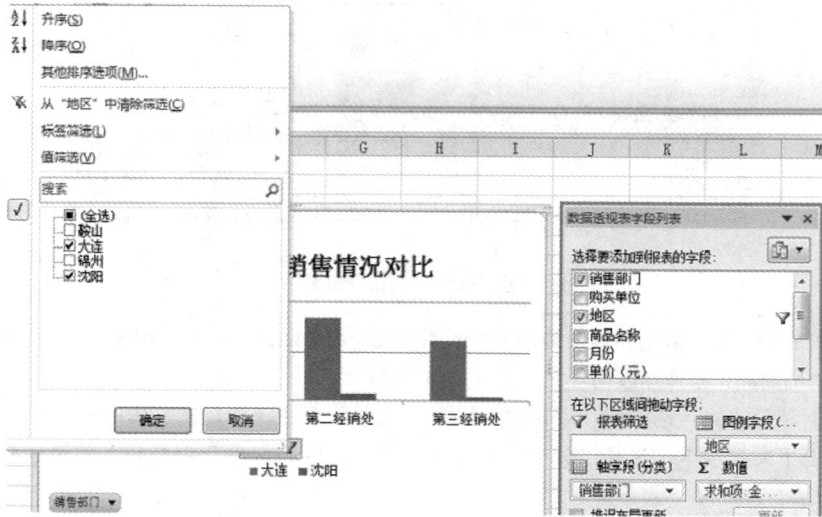

图 3-6-19 利用"数据透视图筛选"窗格筛选数据

如果把"数据透视表字段列表"窗格中的"轴字段（分类）"区域中的"销售部门"字段改成"商品名称"字段，"图例字段（系列）"区域设为空，将"销售数量（台）"字段拖动到"数值"区域，数据透视图就可以显示各种商品的销售情况对比，如图 3-6-20 所示。

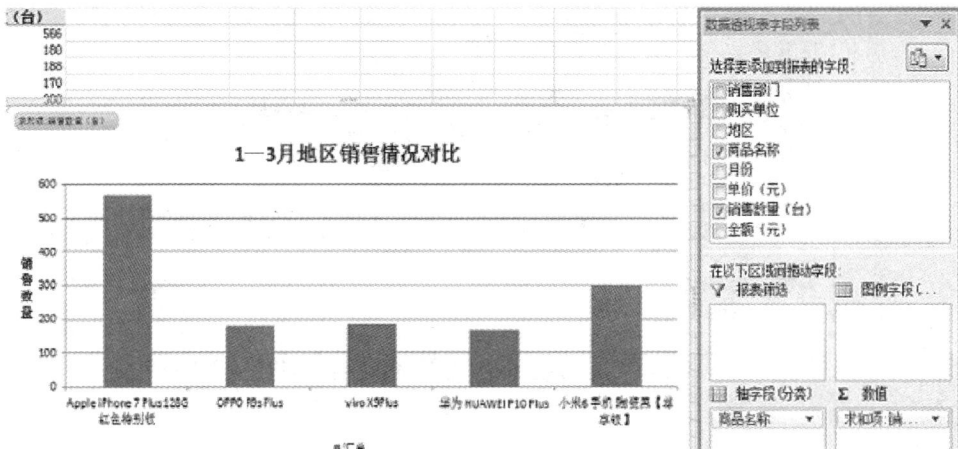

图 3-6-20 利用"数据透视表字段列表"窗格选择统计字段

（3）使用饼图实现消费者商品购买力的统计

① 打开"美创公司商品销售.xlsx"文件，选择 Sheet4 工作表，单击"数据透视表 3"中的任意单元格，在"数据透视表工具"上下文选项卡的"选项"选项卡的"工具"组中单击"数据透视图"按钮，打开"插入图表"对话框。

② 选择"饼图"→"三维饼图"样式，单击"确定"按钮，插入相应类型的数据透视图。

③ 将数据透视图拖动到合适位置，进行格式设置。此数据透视图中要求添加图表标题"购买力占比图"，添加数据标签，数据标签包含"类别名称"和"百分比"，标签位置选择"最佳匹配"，此时数据透视图最终显示效果如图 3-6-8 所示。此图表显示了所有购买单位的商品购买金额比例。

### 3.6.4 知识精讲

1. 认识数据透视表的结构

（1）报表的筛选区域（页字段和页字段项）

报表的筛选区域是数据透视表顶端的一个或多个下拉列表，通过选择下拉列表中的选项，可以一次性地对整个数据透视表进行筛选。例如，在图 3-6-21 所示的数据透视表中，"月份"是筛选区域的页字段，并且选择了"三月份"为页字段项，得出了三月份各经销处的商品销售情况统计。

（2）行区域（行字段和行字段项）

行区域位于数据透视表的左侧，其中包括具有行方向的字段。每个字段又包括多个字段项，每个字段项占一行。通过单击行标签右侧的下拉按钮，可以在弹出的下拉列表中选择这些项。行字段可以不止一个，靠近数据透视表左边界的行字段称为"外部行字段"，而远离数据透视表左边界的行字段称为"内部行字段"。例如，在如图 3-6-21 所示的数据透视表中，"销售部门"和"购买单位"就是行字段，"销售部门"又包含"第一经销处""第二经销处""第三经销处"字段项，"购买单位"又包含"大中电器""广宁集团"等字段项，其中"销售部门"是外部行字段，"购买单位"是内部行字段，首先按"销售部门"中的字段项显示数据，然后再显示这些字段项下的更详细的分类数据（按"购买单位"分类），这说明数据透视表中的数据可以按层级分类。

（3）列区域（列字段和列字段项）

列区域由位于数据透视表各列顶端的标题组成，其中包括具有列方向的字段，每个字段又包括很多字段项，每个字段项占一列，通过单击列标签右侧的下拉按钮，可以在弹出的下拉列表中选择这些项。例如，在图 3-6-21 所示的数据透视表中，"地区"是列字段，"鞍山""大连"等是列字段项。

图 3-6-21　数据透视表的结构示意图

（4）数值区域

在数据透视表中，除去以上的三大区域外的其他部分，即为数值区域。数值区域中的数据是对数据透视表信息进行统计的主要来源，这个区域中的数据是可以运算的，默认情况下，Excel 对数值区域中的数据进行求和运算。

在数值区域的最右侧和最下方，默认显示对列数据的总计，同时对行字段中的数据进行分类汇总，用户可以根据实际需要决定是否显示这些信息。

2. 为数据透视表准备数据源

为数据透视表准备数据源应该注意以下问题：

① 要保证数据中的每列都要包含标题，使用数据透视表中的字段名称含义明确。

② 数据中不要有空行、空列，防止 Excel 在自动获取数据区域时无法准确判断整个数据源的范围，因为 Excel 将有效区域选择到空行或空列为止。

③ 数据源中存在空的单元格时，尽量用同类型的缺少意义的值来填充，如用 0 值填充空白的数值数据。

3. 创建数据透视表

要创建数据透视表，必须确定一个要连接的数据源及输入报表要存放的位置。创建方法如下：打开工作表，在"插入"选项卡的"表"组中，单击"数据透视表"下拉按钮，在其下拉列表中选择"数据透视表"命令，打开"创建数据透视表"对话框，如图 3-6-22 所示。

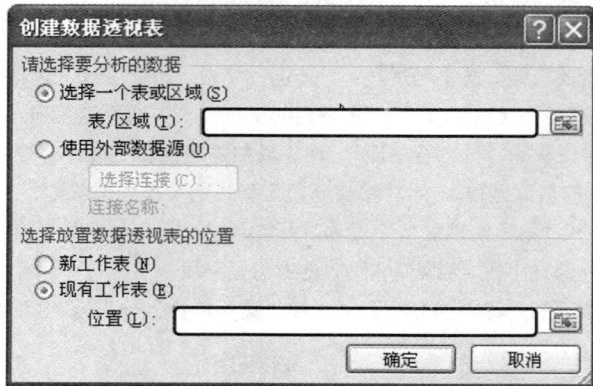

图 3-6-22　"创建数据透视表"对话框

① 选择数据源。若在命令执行前已选定数据源区域或插入点位于数据源区域内某一单元格，则在"请选择要分析的数据"选项组的"表/区域"文本框内将显示数据源区域的引用，否则手工输入数据源区域的

地址引用，或者单击 ![按钮] 以临时隐藏对话框，在工作表上选择相应的数据源区域后单击"选择单元格"按钮 ![按钮] 展开对话框。

② 确定数据透视表的存入位置。若在命令执行前已选定数据透视表的存放位置，则在"选择放置数据透视表的位置"选项组的"现有工作表"文本框内将显示存放位置的地址引用，否则手工输入存入位置的地址引用或单击"选择单元格"按钮来确定存入位置。

③ 若选中"新工作表"单选按钮，则新建一个工作表以存放生成的数据透视表。

4. 添加和删除数据透视表字段

使用数据透视表查看数据汇总时，可以根据需要随时添加和删除数据透视表字段。添加数据时，先将插入点定位在数据透视表内，在"数据透视表工具"上下文选项卡的"选项"选项卡的"显示/隐藏"组中单击"字段列表"按钮，打开"数据透视表字段列表"任务窗格，将相应的字段拖动至"报表筛选""列标签""行标签"和"数值"区域中的任一项即可。如果需要删除某字段，只需将要删除的字段拖出"数据透视表字段列表"窗格即可。

添加和删除数据透视表字段还可以通过以下方法完成：

① 在"数据透视表字段列表"窗格的"选择要添加到报表的字段"列表框中，选中或取消选中相应字段名前面的复选框即可。

② 在"数据透视表字段列表"窗格的"选择要添加到报表的字段"列表框中，右击某字段，在其快捷菜单中选择添加字段操作。在"报表筛选""列标签""行标签"和"数值"区域中单击某字段下拉按钮，在其下拉列表中选择"删除字段"命令实现删除字段操作。

5. 值字段汇总方式设置

默认情况下，"数值"区域中的字段通过以下方法对数据透视表中的基础源数据进行汇总：对于数值，使用 SUM 函数（求和）；对于文本值，使用 COUNT 函数（求个数）。

可以更改其数据汇总方式，方法如下：在"数值"区域中单击被汇总字段的下拉按钮，弹出下拉列表，如图 3-6-23 所示。选择"值字段设置"命令，打开如图 3-6-24 所示的"值字段设置"对话框。

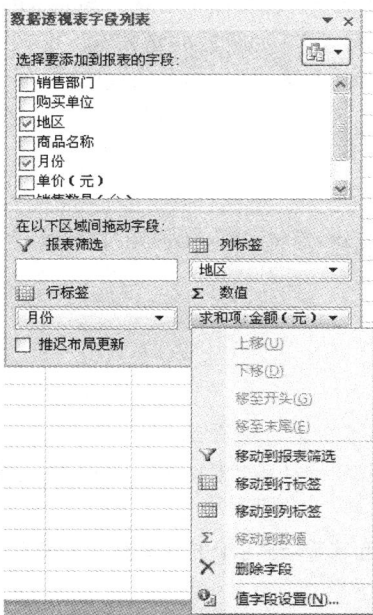

图 3-6-23　汇总字段的下拉列表

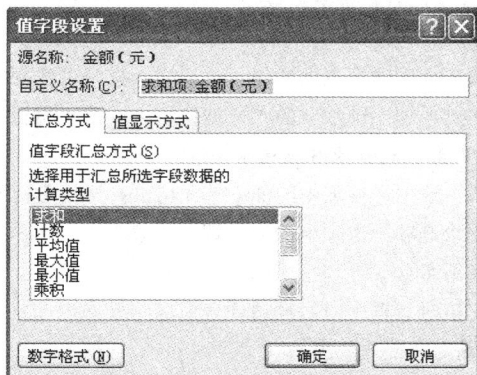

图 3-6-24　"值字段设置"对话框

其中：

源名称：是数据源中值字段的名称。

自定义名称：在该文本框中可以自定义值字段名称，否则显示原名称。

汇总方式：该选项卡提供多种汇总方式供选择。

6. 创建数据透视图

（1）通过数据源直接创建数据透视图

① 打开工作表，在"插入"选项卡的"表"组中，单击"数据透视表"下拉按钮，在其下拉列表中选择"数据透视图"命令后，打开"创建数据透视表及数据透视图"对话框，如图 3-6-25 所示。

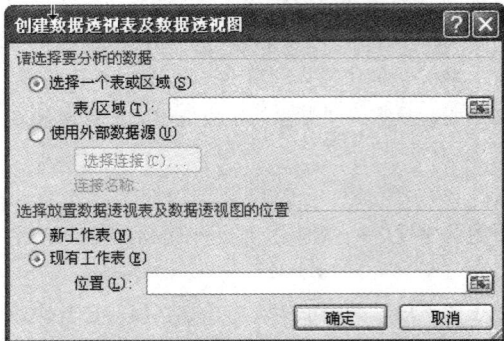

图 3-6-25 "创建数据透视表及数据透视图"对话框

② 在"表/区域"文本框中确定数据源的位置。可以选择将数据透视图建立在新工作表中或建立在现有工作表的某个位置，具体位置可以在"位置"文本框中确定。

③ 单击"确定"按钮，将在规定位置同时建立数据透视表和数据透视图。

（2）通过数据透视表创建数据透视图

① 单击已存在的数据透视表中的任意单元格，在"数据透视表工具"上下文选项卡的"选项"选项卡的"工具"组中单击"数据透视图"按钮，打开"插入图表"对话框。

② 在"插入图表"对话框中选择图表的类型和样式，单击"确定"按钮，将插入相应类型的数据透视图。

## 3.6.5 技巧与提高

1. 更改数据源

① 单击数据透视表中的任一单元格，在"数据透视表工具"上下文选项卡的"选项"选项卡的"数据"组中单击"更改数据源"按钮，打开"更改数据透视表数据源"对话框，如图 3-6-26 所示。

② 在"表/区域"文本框中输入新数据源的地址引用，也可单击其后的"选择单元格"按钮来定位数据源。

③ 单击"确定"按钮即可完成数据源的更新。

2. 数据透视表中数据刷新

数据源中的数据被更新以后，数据透视表中的数据不会自动更新，需要用户对数据透视表进行手动刷新，操作方法如下：

① 单击数据透视表中的任一单元格，打开"数据透视表工具"上下文选项卡。

② 在"选项"选项卡的"数据"组中单击"刷新"按钮。

3. 修改数据透视表相关选项

① 单击数据透视表中的任一单元格，打开"数据透视表工具"上下文选项卡。

② 在"选项"选项卡的"数据透视表"组中单击"选项"按钮，打开"数据透视表选项"对话框，如图 3-6-27 所示。

③ 在该对话框中对数据透视表的名称、布局和格式、汇总和筛选、显示、打印和数据各选项进行相应设置，以满足个性化要求。

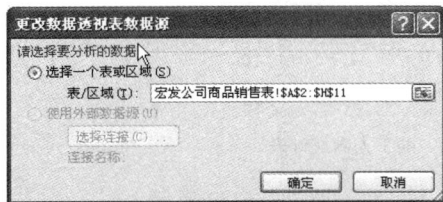

图 3-6-26　"更改数据透视表数据源"对话框

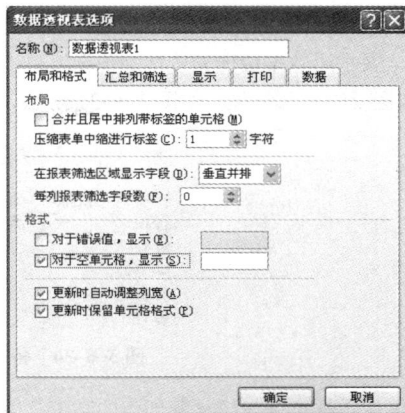

图 3-6-27　"数据透视表选项"对话框

4. 移动数据透视表

① 单击数据透视表中的任一单元格，打开"数据透视表工具"上下文选项卡。

② 在"选项"选项卡的"操作"组中单击"移动数据透视表"按钮，打开"移动数据透视表"对话框，如图 3-6-28 所示。

图 3-6-28　"移动数据透视表"对话框

③ 在该对话框中将数据透视表移动到新工作表中或移动到现有工作表的某个位置，具体位置在"位置"文本框中确定。

### 3.6.6　训练任务

某单位的职工基本情况表如图 3-6-29 所示。

| 职工基本情况表 | | | | | | | |
|---|---|---|---|---|---|---|---|
| 部门名称 | 姓名 | 性别 | 职称 | 基本工资 | 奖金 | 个人税 | 实发工资 |
| 科技处 | 赵志军 | 男 | 高工 | ￥3,150 | 500 | 182.5 | ￥3,468 |
| 财务处 | 于铭 | 女 | 助工 | ￥1,000 | 300 | 65 | ￥1,235 |
| 人事处 | 许炎锋 | 女 | 高工 | ￥3,250 | 500 | 187.5 | ￥3,563 |
| 科技处 | 王嘉 | 女 | 工程师 | ￥1,850 | 300 | 107.5 | ￥2,043 |
| 人事处 | 李新江 | 男 | 高工 | ￥2,950 | 300 | 162.5 | ￥3,088 |
| 财务处 | 郭海英 | 女 | 高工 | ￥2,950 | 300 | 162.5 | ￥3,088 |
| 人事处 | 马淑恩 | 女 | 工程师 | ￥1,900 | 300 | 110 | ￥2,090 |
| 科技处 | 王金科 | 男 | 高工 | ￥3,050 | 500 | 177.5 | ￥3,373 |
| 科技处 | 李东慧 | 女 | 高工 | ￥3,350 | 500 | 192.5 | ￥3,658 |
| 人事处 | 张宁 | 女 | 助工 | ￥1,000 | 300 | 65 | ￥1,235 |
| 财务处 | 王孟 | 男 | 工程师 | ￥1,800 | 300 | 105 | ￥1,995 |
| 人事处 | 马会爽 | 女 | 工程师 | ￥1,800 | 300 | 105 | ￥1,995 |
| 人事处 | 史晓赞 | 女 | 高工 | ￥3,200 | 500 | 185 | ￥3,515 |
| 科技处 | 刘燕凤 | 女 | 高工 | ￥3,200 | 500 | 185 | ￥3,515 |
| 人事处 | 齐飞 | 男 | 高工 | ￥3,200 | 500 | 185 | ￥3,515 |
| 财务处 | 张娟 | 女 | 助工 | ￥1,150 | 300 | 72.5 | ￥1,378 |
| 科技处 | 潘成文 | 男 | 工程师 | ￥1,950 | 300 | 112.5 | ￥2,138 |
| 人事处 | 邢易 | 女 | 助工 | ￥1,100 | 300 | 70 | ￥1,330 |
| 财务处 | 谢菜豪 | 女 | 高工 | ￥3,350 | 500 | 192.5 | ￥3,658 |
| 人事处 | 胡洪静 | 女 | 高工 | ￥3,350 | 500 | 192.5 | ￥3,658 |
| 人事处 | 李云飞 | 男 | 工程师 | ￥1,960 | 300 | 113 | ￥2,147 |
| 财务处 | 张奇 | 女 | 工程师 | ￥1,960 | 300 | 113 | ￥2,147 |
| 科技处 | 夏小波 | 女 | 工程师 | ￥1,960 | 300 | 113 | ￥2,147 |
| 人事处 | 王玮 | 女 | 工程师 | ￥1,960 | 300 | 113 | ￥2,147 |

图 3-6-29　职工基本情况表

现要求在此表的基础上进行如下的数据分析与统计：

① 要求用数据透视表按性别筛选汇总出各部门高工、工程师、助工的人数，如图 3-6-30 所示，并用数据透视图反映汇总结果，如图 3-6-31 所示。

| 性别 | （全部） | | | |
|---|---|---|---|---|
| 计数项:职称 | 列标签 | | | |
| 行标签 | 高工 | 工程师 | 助工 | 总计 |
| 财务处 | 2 | 4 | 2 | 8 |
| 科技处 | 5 | 5 | | 10 |
| 人事处 | 7 | 5 | 5 | 17 |
| 总计 | 14 | 14 | 7 | 35 |

图 3-6-30　各部门高工、工程师、助工人数统计表

② 用数据透视表统计各部门的高工、工程师、助工的平均工资，如图 3-6-32 所示。

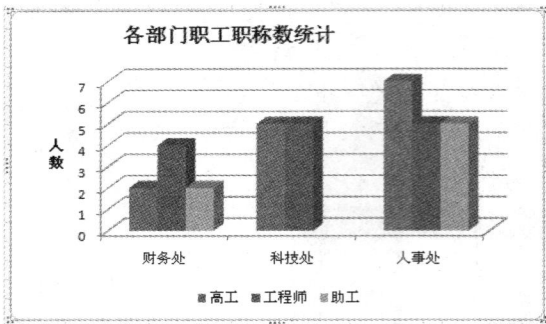

图 3-6-31　各部门高工、工程师、助工人数统计图表

| 行标签 | 平均值项:实发工资 |
|---|---|
| ⊟财务处 | 2204.00 |
| 高工 | 3372.50 |
| 工程师 | 2068.63 |
| 助工 | 1306.25 |
| ⊟科技处 | 2802.50 |
| 高工 | 3524.50 |
| 工程师 | 2080.50 |
| ⊟人事处 | 2406.29 |
| 高工 | 3401.00 |
| 工程师 | 2084.30 |
| 助工 | 1335.70 |
| 总计 | 2473.26 |

图 3-6-32　各部门高工、工程师、助工平均工资统计表

# 第4章

# 利用 **PowerPoint 2010**
# 制作演示文稿

## 任务 4.1　制作电子产品发布会演示文稿

PowerPoint 2010 是微软公司 Office 2010 办公软件中的一个组件，用来设计日常工作中图文并茂的演示文稿、企业宣传、婚礼庆典、项目竞标、管理咨询、产品推介、教育培训、工作汇报、产品广告宣传等幻灯片，利用 PowerPoint 2010 可以在幻灯片中插入文字、图片、视频等各种多媒体元素，可以制作具有动态性、交互性，形成内容层次清晰、元素丰富多彩的演示文稿。

### 4.1.1　任务描述

天威公司准备召开电子产品发布会，通过发布会形象生动地展示该公司的产品，对该公司的电子产品进行宣传。宣传部门准备利用 PowerPoint 2010 制作产品宣传电子演示文稿，通过大屏幕向客户介绍公司的产品，如图 4-1-1 所示。

图 4-1-1　"天威公司电子产品发布会"六张幻灯片效果图

### 4.1.2　任务分析

本工作任务要求设计制作一份能充分展示该公司产品参数规格、产品性能等信息的 PPT 用于在发布会上展示。为使演示文稿能充分反映公司形象，做到条理清晰、图文并茂，必须进行如下工作：

① 结合产品的性质，为所有幻灯片确定统一的主题风格。

② 结合需要展示的具体内容，确定每张幻灯片的版式。

③ 插入图片、文本框、艺术字等对象，提高幻灯片的视觉效果。

### 4.1.3 任务实现

1. 制作第一张幻灯片

① 打开 PowerPoint 2010 工作界面，默认建立一张空幻灯片，如图 4-1-2 所示。

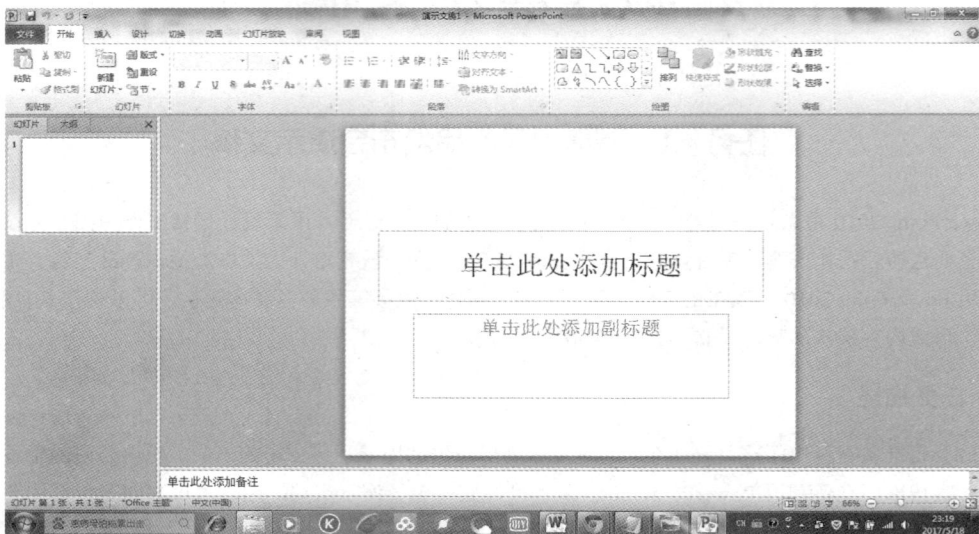

图 4-1-2 空白演示文稿

② 单击"单击此处添加标题"文本框，输入文字"天威公司电子产品发布会"。单击"单击此处添加副标题"文本框，输入文字"科技改变生活"。

③ 为该张幻灯片设置一种主题，单击"设计"选项卡，打开"主题"组，如图 4-1-3 所示。

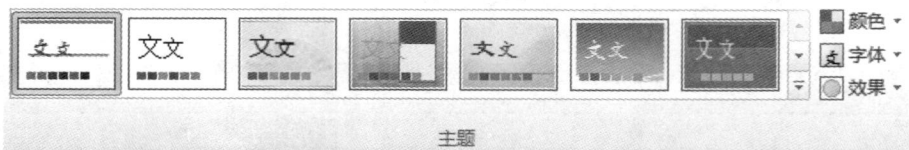

图 4-1-3 "主题"组

④ 选择"透明"主题。添加主题后的幻灯片如图 4-1-4 所示。

⑤ 单击"天威公司电子产品发布会"文本框内部，单击"开始"选项卡，设置字体为"微软雅黑"，字号为 50，文字居中对齐。

⑥ 单击"科技改变生活"文本框内部，再单击文本框边框，即选中文本框。右击边框，选中"设置形状格式"，打开"设置形状格式"对话框，如图 4-1-5 所示。单击"填充"→"渐变填充"→"预设颜色"，选中"碧海青天"。

⑦ 单击"关闭"按钮。调整"科技改变生活"一行字所在文本框的宽度，设置文字居中对齐。将对齐文本 ▾ 调整为中部对齐，将该文本框拖动到页面中部，完成第一张幻灯片的制作，如图 4-1-6 所示。

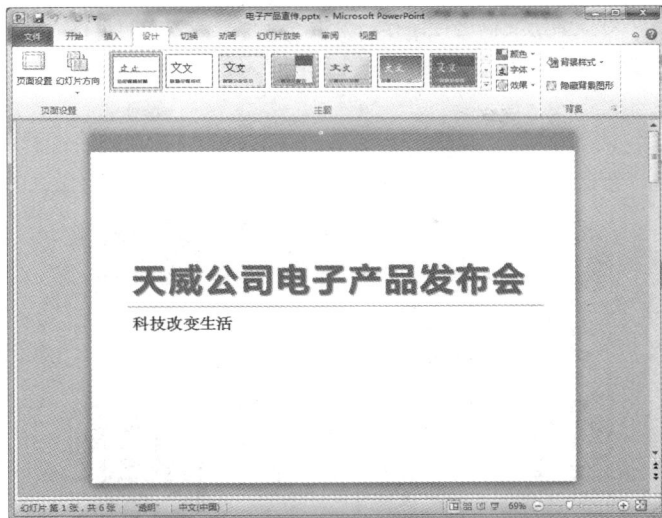

图 4-1-4　设置"透明"主题后的幻灯片

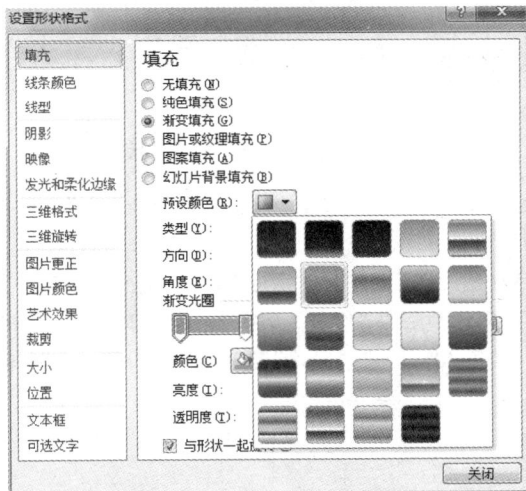

图 4-1-5　"设置形状格式"对话框

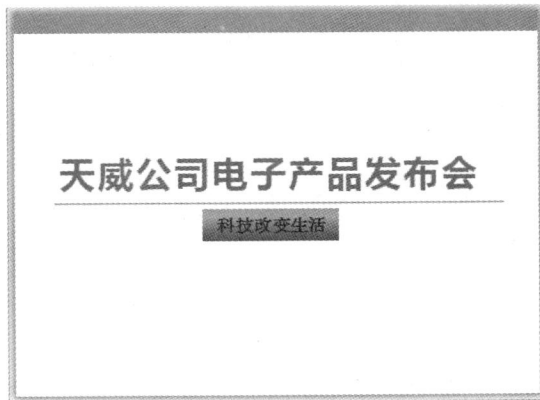

图 4-1-6　第一张幻灯片效果图

⑧ 完成上述操作后，对该演示文稿进行保存。单击"文件"选项卡，单击"保存"命令，打开"另存为"对话框，选择合适位置，将该演示文稿保存为"电子产品宣传"，保存类型默认为 PowerPoint 演示文稿，扩展名为.pptx。

2. 制作第二张幻灯片

① 单击"开始"→"新建幻灯片"→"两栏内容"（图 4-1-7），创建两栏版式的第二张幻灯片。

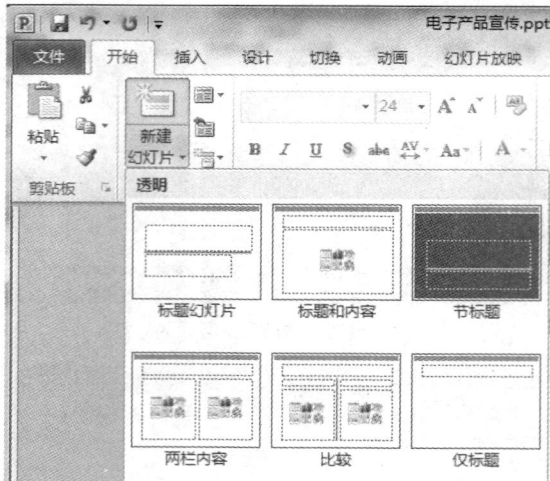

图 4-1-7 幻灯片"两栏内容"版式

② 单击该张幻灯片"标题"文本框，录入文字"平板二合一笔记本"。选中该行文字，单击"开始"选项卡，选择"字体"对话框的启动器。

③ 单击"字体"对话框启动器，打开"字体对话框"（图 4-1-8），设置中文字体为"黑体"，字体样式为"加粗"，字体大小为"30"，字体颜色为"红色，文字 2，深色 25%"，下划线线型为"双线"，下划线颜色为"深红，强调文字颜色 6，淡色 40%"。在"段落"选项卡中，设置文字对齐方式为"居中"（图 4-1-9）。

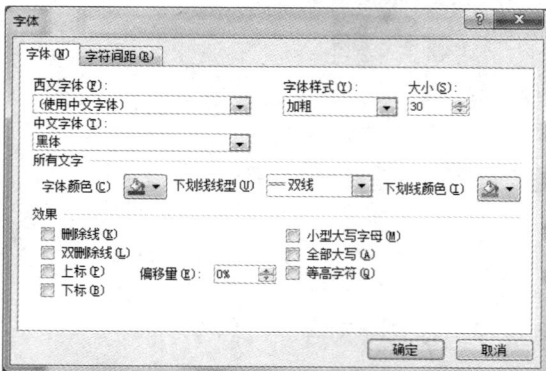

图 4-1-8 "字体"对话框

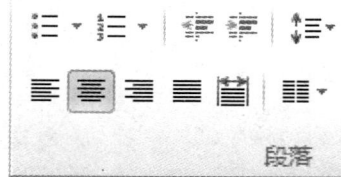

图 4-1-9 段落设置

④ 单击左侧文本框，单击"插入来自文件的图片"图标，如图 4-1-10 所示，插入素材中"平板二合一笔记本电脑.jpg"图片。选中该图片，打开"格式"选项卡，在该选项卡中单击"颜色"，如图 4-1-11 所示，设置"饱和度：33%""色温：5 900 K""不重新着色"。

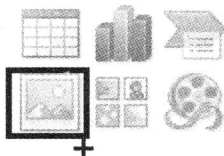

图 4-1-10　"插入来自文件的图片"图标

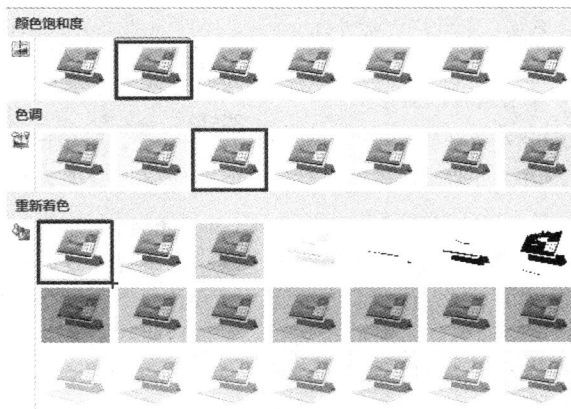

图 4-1-11　图片颜色设置

⑤ 单击右侧文本框，添加文字，添加文字后用鼠标单击该文本框，然后在"段落"选项卡中单击"项目符号"图标，如图 4-1-12 所示。打开"项目符号"设置对话框，如图 4-1-13 所示，在该对话框中选择带填充效果的钻石形项目符号。第二张幻灯片制作完成，如图 4-1-14 所示。

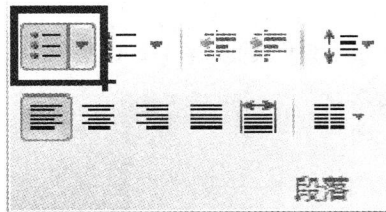

图 4-1-12　"项目符号"图标

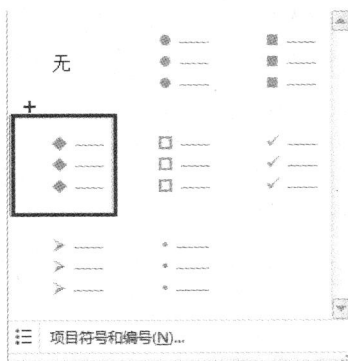

图 4-1-13　"项目符号"对话框

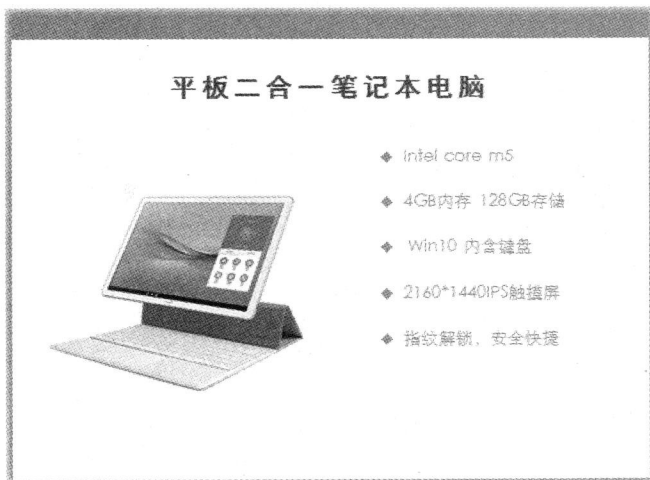

图 4-1-14　第二张幻灯片效果图

⑥ 为了避免意外情况发生，建议随时保存文档。设置文档每隔 5 分钟自动保存。单击"文件"选项卡，

单击"选项"打开"PowerPoint 选项"对话框，在该对话框中选择"保存"，设置"保存自动恢复信息时间间隔为 5 分钟。

3. 制作第三张幻灯片

① 单击"开始"→"新建幻灯片"→"空白"，创建第三张幻灯片。

② 在该幻灯片中插入文本框，单击"插入"→"文本框"→"横排文本框"，用鼠标单击幻灯片空白处拖动，然后在文本框中输入文字。

③ 设置字体为"微软雅黑"，字号为"25"，字体颜色为"红色，文字 2，淡色 40%"。

④ 设置段落，在"段落"选项卡中单击右下角"对话框启动器"按钮，如图 4-1-15 所示。打开"段落"对话框，如图 4-1-16 所示。设置对齐方式为"左对齐"；缩进选项中的文本之前设置为"0.5 厘米"，特殊格式设置为"首行缩进"，度量值为"2 厘米"；间距选项中的段前设置为"6 磅"，段后为"6 磅"，行距为"1.5 倍行距"。

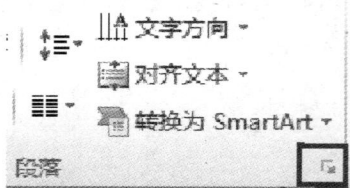

图 4-1-15　打开"段落"按钮　　　　图 4-1-16　设置文字段落对话框

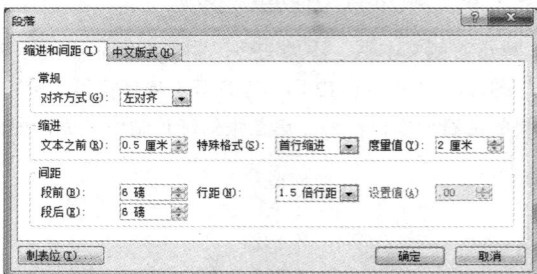

⑤ 单击文本框，设置文本的对齐方式为"左对齐"。第三张幻灯片效果如图 4-1-17 所示。

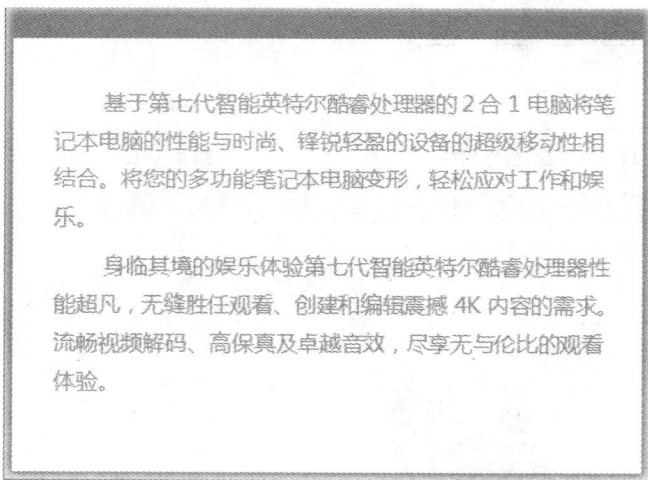

图 4-1-17　第三张幻灯片效果图

4. 制作第四张幻灯片

① 单击"开始"→"新建幻灯片"→"空白"，创建第四张幻灯片。

② 单击"插入"→"SmartArt"按钮，打开"选择 SmartArt 图形"对话框，如图 4-1-18 所示。在该对话框的左端列表中选择"循环"→"基本循环"。

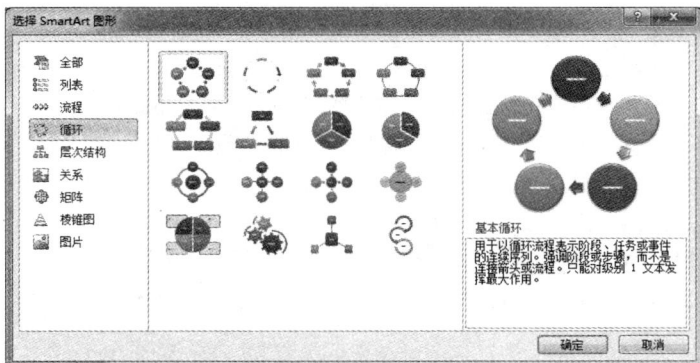

**图 4-1-18**　"选择 SmartArt 图形"对话框

③ 在"基本循环"结构图中输入文字项目，如图 4-1-19 所示。然后选择 SmartArt 图形进行设置，若要选择多个图形，按 Ctrl 键，连续选择多个图形。选择完毕后，在"格式"选项卡中单击"形状填充"按钮，在标准色中选择"蓝色"，对所选图形进行颜色填充。用同样的方法选择 SmartArt 图形中的"箭头"，然后单击"形状轮廓"按钮，设置主题颜色为"褐色，强调文字颜色 3，淡色 40%"。

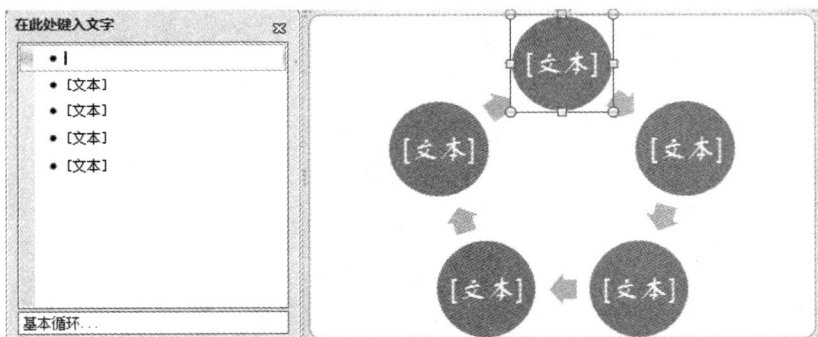

**图 4-1-19**　设置"基本循环"结构

④ 最终效果如图 4-1-20 所示。

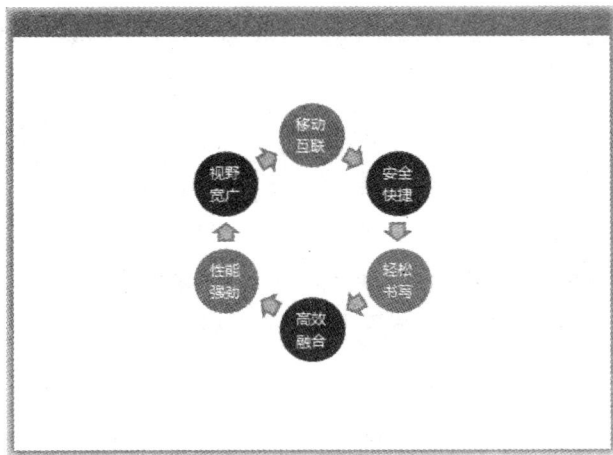

**图 4-1-20**　第四张幻灯片效果图

**5. 制作第五张幻灯片**

① 单击"开始"→"新建幻灯片"→"标题和竖排文字",创建第五张幻灯片。单击标题文本框,录入文字"规格参数",设置文字对齐方式为"居中",下划线线性为"粗波浪线"。

② 单击下方文本框,输入相应文字说明,每输入一项规格参数,按 Enter 键结束。设置字体为"华文新魏",字号为 28。单击"开始"选项卡,单击段落组中"对齐文本"按钮,如图 4-1-21 所示。

**图 4-1-21 "段落"组中"对齐文本"按钮**

③ 更改文本框中文字"对齐方式"为"居中",设置后的效果如图 4-1-22 所示。

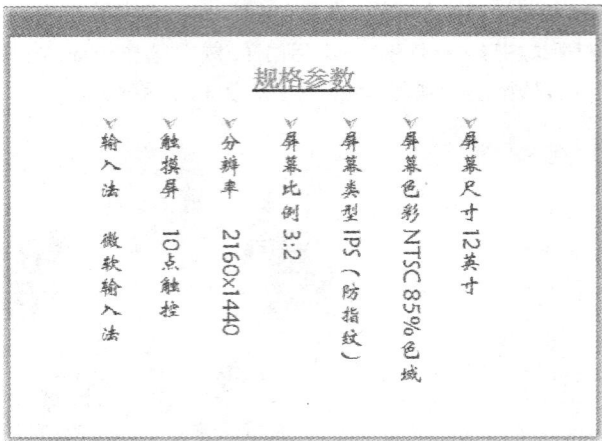

**图 4-1-22 文字居中对齐效果图**

④ 设置项目符号。这张幻灯片版式默认的项目符号为实心圆点,可对该项目符号进行重新设置。单击"开始"选项卡,在"段落"组中单击"项目符号"按钮,如图 4-1-23 所示,选择箭头项目符号。

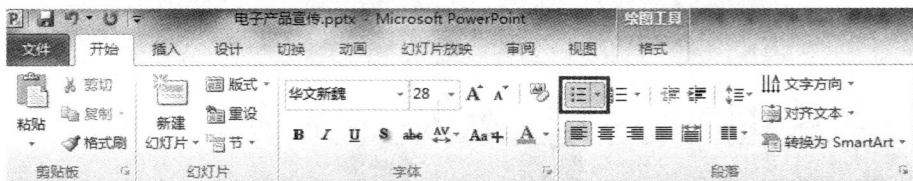

**图 4-1-23 项目符号按钮**

⑤ 设置段落。打开"段落"对话框,对齐方式选择"左对齐",缩进选项中的文本之前选择"0.51 厘米",特殊格式为"悬挂缩进",度量值为"0.51 厘米",段前值为"0.51 磅",段后"0 磅",行距为"双倍行距",如图 4-1-24 所示。

**6. 制作第六张幻灯片**

① 单击"开始"→"新建幻灯片"→"空白",选择空白版式,创建第六张幻灯片。

② 单击"插入"→"艺术字"→"填充-浅黄,文本 2,轮廓-背景 2",如图 4-1-25 所示,输入文字"畅想从容生活",设置字体"方正舒体",字号为 60。

图 4-1-24　段落效果图

③ 单击"畅想从容生活"文本框内部，单击"格式"选项卡，单击"艺术字样式"中的"文本效果"→"转换"→"上弯弧"，如图 4-1-26 所示。

图 4-1-25　艺术字库样式　　　　　　　图 4-1-26　"上弯弧"艺术字样式

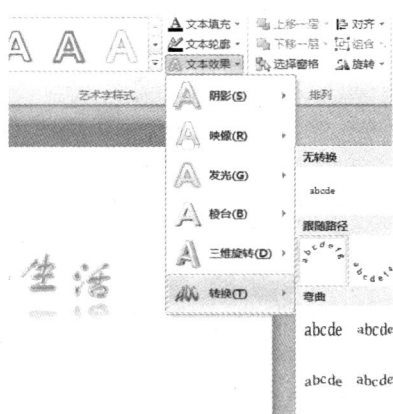

④ 调整艺术字位置，第六张幻灯片制作完成，如图 4-1-27 所示。

图 4-1-27　第六张幻灯片效果图

#### 4.1.4 知识精讲

1. 建立演示文稿

（1）新建演示文稿的方法

可以根据需要选择下面介绍的三种方法。

① 新建空白演示文稿。单击"文件"→"新建"，默认选中"空白演示文稿"，单击"创建"按钮即可。

② 通过模板新建演示文稿。单击"文件"→"新建"，在中间窗格中单击"样本模板"，在弹出的窗口中会显示已安装的模板，单击要使用的模板，再单击"创建"按钮。

③ 根据现有演示文稿新建演示文稿。单击"文件"→"新建"，单击"根据现有内容新建"，打开"根据现有演示文稿新建"对话框，选中存在的演示文稿，单击"新建"按钮。

（2）特定位置插入幻灯片

① 在普通视图中包含"大纲"和"幻灯片"选项卡的窗格上，单击"幻灯片"选项卡，然后在打开 PowerPoint 时自动出现的单个幻灯片下单击。

② 在"开始"选项卡上的"幻灯片"组中，单击"新建幻灯片"旁边的箭头。如果希望新幻灯片具有与之前创建的幻灯片相同的布局，只需单击"新建幻灯片"即可，而不必单击其旁边的箭头。

③ 单击新幻灯片所需的布局。新幻灯片现在同时显示在"幻灯片"选项卡的左侧（新幻灯片突出显示为当前幻灯片）和"幻灯片"窗格的右侧（突出显示为大幻灯片）。对每个要添加的新幻灯片重复此过程。

（3）复制幻灯片

① 如果希望创建两个或多个内容和布局都类似的幻灯片，则可以先创建一个具有共享格式和内容的幻灯片，然后复制该幻灯片，最后向每个幻灯片单独添加各自的风格。

② 在普通视图中包含"大纲"和"幻灯片"选项卡的窗格上，单击"幻灯片"选项卡，右键单击要复制的幻灯片，然后单击"复制"。

在"幻灯片"选项卡上，右键单击要添加幻灯片的新副本的位置，然后单击"粘贴"。

使用复制方式还可以将幻灯片副本从一个演示文稿插入另一个演示文稿。

（4）删除幻灯片

在普通视图中包含"大纲"和"幻灯片"选项卡的窗格上，单击"幻灯片"选项卡，右键单击要删除的幻灯片，然后单击"删除幻灯片"。

（5）添加备注

在幻灯片的备注窗格中用鼠标单击，可添加注释信息，如图 4-1-28 所示。备注供制作者参考，放映过程中不会显示。

可以在"普通"视图中键入备注并为其设置格式，但是，若要查看备注页的打印样式并查看文本格式（如字体颜色）的全部效果，则需切换到"备注页"视图。还可以在"备注页"视图中检查并更改备注的页眉和页脚。

每个备注页均会显示幻灯片缩略图及该幻灯片附带的备注。在"备注页"视图中，可以用图表、图片、表格或其他插图来丰富备注内容。

备注页包括备注和演示文稿中的每张幻灯片。

每张幻灯片均会打印在自己的备注页上。

备注附在幻灯片之下。

可将图表或图片等数据添加到备注页。

在备注页上做出的更改、添加和删除操作只应用于该备注页和普通视图中的备注文本。

如果要放大、重新定位幻灯片图像区域或备注区域，或者对其设置格式，在"备注页"视图中进行。

在"普通"视图中，不能在备注窗格内绘制或放置图片，可切换到"备注页"视图中绘制或添加图片。

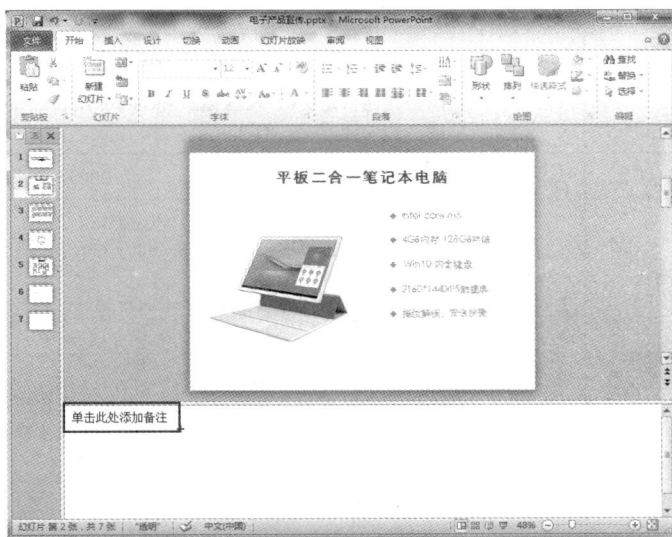

图 4-1-28　添加备注信息

（6）保存演示文稿

如果演示文稿尚未保存过，那么"保存"和"另存为"的用途是相同的，都会打开"另存为"对话框。可在该对话框中指定文件名、文件类型和文件位置，文档默认保存的格式为.pptx。

与以前的版本相比，PowerPoint 2010 增加了多种文件格式，见表 4-1-1。

表 4-1-1　**PowerPoint 2010 的文本格式**

| 文件类型 | 扩展名 | 用　于　保　存 |
| --- | --- | --- |
| PowerPoint 演示文稿 | .pptx | PowerPoint 2010 或 2007 演示文稿，默认情况下为支持 XML 的文件格式 |
| PowerPoint 启用宏的演示文稿 | .pptm | 包含 Visual Basic for Applications（VBA）（Microsoft Visual Basic 的宏语言版本，用于编写基于 Microsoft Windows 的应用程序，内置于多个 Microsoft 程序中）代码的演示文稿 |
| PowerPoint 97-2003 演示文稿 | .ppt | 可以在早期版本的 PowerPoint（97-2003）中打开的演示文稿 |
| PDF 文档格式 | .pdf | 由 Adobe Systems 开发的基于 PostScript 的电子文件格式，该格式保留了文档格式并允许共享文件 |
| XPS 文档格式 | .xps | 一种新的电子文件格式，用于以文档的最终格式交换文档 |
| PowerPoint 设计模板 | .potx | 可用于对将来的演示文稿进行格式设置的 PowerPoint 2010 或 2007 演示文稿模板 |
| PowerPoint 启用宏的设计模板 | .potm | 包含预先批准的宏的模板，这些宏可以添加到模板中，以便在演示文稿中使用 |
| PowerPoint 97-2003 设计模板 | .pot | 可以在早期版本的 PowerPoint（97-2003）中打开的模板 |
| Office 主题 | .thmx | 包含颜色主题、字体主题和效果主题的样式表 |
| PowerPoint 放映 | .pps；.ppsx | 始终在幻灯片放映视图（而不是普通视图）中打开的演示文稿 |
| PowerPoint 启用宏的放映 | .ppsm | 包含预先批准的宏的幻灯片放映，可以从幻灯片放映中运行这些宏 |

| 文件类型 | 扩展名 | 用 于 保 存 |
|---|---|---|
| PowerPoint 97–2003 放映 | .ppt | 可以在早期版本的 PowerPoint（97–2003）中打开的幻灯片放映 |
| PowerPoint 加载宏 | .ppam | 用于存储自定义命令、Visual Basic for Applications（VBA）代码和特殊功能（例如加载宏）的加载宏 |
| PowerPoint 97–2003 加载宏 | .ppa | 可以在早期版本的 PowerPoint（97–2003）中打开的加载宏 |
| Windows Media 视频 | .wmv | 另存为视频的演示文稿。PowerPoint 2010 演示文稿可按高质量（1 024×768，30 帧/秒）、中等质量（640×480，24 帧/秒）和低质量（320×240，15 帧/秒）进行保存。<br>WMV 文件格式可在诸如 Windows Media Player 之类的多种媒体播放器上播放 |
| GIF（图形交换格式） | .gif | 用于网页的图形幻灯片。<br>GIF 文件格式最多支持 256 色，因此更适合扫描图像（如插图）。此外，GIF 还适用于直线图形、黑白图像及只有几个像素的小文本。GIF 支持动画和透明背景 |
| JPEG（联合图像专家组）文件格式 | .jpg | 用于网页的图形幻灯片。<br>JPEG 文件格式支持 1 600 万种颜色，最适用于照片和复杂图像 |
| PNG（可移植网络图形）格式 | .png | 用于网页的图形幻灯片。<br>万维网联合会（W3C）（商业与教育方面的一个联合机构，该机构对与万维网相关的所有领域的研究工作进行监督，并促进标准的推出）已批准将 PNG 作为一种替代 GIF 的标准。PNG 不像 GIF 那样支持动画，某些旧版本的浏览器不支持此文件格式 |
| TIFF（Tag 图像文件格式） | .tif | 用于网页的图形幻灯片。<br>TIFF 是用于在个人计算机上存储为映射图像的最佳文件格式。TIFF 图像可以采用任何分辨率，可以是黑白、灰度或彩色 |
| 设备无关位图 | .bmp | 用于网页的图形幻灯片。<br>位图是一种表示形式，包含由点组成的行和列，以及计算机内存中的图形图像。每个点的值（不管它是否填充）存储在一个或多个数据位中 |
| Windows 图元文件 | .wmf | 16 位图形的幻灯片（用于 Microsoft Windows 3.x 或更高版本） |
| 增强型 Windows 元文件 | .emf | 32 位图形的幻灯片（用于 Microsoft Windows 95 或更高版本） |
| 大纲/RTF | .rtf | 仅含文本文档的演示文稿大纲，所占空间更小，并能够跟不同版本的 PowerPoint 或操作系统共享不包含宏的文件。使用这种文件格式，不会保存备注窗格中的任何文本 |
| PowerPoint 图片演示文稿 | .pptx | 每张幻灯片已转换为图片的 PowerPoint 2010 或 2007 演示文稿。将文件另存为 PowerPoint 图片演示文稿将减小文件所占空间，但会丢失某些信息 |
| OpenDocument 演示文稿 | .odp | 可以保存为 PowerPoint 2010 文件，使其可以在使用 OpenDocument 格式的应用程序（如 Google Docs 和 OpenOffice.org Impress）中打开，还可以在 PowerPoint 2010 中打开。保存和打开.odp 文件时，可能会丢失某些信息 |

2. 美化演示文稿

（1）主题

主题是主题颜色、主题字体和主题效果三者的组合，其可以作为一套独立的选择方案应用于文件中。使用主题可以简化演示文稿的创建过程。不仅可以在 PowerPoint 中使用主题颜色、字体和效果，还可以在 Excel、Word 和 Outlook 中使用，因此演示文稿、文档、工作表和电子邮件可以统一风格。

（2）版式

幻灯片版式包含要在幻灯片上显示的全部内容的格式、位置和占位符。占位符是版式中的容器，可容纳如文本（包括正文文本、项目符号列表和标题）、表格、图表、SmartArt 图形、影片、声音、图片及剪贴画（剪贴画：一张现成的图片，经常以位图或绘图图形的组合的形式出现）等内容。而版式也包含幻灯片的主题颜色（主题颜色：文件中使用的颜色的集合）、主题字体（主题字体：应用于文件中的主要字体和次要字体的集合）、主题效果（主题效果：应用于文件中元素的视觉属性的集合）和背景。

（3）插入表格、图表、SmartArt 图形、来自文件的图片、剪贴画、媒体剪辑

PowerPoint 提供的版式中提供了以上六种对象，当需要插入某种对象时，只需选择对应的对象即可。与旧版本比较，PowerPoint 2010 新增了 SmartArt 图形模板，可以设计出各式各样的专业图形。

（4）更改背景

背景是应用于整个幻灯片的颜色、纹理、图案或图片，其他内容位于背景之上。

① 应用背景样式。单击"设计"选项卡，单击"背景样式"，打开样式库，选择所需样式，将其应用到整个演示文稿，或右击所需样式，选择"应用于所选幻灯片"。

② 应用背景填充。单击"设计"选项卡，单击"背景样式"→"设置背景格式"，打开"设置背景格式"对话框，设置填充类型。

3．放映演示文稿

（1）幻灯片切换

① 手动切换与自动切换。切换是指整张幻灯片的进入和退出，分为手动切换和自动切换。默认情况下，PowerPoint 使用手动切换，可以单击幻灯片或者按下键盘方向键进行切换。对于自动切换，可以为所有的幻灯片设置相同的切换时间，也可以为每张幻灯片设置不同的切换时间。为每张幻灯片单独指定时间的最有效方法是排练计时。

② 选择切换效果。演示文稿制作完成后，如果需要设置切换效果，那么选择要应用效果的幻灯片，单击"动画"选项卡，在"切换到此幻灯片"组（图 4-1-29）中打开切换效果库，指定切换效果、切换声音和切换速度。

**图 4-1-29**　"切换到此幻灯片"组

（2）设置放映方式

放映幻灯片时，单击"幻灯片放映"选项卡，根据需要选择"从头开始"或者"从当前幻灯片开始"。如果需要设置循环放映，可以单击"设置幻灯片放映"→"循环放映，按 Esc 键终止"（图 4-1-30）。

### 4.1.5　技巧与提高

1．主题使用技巧

制作演示文稿过程中，选定了一个主题，所有幻灯片都会应用这个主题，但不是说一个演示文稿只能应用一个主题。如果想应用其他主题引起观众的注意，可以在"普通视图"或者"幻灯片浏览视图"中选择要应用新主题的幻灯片，单击"设计"选项卡，右击采用的新主题，选择"应用于选定幻灯片"。

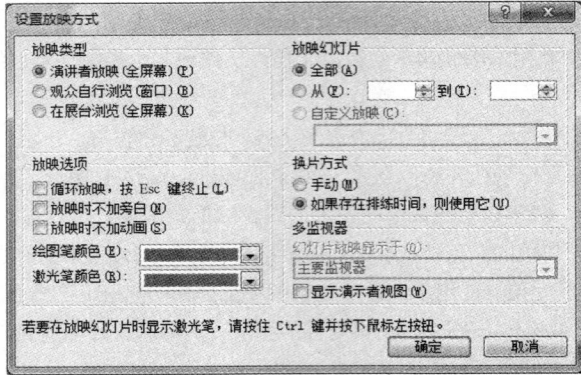

图 4-1-30　设置循环放映

2. 放映过程中利用画笔做标记

利用 PowerPoint 2010 放映幻灯片时，为了让效果更直观，有时需要在幻灯片上做些标记。这时可以在打开的演示文稿中单击鼠标右键，选择"指针选项"，调出画笔在幻灯片上写写画画，用完后，按 Esc 键便可退出。

3. 在 Windows 下自动播放幻灯片

播放制作好的演示文稿，通常需要进入 PowerPoint 2010 并打开文件再操作。如果要让幻灯片在 Windows 下自动播放，只需右击演示文稿，选择"显示"命令即可。或者将该演示文稿保存为*.ppsx，即放映文件格式，播放时双击即可，避免了每次打开文件后才能播放所带来的不便和烦琐。

4. 排版技巧

（1）更改缩进或文本与点之间的间距

要在列表中创建缩进（附属）列表，则将光标放在要缩进的行的开头，然后在"开始"选项卡上的"段落"组中单击"提高列表级别"。

要将文本还原到列表中缩进较少的级别，则将光标放在该行的开头，然后在"开始"选项卡上的"段落"组中单击"降低列表级别"。

要增大或减小一行中项目符号或编号与文本之间的间距，则将光标放在文本行的开头。要查看标尺，则在"视图"选项卡上的"显示"组中，单击"标尺"复选框。在标尺上，单击悬挂缩进，然后拖动，以调整文本与项目符号或编号之间的间距。

注释　标尺上显示三种不同的标记，指示为文本框定义的缩进。

首行缩进：指示实际的项目符号或编号字符的位置。如果段落不带项目符号，则首行缩进指示第一行文本的位置。

左缩进：同时调整首行缩进和悬挂缩进标记并保持它们的相对间距。

悬挂缩进：指示实际文本行的位置。如果段落不带项目符号，则悬挂缩进指示第二行（及后续行）文本的位置。

（2）使用图片作为水印

① 单击要为其添加水印的幻灯片。

要为空白演示文稿中的所有幻灯片添加水印，则在"视图"选项卡上的"母版视图"组中单击"幻灯片母版"。

② 在"插入"选项卡上的"图像"组中执行下列操作之一：

要使用图片作为水印，则单击"图片"，找到所需的图片，然后单击"插入"。

要使用剪贴画作为水印，则单击"剪贴画"。在"剪贴画"任务窗格的"搜索"框中键入描述所需剪辑的字词或短语，或者键入剪辑的全部或部分文件名，然后单击"搜索"。

在"搜索文字"框中，键入描述所需剪辑的字词或短语，或者键入剪辑的全部或部分文件名。

③ 要调整图片或剪贴画的大小，则在幻灯片上右键单击该图片或剪贴画，然后单击快捷菜单上的"大小和位置"。

④ 在"大小"窗格中的"缩放比例"下，增大或减小"高度"和"宽度"框中的设置。

提示：

要使图片或剪贴画的高度和宽度在缩放时保持一定的比例，选中"锁定纵横比"复选框。

要使图片或剪贴画在幻灯片上居中，选中"相对于图片原始尺寸"复选框。

⑤ 要在幻灯片上移动图片或剪贴画，单击"位置"选项卡，然后在"水平"和"垂直"框中输入所需位置。

⑥ 在"图片工具"下"格式"选项卡上的"调整"组中，单击"颜色"，然后在"重新着色"下单击所需的颜色渐变。

⑦ 在"图片工具"下"格式"选项卡上的"调整"组中，依次单击"修正"和"图片修正选项"，然后在"亮度和对比度"下选择所需的亮度百分比。

⑧ 完成对水印的编辑和定位并且对其外观感到满意时，要将水印置于幻灯片的底层。在"图片工具"下"格式"选项卡上的"排列"组中，单击"下移一层"旁边的箭头，然后单击"置于底层"即可。

### 4.1.6　训练任务

制作一个个人简介的演示文稿。

要求：

第一张幻灯片内容为个人的基本信息（姓名、出生日期、籍贯、毕业院校等）。

第二张幻灯片为个人简介（兴趣、爱好等）。

第三张幻灯片插入一些个人生活中的图片（附上简单文字说明）。

# 任务 4.2　制作产品展示演示文稿

公司做产品宣传时，常常需要使用产品说明、产品图片及一些动画和背景音乐来增强宣传效果，PowerPoint 2010 是制作产品宣传经常使用的工具。

### 4.2.1　任务描述

某公司准备召开产品发布会，在发布会上对该产品进行宣传，宣传时把该产品的图片、产品说明等信息进行综合展示，然后插入背景音乐来增强展示效果，如图 4-2-1 所示。

图 4-2-1　"产品展示"幻灯片效果图

### 4.2.2 任务分析

本工作任务要求制作一份具有图片、文字、动画效果和背景音乐的产品展示演示文稿，进行产品宣传。该任务操作如下：

① 在素材库中选取相应素材，包含背景图片、背景音乐、产品图片（手机、耳机等），还有一些文字说明（产品介绍文字）。

② 使用自定义动画功能为幻灯片中的每个对象建立动画效果，设置动画的开始、速度及属性，控制好动画效果发生的先后顺序等环节。

③ 最后选用幻灯片切换效果选项，来强化幻灯片的播放效果。

### 4.2.3 任务实现

在建立产品展示演示文稿前，准备好需要使用的各种素材，并注意随时保存文件，避免意外断电造成文件丢失。

图 4-2-2 "设置背景格式"对话框

1. 制作第一张幻灯片

（1）添加背景

进入 PowerPoint 2010 工作界面，在"开始"选项卡的"幻灯片"组中单击"版式"右侧的下三角按钮，选择"空白"选项，将打开一张空白幻灯片。右击幻灯片，选择"设置背景格式"，打开"设置背景格式"对话框（图 4-2-2），选择"填充"页，选中"图片或纹理填充"单选按钮，单击"插入自文件"命令按钮，在打开的"插入图片"对话框中选择图片"背景.jpg"，再单击"插入"按钮，第一张幻灯片便添加了背景（图 4-2-3）。

（2）插入图片

在"插入"选项卡的"插图"组中单击"图片"选项，在打开的"插入图片"对话框中选择图片"手机展示.jpg"，

即在幻灯片中插入了"手机"图片。右击图片，在其下拉菜单中选择"大小和位置"命令，在打开的"大小和位置"对话框的"大小"选项卡中设置图片高度和宽度为合适大小，并将图片移动到背景的右侧，如图 4-2-4 所示。

图 4-2-3 第一张幻灯片添加背景后的效果

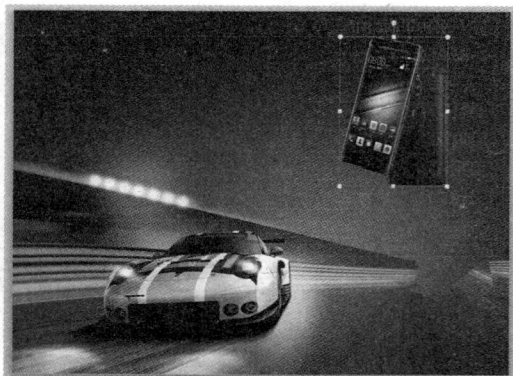

图 4-2-4 第一张幻灯片插入图片后的效果

（3）设置图片对象的动画效果

选中"手机"图片，在"动画"选项卡的"动画"组中，单击该选项组的右下角按钮，如图4-2-5所示，打开动画设置对话框，幻灯片中的动画设置分为：进入、退出、强调和动作路径动画效果，在"强调"选项组中单击"陀螺旋"选项，如图4-2-6所示。

图 4-2-5 "动画"功能组

图 4-2-6 给图片设置效果

单击选项组右侧"效果选项"窗格。在"方向"选项中选择"顺时针"，在数量选项中选择"完全旋转"，如图4-2-7所示，单击"动画窗口"按钮，打开"动画窗口"对话框，此时按下播放按钮 ▶ 播放 可以观看动画效果。

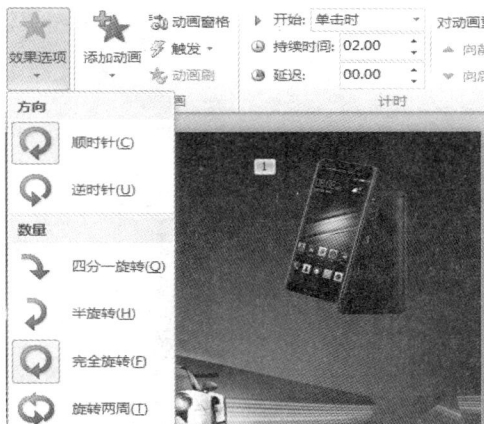

图 4-2-7 给图片设置效果

（4）设置图片背景的透明度

有时背景图片的颜色太深，不透明，影响整体动画效果。为了调整图片背景的透明度，可以进行如下操作：右击此幻灯片，在快捷菜单中选择"设置背景格式"，弹出"设置背景格式"对话框，在该对话框中选择"填充"，将透明度调整为32%，如图4-2-8所示，调整后观看，图片背景透明色变化。在"图片更正"选项中可以对背景图片的"柔化"和"亮度和对比度"进行设置，在"图片颜色"选项中可对背景图片的"颜色饱和度"和"色调"进行设置，在"艺术效果中"中可以重新设置背景图片的艺术效果。

（5）插入文本框，设置文字格式

选择幻灯片，在"插入"选项卡的"文本"组中单击"文本框"下侧的下三角按钮，选择"横排文本框"选项，在幻灯片中绘制一个横排文本框，并输入文字"产品展示"，设置文字格式为"微软雅黑 40"。

（6）设置文本框效果

选中文本框后右击，在其快捷菜单中单击"设置形状格式"选项，将打开"设置形状格式"对话框（见图4-2-9）。在"线条颜色"页设置文本框的框线为"白色 实线"。在"线型"页设置框线宽度为"2 磅"。在"填充"页，设置文本框的填充效果为"纯色填充，橄榄色，强调文字颜色3"，透明度调整为40%，"阴影"做相应设置。

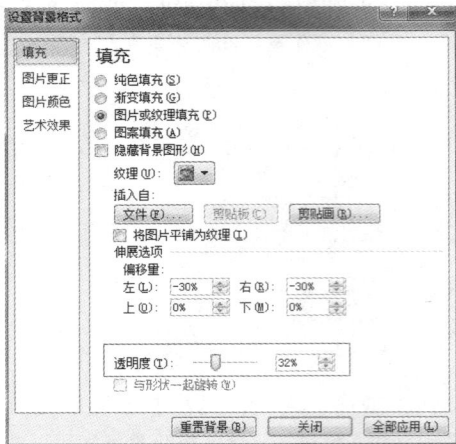

图 4-2-8 设置透明度

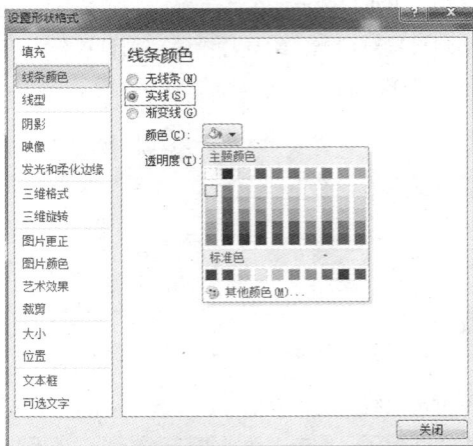

图 4-2-9 "设置形状格式"对话框

再次选中文本框后右击，在其快捷菜单中选择"大小和位置"选项，将打开"大小和位置"对话框，适当设置文本框的高度和宽度，最终效果如图 4-2-10 所示。

（7）设置文本框动画效果

选中"产品展示"文本框，在"动画"选项卡中选择"添加动画"下面的黑色小三角，单击鼠标左键，在弹出的添加动画对话框中选择"更多进入效果"选项，打开"添加进入效果"对话框，在该对话框中选择"细微型"选项组中的"旋转"选项，如图 4-2-11 所示，然后单击"确定"按钮。

图 4-2-10 第一张幻灯片效果图

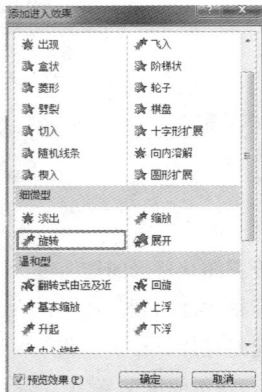

图 4-2-11 "添加进入效果"对话框

（8）插入背景音乐

为了使"产品展示"幻灯片在播放过程中更具有气氛，可以插入背景音乐。选中该幻灯片，在"插入"选项卡的"媒体"组中，单击"音频"下的黑色小三角，选择"文件中的音频"，打开"插入音频"对话框，在素材中选择"背景音乐.mp3"文件，单击"插入"按钮，将该背景音乐插入幻灯片中，如图 4-2-12 所示。

（9）音频选项设置

单击"小喇叭"图标，选择"播放"选项卡，为了在播放背景音乐时不显示小喇叭图标，在"音频选项"组中选中"放映时隐藏"复选框，音量选择"中"；背景音乐默认设置为单击"小喇叭"图标开始播放背景音乐；为了使开始演示幻灯片时自动播放背景音乐，将开始由"单击时"更改为"自动"；使背景音乐循环播放，选择"循环播放，直到停止"复选框。设置后如图 4-2-13 所示。

图 4-2-12　插入"背景音乐"

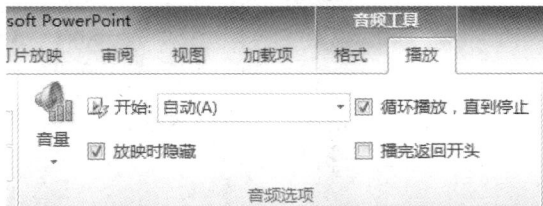

图 4-2-13　"音频选项"设置

为了更好地展示播放效果，需要对动画播放进行调整。选择"动画"选项卡，单击"动画窗口"，打开"动画窗口"对话框，如图 4-2-14 所示，首先将背景音乐、文本框和图片三个动画对象重新排序。重新排序的方法是，选中所要排序的对象，然后单击重新排序的向上和向下箭头进行调整，首先播放背景音乐，然后是文本动画，最后是图片动画。

选择文本动画对象右侧的小三角，在快捷菜单中选择"效果选项"，打开该对象动画设置对话框。在该对话框中可对该对象的动画效果、计时和正文文本动画进行详细设置。为了使在播放背景音乐的同时进行文本动画演示，将"计时"选项卡中的开始设置为"与上一动画同时"选项，延时为 0 秒，期间选中速（2 秒），如图 4-2-15 所示。

图 4-2-14　"动画窗格"对话框

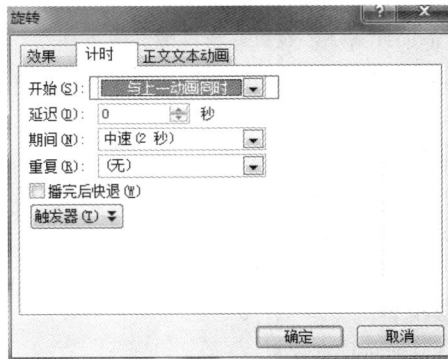

图 4-2-15　"文本动画"设置对话框

至此，第一张幻灯片制作完成，保存文件并命名为"产品展示.pptx"，如图 4-2-16 所示。

2. 制作第二张幻灯片

（1）插入空白幻灯片并添加背景

在"开始"选项卡的"幻灯片"组中单击"新建幻灯片"右侧的下三角按钮，选择"空白"选项来建立第二张幻灯片。

参照第一张幻灯片设置背景的方法为该幻灯片的背景设置为纯色填充，填充颜色为"橄榄色，强调文字颜色 3，淡色 80%"。

图 4-2-16　第一张幻灯片设置效果图

（2）插入"耳机"图片并设置动画效果

首先插入矩形框，选择"开始"选项卡，在"绘图"组中选择"矩形"，在幻灯片上绘画矩形。对矩形对象的填充和线条进行设置，选择纯色填充，填充颜色为"白色"，"线条颜色"选择"白色，背景 1，深色 15%"，线条选择"实线"。在"矩形"框中插入"耳机"图片，适当调整大小和位置。

对"耳机"图片进行动画设置，选择"耳机"图片，在"动画"选项卡的"动画"组的"强调"中选择"放大/缩小"选项，参照第一张幻灯片，对动画效果进行详细设置。将"计时"选项卡中开始时间设置为"与上一动画同时"，延迟时间为 2 秒，期间选择"慢速（3 秒）"。

（3）插入产品简介文本并设置动画效果

在该幻灯片中插入产品说明。选择"开始"选项卡的"绘图"组中"文本框"，在幻灯片插入该文本框，输入产品简介文字，设置文本框的"线条颜色"为"实线"，颜色为"蓝色"。

对产品简介文本进行动画效果设置。动画效果选择"进入"组的"出现"，对该对象的动画"效果选项"进行如下设置：

① 效果选项卡设置。

声音选择：type.wav；

动画播放后：颜色选择"紫色"；

动画文本：按字母；

字母之间延迟秒数：0.2 秒。

② 计时选项卡设置。

开始：单击时；

延迟：0 秒。

③ 触发器设置。为了使单击"耳机"图片时出现产品简介的动画效果，在触发器中选择"单击下列对象时启动效果"，并选择"耳机"图片对象，设置完成后单击"确定"按钮，如图 4-2-17 所示。设置完成后，各对象如图 4-2-18 所示，单击"动画窗口"中的"播放"按钮，查看设置效果。

至此，第二张幻灯片制作完成，保存文件，如图 4-2-19 所示。

3. 制作第三张幻灯片

（1）插入空白幻灯片并添加背景

在"开始"选项卡的"幻灯片"组中单击"新建幻灯片"右侧的下三角按钮，选择"空白"选项，创建第三张幻灯片。设置幻灯片背景，填充选择"图片或纹理填充"，纹理中选择相应纹理图案，如图 4-2-20

所示。

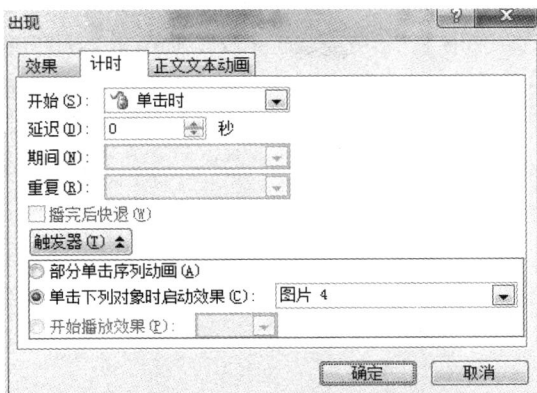

图 4-2-17　触发器设置效果图

图 4-2-18　动画设置图

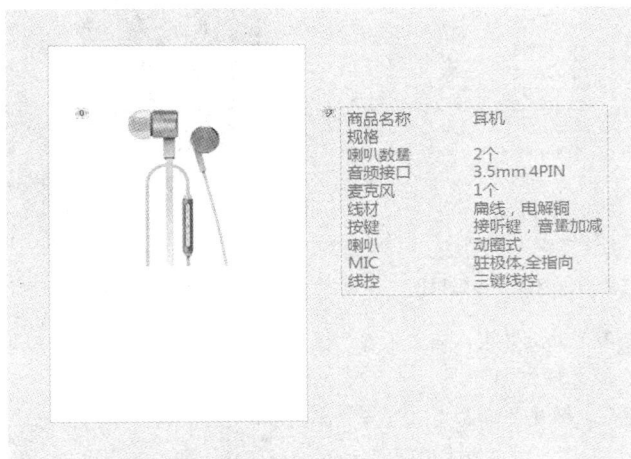

图 4-2-19　第二张幻灯片设置效果图

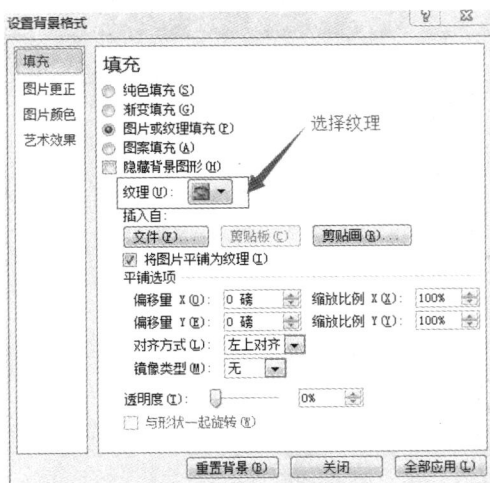

图 4-2-20　幻灯片背景纹理设置效果图

（2）插入"手表.png"图片并为其设置动画效果

在第三张幻灯片中插入图片"手表.png"，并调整图片大小，在"动画"选项卡的"动画"组中选择"其他动作路径"，打开"更改动作路径"对话框。在"直线和曲线"中选择"正弦波"，如图 4-2-21 所示。设置"正弦波"路径后，在"手表"图片上就会产生正弦波路径，如图 4-2-22 所示。用鼠标单击"正弦波"路径，可以对该路径进行更改；右键单击"正弦波"路径，选择"编辑顶点"，可以对路径的形状进行精细设置。为了使图片在播放完动画效果后自动返回初始位置，需要在"效果选项"中的"计时"选项卡中选择"播完后快退"复选框。

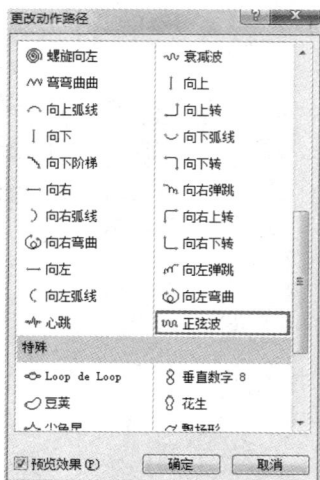

图 4-2-21　幻灯片动作路径设置效果图

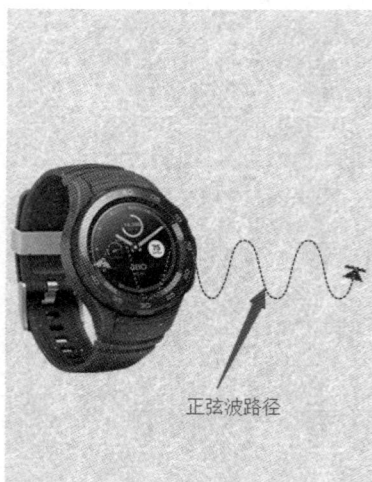

图 4-2-22　设置正弦波路径后的效果图

可以为一个对象添加多个动画效果，在"手表"图片中设置"正弦波"动画效果后，添加"强调"动画中的"放大/缩小"效果。具体操作如下：

在添加路径动画效果后，单击"动画"选项卡"高级动画"组中的"添加动画"选项，在该选项中选择"强调"中的"放大/缩小"效果，对"放大/缩小"动画效果进行设置，如图 4-2-23 所示。"计时"选项卡中选择"上一动画之后"，延迟选择 2 秒，重复选择 2 次。设置完成后，单击"播放"按钮，查看动画设置效果。

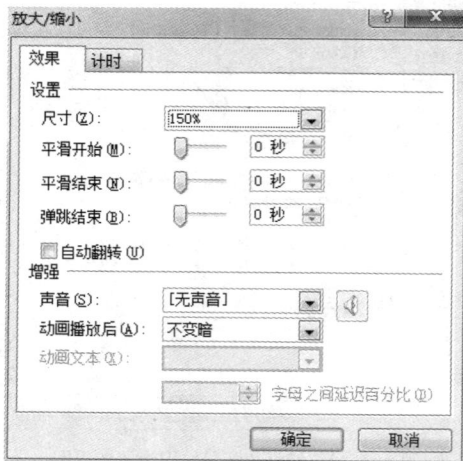

图 4-2-23　设置"放大/缩小"效果图

4. 设置幻灯片的切换方式

在"切换"选项卡"切换到此幻灯片"中选择"百叶窗"效果，如图 4-2-24 所示，"效果选项"选择"水平"，声音选择"照相机"，持续时间选择 2。将该设置应用到全部幻灯片播放中，单击"全部应用"选项，换片方式选择"单击鼠标时"，也可设置自动换片时间，设置完成后保存，预览并查看效果。

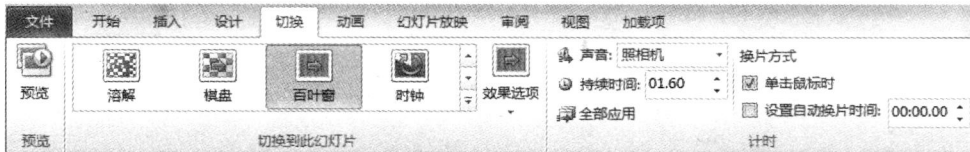

图 4-2-24　设置幻灯片切换效果

### 4.2.4　知识精讲

1. 插入多媒体对象

（1）插入图片、剪贴画对象

① 在"插入"选项卡中的"图像"功能组中单击"图片"选项，打开"插入图片"对话框，可以插入来自文件的图片。

② 在"插入"选项卡中的"图像"功能组中单击"剪贴画"选项，窗口右侧将出现"剪贴画"窗格。通过设置"搜索文字""搜索范围"和"结果类型"，可以将需要的剪贴画插入幻灯片，包括绘图、影片、声音或库存照片等，如图 4-2-25 所示。

（2）插入声音

演示文稿中可以插入的声音文件总体有两种格式：WAV 和 MIDI。WAV 是指具有模拟源的声音文件，包括 MP3、RMI、AU、AIF 等格式，其听起来真实，但是文件较大，有时需要链接。MIDI 是指多乐器数字界面，文件较小，但听起来有些冷淡。

在"插入"选项卡的"媒体剪辑"组中单击"声音"选项，可以根据需要选择不同类型的声音文件，然后在"声音工具"上下文选项卡的"选项"选项卡中的"声音选项"组中进行音量、放映方式的设置，如图 4-2-26 所示。

图 4-2-25　剪贴画窗格

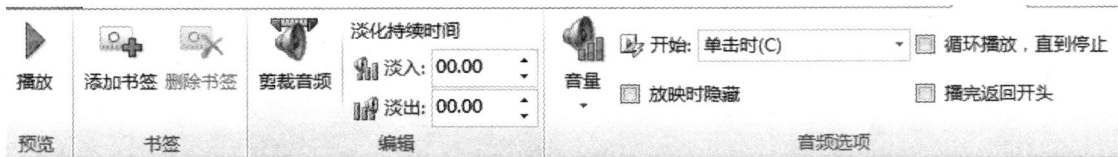

图 4-2-26　"声音选项"组

**注意**：当声音文件的大小小于在 PowerPoint 选项中指定的大小时，将被嵌入；大于指定的大小时，将被链接。单击"文件"菜单，选择"信息"选项，在该选项中选择"压缩媒体"按钮，可以设置插入该幻灯片的媒体。通过压缩媒体文件节省磁盘空间，提高播放性能，如图 4-2-27 所示。

2. 将文本或对象制作成动画

PowerPoint 2010 演示文稿中，可以将文本、图片、形状、表格、SmartArt 图形和其他对象制作成动画

（动画：给文本或对象添加特殊视觉或声音效果。例如，可以使文本项目符号点逐字从左侧飞入，或在显示图片时播放掌声），赋予它们进入、退出、大小或颜色变化甚至移动等视觉效果。

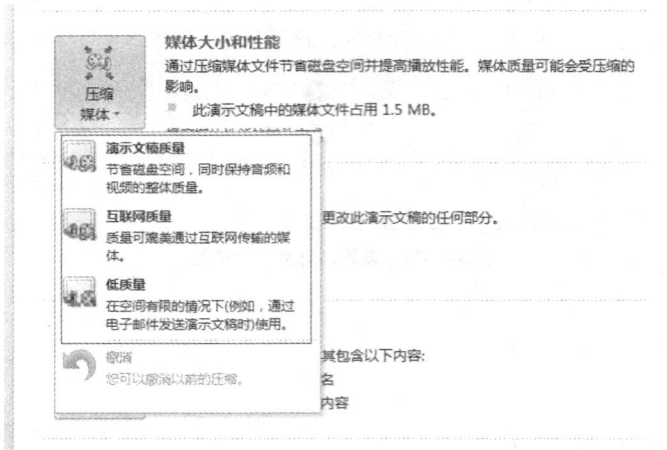

图 4-2-27 媒体大小和性能设置

PowerPoint 2010 中有以下四种不同类型的动画效果：

① "进入"效果。例如，可以使对象逐渐淡入焦点、从边缘飞入幻灯片或者跳入视图中。

② "退出"效果。例如，使对象飞出幻灯片、从视图中消失或者从幻灯片中旋出。

③ "强调"效果。例如，使对象缩小或放大、更改颜色或沿着其中心旋转。

④ 动作路径（动作路径：指定对象或文本沿行的路径，它是幻灯片动画序列的一部分）。使用这些效果可以使对象上下移动、左右移动或者沿着星形或圆形图案移动。

（1）向对象添加动画

① 选择要制作成动画的对象。

② 在"动画"选项卡上的"动画"组中，单击"其他" 按钮，然后选择所需的动画效果，如图 4-2-28 所示。

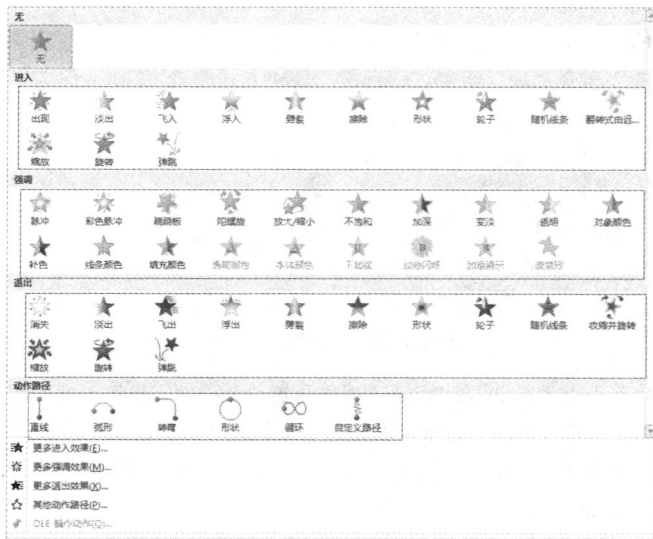

图 4-2-28 添加动画效果

（2）对单个对象应用多个动画效果

① 选择要添加多个动画效果的文本或对象。

② 在"动画"选项卡上的"高级动画"组中，单击"添加动画"。

（3）为动画设置效果选项、计时或顺序

① 若要为动画设置效果选项，则在"动画"选项卡上的"动画"组中单击"效果选项"右侧的箭头，然后单击所需的选项。

② 可以在"动画"选项卡上为动画指定开始、持续时间或者延迟计时。

③ 要为动画设置开始计时，在"计时"组中单击"开始"菜单右侧的箭头，然后选择所需的计时即可。

④ 要设置动画将要运行的持续时间，在"计时"组中的"持续时间"框中输入所需的秒数即可。

⑤ 要设置动画开始前的延时，在"计时"组中的"延迟"框中输入所需的秒数即可。

⑥ 要对列表中的动画重新排序，则在"动画"任务窗格中选择要重新排序的动画，然后在"动画"选项卡上的"计时"组中，选择"对动画重新排序"下的"向前移动"，使动画在列表中另一动画之前发生，或者选择"向后移动"，使动画在列表中另一动画之后发生。

在"插入"选项卡中的"图像"功能组中单击"图片"选项，在打开的"插入图片"对话框中可以插入来自文件的图片。

3. 将 SmartArt 图形制作成动画

可以创建动态的 SmartArt 图形来进一步强调或分阶段显示信息。可以将整个 SmartArt 图形制成动画，或者只将 SmartArt 图形中的个别形状制成动画。

（1）添加动画

一些动画效果（如"旋转"进入效果）只能用于形状，无法用于 SmartArt 图形。如果要使用无法用于 SmartArt 图形的动画效果，则右键单击 SmartArt 图形，单击"转换为形状"，然后将形状制成动画。

① 单击要将其制成动画的 SmartArt 图形。

② 在"动画"选项卡上的"动画"组中，单击"其他"，然后选择所需的动画。

（2）设置动画效果选项

① 选择含有要修改的动画的 SmartArt 图形。

② 在"动画"选项卡上的"高级动画"组中，单击"动画窗格"。

③ 在"动画窗格"列表中，单击要修改的动画右侧的箭头，然后选择"效果选项"。

④ 在对话框的"SmartArt 动画"选项卡的"组合图形"列表中，选择下列选项：

● 作为一个对象（将整个 SmartArt 图形当作一个大图片或对象来应用动画）。

● 整批发送（同时将 SmartArt 图形中的全部形状制成动画。当动画中的形状旋转或增长时，该动画与"作为一个对象"的不同之处会很明显。使用"整批发送"时，每个形状单独旋转或增长。使用"作为一个对象"时，整个 SmartArt 图形旋转或增长）。

● 逐个（一个接一个地将每个形状单独地制成动画）。

● 逐个按分支（同时将相同分支中的全部形状制成动画。该动画适用于组织结构图或层次结构布局的分支，与"逐个"相似）。

● 一次按级别（同时将相同级别的全部形状制成动画。例如，有一个布局，其中，3 个形状包含 1 级文本，3 个形状包含 2 级文本，则首先将包含 1 级文本的 3 个形状一起制成动画，然后再将包含 2 级文本的 3 个形状一起制成动画）。

## 4.2.5　技巧与提高

1. 在 PowerPoint 中插入 Flash 动画

PowerPoint 2010 默认没有"开发工具"选项卡，需要进行如下设置：

选择"文件"选项卡中的"选项",打开 PowerPoint 2010 的选项设置,选择"自定义功能区",在自定义功能区中选择"开发工具",如图 4-2-29 所示,单击"确定"按钮后,PowerPoint 2010 中就可以使用"开发工具"选项卡了。

图 4-2-29　自定义功能区

(1)方法 1:使用"Shockwave Flash Object"控件法

① 插入 Flash 控件。在"开发工具"选项卡的"控件"组中单击"其他控件"按钮,如图 4-2-30 所示,打开"其他控件"对话框,在列表中选择"Shockwave Flash Object"对象,如图 4-2-31 所示,此时光标指针为十字形,用户可以自由拖动鼠标绘制出 Flash 控件的大小。

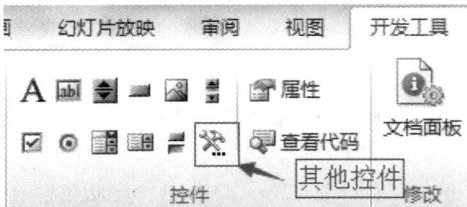

图 4-2-30　"控件"功能组

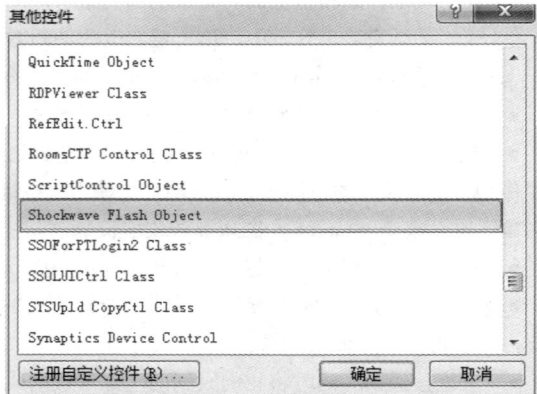

图 4-2-31　Flash 控件

② 进行参数设置。选中控件,在"开发工具"选项卡的"控件"组中单击"属性"按钮,打开"属性"对话框(见图 4-2-32),在"Movie"项目后输入 Flash 动画文件的完整的本地路径,文件名需要加扩展名.swf,然后关闭"属性"对话框,再次保存文件,就可以在 PowerPoint 2010 中看到插入的 Flash 动画了(见图 4-2-33)。

注意:为了操作方便,通常将 PPT 文件和 SWF 文件保存在同一文件夹下。

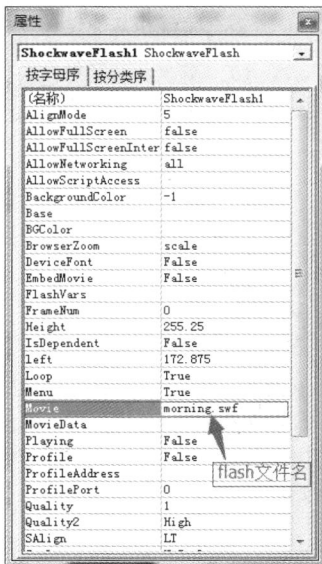

图 4-2-32 Flash 控件属性对话框

图 4-2-33 在 PowerPoint 2010 中看到 Flash 动画

（2）方法 2：使用插入对象法

① 插入对象。选中要插入 Flash 动画的幻灯片，在"插入"选项卡的"文本"组中单击"对象"选项，打开"插入对象"对话框（见图 4-2-34），单击"由文件创建"单选按钮，再单击"浏览"按钮，打开"游览"对话框，找到要插入的 Flash 文件，单击"确定"按钮，此时幻灯片上出现了 Flash 动画图标。

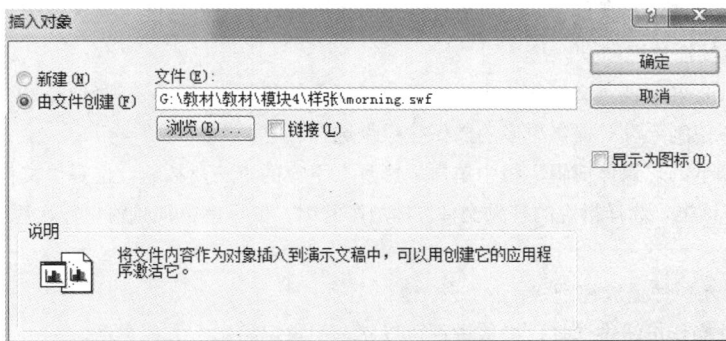

图 4-2-34 "插入对象"对话框

② 激活动画。此时在"插入"选项卡的"链接"组中单击"动作"选项，打开"动作设置"对话框，在"单击鼠标"选项卡中，"单击鼠标时的动作"栏中设置"对象动作"为"激活内容"，单击"确定"按钮，完成激活动画的设置（见图 4-2-35）。

③ 放映该幻灯片。当鼠标单击 Flash 动画图标时，PowerPoint 便会调用 Flash 程序播放动画。

**注意**：上述方法 1 设置较烦琐，但是动画直接在 PPT 窗口中播放，便于控制。方法 2 设置简单，但是播放 Flash 文件时，需调用 Flash 程序，流程显得松散。

2. 在 PowerPoint 中插入视频

通过 PowerPoint 2010，在将视频插入演示文稿中时，这些视频即已成为演示文稿文件的一部分。在移动演示文稿时，不会再出现视频文件丢失的情况。

可以修剪视频，并在视频中添加同步的重叠文本、标牌框架、书签和淡化效果。此外，正如对图片执行的操作一样，也可以对视频应用边框、阴影、反射、辉光、柔化边缘、三维旋转、棱台和其他设计器效果。当重新播放视频时，也会重新播放所有效果。

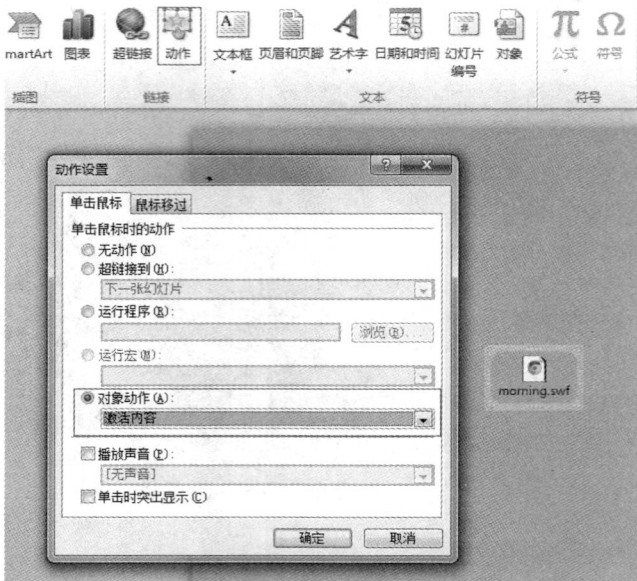

图 4-2-35 "动作设置"对话框

PowerPoint 可以播放的视频格式有：.mpg、.mpe、.wmv、.avi、.asf 等，插入视频后，可以在"影片工具"上下文选项卡的"选项"选项卡中的"影片选项"组中进行音量、放映方式等设置。

（1）方法 1：直接播放视频

这种方法是将准备好的视频文件作为电影文件直接插入幻灯片中，简单直观，但是 PPT 只提供简单的"暂停"和"继续播放"控制，没有提供更多的操作按钮供选择。

在"插入"选项卡的"媒体剪辑"组中单击"影片"下方的下三角按钮，选择"文件中的影片"命令，打开"插入影片"对话框，选择指定的视频文件。播放影片时，鼠标单击视频窗口，就暂停播放。再次单击，继续播放。

（2）方法 2：插入控件播放视频

这种方法有多种操作按钮供选择，播放进程可以完全由自己控制，方便灵活。

① 开启"开发工具"选项卡。操作方法参见前面介绍的使用"Shockwave Flash Object"控件法插入 Flash 文件。

② 插入控件。在"开发工具"选项卡的"控件"组中单击"其他控件"按钮，打开"其他控件"对话框，在列表中选择"Windows Media Player"对象，此时光标指针为十字形，用户可以自由拖动鼠标在工作区中画出大小合适的矩形区域，该区域自动变为 Windows Media Player 的播放界面，如图 4-2-36 所示。

③ 参数设置。用鼠标单击播放界面，在"开发工具"选项卡的"控件"组中单击"属性"按钮，打开"属性"对话框，在"URL"条目后输入视频文件的完整路径，并输入文件的扩展名，如图 4-2-37 所示。

④ 放映该幻灯片。在播放过程中，可以通过媒体播放器中的"播放""停止""暂停"和"调节音量"等按钮对视频进行控制。

图 4-2-36  在幻灯片中插入视频控件

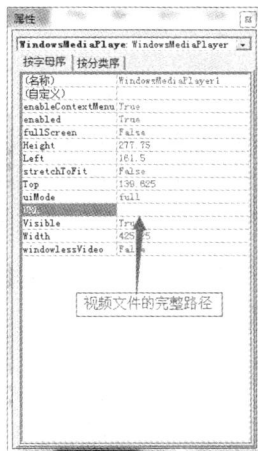

图 4-2-37  视频控件属性对话框

### 4.2.6  训练任务

制作一份具有动画效果的"个人简介"演示文稿，要求使用图片、艺术字、背景音乐等多媒体素材。

# 任务 4.3  制作汽车展销会演示文稿

公司在做产品展销时，需要对产品进行展示，在对产品展示时，演示文稿的版式很多都是相同的，可使用幻灯片母版，在制作时，可对每张幻灯片进行统一的样式更改。在展示产品信息时，可使用图表对象进行统计，还可以使用超链接，方便用户在各幻灯片之间切换。

有时需要根据用户的选择来演示不同的产品内容，方便用户对产品的认识，此时的演示文稿中需要增加交互功能。

### 4.3.1  任务描述

天威汽车销售公司准备召开汽车展销会，在展销会上，准备对销售的汽车进行展示，要求企划部做好展会现场的布置、宣传等工作。于是企划部制作了一份演示文稿，将汽车和销售情况统计等信息生动形象地展示出来，并能够进行交互，如图 4-3-1 所示。

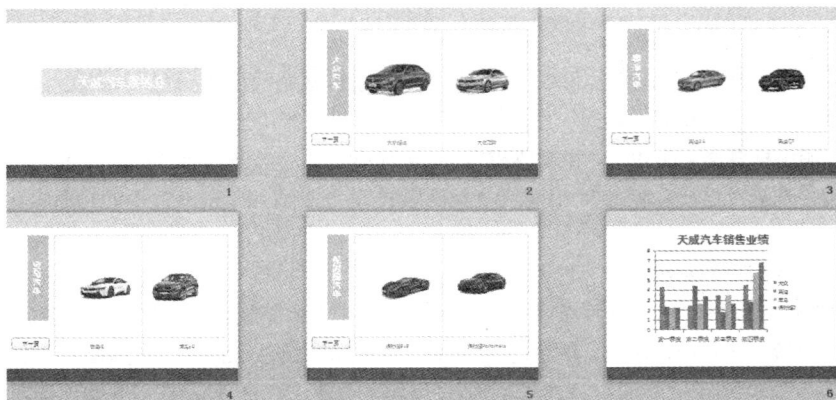

图 4-3-1  汽车信息介绍幻灯片效果图

## 4.3.2 任务分析

本工作任务要求设计制作一份公司汽车信息介绍的演示文稿，通过文字、图片、表格和图表等形式展示各种汽车信息，并通过超链接功能实现一定的交互功能。要完成本项工作，需要进行如下工作：

① 为幻灯片创建模板，使之具有统一的外观和格式。

② 插入的表格和图表能更直观地反映产品销售情况。

③ 添加超链接功能，实现幻灯片之间的跳转。

## 4.3.3 任务实现

1. 创建幻灯片母版

（1）插入幻灯片母版

在"视图"选项卡"母版视图"组中选择"幻灯片母版"选项，打开默认的幻灯片母版，选择母版第一页进行修改，删除标题占位符和副标题占位符，在该页上部插入矩形框，调整到与该页相匹配，选择"纯色填充"，颜色"深蓝，文字 2，淡色 80%"，线条颜色选"无线条"。用同样方法在幻灯片下部也插入矩形，颜色选"水绿色，强调文字颜色 5，深色 50%"，在第一张版式上的修改对整个母版中的其他版式也产生影响。建完的第一页母版如图 4-3-2 所示。

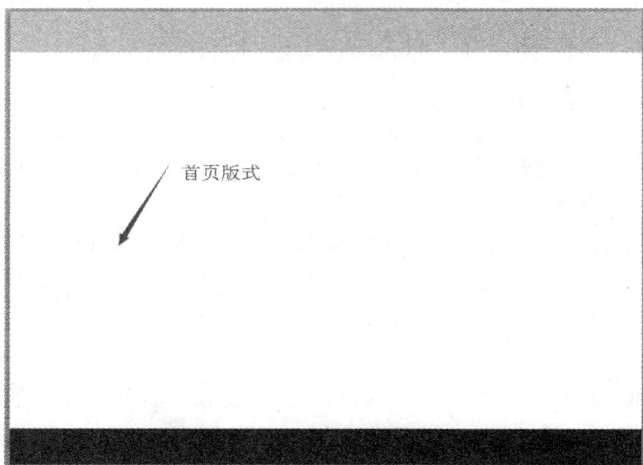

首页版式

**图 4-3-2 首页版式效果图**

（2）制作"封面版式"母版

鼠标单击第一张母版，在"幻灯片母版"选项卡中的"编辑母版"组中选择插入版式。在插入的版式中，调整母版标题样式的大小和位置，选择纯色填充，颜色为："橄榄绿，强调文字颜色 3，淡色 60%"，线条颜色为：无线条。调整标题文字字体为"微软雅黑"，字号为"40"，字体颜色为"白色，背景 1"。在母版版式上单击鼠标右键，选择"重命名版式"，名称为"封面版式"，该版式用于幻灯片中的封面版式，如图 4-3-3 所示。

（3）制作"图片版式"母版

"图片版式"母版制作方法与"封面版式"制作相似，在"封面版式"后插入新的版式，调整母版标题样式的大小和位置，选择纯色填充，颜色为："白色，背景 1，深色 25%"，线条颜色为"无线条"。调整标题文字字体为"微软雅黑"，字号为"28"，字体颜色为"白色，背景 1"，在"开始"选项卡"段落"组中对"文字方向"和"文本对齐"进行调整，文字方向为"竖排"，如图 4-3-4 所示，文本对齐为"居中"，如图 4–3–5 所示。

图 4–3–3　"封面版式"效果图

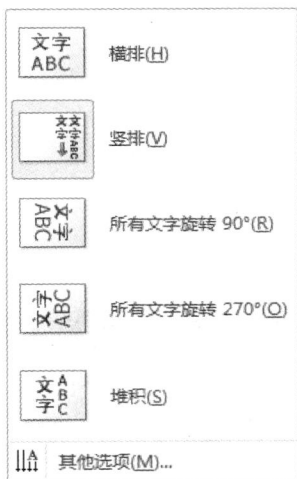

图 4–3–4　选择文字方向

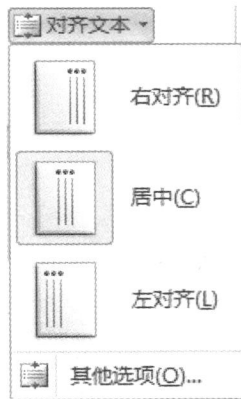

图 4–3–5　选择文本对齐方式

　　要在该页面中插入两个图片，并且图片下面有文字说明，可以通过插入表格来完成。单击"插入"选项卡的"表格"组中"表格"的下三角按钮，插入两行两列的表格，用鼠标单击表格边框，并拖动调整表格的大小和位置，上面行调整宽一些，用于插入图片，下面行调窄一些，用于插入文字。

　　接下来对表格的边框和底纹进行调整。

　　设置底纹：选中表格，在"设计"选项卡中"表格样式"组中选择"底纹"按钮，然后选择"无填充颜色"，如图 4–3–6 所示。

　　设置边框：选中表格，在"设计"选项卡中"绘图边框"组中，首先设置"笔样式"和"笔画粗细"，设置完成后单击"边框"，选择"所有框线"对表格"边框"进行设置，如图 4–3–7 所示。

　　表格上面一行用于插入图片，下一行用于插入文本，为了使文本统一定位，需要在指定位置插入"占位符"。在"幻灯片母版"选项卡"母版版式"组中，选择"插入占位符"按钮的黑色小三角，在快捷菜单中选择"内容"，如图 4–3–8 所示，将其插入幻灯片的指定位置，然后对其文本的字体和占位符的属性进行设置，设置完后保存，如图 4–3–9 所示。

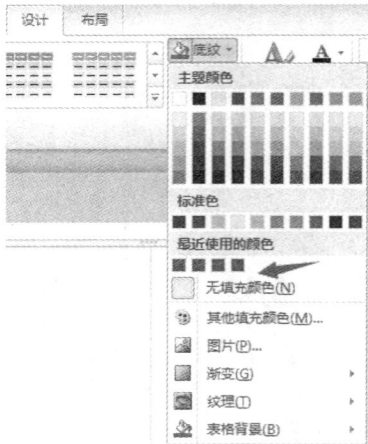

图 4-3-6 设置"表格底纹"

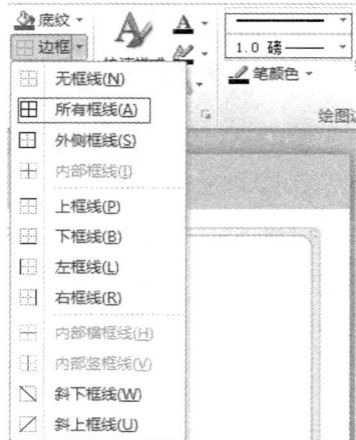

图 4-3-7 设置"表格边框"

图 4-3-8 选择"内容"

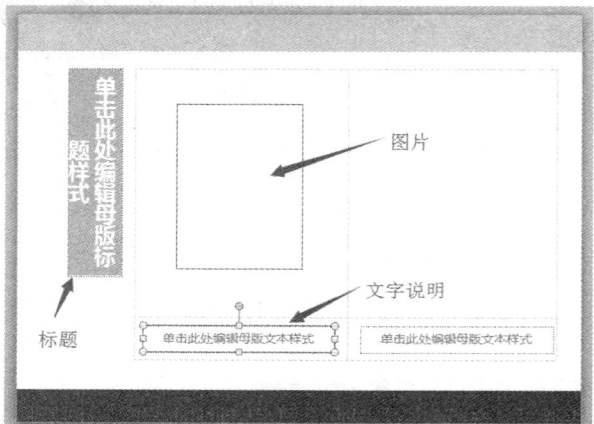

图 4-3-9 设置"图片版式"

（4）制作图表版式母版

该版式中用于插入图表，与制作幻灯片"封面版式"的方法相似。在"图片版式"后"插入版式"，将其命名为"图表版式"，然后对标题中的文字的字体、字号和字体颜色进行相应调整，调整后如图 4-3-10 所示。

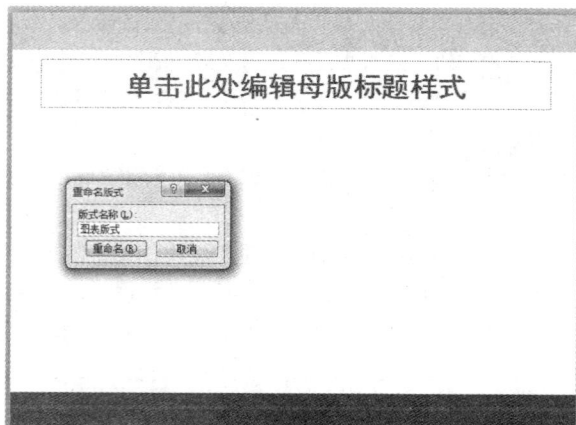

图 4-3-10 制作图表版式

版式制作完成后，单击"幻灯片母版"的"关闭"组的"关闭母版视图"按钮，完成幻灯片母版的制作。

制作完成后，单击"开始"选项卡"幻灯片"组中"版式"按钮右侧的小三角，打开"自定义设计方案"对话框，在对话框中查看是否增加了"封面版式""图片版式""图表版式"，制作幻灯片时可使用这些版式，如图4-3-11所示。

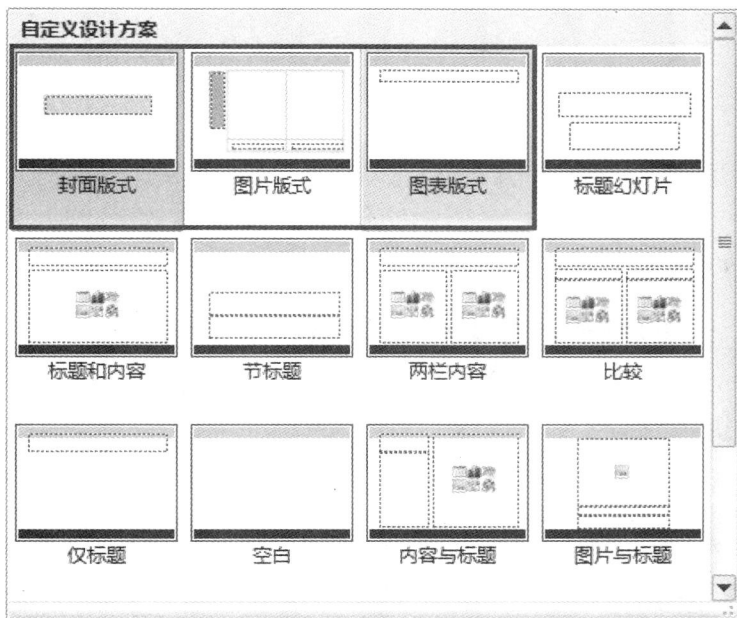

图 4-3-11　新增版式

2. 制作"汽车展销会"的第一张幻灯片

单击"开始"选项卡"幻灯片"组中"新建幻灯片"，在"自定义设计方案"对话框中选择"封面版式"，然后添加标题："天威汽车展销会"，至此，第一张幻灯片完成，如图4-3-12所示。

图 4-3-12　"封面幻灯片"效果图

3. 制作第二张幻灯片

（1）新建"图片版式"幻灯片

单击"开始"选项卡"幻灯片"组中的"新建幻灯片",在"自定义设计方案"对话框中选择"图片版式",添加的幻灯片如图4-4-13所示。

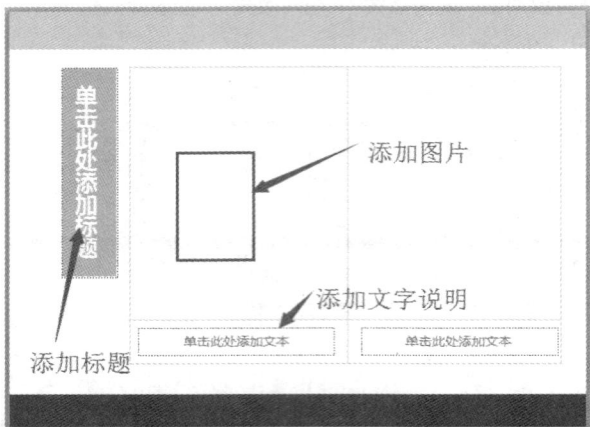

**图 4-3-13  新建的幻灯片**

(2)添加标题、图片、说明文字

单击标题占位符,输入文字"大众汽车",输入完成后不用对标题文字的字体、字号、字体颜色进行设置,使用模板的字体进行格式设置即可。

将素材中的大众汽车图片插入指定区域,对图片的大小和位置进行相应调整。

在图片的下方添加对图片的说明文字,字体保持与模板的字体相同,不用重新设置,制作完成后如图4-3-14所示。

利用母版,制作第三、四、五张幻灯片,制作方法与第二张幻灯片的相同。

**图 4-3-14  第二张幻灯片效果图**

**图 4-3-15  选择"图表"命令**

**4. 插入图表**

与前面建立幻灯片的方法相同,单击"开始"选项卡"幻灯片"组中"新建幻灯片",在"自定义设计方案"对话框中选择"图表版式"。在"标题"占位符中输入"天威汽车销售业绩"。接下来进行插入图表操作。

（1）插入图表

选择"插入"选项卡的"插图"组中的"图表"按钮命令，如图4-3-15所示，弹出"插入图表"对话框，在"插入图表"对话框中选择"柱形图"组中的"簇状柱形图"，如图4-3-16所示。

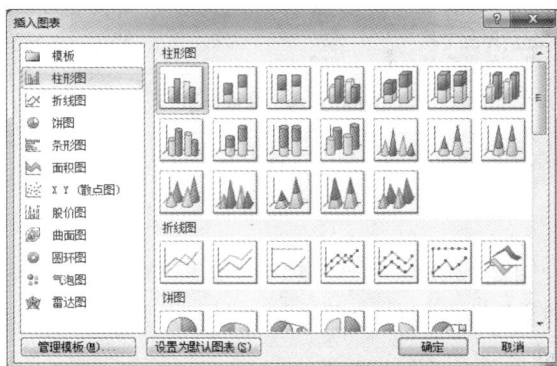

图 4-3-16　"插入图表"对话框

（2）修改图表

插入图表后，自动弹出 Excel 窗口，如图 4-3-17 所示，图表中的数据区域对应幻灯片中的柱状图，如图 4-3-18 所示。

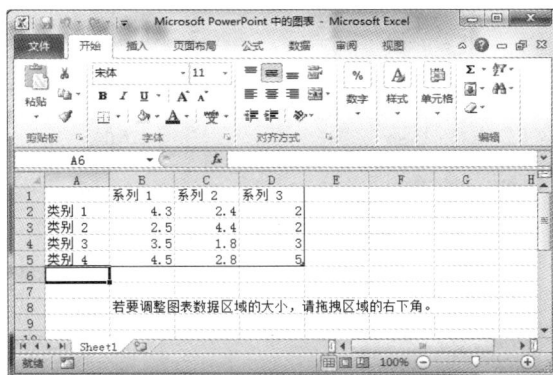

图 4-3-17　弹出的 Excel 窗口

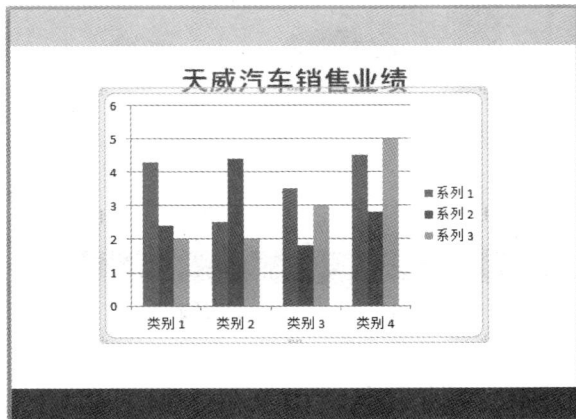

图 4-3-18　柱状图

然后对 Excel 窗口中的数据区域进行调整，更改成图 4–3–19 所示的数据。

| | A | B | C | D | E |
|---|---|---|---|---|---|
| 1 | | 大众 | 奥迪 | 宝马 | 保时捷 |
| 2 | 第一季度 | 43 | 24 | 23 | 23 |
| 3 | 第二季度 | 25 | 44 | 26 | 34 |
| 4 | 第三季度 | 35 | 18 | 35 | 26 |
| 5 | 第四季度 | 45 | 28 | 58 | 30 |

图 4–3–19　数据显示

在幻灯片的图表中，将水平轴和系列图例项的字体设置成微软雅黑、18 号、蓝色。

5. 插入超链接

（1）绘制按钮

选择第二张幻灯片，在"开始"选项卡的"绘图"组中选择"圆角矩形"，将其插入幻灯片中，选中"圆角矩形"，对其进行"形状效果"设置。选择"开始"选项卡"绘图"中的"形状效果"命令，将"圆角矩形"设置成按钮样式，如图 4–3–20 所示。

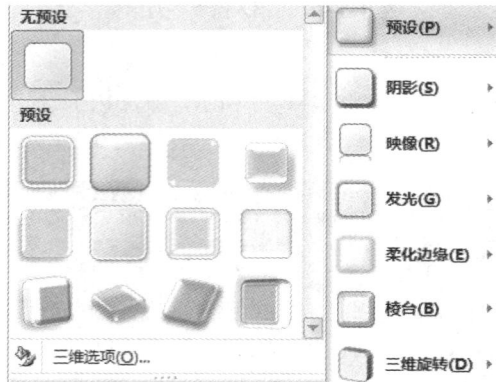

图 4–3–20　设置形状效果

编辑"圆角矩形"上的文字，输入"下一页"，设置后如图 4–3–21 所示。

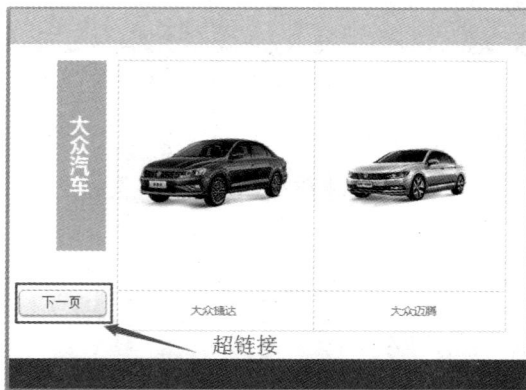

图 4–3–21　绘制按钮效果

（2）插入超链接

鼠标右键单击"下一页"按钮，选择"超链接"命令，在"插入超链接"对话框中链接到"本文档中的位置"，在"请选择文档中的位置"中单击"下一张幻灯片"，如图 4–3–22 所示，也可通过"幻灯片标题"

进行自由链接，设置完成后，选择"确定"按钮。

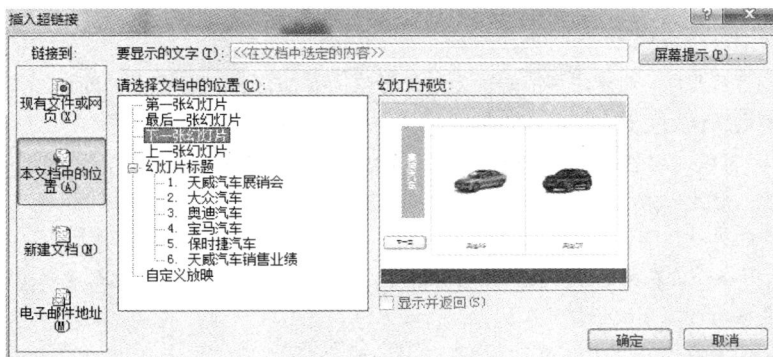

图 4-3-22　"插入超链接"对话框

用同样的方法将第三到第五张幻灯片添加超链接。单击第六张幻灯片的按钮，更改按钮文字为"返回首页"，编辑超链接，将该按钮链接到本文档第一页。

至此，"汽车展销会"演示文稿全部制作完成，可以自行设置幻灯片切换效果和动画效果。

### 4.3.4　知识精讲

1. 母版的使用

（1）母版种类

PowerPoint 2010 包含三种母版，分别是幻灯片母版、讲义母版和备注母版。

① 幻灯片母版。幻灯片母版是幻灯片层次结构中的顶级幻灯片，它存储着有关演示文稿的主题和幻灯片版式的所有信息，决定着幻灯片的外观。它是已经设置好背景、配色方案、字体的一个模板，在使用时只要插入新幻灯片，就可以把母版上的所有内容继承到新添加的幻灯片上。

② 讲义母版。讲义母版是为制作讲义而准备的，通常需要打印输出。它允许设置一页讲义中包含几张幻灯片，以及页眉、页脚、页码等基本信息。在讲义母版中插入新的对象或者更改版式时，新的页面效果不会反映在其他母版视图中。

③ 备注母版。备注母版主要用来设置幻灯片的备注格式，一般用来打印输出，一般和打印页面有关。

（2）管理幻灯片母版

① 幻灯片母版视图的进入与退出。在"视图"选项卡的"母版视图"组中单击"幻灯片母版"选项，则进入幻灯片母版视图，出现"幻灯片母版"选项卡（图 4-3-23）。要退出"幻灯片母版"视图，在"幻灯片母版"选项卡的"关闭"组中单击"关闭母版视图"选项，或从"视图"选项卡中选择另外一种视图就可以了。

图 4-3-23　"幻灯片母版"选项卡

② 设计母版版式。在幻灯片母版视图中，可以按照需要设置母版版式，如改变占位符、文本框、图片、图表等在幻灯片中的大小和位置，编辑背景图片，设置主题颜色和背景样式，使用页眉和页脚在幻灯片中显示必要的信息等。

③ 创建和删除幻灯片母版。在"幻灯片母版"选项卡的"编辑母版"组中单击"插入幻灯片母版"选项，新创建的幻灯片母版将在左侧窗格的现有幻灯片母版下方出现，然后可以进行自定义设置，比如为其应用主题、修改版式和占位符等。

要删除一个幻灯片母版，先选中要删除的幻灯片母版，按 Delete 键即可删除。而应用了该母版版式的幻灯片，会自动转换为默认幻灯片母版的对应版式。

④ 保留幻灯片母版。要想保证新创建的幻灯片母版，即使没有任何幻灯片，使用它时仍然存在，则在左侧窗格中右击该幻灯片母版，在其下拉菜单中选择"保留母版"命令。要取消保留，再次单击"保留母版"命令，取消命令前的"√"即可（图 4-3-24）。

**注意：** 幻灯片母版一定在构建各张幻灯片之前创建，而不是在创建了幻灯片之后再创建；否则，幻灯片上的某些项目不能遵循幻灯片母版的设计风格。

（3）页眉页脚的设置

在幻灯片母版视图中，日期、编号和页脚的占位符会显示在幻灯片母版上，默认情况下它们不会出现在幻灯片中。

如果需要设置日期、编号和页脚，可以在"插入"选项卡的"文本"组中单击"页眉和页脚"命令（或"日期和时间"命令，或"幻灯片编号"命令），均会打开相同的对话框（图 4-3-25），可进行页眉页脚的设置。

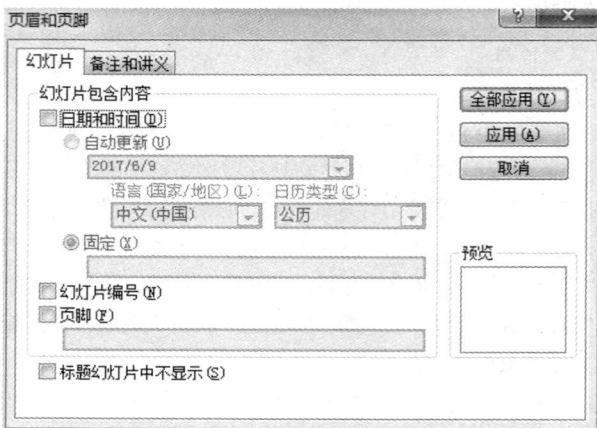

图 4-3-24　保留母版　　　　　图 4-3-25　"页眉和页脚"对话框

① 日期和时间。在日期和时间中有"自动更新"和"固定"两个选项。"自动更新"是从计算机时钟自动获取当前时间；选择"固定"，则可以输入固定的日期和时间。

② 幻灯片编号。默认情况下，幻灯片编号从 1 开始。如果需要设置从其他编号开始，可以先关闭"幻灯片母版"视图，在"设计"选项卡的"页面设置"组中单击"页面设置"选项，打开"页面设置"对话框，在"幻灯片编号起始值"中设置幻灯片的起始编号（图 4-3-26）。

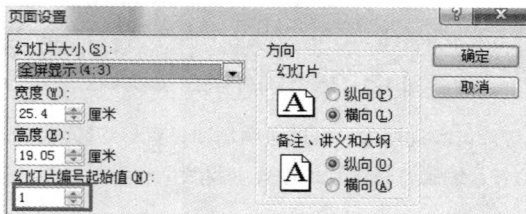

图 4-3-26　页面设置对话框

注意：在"页面设置"对话框中，还可以进行幻灯片大小、宽度、高度、方向等设置。

③ 页脚。默认情况下，幻灯片母版上不显示页脚，如果需要，在"页眉和页脚"对话框（图4-3-26）中先选中该项，输入所需文本，接下来在幻灯片母版中进行设置。

④ 标题幻灯片中不显示页眉、页脚。"页眉和页脚"对话框中的"标题幻灯片中不显示"复选框用来控制演示文稿中标题幻灯片显示或隐藏日期和时间、编号和页脚。

2. 在幻灯片中插入表格

方法一：在"插入"选项卡的"表格"组中单击"表格"的下三角按钮，选择"插入表格"，打开"插入表格"对话框，指定行数和列数。使用"插入表格"方法创建的表格会自动套用表格样式。

方法二：在"插入"选项卡的"表格"组中单击"表格"的下三角按钮，选择"绘制表格"，此时鼠标变成铅笔形状，可以根据需要绘制出不同行高、列宽的表格。

利用"表格工具"上下文选项卡可以对表格进行设计和格式化。

3. 在幻灯片中插入图表

在 PowerPoint 2010 中，图表工具非常理想，界面以 Excel 图表界面为基础，创建、修改和格式化图表不需要退出 PowerPoint。

在 PowerPoint 2010 中创建新图表时，没有可以提取的数据表，必须在 Excel 窗口中输入数据来创建图表。默认情况下包含示例数据，可以用实际数据替换示例数据。

如果幻灯片中某占位符中有"插入图表"图标，可以单击该图标创建图表。否则，单击"插入"选项卡的"插图"组中的"图表"选项，打开"插入图表"对话框，选择图表类型后创建图表，同时打开图表设计窗口，根据需要修改 Excel 窗口中图表数据区域中的数据。

注意：若关闭了 Excel 窗口，选中图表后，在"图表工具"上下文选项卡的"设计"选项卡的"数据"组中单击"编辑数据"选项，可以再次打开 Excel 窗口。

利用"图表工具"上下文选项卡可以对图表进行设计和格式化。

4. 创建超链接

超级链接是指从当前正在放映的幻灯片转到当前演示文稿的其他幻灯片或其他文件、网页的操作。

在"插入超链接"对话框中，当要创建指向其他文件或网页的链接时，可以选择链接到"现有文件或网页"选项，同时设置文件的位置或网页的地址（见图4-3-27）。

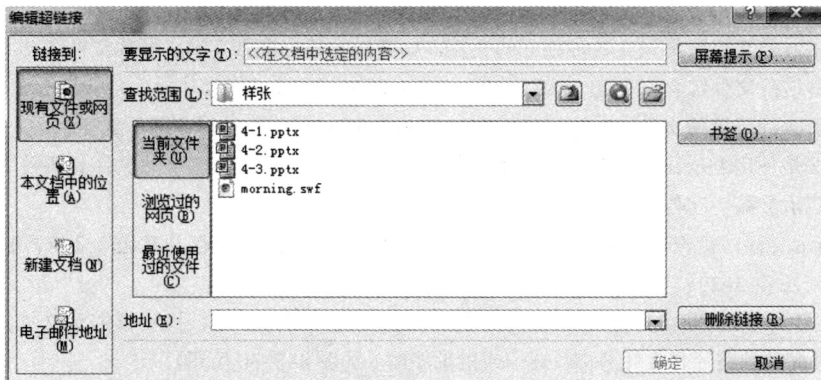

图4-3-27　"插入超链接"对话框

若要创建指向本演示文稿的其他幻灯片，可以选择链接到"本文档中的位置"选项，同时指定具体的幻灯片。

### 5. 打印演示文稿

打印演示文稿时，可以根据需要，进行打印范围、打印份数、打印内容和颜色/灰度等选项的设置（图 4-3-28）。

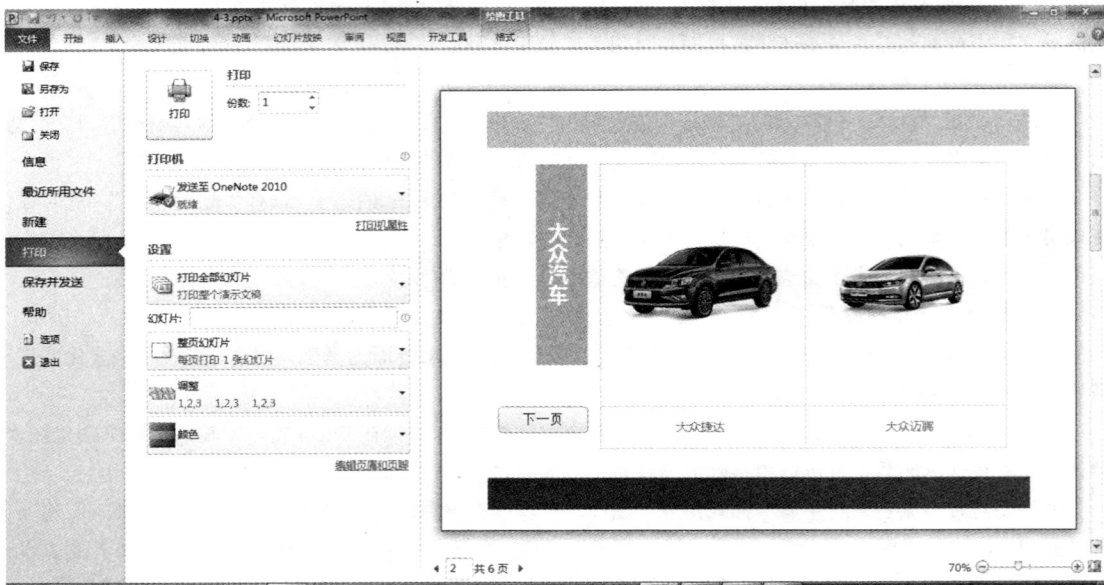

**图 4-3-28　"打印"对话框**

注意：在颜色/灰度选项中有三种模式：颜色、灰度和纯黑白。它们的区别如下。

颜色模式：可以打印彩色演示文稿。当选择"颜色"模式时，如果打印机为黑白打印机，则打印时使用"灰度"模式。

灰度模式：是在黑白打印机上打印彩色幻灯片的最佳模式，此时将以不同灰度显示不同彩色格式。

纯黑白模式：将大部分灰色阴影更改为黑色或白色，可用于打印草稿或清晰可读的备注和讲义。

如果希望用黑白打印机打印出清晰可读的演示文稿，需要在"颜色/灰度"框中选择"纯黑白模式"。

### 6. 演示文稿的打包功能

PowerPoint 演示文稿通常包含各种独立的文件，如音乐文件、视频文件、图片文件和动画文件等，具体应用时，需要将这些文件综合在一起。为此，PowerPoint 2010 提供了打包功能，将分散的文件集成在一起，生成一种独立于运行环境的文件。其可以在没有安装 PowerPoint、Flash 等环境下运行。

常用的方法是使用 PowerPoint 的"CD 数据包"功能。可以读取全部链接的文件和相关联的对象，并保证它们同主要演示文稿一起传递。

① 打开演示文稿，检查保存方式。单击"文件"选项卡，选择"保存并发送"命令，打开"将演示文稿打包成 CD"（图 4-3-29）。

② 添加文件。单击"添加"按钮，在打开的"添加文件"对话框中，找到该演示文稿涉及的外部文件和链接到的各种文件的路径和文件名称，逐一或批量添加，如图 4-3-30 所示。

③ 单击"复制到文件夹"按钮，打开"复制到文件夹"对话框（图 4-3-31），设置存放集成文件的文件夹名称，单击"确定"按钮，在弹出的对话框中询问"是否要在包中包含所要链接的文件"，选择"是"，演示文稿开始打包。

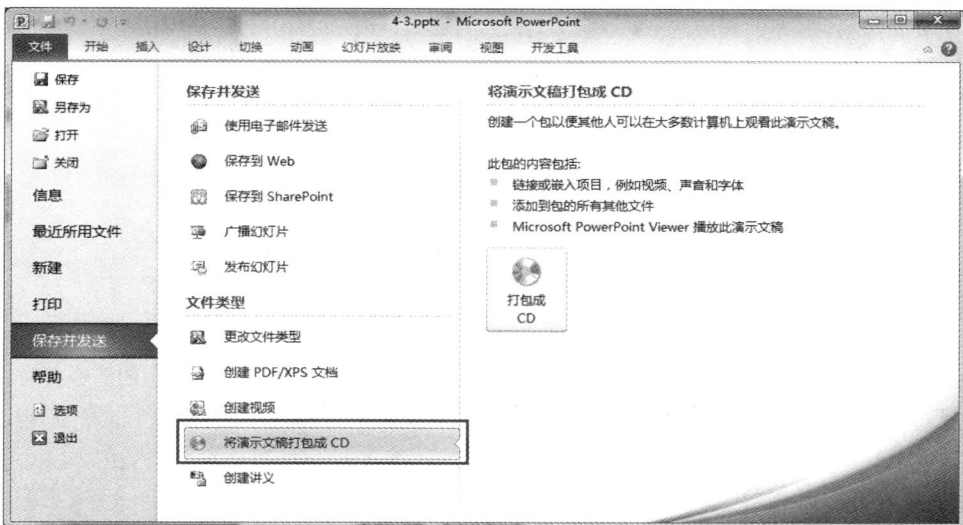

图 4-3-29 "打包成 CD" 对话框

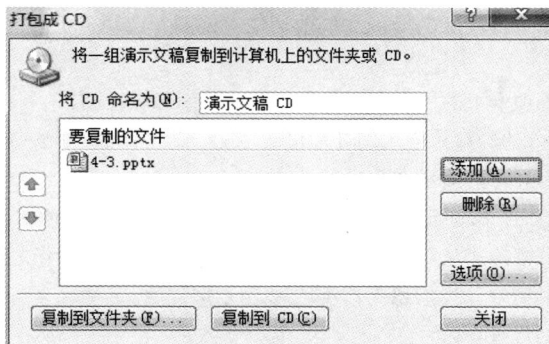

图 4-3-30 添加文件

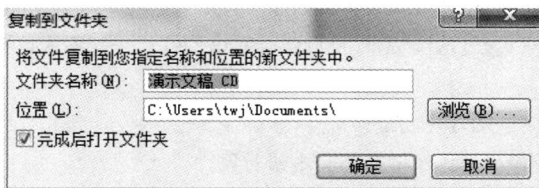

图 4-3-31 "复制到文件夹" 对话框

注意：如果计算机光驱带有刻录功能，那么在图 4-3-29 所示的对话框中会增加"刻录到 CD"或"复制 CD"功能，这时可以将打包集成的文件刻录到光盘，以方便文件的使用和传输，其他设置不变。

## 4.3.5　技巧与提高

1. 母版使用技巧

（1）创建或自定义幻灯片母版

步骤如下：

① 打开一个空演示文稿，然后在"视图"选项卡上的"母版视图"组中单击"幻灯片母版"。

② 打开"幻灯片母版"视图时，会显示一个具有默认版式的空幻灯片母版。

③ 若要删除默认幻灯片母版附带的任何内置幻灯片版式，则在幻灯片缩略图窗格中右键单击要删除的每个幻灯片版式，然后单击快捷菜单上的"删除版式"。

④ 要设置演示文稿中所有幻灯片的页面方向，则在"幻灯片母版"选项卡上的"页面设置"组中单击"幻灯片方向"，然后单击"纵向"或"横向"。

⑤ 在"文件"选项卡上单击"另存为"。

⑥ 在"文件名"框中键入文件名。

⑦ 在"保存类型"列表中单击"PowerPoint 模板"，然后单击"保存"。

⑧ 在"幻灯片母版"选项卡上的"关闭"组中单击"关闭母版视图"。

（2）将幻灯片母版从一个演示文稿复制到另一个演示文稿

① 打开包含要复制的幻灯片母版的演示文稿，并打开要向其中粘贴该幻灯片母版的演示文稿。

② 在包含要复制的幻灯片母版的演示文稿中，在"视图"选项卡上的"母版视图"组中单击"幻灯片母版"。

③ 在幻灯片缩略图窗格中右键单击要复制的幻灯片母版，然后单击"复制"。

④ 在"视图"选项卡的"窗口"组中单击"切换窗口"，然后选择要向其中粘贴该幻灯片母版的演示文稿。

⑤ 在要向其中粘贴该幻灯片母版的演示文稿中，在"视图"选项卡上的"母版视图"组中单击"幻灯片母版"。

⑥ 在"幻灯片母版"选项卡上的"关闭"组中单击"关闭母版视图"。

（3）对从幻灯片库中导入的幻灯片应用幻灯片母版

① 打开要向其中添加幻灯片的演示文稿。

② 在"开始"选项卡上的"幻灯片"组中单击"新建幻灯片"，然后单击"重用幻灯片"。

③ 在"重用幻灯片"窗格的"从以下源插入幻灯片"框中执行下列操作之一：

● 输入幻灯片库所在的位置，然后单击箭头 🔁 找到幻灯片库。

● 单击"浏览"找到幻灯片库。

④ 在"所有幻灯片"列表中，单击要添加到演示文稿中的幻灯片。

⑤ 如果希望导入的幻灯片保留源格式设置，则在"重用幻灯片"窗格底部选择"保留源格式"。从幻灯片库插入幻灯片并保留其源格式设置时，幻灯片母版会和该幻灯片一起插入目标演示文稿中。

2. 超链接使用技巧

（1）创建同一演示文稿中的幻灯片的链接

① 在"普通"视图中选择要用作超链接的文本或对象。

② 在"插入"选项卡的"链接"组中单击"超链接"。

③ 在"链接到"下单击"本文档中的位置"。

请执行下列操作之一：

① 链接到当前演示文稿中的自定义放映：

在"请选择文档中的位置"下，单击要用作超链接目标的自定义放映，选中"放映后返回"复选框。

② 链接到当前演示文稿中的幻灯片：

在"请选择文档中的位置"下，单击要用作超链接目标的幻灯片。

（2）创建不同演示文稿中的幻灯片的链接

① 在"普通"视图中选择要用作超链接的文本或对象。

② 在"插入"选项卡的"链接"组中单击"超链接"。

③ 在"链接到"下单击"原有文件或网页"。

④ 找到包含要链接到的幻灯片的演示文稿。

⑤ 单击"书签",然后单击要链接到的幻灯片的标题。

（3）创建 Web 上的页面或文件的链接

① 在"普通"视图中选择要用作超链接的文本或对象。

② 在"插入"选项卡的"链接"组中单击"超链接"。

③ 在"链接到"下单击"原有文件或网页",然后单击"浏览 Web"。

④ 找到并选择要链接到的页面或文件,然后单击"确定"按钮。

（4）链接到新文件

① 在"普通"视图中选择要用作超链接的文本或对象。

② 在"插入"选项卡的"链接"组中单击"超链接"。

③ 在"链接到"下单击"新建文档"。

④ 在"新建文档名称"框中键入要创建并链接到的文件的名称。

如果要在另一位置创建文档,则在"完整路径"下单击"更改",浏览到要创建文件的位置,然后单击"确定"按钮。

⑤ 在何时编辑状态下,单击相应选项,以确定是现在更改文件还是稍后更改文件

3. 主题应用技巧

PowerPoint 提供了多种设计主题,包含协调配色方案、背景、字体样式和占位符位置。使用预先设计的主题,可以轻松快捷地更改演示文稿的整体外观。

① 默认情况下,会将默认主题应用到演示文稿。

② 在主题库中,可以更改为"市镇"主题。

③ "市镇"主题会立即应用于演示文稿。

④ 若要将不同的主题应用于演示文稿,则执行以下操作:

a. 在"设计"选项卡的"主题"组中单击要应用的文档主题。

b. 若要预览应用了特定主题的当前幻灯片的外观,将指针停留在该主题的缩略图上。

c. 若要查看更多主题,在"设计"选项卡的"主题"组中单击"更多"。

## 4.3.6　训练任务

创建一个"诗词欣赏"演示文稿。要求有首页、目录页、至少四首诗词,整体布局合理,图文并茂,界面友好,幻灯片之间能够交互,给人以美的享受。

① 首页标题幻灯片中的标题为"诗词欣赏",副标题输入"制作人:×××"。

② 目录页含全部诗词标题,单击时能够链接到具体诗词所在幻灯片。

③ 一页幻灯片只能输入一首诗词,根据需要选择版式,参考诗词如下:

## 满庭芳·山抹微云

宋:秦观

山抹微云,天连衰草,画角声断谯门。暂停征棹,聊共引离尊。多少蓬莱旧事,空回首、烟霭纷纷。斜阳外,寒鸦万点,流水绕孤村。

销魂。当此际,香囊暗解,罗带轻分。谩赢得、青楼薄幸名存。此去何时见也,襟袖上、空惹啼痕。伤情处,高城望断,灯火已黄昏。

## 水调歌头·明月几时有

宋：苏轼

　　丙辰中秋，欢饮达旦，大醉，作此篇，兼怀子由。

　　明月几时有？把酒问青天。不知天上宫阙，今夕是何年。我欲乘风归去，又恐琼楼玉宇，高处不胜寒。起舞弄清影，何似在人间？

　　转朱阁，低绮户，照无眠。不应有恨，何事长向别时圆？人有悲欢离合，月有阴晴圆缺，此事古难全。但愿人长久，千里共婵娟。

## 雨霖铃·寒蝉凄切

宋：柳永

　　寒蝉凄切，对长亭晚，骤雨初歇。都门帐饮无绪，留恋处，兰舟催发。执手相看泪眼，竟无语凝噎。念去去，千里烟波，暮霭沉沉楚天阔。

　　多情自古伤离别，更那堪，冷落清秋节！今宵酒醒何处？杨柳岸，晓风残月。此去经年，应是良辰好景虚设。便纵有千种风情，更与何人说？

## 扬州慢·淮左名都

宋：姜夔

　　淳熙丙申至日，予过维扬。夜雪初霁，荠麦弥望。入其城，则四顾萧条，寒水自碧，暮色渐起，戍角悲吟。予怀怆然，感慨今昔，因自度此曲。千岩老人以为有"黍离"之悲也。

　　淮左名都，竹西佳处，解鞍少驻初程。过春风十里。尽荠麦青青。自胡马窥江去后，废池乔木，犹厌言兵。渐黄昏，清角吹寒。都在空城。

　　杜郎俊赏，算而今、重到须惊。纵豆蔻词工，青楼梦好，难赋深情。二十四桥仍在，波心荡、冷月无声。念桥边红药，年年知为谁生。

　　④ 诗词所在幻灯片能够通过文字链接到诗词目录页。

　　⑤ 设置幻灯片切换和动画效果。